云课版

Creo Parametric 6.0

中文版

从入门到精通

黄志刚 杨士德 编著

人民邮电出版社

北京

图书在版编目（CIP）数据

Creo Parametric 6.0中文版从入门到精通 / 黄志刚，
杨士德编著. — 北京：人民邮电出版社，2020.9
ISBN 978-7-115-53844-4

Ⅰ. ①C… Ⅱ. ①黄… ②杨… Ⅲ. ①计算机辅助设计
—应用软件 Ⅳ. ①TP391.72

中国版本图书馆CIP数据核字(2020)第065604号

内 容 提 要

本书讲解了 Creo Parametric 6.0 中文版的各种功能。全书共分为 15 章，分别介绍了 Creo Parametric 6.0 入门、二维草绘、基础特征、工程特征、实体特征的编辑、高级曲面、曲面的编辑、钣金特征、钣金的编辑、零件的装配、工程图的绘制、三维布线与管道、机构的运动仿真与分析、二级减速器仿真实例、动画等知识。

本书主题明确、讲解详细、紧密结合工程实际、实用性强，适合作为计算机辅助设计的教学课本和自学指导用书。

◆ 编　著　黄志刚　杨士德
责任编辑　颜景燕
责任印制　王　郁　马振武
◆ 人民邮电出版社出版发行　北京市丰台区成寿寺路 11 号
邮编　100164　电子邮件　315@ptpress.com.cn
网址　https://www.ptpress.com.cn
北京七彩京通数码快印有限公司印刷
◆ 开本：787×1092　1/16
印张：31.25　　　　　　　2020 年 9 月第 1 版
字数：859 千字　　　　　2025 年 2 月北京第 19 次印刷

定价：89.80 元

读者服务热线：(010)81055410　印装质量热线：(010)81055316
反盗版热线：(010)81055315

前 言
PREFACE

Creo Parametric 6.0 是美国参数技术公司（PTC）推出的新版本设计软件，为用户提供了一套从产品设计到制造的完整 CAD 解决方案，广泛应用于机械设计、汽车、航天、航空、电子、模具、玩具等行业，具有互操作性、开放、易用三大特点。

在一个机械工程项目中，第一步是确定设计方案，第二步是制作三维实体模型来初步预览产品以及进行干涉检查等，第三步是生成产品加工工程图，第四步是加工出成品。这 4 步必不可少，从中可见三维实体建模在工程设计中占有举足轻重的地位。因此掌握三维实体建模的相关知识，是成为一名优秀的机械设计工程师必备的条件。

笔者精心组织了几所高校的老师，根据学生学习工业设计应用的需要编写了此书。本书处处凝结教育者的经验与体会，贯彻他们的教学思想。希望本书能够对广大读者的学习起到引导作用，为广大读者的学习提供一个简捷有效的途径。

一、本书特色

市面上关于 Creo Parametric 的书很多，但读者要挑选一本自己中意的书反而很困难，真是"乱花渐欲迷人眼"。那么，本书为什么能够在您"众里寻他千百度"之际，于"灯火阑珊"处让您"蓦然回首"呢？那是因为本书有以下五大特色。

　　☑ 作者权威

本书由著名 CAD/CAM/CAE 图书出版作家胡仁喜博士指导，笔者总结多年的设计经验以及教学的心得体会，历时多年精心编著而成，力求全面细致地展现出 Creo Parametric 在工业设计应用领域中的各种功能和使用方法。

　　☑ 实例专业

本书中有很多实例本身就是机械设计项目案例，经过作者精心提炼和改编而成。不仅保证了读者能够学到知识点，还能帮助读者掌握实际的操作技能。

　　☑ 技能提升

本书从全面提升读者的工业设计能力的角度出发，结合大量的案例来讲解如何利用 Creo Parametric 进行工业设计，让读者真正懂得计算机辅助工业设计，并能够独立地完成各种工业设计。

　　☑ 内容全面

本书包括了 Creo Parametric 常用的功能讲解，内容涵盖了草图的绘制、基础特征的创建、工程特征的创建、实体特征的编辑、曲面特征的创建与编辑、钣金特征的创建与编辑、零件的装配、绘制工程图、三维布线与管道、机构运动仿真、动画等知识。"秀才不出屋，能知天下事"，读者只要有本书在手，就能掌握 Creo Parametric 机械设计知识。本书不仅有透彻的讲解，还有丰富的实例。通过演练这些实例，读者能够找到一条学习 Creo Parametric 的捷径。

☑ 知行合一

本书结合大量的机械设计实例来详细讲解 Creo Parametric 的知识要点，让读者在学习案例的过程中潜移默化地掌握 Creo Parametric 的操作技巧，同时能够培养读者的机械设计实践能力。

二、扫码看视频

为了方便读者学习，本书提供了大量的视频教程，扫描下方"云课"二维码即可获得全书视频教程，也可扫描正文中的二维码观看对应章节的视频教程。

云课

三、本书资源

本书除利用传统的纸面讲解外，还随书配赠了电子资源包，包含全书实例的源文件素材以及全程实例动画同步视频文件。

关注"职场研究社"公众号，回复关键词"53844"，即可获得所有资源的获取方式。

四、致谢

本书由华东交通大学教材基金资助，华东交通大学的黄志刚和杨世德两位老师编著，华东交通大学的朱爱华、沈晓玲、钟礼东参与了部分内容的编写。其中，黄志刚编写了第 1 ~ 5 章，杨世德编写了第 6 ~ 9 章，朱爱华编写了第 10 ~ 11 章，沈晓玲编写了第 12 ~ 13 章，钟礼东编写了第 14 ~ 15 章。胡仁喜、万金环等也为本书的编写提供了大量帮助，在此向他们表示感谢！

由于笔者水平有限，书中不足之处在所难免，望广大读者联系 *yanjingyan@ptpress.com.cn* 进行指正，笔者将不胜感激。也欢迎读者加入 QQ 群 570099701 参与交流探讨。

笔者

2020 年 4 月

目 录
CONTENTS

第4章 工程特征 71

第5章 实体特征的编辑 122

第 1 章
Creo Parametric 6.0 入门

/ 本章导读

本章将介绍软件的工作环境和基本操作，包括 Creo Parametric 6.0 概述、用户操作界面、文件管理、编辑视图、颜色的管理和模型树的管理等内容。目的是让读者尽快地熟悉 Creo Parametric 6.0 的用户界面和掌握基本技能。本章内容都是 Creo Parametric 6.0 建模操作的基础，建议读者熟练掌握。

/ 知识重点

- 用户操作界面
- 编辑视图
- 颜色的管理
- 模型树的管理

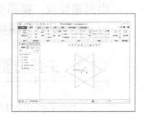

1.1 Creo Parametric 6.0 概述

作为三维建模顶尖软件的 Creo Parametric 6.0，与 Pro/Engineer、Creo Elements 一样，都是 PTC 推出的软件。与 Pro/Engineer 和 Creo Elements 相比，Creo Parametric 6.0 的界面更加简洁、人性化。它包含了提高生产效率的先进工具，可以促使用户采用最佳设计方法，同时确保符合业界和公司的标准。它集成的参数化 3D CAD/CAM/CAE 解决方案可让用户的设计速度比以前任何时候都要快，同时极大限度地增强用户的创新力度并提高设计的质量，使用户最终创造出不同凡响的产品。

1.1.1 PTC 的发展过程

1985 年，PTC 成立于美国波士顿，开始着力于参数化建模软件的开发。1988 年，首款三维建模软件 Pro/Engineer V1.0 诞生，PIC 通过 12 年的努力，使 Pro/Engineer 成为当时三维建模软件中的顶尖产品。从成立以来，PTC 为客户提供顶尖的高级服务，也收购了很多重要的公司，包括 Planet Metrics、Relex Software 等。2018 年，Creo Parametric 6.0 的诞生是 PTC 的又一次跃进。

1.1.2 Creo 应用的重要领域

Creo 是在 Pro/Engineer 的基础上改进而成的新型 CAD 设计软件包，不仅保留着 Pro/Engineer 的 CAD、CAM、CAE 3 个重要的模块，还添加了其他重要功能，完全可以满足现今所有大型生产公司的需求。

PIC 将其旗舰产品 Pro/Engineer 引入中国，该产品自问世开始就引起了机械 CAD/CAE/CAM 界的极大震动，成为应用广泛的 3D CAD/CAE/CAM 系统。它提出的单一数据库、参数化、基于特征、全相关及工程数据再利用等概念改变了 MDA 的传统观念，这种全新的概念已成为目前 MDA 领域的新标准。Pro/Engineer 广泛应用于电子、机械、模具、工业设计、汽车、自行车、航天、家电、玩具等行业，可谓全方位的 3D 产品开发软件，其新版本 sCreo 集零件设计、产品组合、模具开发、NC 加工、钣金件设计、铸件设计、造型设计、逆向工程、自动测量、机构仿真、应力分析、产品数据库管理等功能于一体，功能强大，应用极广。该软件在生产过程中能将设计、制造和工程分析等环节有机地结合起来，使企业能够对现代市场产品的多样性、复杂性、可靠性和经济性等做出迅速反应，提高企业的市场竞争能力。对企业来说，应用 Creo 将有效地提高企业设计能力，缩短企业产品开发周期。

1.1.3 主要功能特色

Creo Parametric 6.0 内置三维建模的 CAD 模块，在 CAD 模块中不仅包含机械零件的设计，还包含工业中不可缺少的电气部分的设计，如电路的设计、管道的设计。这类功能在实际应用中是不可或缺的，也是很多软件没有涉及的部分，只有学好 CAD 中的这几个部分，才可能在机械行业中更胜一筹。除了 CAD 模块之外，还有 CAE 和 CAM 两大模块，这两大模块在实际应用中也起着重要的作用，如动力学和有限元分析、数控加工等。本书主要讲解 CAD 部分。

在工业设计以及加工成实物的过程中，一般都要通过模型设计（各类建模）创建三维模型，再通过运动仿真检测运动是否满足要求。如果满足要求，就开始渲染使其美化，引起客户的兴趣，接着就是绘制工程图，之后准备加工。

Creo Parametric 6.0 具有以下功能。

（1）强大的 3D 实体建模。无论多么复杂的零件或模型，Creo Parametric 6.0 都可以精确完美地创建其几何图形，并自动创建草绘尺寸，然后由人工更改草绘尺寸，而且可以快速可靠地创建工程特征，例如倒角、壳、拔模等。

（2）可靠的装配建模。Creo Parametric 6.0 可以智能快速地创建装配模型，并及时创建简化表示；利用 Shrinkwrap 轻量准确的模型表示动态仿真。用 AssemblySence 嵌入拟合、形状和函数知识，可以快速准确地进行装配。

（3）3D 模型和 2D 工程图的转换。Creo Parametric 6.0 可以将 3D 模型直接转换为符合国家标准的 2D 工程图，大大减少了绘制 2D 工程图的时间，简化了烦琐的操作，而且创建的工程图可以自动显示实体模型的全部尺寸。

（4）专业曲面设计。利用自有风格可以快速地创建自由形式的曲面，也可以通过拉伸、旋转、扫描、混合等实体特征创建复杂的曲面。对所创建的曲面可以进行更多的剪切、合并等编辑操作。

（5）革命性的扭曲技术。可以对选定的几何模型进行动态缩放、全局变形、拉伸、折弯等操作。【扭曲】功能也可以应用于从其他 CAD 工具导入的几何模型。

（6）创建钣金模型。可以创建钣金模型，包括折弯、凹槽等多种操作。自动将 3D 几何模型转换为平整状态，可以使用各种弯曲余量计算来调整设计的平整状态。

（7）数字化人体建模。可以利用 Manikinlite 功能在 CAD 模型中插入数字化人体，并对其进行处理。

（8）焊接创建和文档。可以定义焊接连接方式，并从模型中读取重要的金属信息，完成完整的 2D 焊接文档。

（9）实时照片渲染。可以动态更改几何实体，从不同的角度创建与照片一样逼真的图片，并可以渲染最大的组件。

Creo Parametric 6.0 的功能极为强大，上述只不过是诸多功能当中比较常用的几个，深刻地了解并熟练掌握这些功能，是创建现代化工程必须具备的一项技能。

1.2 用户操作界面

启动 Creo Parametric 6.0，新建一个文件或者打开一个已存在的文件，便可以看到一个用户操作界面。操作界面由标题栏、自定义快速访问工具栏、选项卡、组、快捷工具栏、导航区以及绘图窗口等组成，如图 1-1 所示。

1. 标题栏

标题栏位于 Creo Parametric 6.0 操作界面的正上方，当新建或打开模型文件时，标题栏中除了显示软件名之外，还会显示文件的名称以及当前文件的状态。

在标题栏的右侧，有 3 个实用按钮：【最小化】按钮 ▬、【最大化】按钮 ▭、【关闭】按钮 ✕。

2. 自定义快速访问工具栏

自定义快速访问工具栏由【新建】按钮 、【打开】按钮 、【保存】按钮 、【撤销】按钮 ↺ ▼、【重做】按钮 ↻ ▼、【重新生成】按钮 、【窗口】按钮 以及【关闭】按钮 ✕ 等组成。单击自定义快速访问工具栏最右侧的下拉按钮 ▼，弹出图 1-2 中的按钮所示的下拉列表，可以通过勾选或取消勾选列表中的复选框来自定义添加或删除自定义快速访问工具栏中的按钮。当勾选时，该命令对应的按钮将在自定义快速访问工具栏中显示；取消勾选时则被隐藏。

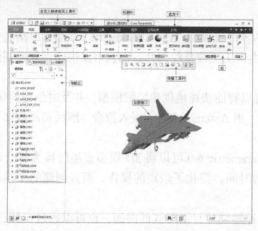

图 1-1　Creo Parametric 6.0 的用户操作界面　　　　图 1-2　【自定义快速访问工具栏】下拉列表

3. 选项卡

选项卡包括【文件】【模型】【分析】【注释】【人体模型】【工具】【视图】【框架】【应用程序】以及【公用】等选项卡。在选项卡中的任意一项上右击，弹出快捷菜单，选择快捷菜单中的【选项卡】选项，弹出【选项卡】下拉列表，如图 1-3 所示。可以勾选或取消勾选列表中的复选框来自定义选项卡中选项的显示状态。

图 1-3　【选项卡】下拉列表

Creo Parametric 6.0 的选项卡中提供了各种实用而直观的命令，系统允许用户根据自己的需要或者操作习惯，对选项卡中的命令进行相应的设置。下面介绍选项卡中常用命令的设置办法。

（1）选择选项卡中的【文件】选项，弹出图 1-4 所示的下拉列表。

（2）选择该列表中的【选项】选项，弹出图 1-5 所示的【Creo Parametric 选项】对话框。

（3）选择对话框左侧的【自定义】下方的【功能区】选项，系统切换至图 1-6 所示的【自定义功能区】选项卡页面。在此选项卡中通过执行【重命名】命令，可以修改选项卡的名称，还可以自定义名称。

图 1-4　【文件】下拉列表

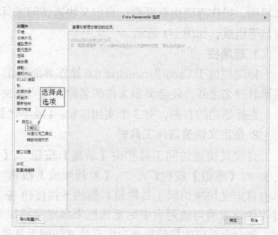

图 1-5　【Creo Parametric 选项】对话框

4. 组

组可以控制选项卡中各选项的显示状态，在图1-6所示的【自定义功能区】选项卡页面中，选择【新建】下拉列表中的【新建组】选项可以控制【组】的显示状态。在选项卡中的任一命令上右击，弹出图1-7所示的快捷菜单，选择【移至溢出】选项，便可把这个命令放置到组中。

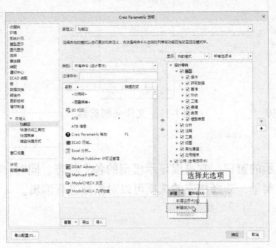

图1-6 【自定义功能区】选项卡

反之，在组中某一命令上右击，弹出图1-8所示的快捷菜单，选择【组】选项便可以把组中的命令显示在选项卡中。

图1-7 快捷菜单（1）

图1-8 快捷菜单（2）

5. 快捷工具栏

快捷工具栏位于绘图窗口的顶部，包括【重新调整】按钮、【放大】按钮以及【缩小】按钮等，在这里可以快速地调用某些常用的命令。在快捷工具栏中的任一命令上右击，弹出图1-9所示的下拉列表，在该下拉列表中可以勾选相应的复选框来显示某些命令。

6. 导航区

导航区有3个选项卡，分别为【模型树】选项卡、【文件夹浏览器】选项卡和【收藏夹】选项卡。

（1）单击【模型树】选项卡，可以按顺序显示创建的特征，如图1-10所示。

（2）单击【文件夹浏览器】选项卡，可以浏览计算机中的文件并打开，如图1-11所示。

图1-9 下拉列表

（3）单击【收藏夹】选项卡，可以打开收藏的网页等，如图 1-12 所示。

图 1-10　模型树　　　　图 1-11　文件夹浏览器　　　　图 1-12　收藏夹

7. 绘图窗口

绘图窗口是指模型显示的窗口，它可以显示模型的各个状态。同时，在绘图窗口中选中某一特征零件后右击会弹出快捷菜单，选择相应的选项可以对模型进行编辑。

1.3　文件的管理

在 Creo Parametric 6.0 中，文件的管理包含新建文件、打开文件、保存文件、另存为文件、打印文件以及关闭文件等诸多文件管理方式。在用户操作界面中的【文件】选项卡的下拉列表中，选择相应的命令即可进行文件管理，如图 1-13 所示。

图 1-13　【文件】下拉列表

1.3.1　新建文件

在建立新模型前，需要建立新的文件。在 Creo Parametric 6.0 中，用户可以创建多种类型的文件，包括布局、草绘、零件、装配、制造、绘图、格式、记事本等文件类型，其中比较常用的有草绘、零件、装配、绘图这几种文件类型。下面以新建一个零件文件为例，介绍新建文件的一般步骤。

（1）单击自定义快速访问工具栏（以下简称工具栏）或主页选项卡中的【新建】按钮，或者执行【文件】→【新建】命令。

（2）弹出图 1-14 所示的【新建】对话框，在其中选择文件的类型。默认的【类型】为【零件】，【子类型】为【实体】。

（3）在【名称】文本框中输入文件的名称。

（4）取消勾选【使用默认模板】复选框，单击【确定】按钮。

（5）弹出图 1-15 所示的【新文件选项】对话框，选择公制模板【mmns_part_solid】选项，然后单击【确定】按钮，进入图 1-16 所示的零件操作界面。

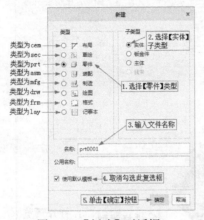

图 1-14　【新建】对话框

图 1-15　【新文件选项】对话框

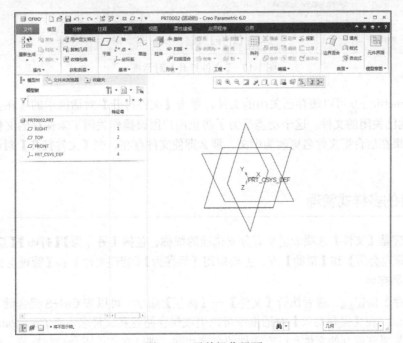

图 1-16　零件操作界面

> **注意**
>
> 如果不取消勾选【使用默认模板】复选框，则表示接受系统默认的英制单位模板，单击【确定】按钮后直接进入零件操作界面；取消勾选该复选框并单击【确定】按钮后，可以在弹出的【新文件选项】对话框中选择相应的模板，公制单位的模板是【mmns_part_solid】，单击【确定】按钮，即可进入零件操作界面。

1.3.2　打开文件

打开计算机中的文件时，可以单击【文件打开】对话框右下方的【预览】按钮预览选中的文件，以免打开错误的文件。在主页选项卡中直接单击【打开】按钮，或者执行【文件】→【打开】命令，弹出【文件打开】对话框，如图 1-17 所示。

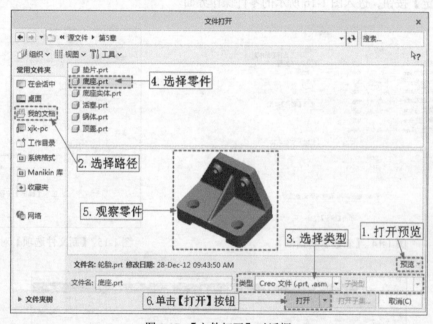

图 1-17　【文件打开】对话框

Creo Parametric 6.0 可以缓存已关闭的文件，单击【文件打开】对话框中的【在会话中】按钮，可以查找已关闭的文件。这个功能是为了防止用户因误操作关闭了未保存的文件而造成文件丢失。但是如果在后台把文件名更改为中文，那么即使文件存在，在【文件打开】对话框中也找不到该文件。

1.3.3　文件的多样式管理

多样式管理是【文件】选项卡里所有分支选项的统称，包括【另存为】【打印】【管理文件】【准备】【发送】【管理会话】和【帮助】等，主要应用【另存为】【管理文件】和【管理会话】3 个选项。

1. 保存与另存为

单击【保存】按钮，或者执行【文件】→【保存】命令（可以按 Ctrl+S 组合键），打开【保存对象】对话框，在【保存对象】对话框中可以更改保存路径和文件名。在 Creo Parametric 6.0 中保存文件时，如果新保存的文件和已有文件的名字相同，则已有文件不会被替换掉，而是在保存时软件自动在文件类型后面添加后续编号。如 lxsc-prt.1 和 lxsc-prt.2，前者表示已有文件，后者表示新文件。

【另存为】选项中有【保存副本】【保存备份】和【镜像文件】3 个选项。

（1）保存副本与保存的效果一样。

（2）保存备份是指把最新的一组文件进行保存，可以更改文件的保存路径。

（3）镜像文件是指把文件镜像复制到另一个文件中或重新创建一个文件。

2. 打印

如果用户的计算机连着打印机，那么可以把 Creo Parametric 6.0 文件打印出来。该操作包括【打印】、【快速打印】和【快速绘图】等选项，这里不进行详细讲解。

3. 管理文件

【管理文件】选项中包括【重命名】【删除旧版本】【删除所有版本】【声明】【实例加速器】5 个选项，如图 1-18 所示。前 3 个选项比较常用。

（1）重命名。执行【文件】→【管理文件】→【重命名】命令，弹出【重命名】对话框，如图 1-19 所示。其中包括如下两个选项（与新建文件的命名一样，不能有中文）。

- 【在磁盘上和会话中重命名】是指把磁盘上和此窗口中文件名相同的文件全部重命名。
- 【在会话中重命名】是指在此窗口中进行重命名。

图 1-18　【管理文件】选项

图 1-19　【重命名】对话框

（2）删除文件。执行【文件】→【管理文件】→【删除】命令，把磁盘中的文件删除。该操作有【旧版本】和【所有版本】两个选项，删除时需要输入文件名，请谨慎使用【删除】命令。

4. 管理会话

【管理会话】选项中有 10 个选项，主要应用【拭除当前】【拭除未显示的】和【选择工作目录】等 3 个选项，如图 1-20 所示。

（1）拭除文件。将文件从会话进程中拭除，以提高软件的运行速度。许多工作文件虽然从绘图窗口关闭了，但是文件还会保存在软件的会话窗口和磁盘中。执行【文件】→【管理会话】→【拭除】命令，可以拭除会话窗口中的文件。该操作有【拭除当前】和【拭除未显示的】两个选项：【拭除当前】是把激活状态下的文件从会话窗口中拭除；【拭除未显示的】是把缓存在会话窗口中的文件全部拭除。

（2）选择工作目录。用来指定文件存储的路径，通常默认的工作目录是启用 Creo Parametric 6.0 的目录。设置新的自定义文件目录可以快速地找到自己存储的文件。

执行【文件】→【管理会话】→【选择工作目录】命令，即可在【选择工作目录】对话框中设置工作目录，并确定文件夹，如图 1-21 所示。

图 1-20　【管理会话】选项

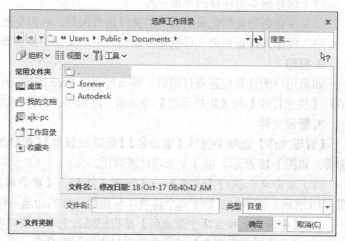

图 1-21　【选择工作目录】对话框

1.4　编辑视图

编辑视图的操作可分为对视图视角的编辑、对模型显示方式的编辑、对视图颜色的编辑和对窗口的控制等几种。在打开 Creo Parametric 6.0 三维模型的情况下，编辑视图在【视图】选项卡中完成，如图 1-22 所示。在图 1-23 所示的快捷工具栏中也可以编辑视图。此时的选项卡包括【文件】【模型】【分析】【注释】【工具】【视图】【柔性建模】【应用程序】和【公用】选项卡。

图 1-22　【视图】选项卡

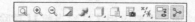

图 1-23　快捷工具栏

1.4.1　视图视角的编辑

在建模时通常要切换模型的视角，以便查看模型各个方向上的特征。

最简单的方法是单击【重新调整】按钮，可以在无限放大或缩小而找不到整个实体的情况下，把实体自动调整到最佳视角，并放置到绘图窗口的中央位置。也可以单击【平移】按钮、【缩小】按钮 Q 、【放大】按钮 Q 等分别对实体进行平移、缩小、放大等操作。这些功能按钮也可以在快捷工具栏中找到。

【已保存方向】选项（单击打开其下拉列表）可把视图自动调整为前后视图、左右视图、上下视图，并确定默认和标准方向。前、后、左、右、上、下 6 个视图是由创建模型时所使用的 TOP、FRONT、RIGHT 3 个基准平面决定的。默认和标准方向与【重新调整】选项一样，自动调整到最佳视图。

单击【重定向】按钮 设置模型方向，可以实现模型多方位的视角切换。在【视图】选项卡中单击【重定向】按钮 ，弹出【视图】对话框，如图 1-24 所示。单击【类型】右侧的下拉按钮，弹出的下拉列表中包括【按参考定向】【动态定向】【首选项】3 个定义视角的方式。

1. 动态定向

【动态定向】是指对模型进行自定义的动态平移、旋转和缩放等设置。在【方向】选项卡中拖动相应的滑块或者输入准确数字，即可对模型进行方位上的定位，如图 1-25 所示。

图 1-24　【视图】对话框

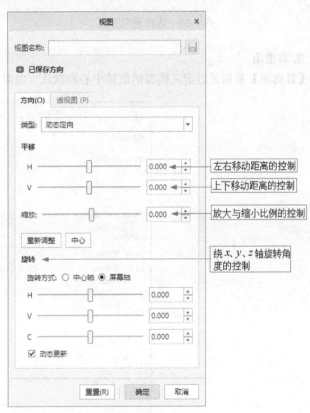

图 1-25　动态定向

2. 按参考定向

【按参考定向】是指定义视图的前后、左右、上下的基准平面来放置实体。定义时要选择实体上某个平面（可以自定义选择该参考面为上下、左右或前后视图），例如：如果选择 FRONT 基准平面为前视图，那么在用户面前平铺的即是 FRONT 基准平面，如图 1-26 和图 1-27 所示。

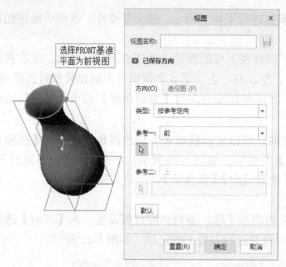

图 1-26　选择基准平面

图 1-27　按参考定向显示

3. 首选项

【首选项】是指通过定义模型的旋转中心和默认方向对模型进行定位，如图 1-28 所示。

图 1-28　首选项

- 模型中心：定义模型的几何中心为参考旋转中心。
- 屏幕中心：定义屏幕的中心为参考旋转中心。
- 点或顶点：定义基准点或模型顶点为参考旋转中心。
- 边或轴：定义模型实体边或轴线为参考旋转中心。
- 坐标系：定义坐标系为参考旋转中心。

在【默认方向】下拉列表中提供了【等轴测】【斜轴测】【用户定义】3 种方式。其中【用户定义】方式需要设置 x 轴和 y 轴的旋转角度。

在三维模型中按住鼠标中键拖动可实现旋转操作；在三维模型中按住 Shift+ 鼠标中键拖动即可实现平移操作；在二维草图里按住鼠标中键可直接拖动草图。

1.4.2　模型显示样式

模型显示样式主要包括着色、隐藏线、无隐藏线、线框和实时渲染 5 种类型。单击快捷工具栏中的【着色】按钮，弹出的下拉列表图 1-29 所示，用于控制视图的显示样式，可以使模型从实体着色显示转换为其他线条的线型模式。图 1-30 所示为着色模型。图 1-31 所示为切换到隐藏线模型的显示样式。

图 1-29　【着色】下拉列表

图 1-30　着色模型

在模型显示样式中，单击快捷工具栏中的【基准显示】按钮，弹出图 1-32 所示的下拉列表，在此下拉列表中可以使基准面、中心线等多个几何基准隐藏或显示，当勾选基准复选框时该基准被显示，反之则被隐藏。在作图过程中隐藏一些不必要的基准，可以使视图看起来更清晰，这在后续的章节中运用得比较多，需要熟练掌握。

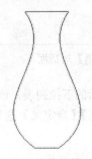

图 1-31　隐藏线模型

图 1-32　基准的显示与隐藏

1.4.3　窗口的控制

对绘图窗口能进行激活、新建、关闭等操作。在打开了多个窗口的情况下，软件一次只能运行一个窗口，其他的窗口都处于未被激活的状态（可以打开窗口，但是不能对其进行创建特征等操作）。如果要激活某个窗口，则单击工具栏中的【窗口】按钮，在弹出的下拉列表中选择要激活的文件，则窗口会切换到所选择文件的窗口并激活该窗口。

单击工具栏的【关闭】按钮，或执行【文件】→【关闭】命令，可以关闭当前的窗口。

注意

这个操作只是关闭窗口，并没有删除窗口中的文件。

1.5 颜色的管理

颜色包括系统颜色和模型颜色两种，设置颜色可以改变系统的背景色、模型的颜色、图元对象和用户操作界面的显示效果。

1.5.1 系统颜色的设置

系统颜色是指窗口、背景等的颜色。在没有打开文件的情况下，直接单击主页选项卡中的【系统外观】选项卡，弹出图 1-33 所示的【Creo Parametric 选项】对话框。

图 1-33 【Creo Parametric 选项】对话框

单击【系统颜色】右侧的下拉按钮，弹出图 1-34 所示的下拉列表，该下拉列表中包含【默认】【浅色（前 Creo 默认值）】【深色】【白底黑色】【黑底白色】【自定义】这几个选项，介绍如下。

- 【默认】。背景颜色为初始系统配置的颜色。
- 【浅色（前 Creo 默认值）】。背景颜色为白色。
- 【深色】。背景颜色为深褐色。
- 【白底黑色】。背景颜色为白色，模型的主体为黑色。
- 【黑底白色】。背景颜色为黑色，模型的主体为白色。
- 【自定义】。以上是系统自带的颜色配置。通过【自定义】选项，用户可以根据自己的喜好自定义配置系统颜色。选择【自定义】选项，然后单击下方的【浏览】按钮，在弹出的【打开】对话框中选择已经定义好的系统颜色文件，单击【打开】按钮，则系统采用自定义的系统颜色。

图 1-34 【系统颜色】下拉列表

在【Creo Parametric 选项】对话框中可以单独设置【图形】【基准】【几何】【草绘器】【简单搜索】【显示差异】这几项的颜色，下面介绍这几个选项包括的范围。

- 【图形】。设置草绘图形、基准曲线、基准特征，以及预先加亮的显示颜色。在该选项的列表中任意选择一个颜色块，单击即可弹出【颜色编辑器】对话框。
- 【基准】。设置基准特征显示颜色，包括基准面、基准线、坐标系等。
- 【几何】。设置所选的参考、面组、钣金件曲面、模具或铸造曲面等几何对象的颜色。
- 【草绘器】。设置草绘截面、中心线、尺寸、注释文本等二维草绘图元的颜色。
- 【简单搜索】。包括冻结的元件或特征、失效的特征元件等的显示颜色。所谓失效，是指在建模过程中（包括装配），因编辑了上一层的特征，而影响了下一层的特征，这样下一层的特征会失效。例如，两个拉伸特征一前一后，后面的拉伸特征是在前一个拉伸特征的基础上完成的，如果编辑（包括删除）了前面的拉伸特征，则后面的拉伸特征就会失效。一般遇到这种情况，只要解除后面拉伸特征与前面拉伸特征的关联即可。

在【图形】【基准】【几何】等选项中又包括了许多子选项，图 1-35 所示是单击【图形】下拉按钮弹出的子选项，在该选项卡中可以定义子选项的颜色。如选择子选项中的【几何】选项，弹出图 1-36 所示的【主题颜色】面板，可以选择主题颜色中的任意一种颜色作为【几何】的颜色。

选择【主题颜色】面板下的【更多颜色（M）】选项，弹出图 1-37 所示的【颜色编辑器】对话框，在此对话框中可以自定义需要的颜色。

图 1-35　【图形】选项卡

图 1-36　【主题颜色】对话框

【颜色编辑器】对话框中有【颜色轮盘】、【混合调色板】和【RGB/HSV 滑块】3 个选项。

- 【颜色轮盘】：选择【颜色轮盘】选项，弹出图 1-38 所示的【颜色轮盘】选项卡，在颜色轮盘中单击即可选择某一个颜色点。
- 【混合调色板】：选择【混合调色板】选项，弹出图 1-39 所示的【混合调色板】选项卡，在调色板上按住鼠标左键并拖动鼠标可以设置颜色。
- 【RGB/HSV 滑块】：拖动滑块或输入精确数字来设置颜色，系统默认展开【RGB/HSV 滑块】选项卡。

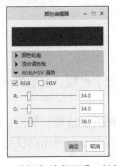

图 1-37　【颜色编辑器】对话框

图 1-38　【颜色轮盘】选项卡

图 1-39　【混合调色板】选项卡

1.5.2 模型外观的设置

模型的外观可以通过颜色、纹理或者颜色和纹理的组合来定义。外观的设置是通过【外观管理器】进行的，单击【视图】选项卡，进入视图模块，单击该选项卡中【外观】的下拉按钮，弹出图1-40所示的下拉列表，单击【我的外观】或【库】中的外观球，弹出【选择】对话框，鼠标指针会变成一支毛笔，接着在模型中要设置外观的元件表面单击（按住 Ctrl 键可以同时选择多个表面），然后单击【选择】对话框中的【确定】按钮，即可设置模型的外观。

选择图1-40所示下拉列表中的【外观管理器】选项，弹出图1-41所示的【外观管理器】对话框，在此对话框中可以对模型的外观进行更多设置。

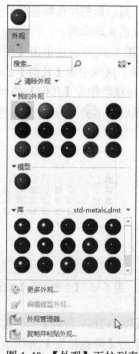

图 1-40 【外观】下拉列表

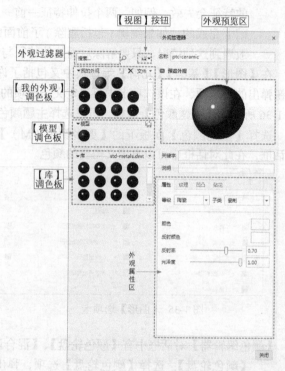

图 1-41 【外观管理器】对话框

外观管理器主要由以下几个部分构成：外观过滤器、【视图】按钮、【我的外观】调色板、【模型】调色板、【库】调色板、外观预览区、外观属性区。这些选项可以将模型设置成各种各样的外观，使其内容和功能更加丰富，这些在后续的章节中会详细地介绍，在此不再赘述。

1.6 模型树的管理

模型树是导航区的一部分，用于记录和保存一个模型的创建（装配）过程。模型树由模型的名称、类型、系统基准和创建模型时所用的特征组成，如图1-42所示。

在模型树中可以控制一些特征和基准的显示与隐藏，使模型看起来更加清楚和简洁。也可以对其进行组合操作，方法为按住 Ctrl 键选择作为组的特征和基准，然后右击，在弹出的快捷菜单中选择【组】选项，这样可使模型树看起来更加整齐，如图1-43所示。

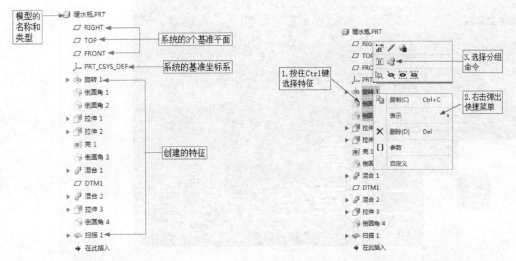

图 1-42　模型树　　　　　　　　　　图 1-43　模型树控制基准的隐藏组

单击模型树的【设置】按钮🗁 ▼，弹出图 1-44 所示的下拉列表。选择【树过滤器】选项，弹出图 1-45 所示的【模型树项】对话框，在此对话框中可以设置在用户操作界面中显示的选项。

在模型树中还可以编辑已完成的特征，包括在特征之间添加新特征，以及拖动特征。

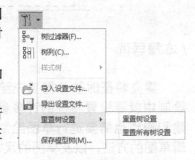

- 编辑特征。选中要编辑的特征然后右击，弹出图 1-46 所示的快捷菜单，选择【编辑定义】选项，进入编辑特征界面。
- 添加特征。拖动模型树最下边的【在此插入】选项➡，把其放置到要添加的位置，即可在此处添加特征。

图 1-44　【设置】下拉列表

> 注意　添加的特征如果破坏了下面特征的参考系，那么下面的特征便会失效。

- 拖动特征。在模型树中按住鼠标左键直接把特征上下拖动即可。但是要注意：拖动到某个位置时要保证这个特征的参考系不会改变，这样才可以拖动这个特征。

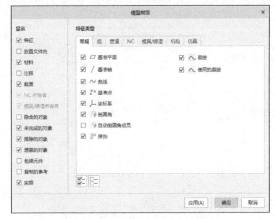

图 1-45　【模型树项】对话框

图 1-46　编辑特征

第 2 章
二维草绘

/ 本章导读

建立特征时往往需要先绘制特征的截面形状，在草图绘制中就要设置特征的许多参数和尺寸。另外，基准的创建和操作也需要进行草图绘制。本章将讲解绘制草图和编辑草图的方法，以及草图的尺寸标注和几何约束。

/ 知识重点

- 基本图形的绘制
- 多边形的绘制
- 标注与约束
- 图形的编辑
- 创建文本

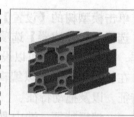

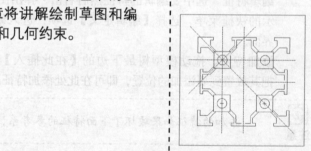

2.1 草绘概述

草绘即 2D 平面图形的绘制。草绘在 Creo Parametric 中扮演着重要的角色，也是产品设计过程中需要掌握的一项基本技能，许多建模都是在草绘的基础上进行的。准确地绘制出平面图形，会使所设计的模型变得更加完美。本章将讲解草绘的命令以及应用方法，并且分析和解决经常遇到的问题。

草绘常用的基本图元命令有点、直线、曲线、样条曲线、圆弧等，利用这些命令可以绘制出各种各样的图形。在 Creo Parametric 中草绘有自己的文件格式 .sec，后面的章节中会经常使用到草绘。值得注意的是，草绘与绘制工程图是不一样的，草绘没有太多的格式和创建要求，而工程图有自己的文件格式以及独特的要求。

2.1.1 草绘的创建

创建草绘有以下 3 种方式。

（1）直接通过新建文件的方式创建草绘文件。

（2）在零件和装配环境下创建草绘。

（3）创建特征时选择特征工具栏中的【插入草绘】选项创建草绘。

第一种方式是单击工具栏中的【新建】按钮 ，打开【新建】对话框，选择【草绘】选项，并输入文件名，单击【确定】按钮进入草绘界面。后两种方式都必须定义一个草绘基准平面，作为草绘的平面。草绘平面可以是模型的表面，但必须是平面。

在零件和装配环境下，单击【模型】选项卡【基准】组中的【草绘】按钮 ，弹出【草绘】对话框。在绘图窗口中单击选择草绘基准平面，例如 TOP、FRONT、RIGHT、用户创建的基准平面或者是某个模型的平面，也可以在模型树中单击选择基准平面。【参考】选项会自动生成，单击【草绘】按钮进入草绘界面。

图 2-1 创建特征时创建草绘

在特征的创建过程中，许多特征必须要有草绘图。如拉伸特征需要草绘拉伸截面，旋转特征需要草绘旋转截面，扫描特征需要草绘扫描轨迹和扫描截面等。单击特征工具栏中的【放置】按钮，如图 2-1 所示。再单击【定义】按钮，并选择草绘基准平面，进入草绘界面。

2.1.2 草绘工具的介绍

草绘界面中的选项卡由【草绘】【分析】【工具】【视图】4 个选项卡组成，每个部分都由功能类似的命令组成。

（1）【草绘】选项卡主要由创建草绘的基本图元命令以及编辑图元的命令组成，主要组成部分如下。

- 【设置】：栅格是在绘制草图时的一个辅助视觉效果，背景有格子显示，各自的边长、密度等都可以在其下拉列表中进行编辑。
- 【操作】：单击【操作】里的【选择】按钮 可以进行选择目标图元、拖动图元等操作，按住 Ctrl 键可以选择多个图元进行操作。
- 【基准】：用于创建基准线、基准点、基准坐标系等。
- 【草绘】：用于创建草绘图元，例如线、点、文字、倒角等。
- 【编辑】：对绘制的草图进行编辑，例如修改、镜像等。
- 【约束】：创建两个或多个图元之间的几何约束，减少过多的尺寸，使草绘更加准确。

- 【尺寸】：对绘制的草图进行标注，例如长度、角度、距离等。
- 【检查】：检查绘制的草图是否合并、重复等。

（2）【分析】选项卡可以对绘制的草图进行测量和检查，主要包括【测量】和【检查】两个选项。

- 【测量】：用于对绘制的图元进行检测距离、角度、半径等操作。
- 【检查】：与【草绘】选项卡中的【检查】选项用法一样。

（3）【工具】选项卡中的【关系】选项可以用数学表达式绘制一个图元（曲线）。

（4）【视图】选项卡主要用于控制草图的方向、草图的显示以及窗口的状态。

2.2 基本图形的绘制

基本图形又叫基本图元，是一切图形的组成元素，包括线、圆、弧、样条曲线、坐标系、倒角、倒圆角等。这些图元的绘制操作基本一样，先从【草绘】选项卡中选择要绘制的图元命令，然后在绘图窗口中单击即可进行绘制，双击鼠标中键可结束绘制。

2.2.1 线

直线是绘制几何图形的基本图元，在 Creo Parametric 中有直线、直线相切、中心线和中心线相切 4 种类型，直线是绘制图形轮廓最基本的图元。

1. 直线 ⌇

在 Creo Parametric 中，【直线】命令 ⌇ 是直线链命令，直线链是指头尾相连的多条直线。如果要绘制一条直线，那么需要定义其起点和终点，然后双击鼠标中键结束命令即可。绘制水平线、竖直线、参考线和两边对称线（或相等线）时，系统会自动添加相应的约束。

2. 直线相切 ⋉

直线相切是在两个图元之间绘制一条相切直线。选择曲线的时候，选择点的位置不同，得到的切线也不同，如图 2-2 所示。

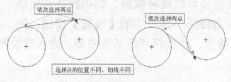

图 2-2　绘制相切直线

3. 中心线 ⋮ **和中心线相切** ⋏

中心线和中心线相切的绘制方法与直线一样。中心线不是线链，直接用两个点便可定义。中心线相切是在两个圆类图元之间绘制一条与两个图元相切的中心线。

2.2.2 圆

在日常生活和数学知识里讲到的圆，主要涉及的名词有圆心、半径、直径。在 Creo Parametric 里绘制一个圆时也要通过这些名词参数来定义和确定。圆命令下拉列表中有 4 种绘制圆的方法。

1. 圆心和点 ◎

【圆心和点】是指用圆心和圆周上的某一个点来确定圆，本质上是通过圆心和半径（直径）来定义这个圆。在快捷工具栏中单击【圆心和点】按钮 ◉，并在绘图窗口中单击定义圆心，然后拖动鼠标再在圆周位置处单击，就可以画出一个圆。

2. 同心圆 ◎

【同心圆】是指绘制圆心为同一点的多个圆，绘制此类圆的首要条件是要有一个圆心，而这个圆心可以是椭圆的中心，也可以是某个弧的弧心。单击【同心圆】按钮 ◎，在绘图窗口中单击定义圆心，然后在适当的位置单击即可确定圆周位置。

3. 3 点 ◯

【3 点】是指用圆周上不同的 3 个点来定义圆。单击【3 点】按钮 ◯ 后，在绘图窗口中依次单击所需要通过的 3 个点就可以绘制一个圆。

4. 3 相切 ◯

【3 相切】是指绘制一个圆，此圆满足与给定的 3 个图元相切的条件。在设计行业中，这种绘制圆的方法应用比较广泛。单击【3 相切】按钮 ◯，在绘图窗口中依次单击需要相切的 3 个图元。

2.2.3　椭圆

在日常生活和数学知识里讲到的椭圆，主要涉及的名词有长轴和短轴。在 Creo Parametric 里绘制一个椭圆时也要通过这些名词参数来定义和确定。椭圆命令下拉列表有两种绘制椭圆的方法。

1. 轴端点椭圆 ◯

【轴端点椭圆】是指通过定义椭圆某个轴的两个端点和另一个轴的一个端点来绘制这个椭圆。在快捷工具栏中单击【轴端点椭圆】按钮 ◯，在绘图窗口中通过两个端点定义椭圆某个轴，然后拖动鼠标到适当的位置单击，从而定义另一个轴的端点。

2. 中心和轴椭圆 ◯

【中心和轴椭圆】是指利用椭圆的中心和两个轴的轴端点来定义一个椭圆。在快捷工具栏中单击【中心和轴椭圆】按钮 ◯，在绘图窗口中单击定义图元的中心，然后拖动鼠标定义一个轴的端点，再拖动鼠标定义另一个轴的端点，通过轴的端点来定义长短轴的长度。

2.2.4　弧

弧就是圆周或曲线上的一段，它有自己的弧心和半径。弧包括圆弧与圆锥弧，其绘制方法与绘制圆的方法大致相同。弧需要定义弧心和两个端点，圆弧的创建有以下 5 种方法。

1. 3 点 / 相切端 ◯

【3 点 / 相切端】是指用不同的 3 个点来约束和确定弧。在快捷工具栏中单击【3 点 / 相切端】按钮 ◯，然后在绘图窗口中单击确定弧的两个端点，单击第三个点即可确定弧的半径。

2. 同心 ◯

【同心】是指通过某一条曲线的弧心，绘制多个同心的圆弧。单击【同心】按钮 ◯ 后，在绘图窗口中选择一个弧心作为同心，然后通过定义弧的两个端点来确定一条弧，而其他弧则只需定义两个端点就可以绘制了。

3. 圆心和端点 ◯

【圆心和端点】是指通过定义弧的弧心和两个端点确定一条弧。单击【圆心和端点】按钮 ◯ 后，在绘图窗口中单击确定弧心，然后在适当的位置单击确定弧的两个端点。

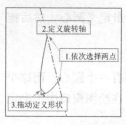

图 2-3　绘制圆锥弧

4.3 相切

【3 相切】是指绘制一条与 3 个图元相切的圆弧。在快捷工具栏中单击【3 相切】按钮，在绘图窗口中依次单击需要相切的 3 个图元，就可以创建【3 相切】圆弧。

5. 圆锥

【圆锥】是指通过圆锥的竖直轴和其周边上的点定义圆锥弧。单击【圆锥】按钮 后，在绘图窗口中通过两个点定义圆锥弧的竖直轴，然后在适当的位置单击定义圆锥弧的周边，如图 2-3 所示。

2.2.5　样条曲线

样条曲线是指通过给定的一组控制点，并且每个相邻控制点上的切线都平行的曲线。曲线的大致形状都由这些点控制，而通过控制点的疏密程度可以控制曲线的凹凸程度。绘制完的曲线随着控制点的移动而发生形状上的改变，如图 2-4 所示。样条曲线在数控加工行业中应用比较广泛。

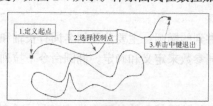

图 2-4　绘制样条曲线

2.2.6　倒角与倒圆角

倒角与倒圆角是为满足生产过程中某些工艺要求而产生的一类特征，不但在机械制造行业中使用，而且也广泛应用于建筑、家电等行业。

倒角和倒圆角均有两种不同效果的创建方法，其各自的作用也不一样。

1. 倒角

【倒角】是在两条相交线或端点相邻的两条线之间完成一个有角度和长度参数的直线连接，而相交点会被剪切掉，这个命令在剪切相交点后会留下虚线式的延伸线，显现出两条线先前相交之处。在快捷工具栏中单击【倒角】按钮，在绘图窗口中选择两条目标线，然后更改倒角线的参数即可。

【倒角修剪】与【倒角】类似，是在两条相交线或端点相邻的两条线之间完成一条有角度和长度参数的直线连接，而剪切后不会留下任何痕迹。在快捷工具栏中单击【倒角修剪】按钮，在绘图窗口中选择两条目标线，然后修改参数即可。

2. 圆形

【圆形】是在两条相交线或端点相邻的两条线之间用一个有角度和半径参数的弧形来连接，也可以在两个相邻的圆之间完成倒圆角操作。在快捷工具栏中单击【圆形】按钮，然后在绘图窗口中选择两个目标图元，再修改圆角参数即可。必要时可以拖动圆角的圆心来适当调整位置。

【圆形修剪】与【圆形】类似，是在两条相交线或端点相邻的两条线之间用一个有角度和半径参数的弧形来连接，而剪切后不会留下任何痕迹。在快捷工具栏中单击【圆形修剪】按钮，在绘图窗口中选择两条目标线，然后修改参数即可。

3. 椭圆形 ⌇

【椭圆形】是在两条相交线或端点相邻的两条线之间用一个有角度和半径参数的椭圆弧来连接，也可以在两个圆之间完成椭圆形的倒圆角操作。在快捷工具栏中单击【椭圆形】按钮 ⌇，在绘图窗口中选择目标图元，然后对圆角的参数进行修改。

【椭圆形修剪】与【椭圆形】类似，是在两条相交线或端点相邻的两条线之间用一个有角度和半径参数的椭圆弧来连接，而剪切后不会留下任何痕迹。在快捷工具栏中单击【椭圆形修剪】按钮 ⌇，在绘图窗口中选择两条目标线，然后修改参数即可。

2.2.7 基准

基准是机械制造中应用十分广泛的概念，机械产品在设计时零件尺寸的标注、制造时工件的定位、校验时尺寸的测量，直到装配时零部件的装配位置确定等，都要用到基准的概念。基准就是用来确定生产对象上几何关系所依据的点、线或面。它包括基准点、中心线以及坐标系 3 项。

1. 基准点 ✕

基准点的用途非常广泛，既可辅助建立其他基准特征，也可辅助定义建模特征的位置或组件的安装定位。它与【草绘】选项组里的点不一样，【草绘】里的点是指几何点、二维草绘上的点，而这个点是作为基准的特殊点。在快捷工具栏中单击【点】按钮 ✕，然后在绘图窗口中适当的位置单击放置就可以了。

2. 中心线 ⋮

在工业制图中，常会在物体的中点用一种线型绘出中心线，用于表述与之相关的信息。中心线又叫中线，常用间隔的点和短线段连成一线来表示。这样的线型叫作点画线，是中心线的特定标志。中心线在机械、建筑、水利等各大专业制图中有其特定的用途，它能给物体以准确的定位。这里的中心线与【草绘】的中心线不同，【草绘】选项组里面的中心线是指几何中心线，在创建旋转特征选择旋转轴时，所采用的中心线必须是【基准】选项组里的基准中心线。在快捷工具栏中单击【中心线】按钮，然后在绘图窗口中适当的位置用两个点定义放置即可。

3. 坐标系 ⤷

坐标系用来创建几何坐标系，几何坐标系用于确定空间中一点的位置。坐标系的种类很多，常用的坐标系有笛卡儿直角坐标系、平面极坐标系、柱面坐标系（或称柱坐标系）和球面坐标系（或称球坐标系）等。【草绘】组里的坐标系是指创建草图的坐标系，在实体建模过程中，如果在实体上草绘时用草绘坐标系，那么草绘结束后，草绘点和坐标系不会在实体上显示，而几何点与几何坐标系会在实体上显示。创建方法与【点】一样，在快捷工具栏中单击【坐标系】按钮 ⤷，然后在绘图窗口中适当的位置单击放置即可。

2.3 多边形的绘制

Creo Parametric 里的多边形是多种多样的，其分类也较多。在 Creo Parametric 里只需要通过简单的步骤便可以绘制多边形，有些图形甚至可以直接调用。

2.3.1 矩形的绘制

矩形是常见的多边形。草绘快捷工具栏中有专门的【矩形】命令，其中包括拐角矩形、斜矩形、中心矩形和平行四边形 4 种选项。

（1）拐角矩形▢。通过定义对角线的两个端点来绘制矩形。在快捷工具栏中单击【拐角矩形】按钮▢，在绘图窗口中单击定义一个顶点，然后再单击定义另一个顶点。

（2）斜矩形◇。通过定义相邻的两条边的长度来定义一个矩形。在快捷工具栏中单击【斜矩形】按钮◇，在绘图窗口中定义第一条边的长度，然后单击定义第二条边的端点。

（3）中心矩形▣。通过定义矩形的中心点和一个顶点来确定矩形。在快捷工具栏中单击【中心矩形】按钮▣，在绘图窗口中单击定义矩形的中心点，然后单击定义矩形的一个顶点。

（4）平行四边形▱。通过定义两条相邻边来绘制平行四边形。在快捷工具栏中单击【平行四边形】按钮▱，在绘图窗口中定义第一条边的长度，然后单击定义第二条边的端点。

2.3.2　多边形的绘制

由 3 条及 3 条以上的线段首尾顺次连接所组成的平面图形，称为多边形。单击快捷工具栏中的【选项板】按钮▨，弹出【草绘器选项板】对话框。选择要绘制的多边形，双击对话框中的多边形，在视图中找到合适的位置，单击定义多边形的质量中心点，然后修改参数。对于正多边形，输入的数值就是边长。而【轮廓】【形状】等图形也可以用同样的方法绘制。

2.4　标注与约束

2.4.1　标注

草绘里除了绘制图元各部分的形状外，还必须准确、详尽和清晰地标注尺寸，以确定其大小，作为加工时的依据。国标规定图上标注的尺寸一律以毫米（mm）为单位，图上的尺寸数字都不再注写单位，而【mmns-part-solid】单位类型正是以 mm 为单位的。在 Creo Parametric 中，草图尺寸可以直接双击尺寸数字进行修改。

在 Creo Parametric 中，尺寸有强尺寸与弱尺寸两种：绘图的时候系统自动生成的尺寸为弱尺寸，呈现灰色；双击该尺寸可修改，修改完成后按回车键确定，那么该尺寸就会转变成强尺寸，颜色变深。

在尺寸标注过程中，强尺寸具有比弱尺寸更强的约束力，强尺寸之间不能有冲突，即不能重复标注。强尺寸能被删除，删除后变为弱尺寸。当尺寸标注中出现冲突时，可以通过删除强尺寸来解决。

1. 把弱尺寸变为强尺寸

要把弱尺寸变为强尺寸，可以通过双击更改弱尺寸来转变，如图 2-5 所示。

2. 标注尺寸

快捷工具栏里标注尺寸的选项有 4 个。

（1）法向标注 ↦。法向标注是最常见的一种标注方式，是对直线的长度、圆的直径或半径、两个图元中心点的距离等最直观尺寸最直接的标注方法。在快捷工具栏中单击【法向标注】按钮 ↦，然后在绘

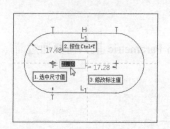

图 2-5　强弱尺寸的变换

图窗口中单击需要标注的目标，最后单击鼠标中键确定目标就可以对其进行标注了。

（2）周长标注 ⊡。周长标注主要用于图元链或图元环的长度标注。在快捷工具栏中单击【周长标注】按钮 ⊡，然后按住 Ctrl 键在图元链中选择要标注的图元，再单击【选择】对话框里的【确定】按钮。系统会提示选择一个现有尺寸作为可变尺寸，从而创建一个周长尺寸。单击选择一个可变尺寸，再单击鼠标中键，完成周长尺寸的标注。如果删除可变尺寸，那么周长尺寸也会被删除。

（3）参考尺寸 ⊫。对图元可以直接创建参考尺寸。在快捷工具栏中单击【参考】按钮 ⊫，然后在绘图窗口中单击目标图元，并单击鼠标中键就可以了。用户也可以把现有的尺寸变为参考尺寸：选择要改变的强尺寸并右击，在弹出的快捷菜单中选择【参考】选项就可以把该尺寸变为参考尺寸。

（4）基线 ⊡。基线尺寸是指定相对基线的尺寸。在快捷工具栏中单击【基线】按钮 ⊡，然后在绘图窗口中单击要变为基线的线，再单击鼠标中键，基线就被选定。基线尺寸的作用是把有关尺寸变为关于基线的尺寸。

3. 尺寸的修改

在 Creo Parametric 里，草绘尺寸是可以直接修改的：双击尺寸，输入准确的尺寸数字，然后双击鼠标中键或按回车键就可以了。尺寸线也可以通过选中尺寸，然后拖动到适当位置来改变放置位置。很多时候 Creo Parametric 6.0 自动生成的尺寸比较多，并且很多都是多余的尺寸，就不可避免地需要修改和删除不必要的尺寸。当用户进行删除或自定义标注尺寸操作的时候，系统往往会弹出一个【解决草绘】对话框，提示用户标注的尺寸与某些尺寸冲突，这时候用户可以把框里不需要的尺寸、约束等选中，并选择【删除】选项，就可以删除不必要的尺寸，如图 2-6 所示。

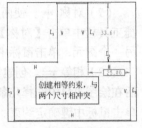

图 2-6 草绘冲突的解决

如果要对整个图的尺寸进行修改，那么框选全部图元和尺寸，单击【修改】按钮 ⊟，取消【重新生成】复选框的勾选，在尺寸文本框中输入相应的尺寸，按回车键进行下一个尺寸的修改，直到修改完所有尺寸，然后单击【确定】按钮，如图 2-7 所示。

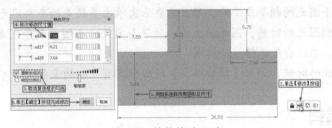

图 2-7 整体修改尺寸

注意　　有些尺寸不能修改是因为存在约束条件，可以去除约束条件后再修改尺寸；多余的尺寸可以在选择后右击，在弹出的快捷菜单中选择【删除】选项进行尺寸删除。

2.4.2 约束

约束是定义图元和图元之间关系的工具，例如两条直线的相等、垂直、平行等。这些约束可以简化尺寸，尺寸和约束的作用较为类似，尺寸通过数字参数确定某个图元的大小，而约束是通过定义图元的几何关系确定这个图元的大小。在 Creo Parametric 6.0 里有以下 9 种约束。

（1）竖直 ╋。使直线竖直或使两个顶点竖直放置。在快捷工具栏中单击【竖直】按钮 ╋，然后在绘图窗口中选择直线，单击鼠标中键确定约束。

（2）水平 ━。使直线水平或使两个顶点水平放置。在快捷工具栏中单击【水平】按钮 ━，然后在绘图窗口中选择直线，单击鼠标中键确定约束。

（3）垂直 ⊥。使两个图元垂直。在快捷工具栏中单击【垂直】按钮 ⊥，然后在绘图窗口中选择两条直线（先选的直线是固定不变的，后选的直线是变动的直线），最后单击鼠标中键确定约束。

（4）相切 ✗。使两个图元相切。在快捷工具栏中单击【相切】按钮 ✗，然后在绘图窗口中选择两个图元（先选的图元固定不变，后选的是变动的图元），最后单击鼠标中键确定约束。

（5）中点 ╲。在线或圆弧的中点放置点（可以是图元的某一点）。在快捷工具栏中单击【中点】按钮 ╲，然后在绘图窗口中选择要放置的点，再选定放置的图元，单击鼠标中键确定约束。

（6）重合 ⟶。使某一点与图元上的一点重合或与图元共线。在快捷工具栏中单击【重合】按钮 ⟶，然后在绘图窗口中选择要放置的点，再选定要放置的图元，单击鼠标中键确定约束。

（7）对称 ⊣⊢。使两点或定点关于某一中心线对称，是点与点的对称，必须要有中心线。在快捷工具栏中单击【对称】按钮 ⊣⊢，然后在绘图窗口中选择要对称的图元，再选中心线，最后单击另一个图元，单击鼠标中键确定约束。

（8）相等 ═。创建等长、等半径、等曲率的约束。在快捷工具栏中单击【相等】按钮 ═，然后在绘图窗口中选择几条直线（先选的直线是固定不变的，后选的直线是数值变化的直线），最后单击鼠标中键确定约束。

（9）平行 ∥。使两条线平行。在快捷工具栏中单击【平行】按钮 ∥，然后在绘图窗口中选择两条直线（先选的直线是固定不变的，后选的直线是变动的直线），最后单击鼠标中键确定约束。

繁多的约束会导致后期制作工程图时尺寸不完整等问题，这种问题会使加工零件的工人很难加工零件，所以要适当地删除一些不必要的约束。上边已经讲过通过自定义标注尺寸，在【解决草绘】对话框中删除不必要的尺寸和约束。还有一个方法就是右击要删除的约束，在弹出的快捷菜单中选择【删除】选项。

> **注意**
>
> 在【相等】和【平行】约束中，如果是两个图元的相等或平行，单击两个图元即可；如果是多个图元的相等或平价，那么需要依次单击要约束的多个图元。
>
> 当绘制图元的时候，图元的大小和位置与前面一个图元相等或者有其他约束条件成立的时候，系统会先选择这些约束。
>
> 在标注的时候，如果【草绘解决】对话框里有一些约束条件，可以将其删掉。

2.5 图形的编辑

2.5.1 镜像

（1）镜像 ⩊。镜像是很多软件中常见的一种图形编辑方法。在 Creo Parametric 里，镜像不仅可以在草图中应用，也可以在实体建模中应用。在草绘环境中，此工具只有在有中心线的时候才会被激活；在建模环境中，此工具只有在选择特征的时候才会被激活。在绘图窗口中单击需要镜像的图元，然后在快捷工具栏中单击【镜像】按钮 ⩊，在绘图窗口中单击中心线即可。

（2）移动和调整大小 ⟳。在已选择对象的情况下，单击【移动和调整大小】按钮 ⟳，弹出图 2-8 所示的操控板，可以对选中的图元进行移动、调整大小等操作。在水平、垂直、旋转、缩放等参数的文本框里输入数字，参考选项的矩形框里可以选择图元参考的点或线，作为移动、调整的固定点和参考点；如果用户没有选择参考项，那么系统默认参考点为图元的中心点。

图 2-8　操控板

2.5.2　修剪

修剪就是删除不必要的线段，修剪的步骤是先执行【修剪】命令，再选择修剪对象，然后按住鼠标中键结束修剪。修剪命令有 3 个选项。

（1）删除段。动态修剪图元的多余段，如图 2-9（a）所示。在快捷工具栏中单击【删除段】按钮 后，在绘图窗口中按住鼠标左键，在图元上选择要修剪的部分并拖动鼠标，会出现一条拖动过的红色线段，被它选中的图元的多余段会被修剪掉。

（2）拐角。这个命令多用于两个相交而且有多余段的图元间，可以修剪掉多余的线段，如图 2-9（b）所示。

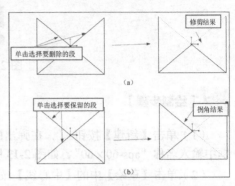

图 2-9　修剪

在快捷工具栏中单击【拐角】按钮 后，在绘图窗口中单击选择相交的那两条线，而单击的部分是需要留下的部分。

（3）分割。分割就是把图元分割成诸多块。在快捷工具栏中单击【分割】按钮 后，鼠标指针会变成带叉号的光标，然后在绘图窗口中单击选择需要分割的地方，并单击添加分割点，即可分割目标图元。

2.6　创建文本

在某些工程图里，为了更快地读懂图纸，需要在图里添加必要的文字注释，在 Creo Parametric 草绘模块里有专门添加文字的命令，添加文本的步骤如下。

（1）单击快捷工具栏中的【文本】按钮 。

（2）在绘图窗口中自下而上单击，以确定文本的高度和位置，弹出图 2-10 所示的【文本】对话框。

（3）在对话框的【输入文本】文本框里输入文本，并设置字体、对齐、选项等参数。

（4）单击【确定】按钮，完成文本的创建。

放置文字的时候可以选择【沿曲线放置】，按某种曲线放置。完成第（3）步后，勾选【沿曲线放置】复选框，然后在窗口中选择草绘曲线，单击【确定】按钮完成文本的创建，如图 2-11 所示。

图 2-10　【文本】对话框

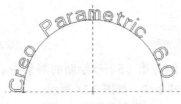

图 2-11　沿曲线放置

2.7　综合实例——绘制型材截面

本节以绘制图 2-12 所示的 aps-60×60 型材横截面为例，讲解草绘创建的一般过程。

图 2-12　aps-60×60 型材

扫码看视频

【绘制步骤】

（1）单击【新建】按钮 ，在弹出的【新建】对话框里选择【草绘】类型，在【名称】文本框中输入名称"aps-60×60"，如图 2-13 所示。单击【确定】按钮，进入草绘界面。

（2）单击【草绘】中的【中心线】按钮，绘制水平和竖直两条中心线，如图 2-14 所示。

（3）单击【中心线】按钮，绘制两条分别与水平和竖直中心线平行且距离为 15 的中心线，如图 2-15 所示。

图 2-13　【新建】对话框

图 2-14　中心线（1）

图 2-15　中心线（2）

（4）单击【圆】按钮 和【矩形】按钮 ，以第（3）步绘制的两条中心线的交点为中心，绘制直径为 6.8 的圆和边长为 11.6 的正方形（通过相等约束来完成），如图 2-16 所示。

（5）单击【中心线】按钮，通过圆心绘制与水平中心线夹角为 45° 和 135° 的两条中心线，如图 2-17 所示。

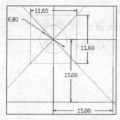

图 2-16　圆和正方形

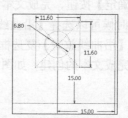

图 2-17　中心线（3）

（6）单击【线】按钮 ，绘制与第（5）步绘制的两条中心线平行且距离为"1.06"、长为"5.87"，并且端点在正方形边上的两条线，如图 2-18 所示。

（7）选中第（6）步绘制的两条直线中的一条，单击【镜像】按钮 ，然后单击直线旁边的中心线进行镜像，单击鼠标中键结束镜像操作。另一条直线按同样方法进行镜像，所得图形如图2-19所示。

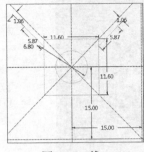

图2-18 线

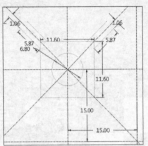

图2-19 镜像（1）

（8）单击【线】按钮 ，绘制图2-20所示的外部轮廓线（相关尺寸已在图中显示）。

（9）按住Ctrl键选择图2-21所示部分，对135°的中心线进行镜像。

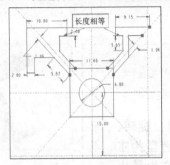

图2-20 轮廓线

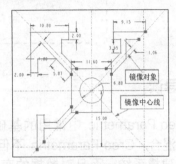

图2-21 选择镜像对象（1）

（10）按住鼠标左键拖动选择全部图元，对水平中心线进行镜像，所得图形如图2-22所示。

（11）把全部图元相对竖直中心线进行镜像，如图2-23所示。然后单击【线】按钮 ，连接断开的断点；单击【删除段】按钮 ，删除正方形的某些断点，得到aps-60×60型材的横截面，如图2-24所示。

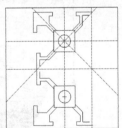

图2-22 选择镜像对象（2）

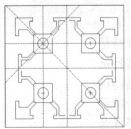

图2-23 镜像（2）

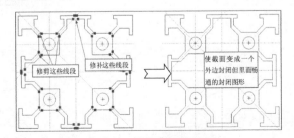

图2-24 修剪后的横截面

第 3 章
基础特征

/ 本章导读

Creo Parametric 中常用的基础特征包括拉伸、旋转、扫描和混合。Creo Parametric 不但是一个以特征造型为主的实体建模系统，而且对数据的存取也是以特征作为最小单元。Creo Parametric 创建的每一个零件都是由一串特征组成的，零件的形状直接由这些特征控制，通过修改特征的参数就可以修改零件。

/ 知识重点

- ⊃ 拉伸特征
- ⊃ 旋转特征
- ⊃ 扫描特征
- ⊃ 混合特征
- ⊃ 扫描混合
- ⊃ 螺旋扫描

3.1 拉伸特征

拉伸是定义三维几何的一种基本方法，它将二维截面延伸到垂直于草绘平面的指定距离处形成实体。

3.1.1 操控板选项介绍

1.【拉伸】操控板

单击【模型】选项卡中【形状】组上方的【拉伸】按钮 ，打开图 3-1 所示的【拉伸】操控板。

图 3-1 【拉伸】操控板

操控板中包括以下元素。

（1）公共【拉伸】选项。

 。创建实体。

 。创建曲面。

 。盲孔，约束拉伸特征的深度。如果需要深度参考，在文本框中填入具体数字即可。

 。对称，在草绘平面每一侧上以指定深度值的一半拉伸截面。

 。到下一个。使用此选项，在特征到达第一个曲面时将其终止。

 。穿透，拉伸截面，使之与所有曲面相交。使用此选项，在特征到达最后一个曲面时将其终止。

 。穿至，将截面拉伸，使其与选定曲面或平面相交。可选择下列各项作为终止曲面。

 由一个或几个曲面所组成的面组。

 在一个组件中，可选择另一元件的几何。几何是指组成模型的基本几何特征，如点、线、面等几何特征。

> 注意　基准平面不能作为终止曲面。

 。到选定项。将截面拉伸至一个选定点、曲线、平面或曲面。

> 注意　使用零件图元终止特征的规则：对于 和 两项，拉伸的轮廓必须位于终止曲面的边界内；在和另一图元相交处终止的特征不具有与其相关的深度参数；修改终止曲面可改变特征深度。

 。设定相对于草绘平面的拉伸特征方向。

 。切换拉伸类型为【切口】或【伸长】。

（2）用于创建【加厚草绘】的选项。

□。通过为截面轮廓指定厚度来创建特征。

✂。改变增加厚度的一侧，或向两侧增加厚度。

【厚度】文本框。指定截面轮廓的厚度值。

（3）用于创建【曲面修剪】的选项。

◪。使用投影截面修剪曲面。

✂。改变要被移除的面组侧，或保留两侧。

2. 下拉面板

【拉伸】工具提供下列下拉面板，如图 3-2 所示。

图 3-2 【拉伸】特征下拉面板

（1）放置。使用该下拉面板可重定义特征截面。单击【定义】按钮可以创建或更改截面。

（2）选项。使用该下拉面板可进行下列操作。

● 重定义草绘平面每一侧的特征深度以及孔的类型（如盲孔、通孔），后文会具体介绍。

● 勾选【封闭端】复选框，用封闭端创建曲面特征。

● 勾选【添加锥度】复选框，使拉伸特征拔模。

（3）属性。使用该下拉面板可以编辑特征名，并打开 Creo 浏览器显示特征信息。

3.1.2 创建拉伸特征的操作步骤

创建拉伸特征的具体操作过程如下。

（1）单击工具栏中的【新建】按钮 □，在弹出的【新建】对话框中选择【零件】类型，在【名称】后的文本框中输入零件名称"拉伸"，如图 3-3 所示。勾选【使用】默认模板复选框，然后单击【确定】按钮，进入实体建模界面。

（2）单击【模型】选项卡中【形状】组上方的【拉伸】按钮◪，弹出【拉伸】操控板。

（3）单击【放置】按钮，弹出的下拉面板如图 3-4 所示。

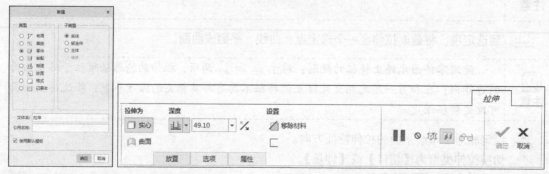

图 3-3 【新建】对话框　　　　　　　　图 3-4 【放置】下拉面板

（4）单击【定义】按钮，弹出【草绘】对话框，选择 FRONT 基准平面作为草绘平面，其余选项保持系统默认值，如图 3-5 所示。

（5）单击【草绘】按钮，进入草绘界面。单击【设置】组中的【草绘视图】按钮，把草绘平面调整到正视于用户的视角；单击【中心矩形】按钮，绘制矩形并修改尺寸，如图 3-6 所示。单击【确定】按钮，退出草绘器。

图 3-5　【草绘】对话框

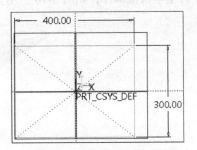

图 3-6　拉伸截面的草绘

（6）单击操控板中的【截至方式】按钮后的下拉按钮，弹出图 3-7 所示的【截至方式】选项组，单击【对称】按钮。此按钮用来指定由深度尺寸所控制的拉伸的深度值，其深度值可以在其后面的文本框中输入，如本例中输入"100"。

（7）单击控制区中的按钮进行特征预览，如图 3-8 所示。用户可以观察当前模型是否符合设计意图，并可以返回模型进行相应的修改。当要结束预览时，单击控制区中的按钮即可回到零件模型，继续对模型进行修改。

图 3-7　【截至方式】选项组

图 3-8　模型预览

（8）单击工具栏中的【保存】按钮，弹出图 3-9 所示的【保存对象】对话框，将完成的图形保存到计算机的一个文件夹中。用户也可以执行【文件】的下拉列表中的【保存副本】命令，在弹出的【保存副本】对话框中输入零件的新名称，单击【确定】按钮即可将文件备份到相应的目录。

图 3-9　【保存对象】对话框

（9）执行【文件】→【管理文件】→【删除旧版本】命令，系统将打开【删除旧版本】对话框，单击【是】按钮，然后关闭窗口。

3.1.3 实例——绘制销

销是一种基本机械部件，如图 3-10 所示。下面执行【拉伸】命令创建销。

图 3-10　销

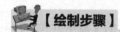【绘制步骤】

扫码看视频

1. 创建新文件

单击工具栏中的【新建】按钮，弹出【新建】对话框。在【类型】中选择【零件】，取消【使用默认模板】复选框的勾选，如图 3-11 所示。在【名称】文本框中输入零件的名称"销"，单击【确定】按钮。在弹出的【新文件选项】对话框中选择【mmns_part_solid】模板，单击【确定】按钮，如图 3-12 所示，进入实体建模界面。

图 3-11　【新建】对话框　　　　　　　　图 3-12　【新文件选项】对话框

2. 设置绘图基准

单击【模型】选项卡中【形状】组上方的【拉伸】按钮，弹出【拉伸】操控板，单击其中的【放置】按钮，再单击【放置】下拉面板中的【定义】按钮，弹出图 3-13 所示的【草绘】对话框，选择FRONT 基准平面作为草绘平面，接受默认参考方向，单击【草绘】按钮进入草绘模式。

3. 绘制草图

单击【草绘视图】按钮，把草绘平面调整到正视于用户的视角；单击【圆心和点】按钮绘制草图，如图 3-14 所示。

4. 修改草图尺寸

双击视图中的尺寸，将其修改成图 3-14 所示的直径为 5 的圆。单击【确定】按钮✔，退出草图绘制环境。

5. 生成拉伸实体特征

单击【实体】按钮▢，单击【对称】按钮-▢-，输入拉伸高度"42"，单击【确定】按钮✔，完成拉伸特征的设置，生成销，如图 3-15 所示。

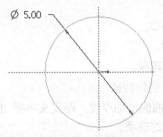
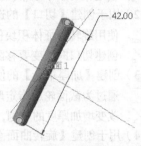

图 3-13 【草绘】对话框   图 3-14 销草图   图 3-15 销

注意　为了能够从不同的角度观察创建的实体，可以在 Creo Parametric 中按住鼠标的中键旋转实体。

3.2 旋转特征

旋转特征就是将草绘截面绕定义的中心线旋转一定的角度来创建特征。旋转工具也是基本的创建方法之一，它允许以实体或曲面的形式创建旋转几何，以及添加或去除材料。要创建旋转特征，可激活旋转工具，并指定特征类型为实体或曲面，然后选择或创建草绘。旋转截面需要旋转轴，此旋转轴既可利用截面创建，也可通过选择模型几何进行定义。旋转工具显示特征几何的预览效果后，可改变旋转角度，在实体或曲面、伸出项或切口间进行切换，或指定草绘厚度以创建加厚特征。

3.2.1 操控板选项介绍

单击【模型】选项卡中【形状】组上方的【旋转】按钮 ◑◐，打开图 3-16 所示的【旋转】操控板。

1.【旋转】操控板

图 3-16 【旋转】操控板

（1）公共【旋转】选项。

▢。创建实体特征。

。创建曲面特征。

。选择旋转特征的旋转轴。

角度选项。列出约束特征的旋转角度选项。包括（变量）、（对称）和（到选定项）。

。自定义草绘平面以指定角度值旋转截面。在文本框中键入角度值或选择一个预定义的角度 (90°、180°、270°、510°)。如果选择一个预定义角度，系统则会创建角度尺寸。

。在草绘平面的每一侧上以指定角度值的一半旋转截面。

。旋转截面直至选定的基准点、顶点、平面或曲面。角度文本框，用于指定旋转特征的角度值。

。创建相对于草绘平面反转的特征方向。

（2）用于创建【切口】的选项。

。使用旋转特征体积块创建切口。

。创建切口时改变要移除的侧。

（3）创建【加厚草绘】的使用的选项。

。通过为截面轮廓指定厚度来创建特征。

。改变增加厚度的一侧，或向两侧增加厚度。厚度文本框用于指定应用于截面轮廓的厚度值。

（4）用于创建【旋转曲面修剪】的选项。

。使用旋转截面修剪曲面。

。改变要被移除的面组侧，或保留两侧。

2. 下拉面板

【旋转】工具提供下列下拉面板，如图 3-17 所示。

  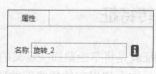

图 3-17 【旋转】特征下拉面板

（1）放置。使用此下拉面板可重定义草绘截面并指定旋转轴。单击【定义】按钮可创建或更改截面，在【轴】列表框中单击并按系统提示可定义旋转轴。

（2）选项。使用该下拉面板可进行下列操作。

● 重定义草绘的一侧或两侧的旋转角度及孔的性质。

● 勾选【封闭端】复选框，用封闭端创建曲面特征。

（3）属性。使用该下拉面板可以编辑特征名，并打开 Creo 浏览器显示特征信息。

3.【旋转】特征的截面

创建旋转特征需要定义要旋转的截面和旋转轴，该轴可以是线性参考又可以是草绘截面中心线。

注意

（1）可使用开放或闭合截面创建旋转曲面。
（2）必须在旋转轴的一侧草绘几何。

4. 旋转轴

（1）定义旋转特征的旋转轴，可使用以下方法。

- 外部参考：使用现有的有效类型的零件几何。
- 内部中心线：使用草绘界面中创建的中心线。
- 定义旋转特征时，可更改旋转轴。例如，选择外部轴代替中心线。

（2）使用模型几何作为旋转轴。

可选择现有线性几何作为旋转轴，如将基准轴、直边、直曲线、坐标系的轴作为旋转轴。

（3）使用草绘器绘制的中心线作为旋转轴。

在草绘界面中可绘制中心线用作旋转轴。

注意

（1）如果截面包含一条中心线，则自动将其用作旋转轴。

（2）如果截面包含一条以上的中心线，则在缺省情况下将第一条中心线用作旋转轴。用户可声明将任意一条中心线用作旋转轴。

5. 将草绘基准曲线用作特征截面

可将现有的草绘基准曲线用作旋转特征的截面。缺省特征类型由选定的几何决定：如果选择的是一条开放草绘基准曲线，则【旋转】工具在缺省情况下创建一个曲面；如果选择的是一条闭合草绘基准曲线，则【旋转】工具在缺省情况下创建一个实体伸出项，可将实体几何改为曲面几何。

6. 使用捕捉改变角度选项的提示

注意

在将现有草绘基准曲线用作特征截面时，要遵守下列规则。

（1）不能选择复制的草绘基准曲线。

（2）如果选择了一条以上的有效草绘基准曲线，或所选几何无效，则【旋转】工具在打开时不带有任何收集的几何，系统会显示一条出错消息，并要求用户选择新的参考。终止平面或曲面时必须包含旋转轴。

采用【捕捉】将角度选项由【变量】改变为【到选定项】，按住 Shift 键拖动图柄至要使用的参考以终止特征。同理，按住 Shift 键并拖动图柄，可将角度选项改回到【变量】。拖动图柄时，会显示角度尺寸。

7.【加厚草绘】命令

【加厚草绘】命令可将指定厚度应用到截面轮廓，从而创建薄实体。【加厚草绘】命令在以相同厚度创建简化特征时是很有用的。增加厚度的规则如下。

- 可将厚度值应用到草绘的任意一侧或应用到两侧。
- 对于厚度尺寸，只可指定正值。

注意

截面草绘中不能包括文体。

8. 创建旋转切口

使用【旋转】工具绕中心线旋转草绘截面可去除材料。

要创建切口，可使用与伸出项相同的角度选项。对于实体切口，可使用闭合截面。对于用【加厚草绘】创建的切口，闭合截面和开放截面均可使用。定义切口时，可在下列特征属性之间进行切换。

- 对于切口和伸出项，可单击【移除材料】按钮 。
- 对于去除材料的一侧，可单击【切换去除材料侧】按钮 。
- 对于实体切口和薄壁切口，可单击【加厚草绘】按钮 。

3.2.2 创建旋转特征的操作步骤

创建旋转特征的具体操作过程如下。

（1）单击工具栏中的【新建】按钮 ，弹出【新建】对话框。在【类型】中选择【零件】，在【名称】文本框中输入零件的名称"旋转"，单击【确定】按钮进入实体建模界面。

（2）单击【模型】选项卡中【形状】组上方的【旋转】按钮 ，弹出旋转操控板。

（3）单击操控板中的【放置】按钮，然后单击【放置】下拉面板中的【定义】按钮。

（4）弹出【草绘】对话框，选择 FRONT 基准平面作为草绘平面，其余选项保持系统默认值，单击【确定】按钮进入草绘界面。

（5）单击【草绘视图】按钮 ，使草绘平面调整到正视于用户的视角；单击【基准】组中的【中心线】按钮 ，绘制一条过坐标原点的竖直中心线作为旋转轴。

（6）单击【线链】按钮 和【圆形】按钮 ，绘制图 3-18 所示的截面。单击【确定】按钮 ，退出草绘环境。

（7）单击【确定】按钮 ，完成旋转体的绘制，效果如图 3-19 所示。

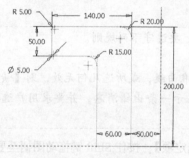

图 3-18　旋转截面草绘

图 3-19　旋转体绘制

3.2.3 实例——绘制挡圈 1

本例将创建挡圈，如图 3-20 所示。首先使用拉伸命令形成挡圈的主体形状；然后因为中心孔的倾斜截面使用拉伸功能很难完成，所以在此使用另一种基本指令——旋转。

图 3-20　挡圈

【绘制步骤】

1. 创建新文件

扫码看视频

单击工具栏中的【新建】按钮 ，弹出【新建】对话框。在【类型】中选择【零件】，取消【使用默认模板】复选框的勾选，在【名称】文本框中输入零件的名称"挡圈"，单击【确定】按钮。弹出【新文件选项】对话框，选择【mmns_part_solid】模板，单击【确定】按钮进入实体建模界面。

2. 创建拉伸体

（1）设置绘图基准。单击【模型】选项卡中【形状】组上方的【拉伸】按钮 ，弹出【拉伸】操控板，单击其中的【放置】按钮，再单击【放置】下拉面板中的【定义】按钮，弹出【草绘】对话框。选择 TOP 基准平面作为草绘平面，单击【草绘】对话框中的【草绘】按钮，接受默认参考方向，进入草绘界面。

（2）绘制草图。单击【草绘视图】按钮 ，把草绘平面调整到正视于用户的视角；单击【圆心和点】按钮 ，绘制两个同心圆及一个小圆，如图 3-21 所示。

（3）标注尺寸。单击【草绘】选项卡中【尺寸】组上的【尺寸】按钮 ，图 3-21 所示为标注后的尺寸。单击【确定】按钮 ，退出草图绘制环境。

（4）设置拉伸参数。在操控板中单击【实体】按钮 和【指定深度拉伸】按钮 ，在右侧的文本框中输入拉伸高度为"5"，单击【确定】按钮 生成主体特征，如图 3-22 所示。

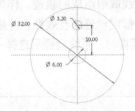

图 3-21　绘制草图

图 3-22　挡圈主体特征

3. 生成旋转切削特征

（1）设置绘图基准。单击【模型】选项卡中【形状】组上方的【旋转】按钮 ，弹出图 3-23 所示的【旋转】操控板。单击操控板中的【放置】按钮，然后单击【放置】下拉面板中的【定义】按钮，弹出【草绘】对话框，选择 RIGHT 基准平面作为草绘平面，接受默认参考方向，单击【草绘】对话框中的【草绘】按钮，进入草绘界面。

图 3-23　【旋转】操控板

（2）绘制草图。单击【草绘视图】按钮 ，把草绘平面调整到正视于用户的视角；单击【基准】组中的【中心线】按钮 ，绘制一条水平中心线（与到 FRONT 基准平面对齐）；再单击【线】按钮 ，绘制图 3-24 所示的两条线段。

（3）标注尺寸。双击视图中的尺寸并进行修改，图 3-24 所示为修改尺寸后的图形。单击【确定】按钮 ，退出草图绘制环境。

（4）设置旋转参数。单击操控板中的【实体】按钮 和【指定角度旋转】按钮 ，输入角度值为"360"；再单击【移除材料】按钮 ；最后单击【确定】按钮 生成旋转切削特征，如图 3-25 所示。

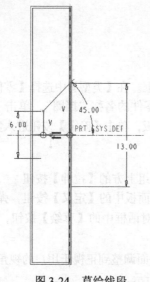

图 3-24 草绘线段

图 3-25 生成旋转切削特征

3.3 扫描特征

扫描特征是通过草绘或选择轨迹，然后沿该轨迹对草绘截面进行扫描来创建实体。常规的截面扫描可使用特征创建时的草绘轨迹，也可使用由选定的基准曲线或边组成的轨迹。作为一般规则，该轨迹必须有相邻的参考曲面或平面。在定义扫描时，系统检查指定轨迹的有效性，并建立法向曲面。法向曲面是指一个曲面，其法向用来建立该轨迹的 y 轴。存在模糊时，系统会提示选择一个法向曲面。

3.3.1 恒定截面扫描特征

在沿轨迹扫描的过程中，草绘的形状不变，仅截面所在框架的方向发生变化。

1. 新建文件

单击工具栏中的【新建】按钮，弹出【新建】对话框。在【类型】中选择【零件】，在【名称】文本框中输入零件的名称"扫描"，单击【确定】按钮。接受系统默认模板，进入实体建模界面。

2. 设置绘图基准

单击【基准】组中【草绘】按钮，在弹出的【草绘】对话框中选择 RIGHT 基准平面作为草绘平面，其他项保持系统默认，然后单击【草绘】按钮进入草绘环境。

3. 绘制扫描轨迹

单击【草绘视图】按钮，把草绘平面调整到正视于用户的视角；单击【线】按钮和【圆形修剪】按钮，绘制图 3-26 所示的扫描轨迹，单击【确定】按钮，退出草图绘制环境。

图 3-26 扫描轨迹

4. 扫描特征

（1）单击【模型】选项卡中【形状】组上方的【扫描】按钮，打开【扫描】操控板，如图 3-27 所示。

图 3-27　【扫描】操控板

（2）系统自动选择第 3 步绘制的草图为轨迹，如图 3-28 所示。

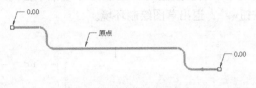

图 3-28　选择曲线

（3）在操控板中单击【草绘】按钮，进入截面绘制环境，绘制图 3-29 所示的矩形截面，并使矩形相对草绘参考中心对称，单击【确定】按钮，退出草图绘制环境。

（4）单击【确定】按钮，生成扫描实体，如图 3-30 所示。

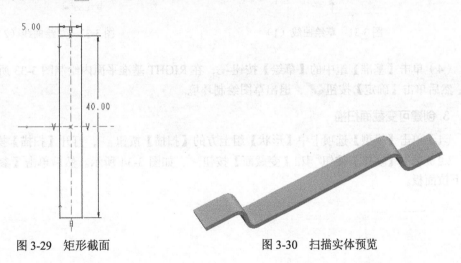

图 3-29　矩形截面　　　　　　　　　图 3-30　扫描实体预览

3.3.2　可变截面扫描特征

可变截面扫描特征是在沿一个或多个选定轨迹扫描剖面时，通过控制剖面的方向、旋转和几何来添加或移除材料，以创建实体或曲面特征。在扫描过程中可使用恒定截面或可变截面创建扫描。

将草绘图元约束到其他轨迹（中心平面或现有几何），或使用由 trajpar 参数设置的截面关系来使草绘可变。草绘所约束的参考可改变截面形状。另外，控制曲线、关系式（使用 trajpar）或定义标注形式也能使草绘可变。草绘在轨迹点处再生，并相应更新其形状。

创建可变剖面扫描特征的具体操作如下。

1. 新建文件

单击工具栏中的【新建】按钮⬜，弹出【新建】对话框。在【类型】中选择【零件】，在【名称】文本框中输入零件的名称"变截面扫描"，单击【确定】按钮。接受系统默认模板，进入实体建模界面。

2. 绘制草图

（1）单击【基准】组中的【草绘】按钮❀，在 FRONT 基准平面内绘制图 3-31 所示的曲线，然后单击【确定】按钮✔，退出草图绘制环境。

（2）单击【基准】组中的【平面】按钮▱，新建基准平面 DTM1，选择 FRONT 基准平面作为参考平面，并设置为偏移方式，偏距为 200。

（3）单击【基准】组中的【草绘】按钮❀，在 DTM1 基准平面内绘制第二条曲线，如图 3-32 所示。然后单击【确定】按钮✔，退出草图绘制环境。

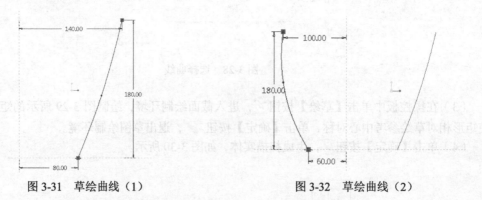

图 3-31　草绘曲线（1）　　　　　图 3-32　草绘曲线（2）

（4）单击【基准】组中的【草绘】按钮❀，在 RIGHT 基准平面内绘制图 3-33 所示的第三条曲线，然后单击【确定】按钮✔，退出草图绘制环境。

3. 创建可变截面扫描

（1）单击【模型】选项卡中【形状】组上方的【扫描】按钮🖋，打开【扫描】操控板。

（2）单击【实体】按钮⬜和【变截面】按钮📐，如图 3-34 所示。然后单击【参考】按钮，弹出下拉面板。

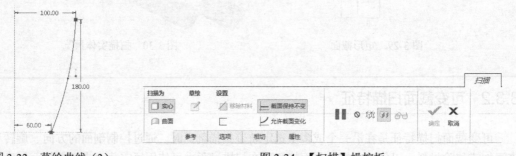

图 3-33　草绘曲线（3）　　　　　图 3-34　【扫描】操控板

（3）单击【轨迹】选项下的收集器，然后按住 Ctrl 键依次选择草绘曲线 1、2、3。也可以不使用 Ctrl 键，选择草绘曲线 1 后，单击收集器下的【细节】按钮，弹出图 3-35 所示的【链】对话框，单击【添加】按钮，选择草绘曲线 2，然后再添加曲线 3，曲线选择后的结果图 3-36 所示。

图 3-35 【链】对话框

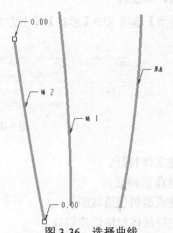

图 3-36 选择曲线

（4）完成曲线选择后，勾选【轨迹】下的选项板中的【链 2】和【X】项对应的复选框，设置【链 2】为 x 轨迹。同样也勾选【原点】选项和【N】项对应的复选框，设置原点轨迹为曲面形状控制轨迹。然后在【截平面控制】下拉列表框中选择【垂直于轨迹】，如图 3-37 所示。其中【垂直于轨迹】表示所创建模型的所有截面均垂直于原点轨迹。

（5）单击【绘制截面】按钮 ，绘制扫描截面。系统将进入草绘界面后所显示的点中，每条曲线上都有一个小 "×"，如图 3-38 所示的 A、B、C 3 点，所绘的扫描截面必须通过该点。

图 3-37 【参考】下拉面板的设置

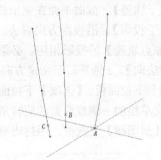

图 3-38 截面控制点

（6）单击【3 点】命令 ，选择图 3-38 所示的 A、B、C 3 点绘制一个通过这 3 点的圆，如图 3-39 所示。然后单击【确定】按钮 ，退出草图绘制环境。

（7）单击【确定】按钮 ，完成可变剖面扫描特征的创建，效果如图 3-40 所示。

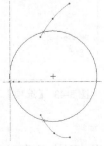

图 3-39 绘制截面

图 3-40 可变剖面扫描（垂直于轨迹）

3.3.3 操控板选项介绍

1.【扫描】操控板

单击【模型】选项卡中【形状】组上方的【扫描】按钮 ，打开图 3-41 所示的【扫描】操控板。

图 3-41 【扫描】操控板

：创建实体特征。

：创建曲面特征。

：创建或编辑扫描截面。

：使用特征体积块创建切口。

：通过为截面轮廓指定厚度来创建特征。

：沿扫描进行草绘时截面保持不变。

：允许截面根据参数参考或沿扫描的关系进行变化。

2.下拉面板

（1）【参考】下拉面板。【参考】下拉面板如图 3-42 所示。在该面板的【截平面控制】下拉列表中有【垂直于轨迹】【垂直于投影】和【恒定法向】3 个选项，这 3 个选项的意义如下。

- 【垂直于轨迹】。截面平面在整个长度上保持与【原点轨迹】垂直。它是普通（缺省）扫描。
- 【垂直于投影】。沿投影方向看去，截面平面与【原点轨迹】保持垂直。z 轴与指定方向上的【原点轨迹】的投影相切。必须指定方向参考。
- 【恒定法向】。z 轴平行于指定方向参考向量。必须指定方向参考。

（2）【选项】下拉面板。【选项】下拉面板如图 3-43 所示。使用该下拉面板可进行下列操作。

- 重定义草绘的一侧或两侧的旋转角度及孔的性质。
- 勾选【封闭端】复选框，用封闭端创建曲面特征。

图 3-42 【参考】下拉面板

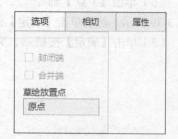

图 3-43 【选项】下拉面板

（3）【相切】下拉面板。【相切】下拉面板如图 3-44 所示。

（4）【属性】下拉面板。【属性】下拉面板如图 3-45 所示。使用该下拉面板可以编辑特征名，并打开 Creo 浏览器显示特征信息。

图 3-44 【相切】下拉面板

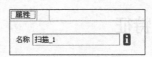

图 3-45 【属性】下拉面板

3.3.4 实例——绘制 O 形圈

绘制图 3-46 所示的 O 形圈。首先绘制扫描轨迹，然后通过扫描完成 O 形圈的创建。

图 3-46 O 形圈

扫码看视频

1. 创建新文件

单击工具栏中的【新建】按钮 ，弹出【新建】对话框。在【类型】中选择【零件】，取消【使用默认模板】复选框的勾选，在【名称】文本框中输入零件的名称"O 形圈"，单击【确定】按钮。弹出【新文件选项】对话框，选择【mmns_part_solid】模板，单击【确定】按钮进入实体建模界面。

2. 设置绘图基准

单击【基准】组中的【草绘】按钮 ，在弹出的【草绘】对话框中选择 TOP 基准平面作为草绘平面，其他项保持系统默认，然后单击【草绘】按钮进入草绘环境。

3. 绘制扫描轨迹

单击【草绘视图】按钮 ，把草绘平面调整到正视于用户的视角；单击【圆心和点】按钮 ，绘制图 3-47 所示的扫描轨迹；单击【确定】按钮 ，退出草图绘制环境。

4. 创建扫描特征

单击【模型】选项卡中【形状】组上方的【扫描】按钮 ，打开【扫描】操控板，打开【参考】下拉面板，在【轨迹】选项组中单击第 3 步绘制的轨迹草图；单击【草绘】按钮 ，绘制图 3-48 所示的扫描截面；单击【确定】按钮 ，退出草图绘制环境。在操控板中单击【确定】按钮 ，完成 O 形圈的创建，如图 3-46 所示。

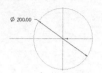

图 3-47　轨迹线

图 3-48　扫描截面

3.4　混合特征

扫描特征由截面沿着轨迹扫描而成，截面形状单一；而混合特征由两个或两个以上的平面截面组成，是将这些平面截面在其边处用过渡曲面连接而形成的一个连续特征。混合特征可以满足用户要求在一个实体中出现多个不同的截面的要求。

混合特征有【混合】和【旋转混合】两种类型，如图 3-49 所示，其各自的意义如下。

- 混合。所有混合截面都位于截面草绘中的多个平行平面。
- 旋转混合。混合截面绕 y 轴旋转，最大角度可达 120°。每个截面都是单独草绘并用截面坐标系对齐。

图 3-49　混合特征

3.4.1　操控板选项介绍

1.【混合】操控板

单击【模型】选项卡中【形状】组下【混合】按钮，弹出图 3-50 所示的【混合】操控板。

图 3-50　【混合】操控板

- ：创建实体特征。
- ：创建曲面特征。
- ：创建或编辑扫描截面。
- ∼：与选定截面混合。

2.下拉面板

【混合】操控板中提供下列下拉面板，如图 3-51 所示。

图 3-51　【混合】特征下拉面板

（1）截面。使用此下拉面板可定义混合截面。单击【定义】按钮可创建或更改截面。

- 【草绘截面】单选按钮：使用草绘截面来创建混合。
- 【选定截面】单选按钮：使用选定截面来创建混合。
- 【截面】列表框：将截面按其混合顺序列出。
- 【插入】按钮：在活动截面下插入一个新的截面。
- 【移除】按钮：删除活动截面。

（2）选项。使用该下拉面板可进行下列操作。

- 【直】单选按钮：在两个截面间形成直曲面。
- 【平滑】单选按钮：形成平滑曲面。
- 【起始截面和终止截面】复选框：将起始截面和终止截面连接起来，以形成封闭混合。
- 【封闭端】复选框：勾选此复选框，在创建混合曲面时将封闭混合特征的两端。

（3）相切。使用【相切】下拉面板可进行下列操作。

- 边界条件：设置截面形成模型的条件。
① 自由：将曲面设置为不受侧参考影响。
② 相切：将曲面设置为与曲面参考相切。
③ 法向：将曲面设置为与曲面参考垂直。
- 图元：设置参考曲面为活动图元。

（4）属性。使用该下拉面板可编辑特征名，并打开 Creo 浏览器显示特征信息。

3.【旋转混合】操控板

单击【模型】选项卡中【形状】组下的【旋转混合】按钮 ，弹出图 3-52 所示的【旋转混合】操控板。

图 3-52 【旋转混合】操控板

：旋转轴。

4. 下拉面板

【旋转混合】操控板中提供下列下拉面板，如图 3-53 所示。

图 3-53 【旋转混合】特征下拉面板

使用此下拉面板可定义混合截面。单击【定义】按钮可创建或更改截面。

- 【上移】按钮：按混合顺序向上移动活动截面。
- 【下移】按钮：按混合顺序向下移动活动截面。

其余选项同【混合】特征下拉面板。

3.4.2　创建混合特征的操作步骤

创建混合特征的具体操作过程如下。

（1）单击工具栏中的【新建】按钮，弹出【新建】对话框。在【类型】中选择【零件】，在【名称】文本框中输入零件的名称"混合特征"，单击【确定】按钮。接受系统默认模板，进入实体建模界面。

（2）单击【模型】选项卡中【形状】组下的【混合】按钮，弹出图 3-54 所示的【混合】操控板。

（3）单击控制面板中的【截面】按钮，弹出【截面】下拉面板，如图 3-54 所示。单击【定义】按钮，弹出【草绘】对话框。

（4）选择 FRONT 基准平面作为草绘平面，其余选项保持系统默认值，单击【确定】按钮进入草绘界面。

（5）单击【草绘视图】按钮，把草绘平面调整到正视于用户的视角。

（6）单击【中心矩形】按钮，绘制草绘曲线作为第一混合截面，如图 3-55 所示。单击【确定】按钮 退出草图绘制环境。

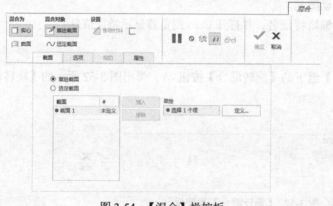

图 3-54　【混合】操控板

图 3-55　第一混合截面

（7）在【混合】操控板上输入偏移距离为"100"，在【截面】下拉面板的【截面】列表框中单击【截面 2】，如图 3-56 所示。

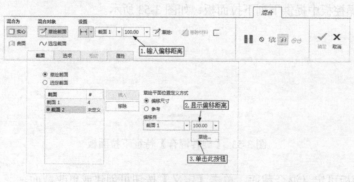

图 3-56　设置截面 2 参数

（8）单击【草绘】按钮，进入草绘环境。单击【圆心和点】按钮⊙，绘制图 3-57 所示的一个直径为 "50" 的圆。

（9）在混合特征中要求所有截面的图元数必须相等。第一截面的图元数为 4，因此第二截面的圆应该分为 4 段。单击【分割】按钮，在图 3-58 所示的位置将圆分割为 4 段圆弧，这时会在第一个分割点处出现一个表示混合起始点和方向的箭头。

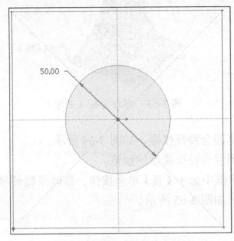

图 3-57　第二混合截面

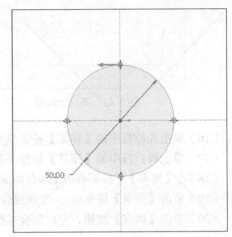

图 3-58　分割圆弧

（10）若要改变起始点的方向，则要选择起始点，选择的点将被加亮显示，然后右击，在弹出的图 3-59 所示的快捷菜单中选择【起点】选项，则起始点箭头为反向，如图 3-60 所示。

（11）单击【草绘】选项组【关闭】面板中的【确定】按钮✔，完成草图的绘制。

（12）单击操控板中的【连接】按钮 连接截面，以方便观察混合特征的形成过程，如图 3-61 所示。

图 3-59　快捷菜单

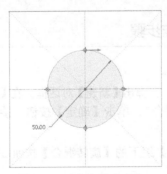

图 3-60　改变起始点方向

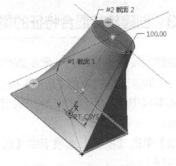

图 3-61　连接截面

（13）在【截面】列表框右侧单击【插入】按钮，【截面】列表框中将显示新建的【截面 3】，在操控板中输入偏移距离为 "80"，在【截面】下拉面板的【截面】列表框中单击【截面 3】，单击【草绘】按钮进入草绘环境。绘制图 3-62 所示的草图，单击【草绘】选项卡【关闭】组中的【确定】按钮✔，完成草图的绘制。

（14）单击【中心矩形】按钮，绘制图 3-62 所示的第三个截面，即一个边长为 "80" 的正方形。

（15）完成截面草绘后，单击【确定】按钮✔，退出草图绘制环境，连接轮廓如图 3-63 所示。

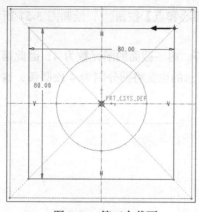

图 3-62　第三个截面

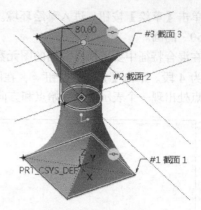

图 3-63　混合特征（平滑）

（16）单击操控板中的【预览】按钮🔍🔍，预览混合特征模型，如图 3-64 所示。

（17）单击操控板中的【预览】按钮🔍🔍，取消混合特征模型的预览。

（18）在【选项】下拉面板的【混合曲面】列表框中选中【直】单选按钮，修改模型的显示样式。

（19）单击【预览】按钮🔍🔍，生成混合特征，如图 3-65 所示。

（20）单击【确定】按钮，完成混合操作。

图 3-64　混合特征（光滑）

图 3-65　起始点反向（直的）

3.4.3　创建旋转混合特征的操作步骤

创建旋转混合特征的一般步骤如下。

（1）单击工具栏中的【新建】按钮 🗋，弹出【新建】对话框。在【类型】中选择【零件】，在【名称】文本框中输入零件的名称"旋转混合"，单击【确定】按钮。接受系统默认模板，进入实体建模界面。

（2）单击【模型】选项卡中【形状】组下的【旋转混合】按钮 🔷，弹出【旋转混合】操控板，如图 3-66 所示。

图 3-66　【旋转混合】操控板

（3）单击操控板中的【截面】按钮，弹出【截面】下拉面板，如图 3-67 所示。单击【定义】按钮，弹出【草绘】对话框。

（4）选择 FRONT 基准平面作为草绘平面，其余选项保持系统默认值，单击【草绘】按钮进入草绘界面。

（5）单击【草绘视图】按钮 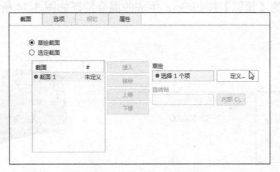，把草绘平面调整到正视于用户的视角。

（6）绘制第一个截面。单击【基准】组上方的【中心线】按钮，在图中基准线位置创建一个竖直中心线作为旋转轴，再单击【中心和轴椭圆】按钮，绘制一个椭圆，如图 3-68 所示。单击【确定】按钮，退出草图绘制环境。

（7）单击操控板中的【截面】按钮，打开【截面】下拉面板，如图 3-69 所示。在【截面】列表框右侧单击【插入】按钮，【截面】列表框中将显示新建的【截面 2】。在操控板中输入角度"60"，如图 3-70 所示。

图 3-67 【截面】下拉面板

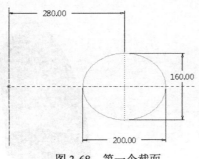

图 3-68 第一个截面

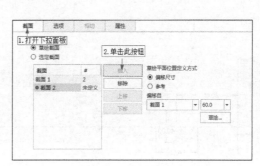

图 3-69 插入截面 2

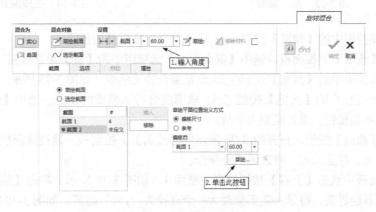

图 3-70 设置截面 2 角度

（8）在下拉面板中单击【草绘】按钮，进入草绘环境，绘制第二截面。

（9）单击【圆心和点】按钮⊙，绘制图 3-71 所示的一个直径为"100"的圆。单击【确定】按钮✔，退出草图绘制环境。

（10）在绘图窗口显示连接草图形成的模型，如图 3-72 所示。如果不再绘制其他截面，单击【确定】按钮 ✔，完成模型的绘制；如果要绘制下一截面，继续在操控板的【截面】下拉面板中插入截面即可。

（11）绘制下一截面后，在【截面】下拉面板中单击【插入】按钮插入截面 3，在操控面板中或【截面】下拉面板中输入截面 3 与截面 2 的旋转角度为"30"。

（12）单击【草绘】按钮，进入绘图环境，绘制第三截面，单击【中心和轴椭圆】按钮◎，绘制结果如图 3-73 所示。单击【确定】按钮✔，退出草图绘制环境。

（13）单击操控板中的【预览】按钮👓，生成的混合特征如图 3-74 所示。

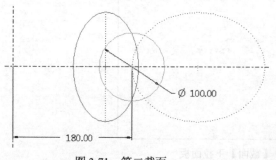

图 3-71　第二截面

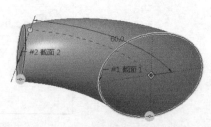

图 3-72　显示连接草图形成的模型

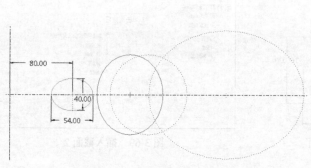

图 3-73　第三截面

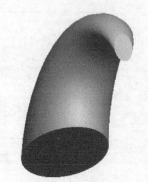

图 3-74　生成混合特征（光滑的）

（14）单击操控板中的【预览】按钮👓，取消混合特征模型的预览。

（15）进入【选项】下拉面板，选中【混合曲面】选项组中的【直】单选按钮。

（16）单击操控板中的【预览】按钮👓，预览混合特征模型，如图 3-75 所示。

（17）单击操控板中的【预览】按钮 👓，取消混合特征模型的预览。选中【混合曲面】选项组中的【平滑】单选按钮，设置模型为平滑。

（18）单击【截面】按钮，打开图 3-76 所示的【截面】下拉面板。通过该面板中的命令，用户可以完成添加截面、移除截面、修改截面等操作。

（19）在该面板中双击【上移】按钮，选中截面 1，如图 3-77 所示。单击【编辑】按钮，系统将进入第一截面草绘界面，将第一截面修改为一个直径为"150"的圆，如图 3-78 所示。

图 3-75 预览混合特征（直的）

图 3-76 【截面】下拉面板

图 3-77 【截面】下拉面板

（20）修改完毕，单击【确定】按钮✔，退出草图绘制环境。

（21）单击操控板中的【预览】按钮，混合特征预览如图 3-79 所示。

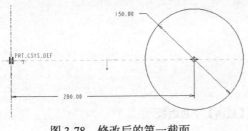

图 3-78 修改后的第一截面

图 3-79 预览混合特征

（22）单击【确定】按钮✔或鼠标中键，完成旋转混合特征的创建。

3.4.4 实例——绘制变径进气管 1

变径进气管是气动管道中常用的一种管形式，由于其截面变化，其创建过程与之前的简单拉伸有所不同，完成后的实体如图 3-80 所示。

图 3-80 变径进气管 1

【绘制步骤】

1. 创建新文件

单击工具栏中的【新建】按钮 ，弹出【新建】对话框。在【类型】中选择【零件】，取消【使用默认模板】复选框的勾选，在【名称】文本框中输入零件的名称"变径进气管1"，单击【确定】按钮。弹出【新文件选项】对话框，选择【mmns_part_solid】模板，单击【确定】按钮进入实体建模界面。

2. 制作实体管道

（1）单击【模型】选项卡中【形状】组下的【混合】按钮 ，弹出【混合】操控板。

（2）单击操控板中的【截面】按钮，弹出【截面】下拉面板，如图3-81所示。单击【定义】按钮，弹出【草绘】对话框。

（3）选择TOP基准平面作为草绘平面，其余选项保持系统默认值，单击【草绘】按钮进入草绘界面。

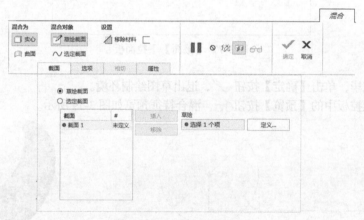

图3-81 【截面】下拉面板

（4）单击【草绘视图】按钮 ，把草绘平面调整到正视于用户的视角；单击【圆】按钮 ，在工作平面内绘制图3-82所示的圆，圆心在原点上，修改直径尺寸为"11"。

（5）单击【确定】按钮 ，退出草图绘制环境。在弹出的【混合】操控板 截面1 后输入深度值10，打开【截面】下拉面板，单击【草绘】按钮进入草绘环境，则之前绘制的圆变为浅灰色，此时在截面2中再绘制此圆的同心圆，直径为"30"。重复之前的操作，插入截面3，深度值为"20"，使前两个圆变灰后，绘制直径为"15"的同心圆。重复之前的动作，使前3个圆变灰后，插入截面4，深度值为"20"，绘制直径为"20"的同心圆，如图3-83所示。单击【确定】按钮 ，退出草图绘制环境。

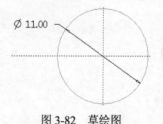

Ø 11.00

Ø 20.00

图3-82 草绘图　　　　　　　图3-83 完成的草绘图

（6）在【混合】操控板上单击【确定】按钮 ✔，完成变截面混合特征的创建。最终效果如图 3-80 所示。

3.5 扫描混合

扫描混合特征就是使截面沿着指定的轨迹进行延伸，从而生成实体，由于沿轨迹的扫描截面是可以变化的，因此该特征又具备混合特征的特性。扫描混合可以具有两种轨迹：原点轨迹（必须）和第二轨迹（可选）。每个轨迹特征至少有两个剖面，且可在这两个剖面间添加剖面。要定义扫描混合的轨迹，可选择一条草绘曲线、基准曲线或边的链。每次只有一个轨迹是活动的。

3.5.1 创建扫描混合特征的操作步骤

创建扫描混合特征的具体操作过程如下。

（1）单击工具栏中的【新建】按钮 🗋，弹出【新建】对话框。在【类型】中选择【零件】，在【名称】文本框中输入零件的名称"扫描混合"，单击【确定】按钮。接受系统默认模板，进入实体建模界面。

（2）单击【模型】选项卡中【形状】组上的【扫描混合】按钮 🖉，打开【扫描混合】操控板，单击【实体】按钮 🗋，如图 3-84 所示。

（3）单击【模型】选项卡中【基准】组上的【草绘】按钮 ⌒，弹出【草绘】对话框。

（4）选择 TOP 基准平面作为草绘平面。选择 RIGHT 基准平面为右方向参考，然后单击【草绘】按钮，进入草绘环境。

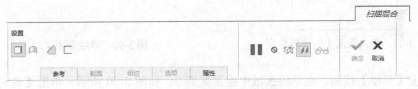

图 3-84 【扫描混合】操控板

（5）单击【弧】按钮 🗇、【线】按钮 ⌒、【相切】按钮 ⅋ 以及【相等】按钮 ＝，如图 3-85 所示。单击【确定】按钮 ✔，退出草图绘制环境。

（6）在【扫描混合】操控板中，打开【参考】下拉面板，将刚绘制的图 3-86 所示的曲线作为扫描混合的轨迹线，在图形中单击轨迹线的起始点，将其显示在【轨迹】选项组中，如图 3-87 所示。

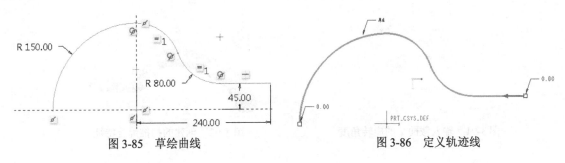

图 3-85 草绘曲线　　　　　　　　　　图 3-86 定义轨迹线

（7）在【扫描混合】操控板中单击【截面】按钮，打开【截面】下拉面板。

（8）单击【草绘】按钮，在草绘区域中绘制截面 1，如图 3-88 所示。

（9）单击【确定】按钮✔️，退出草图绘制环境。

图 3-87　【参考】下拉面板

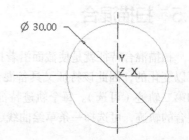

图 3-88　草绘截面（1）

（10）在【截面】下拉面板中的【旋转】下拉列表框中输入截面 1 的旋转角度 "30"，如图 3-89 所示。

（11）在【截面】下拉面板中单击【插入】按钮，在【截面】列表框中显示插入截面 2，在图形中单击轨迹的终点。

图 3-89　输入截面 1 的旋转角度

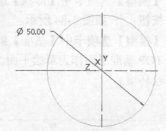

图 3-90　草绘截面（2）

（12）单击【草绘】按钮，在草绘区域中绘制截面 2，如图 3-90 所示。单击【确定】按钮✔️，退出草图绘制环境。

（13）在【截面】下拉面板上的【旋转】文本框中输入截面 2 的旋转角度 "60"，如图 3-91 所示。

（14）单击【确定】按钮✔️，完成扫描混合特征的创建，如图 3-92 所示。

图 3-91　输入截面 2 的旋转角度

图 3-92　创建的扫描混合特征

3.5.2 实例——绘制礼堂

本例将创建礼堂，如图 3-93 所示。首先绘制房体截面曲线，将截面曲线进行拉伸来创建房体，通过拉伸得到房顶的底部，房顶通过扫描混合特征得到，最后通过旋转房顶得到装饰的球体。

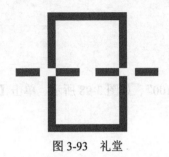

图 3-93 礼堂

 【绘制步骤】

扫码看视频

1. 新建文件

单击工具栏中的【新建】按钮 ，弹出【新建】对话框。在【类型】中选择【零件】，取消【使用默认模板】复选框的勾选，在【名称】文本框中输入零件的名称"礼堂"，单击【确定】按钮。弹出【新文件选项】对话框，选择【mmns_part_solid】模板，单击【确定】按钮进入实体建模界面。

2. 拉伸房体

（1）单击【模型】选项卡中【形状】组上的【拉伸】按钮 ，打开【拉伸】操控板。

（2）选择 FRONT 基准平面作为草绘平面。绘制草图截面，如图 3-94 所示。单击【确定】按钮 ，退出草图绘制环境。

（3）在操控板中选择【可变】深度选项 。输入 "1125.00" 作为可变深度值，如图 3-95 所示。单击【确定】按钮 ，完成特征的创建。

图 3-94 绘制草图

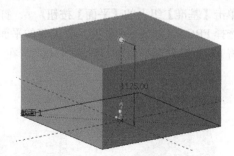

图 3-95 预览特征

3. 拉伸房顶基础

（1）单击【模型】选项卡中【形状】组上的【拉伸】按钮 ，打开【拉伸】操控板。

（2）选择图 3-96 所示的拉伸特征的顶面作为草图绘制平面，在其上绘制草图。单击【偏移】按钮 ，弹出【类型】对话框，在【类型】对话框中选择【环】，然后单击拉伸特征的顶面，系统将自动选择构成此面的 4 条边线，如图 3-97 所示。

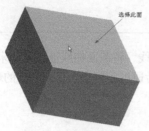

图 3-96　选择草绘平面

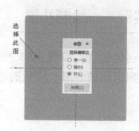

图 3-97　选择【环】

（3）在消息输入窗口中输入"100"，如图 3-98 所示。单击【确定】按钮✓，将矩形向外偏移，完成后的草图如图 3-99 所示。

图 3-98　输入偏距

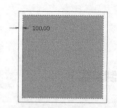

图 3-99　观察方向

（4）在操控板中输入可变深度"100.0"，如图 3-100 所示。单击【确定】按钮✓，完成特征的创建。

4. 创建草图

（1）单击【基准】组上的【草绘】按钮，进入草图绘制环境，创建基准曲线。

（2）在绘图窗口中选择拉伸体的上表面作为草绘平面，选择前面创建的拉伸体作为参考。

（3）单击【中心矩形】按钮，绘制截面，如图 3-101 所示。单击【确定】按钮✓，退出草图绘制环境。

5. 创建偏移基准平面

（1）单击【基准】组上的【平面】按钮，打开【基准平面】对话框。

（2）选择 FRONT 基准平面作为从其偏移的平面，如图 3-102 所示。

（3）将 FRONT 基准平面向上偏移"1500"。在【基准平面】对话框中单击【确定】按钮。

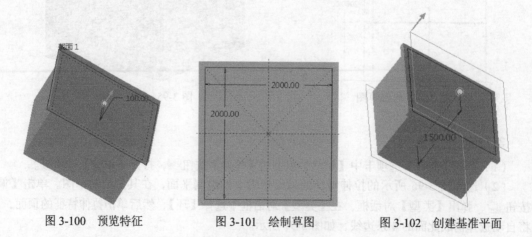

图 3-100　预览特征　　　　　　图 3-101　绘制草图　　　　　　图 3-102　创建基准平面

6. 创建草图

（1）单击【基准】组中的【草绘】按钮，在基准平面 DIM1 上绘制图 3-103 所示的矩形。

（2）单击【基准】组中的【草绘】按钮，在基准平面 TOP 上绘制图 3-104 所示的直线。

注意　选择创建的 3 个草图作为参考，使绘制草图变得方便。

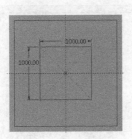

图 3-103　绘制草图（1）

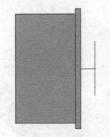

图 3-104　绘制草图（2）

7. 扫描混合创建房顶

（1）单击【模型】选项卡中【形状】组上的【扫描混合】按钮。在操控板中单击【参考】按钮，如图 3-105 所示。在绘图窗口中选择 TOP 基准平面上的直线，如图 3-106 所示。

（2）在操控板上单击【截面】按钮，选择【选定截面】选项，在绘图窗口中选择拉伸体上表面上的草图，如图 3-107 所示。

图 3-105　【参考】下拉面板

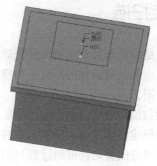

图 3-106　选择直线

（3）在下拉面板中单击【插入】按钮，继续在工作区中选择 DIM1 基准平面上的草图，如图 3-107 所示。在下拉面板中单击【插入】按钮，如图 3-108 所示。

图 3-107　选择截面曲线

图 3-108　单击【插入】按钮

（4）单击【实体】按钮囗，单击【确定】按钮 ✔，完成特征的创建。

8. 旋转球顶

（1）单击【模型】选项卡中【形状】组上的【旋转】按钮 ⬡，打开【旋转】操控板。

（2）在工作区上选择图 3-109 所示的特征体的上表面作为草绘平面。绘制草图截面，如图 3-110 所示。单击【确定】按钮 ✔，退出草图绘制环境。

图 3-109　选择曲面

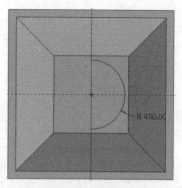

图 3-110　绘制草图

（3）在操控板上设置旋转方式为 ⬛。在操控板中输入"180"作为旋转的变量角。单击【确定】按钮 ✔，完成特征的创建，如图 3-93 所示。

3.6　螺旋扫描

螺旋扫描是指沿着螺旋轨迹扫描截面来创建螺旋扫描特征。轨迹由旋转曲面的轮廓（定义螺旋特征的截面原点到其旋转轴的距离）与螺距（螺圈间的距离）定义。轨迹和旋转曲面是不出现在生成几何中的绘图工具。

通过螺旋扫描命令可以创建实体特征、薄壁特征以及其对应的剪切材料特征。下面讲解通过螺旋扫描命令来创建实体特征（弹簧）和剪切材料特征（螺纹）的一般过程。通过螺旋扫描命令创建薄壁特征和其对应的剪切特征的过程与创建实体的过程基本一致，在此不再讲解。

3.6.1　绘制等距螺旋

运用螺旋扫描命令创建等距螺旋的具体操作过程如下。

（1）单击【模型】选项卡中扫描特征里的【螺旋扫描】按钮 ⬡⬡⬡，打开【螺旋扫描】操控板，如图 3-111 所示。

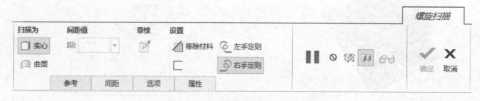

图 3-111　【螺旋扫描】操控板

（2）在【参考】下拉面板中单击【定义】按钮，选择 FRONT 基准平面作为草绘平面。

（3）单击【样条】按钮 ⌒ 和【基准】组中的【中心线】按钮 ⋮，绘制草绘曲线，如图 3-112 所示（注意，对于有旋转特征的造型，进入草绘状态的，一定要先建立中心线，同时，绘制中心线必须单击【基准】组中的【中心线】按钮 ⋮）。单击【确定】按钮 ✔，退出草图绘制环境。

（4）在操控板上单击【创建截面】按钮 ⊿，进入草绘环境，单击【椭圆】按钮 ⬯，绘制草绘曲线，如图 3-113 所示。单击【确定】按钮 ✔，退出草图绘制环境。

（5）在操控板中输入节距值为"20"，单击【确定】按钮 ✔，完成螺旋扫描的创建，如图 3-114 所示。

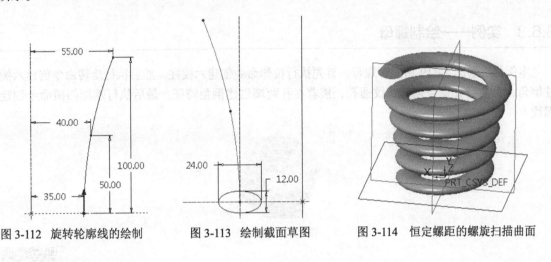

图 3-112　旋转轮廓线的绘制　　　图 3-113　绘制截面草图　　　图 3-114　恒定螺距的螺旋扫描曲面

3.6.2　绘制变距螺旋

运用螺旋扫描命令创建变距螺旋的具体操作过程如下。

（1）单击【模型】选项卡中扫描特征里的【螺旋扫描】按钮 ⊗⊗⊗，打开【螺旋扫描】操控板，如图 3-115 所示。

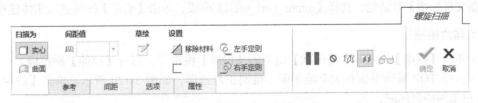

图 3-115　【螺旋扫描】操控板

（2）在【参考】下拉面板中单击【定义】按钮，选择 FRONT 基准平面作为草绘平面。

（3）单击【线】按钮 ⋁ 和【基准】组中的【中心线】按钮 ⋮，绘制草绘曲线，如图 3-116 所示（注意，对于有旋转特征的造型，进入草绘状态后，一定要先建立中心线）。单击【确定】按钮 ✔，退出草图绘制环境。

（4）单击【创建截面】按钮 ⊿，进入草绘环境，单击【圆心和点】按钮 ⊙，绘制截面。单击【确定】按钮 ✔，退出草图绘制环境，如图 3-117 所示。

（5）单击【间距】按钮，在【间距】下拉面板中输入起点间距为"1"，单击【添加间距】，输入终点间距为"3"，单击【确定】按钮 ✔，如图 3-118 所示。

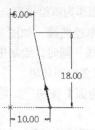

图 3-116　旋转轮廓线的绘制

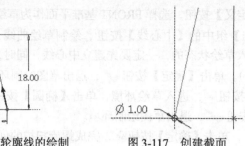

图 3-117　创建截面

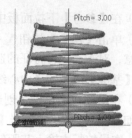

图 3-118　变距螺旋

3.6.3　实例——绘制螺母

本例将绘制图 3-119 所示的螺母。首先执行拉伸命令创建六棱柱，然后执行旋转命令创建六棱柱倒角，再执行孔命令创建螺纹通孔，接着在孔两端创建倒角特征，最后执行螺旋扫描命令创建螺纹。

图 3-119　螺母

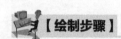【绘制步骤】

扫码看视频

1. 创建新文件

单击工具栏中的【新建】按钮 ，弹出【新建】对话框。在【类型】中选择【零件】，取消【使用默认模板】复选框的勾选，在【名称】文本框中输入零件的名称"螺母"，单击【确定】按钮。弹出【新文件选项】对话框，选择【mmns_part_solid】模板，单击【确定】按钮进入实体建模界面。

2. 创建六棱柱

（1）单击【模型】选项卡中【形状】组上的【拉伸】按钮 ，打开【拉伸】操控板。

（2）选择 TOP 基准平面作为草绘平面，绘制正六边形，如图 3-120 所示。单击【确定】按钮 ，退出草图绘制环境。

（3）在操控板中输入拉伸深度为"15"。单击【确定】按钮 ，创建图 3-121 所示的正六棱柱。

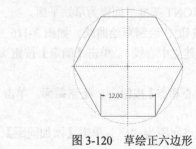

图 3-120　草绘正六边形

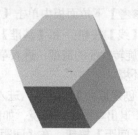

图 3-121　生成正六棱柱

3. 创建旋转倒角

（1）单击【模型】选项卡中【形状】组上的【旋转】按钮 ◈，打开【旋转】操控板。

（2）选择 FRONT 基准平面作为草绘平面，采用系统默认的参考平面 RIGHT，方向为下，绘制图 3-122 所示的草绘截面。单击【确定】按钮 ✔，退出草图绘制环境。

（3）在操控板中单击【移除材料】按钮 ▱ 和【反向】按钮 ✗，单击【确定】按钮 ✔，注意剪切方向向外，模型两头的倒角完成后如图 3-123 所示。

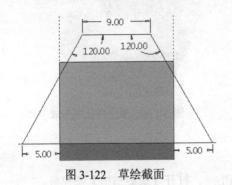

图 3-122　草绘截面　　　　　　　　图 3-123　倒角后的六棱柱模型

4. 创建孔

（1）单击【模型】选项卡里的【孔】按钮 ⬚，打开【孔】操控板。

（2）在操控板中的【类型】选择 ⊔，输入孔的直径"15"。

（3）单击【放置】按钮，打开【放置】下拉面板，如图 3-124 所示。主参考选择 TOP 基准平面，次参考选择 FRONT、RIGHT 基准平面，选择【偏移】方式，设置偏移量为 0，这样就把孔特征布置到 TOP 基准平面的中心处了。

（4）单击【形状】按钮，打开【形状】下拉面板，如图 3-125 所示。在文本框中输入孔特征直径 15，孔深度选择 ⬛⬛。

（5）单击【确定】按钮 ✔，生成图 3-126 所示的孔。

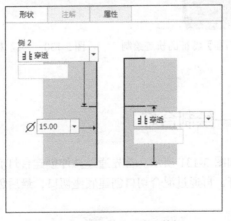

3-124　【放置】下拉面板　　　图 3-125　【形状】下拉面板　　　图 3-126　孔特征的生成

5. 创建倒角

（1）单击【模型】选项卡里的【倒角】按钮 ◇，打开【倒角】操控板。

（2）选择图形区孔两边的边线，如图 3-127 所示。

（3）倒角类型选择【45×D】，倒角的边长为 1。单击【确定】按钮 ✓，生成的倒角特征如图 3-128 所示。

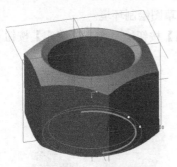
图 3-127　选择倒角边线

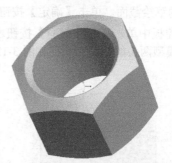
图 3-128　倒角特征的生成

6. 创建螺纹

（1）单击【模型】选项卡里的【螺旋扫描】按钮 ⚙，打开【螺旋扫描】操控板。

（2）选择 FRONT 基准平面作为草绘界面，绘制螺旋扫描的轨迹，如图 3-129 所示。单击【确定】按钮 ✓，退出草图绘制环境。

（3）在操控板中单击【绘制截面】按钮 ⬚，进入截面草绘环境，在扫描起始点处绘制图 3-130 所示的截面。单击【确定】按钮 ✓，退出草图绘制环境。

（4）在操控板中输入节距"1.5"，单击【移除材料】按钮 ◢，单击【确定】按钮 ✓，完成螺母的创建。

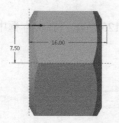
图 3-129　【螺旋扫描】特征的轨迹绘制

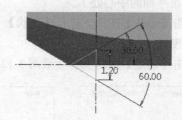
图 3-130　草绘【螺旋扫描】特征的扫描界面

3.7　综合实例——绘制台灯

本例将创建台灯，如图 3-131 所示。首先通过拉伸创建台灯底座，然后通过旋转创建灯罩，之后通过扫描混合创建灯杆，再通过混合切口创建底座切口，最后创建倒圆角。

图 3-131　台灯

扫码看视频

1. 新建文件

单击工具栏中的【新建】按钮 ，弹出【新建】对话框。在【类型】中选择【零件】，取消【使用默认模板】复选框的勾选，在【名称】文本框中输入零件的名称"台灯"，单击【确定】按钮。弹出【新文件选项】对话框，选择【mmns_part_solid】模板，单击【确定】按钮进入实体建模界面。

2. 绘制台灯底座 1

（1）单击【模型】选项卡里的【拉伸】按钮 ，弹出【拉伸】操控板。

（2）选择 FRONT 基准平面作为草绘平面，绘制图 3-132 所示的截面，单击【确定】按钮 ，退出草图绘制环境。

（3）在操控板中设置截至方式为 ，拉伸深度为"15"，沿 FRONT 基准平面向下拉伸。然后单击【确定】按钮 ，完成拉伸特征的创建。

3. 创建台灯底座 2

（1）单击【模型】选项卡里的【拉伸】按钮 ，弹出【拉伸】操控板。

（2）选择台灯底座 1 的上表面作为草绘平面，绘制图 3-133 所示的截面。单击【确定】按钮 ，退出草图绘制环境。

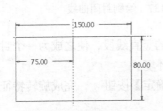

图 3-132　草绘截面（1）

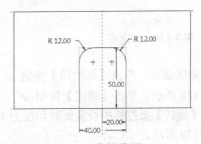

图 3-133　草绘截面（2）

（3）在操控板中设置拉伸深度为"8"，单击【确定】按钮 ，拉伸效果如图 3-134 所示。

4. 绘制草图

（1）单击【基准】组中的【草绘】按钮 ，在 RIGHT 基准平面内绘制图 3-135 所示的曲线。

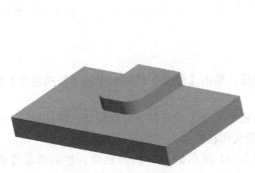

图 3-134　拉伸台面

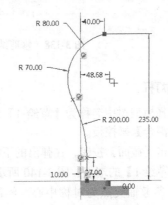

图 3-135　草绘曲线

（2）单击【点】按钮，在图 3-136 所示的位置创建两个点，然后单击【确定】按钮，退出草图绘制环境。

5. 创建基准平面

（1）单击【基准】组中的【平面】按钮，弹出【基准平面】对话框。

（2）选择 FRONT 基准平面作为参考平面，设置为【偏移】方式，将 FRONT 基准平面向上偏移 210，建立新的基准平面 DTM1。

6. 创建灯罩

（1）单击【模型】选项卡里的【旋转】按钮，打开【旋转】操控板。

（2）在 DTM1 基准平面内草绘，绘制图 3-137 所示的封闭曲线。

（3）选择上面绘制的封闭曲线，单击【镜像】按钮，选择水平中心线作为镜像对称轴。

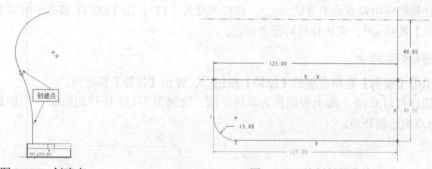

图 3-136　创建点　　　　　　　　　　　　图 3-137　绘制封闭曲线

（4）镜像完成后，单击【删除段】按钮，修剪掉中间的竖直线段，使之成为一个封闭的环，效果如图 3-138 所示。单击【确定】按钮，退出草图绘制环境。

（5）在【旋转】操控板中设置旋转角度为 180°，单击【确定】按钮，完成旋转特征的创建，效果如图 3-139 所示。

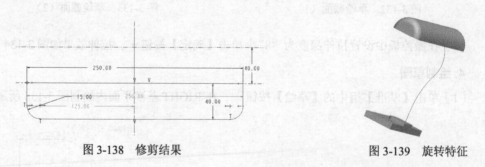

图 3-138　修剪结果　　　　　　　　　　图 3-139　旋转特征

7. 创建灯杆

（1）选择模型树中名称为【草绘 1】的特征，单击【模型】选项卡里的【扫描混合】按钮，打开【扫描混合】操控板。

（2）单击【截面】按钮，在弹出的下拉面板中单击【截面】下的收集器，将其激活，然后在模型中选择【草绘 1】的端点，图 3-140 所示的箭头所在位置为扫描混合的起始点。

（3）以参考轴交点为对称中心，绘制图 3-141 所示的第一扫描截面，然后单击【确定】按钮，退出草绘器。

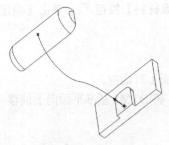

图 3-140　扫描起点

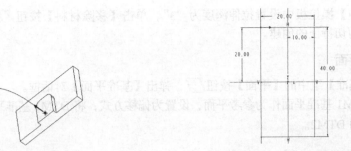

图 3-141　第一扫描截面

（4）返回【截面】下拉面板。单击【插入】按钮，在模型中选择图 3-136 所示的下方点，然后单击【草绘】按钮，进入第二截面的草绘。

（5）绘制图 3-142 所示的第二扫描截面，然后单击【确定】按钮，退出草图绘制环境。

（6）重复执行上述步骤，分别选择图 3-136 所示的上方点和扫描曲线的顶点，并绘制图 3-143 所示的第三扫描截面和图 3-144 所示的第四扫描截面。单击【确定】按钮，完成扫描混合特征的创建，效果如图 3-145 所示。

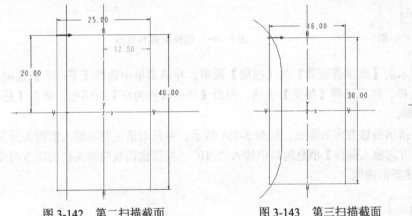

图 3-142　第二扫描截面

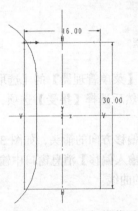

图 3-143　第三扫描截面

图 3-144　第四扫描截面

8. 创建拉伸特征

（1）单击【模型】选项卡里的【拉伸】按钮，打开【拉伸】操控板。

（2）选择图 3-146 所示的曲面作为草绘平面，绘制图 3-147 所示的截面。然后单击【确定】按钮，退出草图绘制环境。

图 3-145　扫描混合特征

图 3-146　拉伸草绘平面

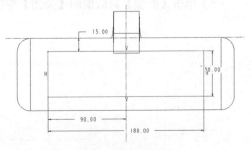

图 3-147　拉伸截面

（3）在【拉伸】操控板中设置拉伸深度为"3"，单击【移除材料】按钮 。单击【确定】按钮 ✓ ，完成拉伸剪切特征的创建。

9. 创建基准平面

（1）单击【基准】组中的【平面】按钮 ⬛ ，弹出【基准平面】对话框。

（2）选择 DTM1 基准平面作为参考平面，设置为偏移方式，将 DTM1 基准平面向上偏移"3"，建立新的基准平面 DTM2。

10. 创建灯管

（1）单击【模型】选项卡里的【旋转】按钮 ⬛ ，打开【旋转】操控板。

（2）在 DTM2 基准平面内草绘。单击【偏移】按钮 ⬛ ，在弹出的图 3-148 所示的【类型】对话框中选择【链】选项。按住 Ctrl 键，在模型中依次选择图 3-149 所示的圆弧和直线。

图 3-148　【类型】对话框

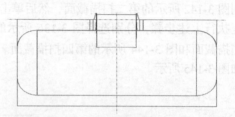

图 3-149　选择圆弧和直线

（3）弹出图 3-150 所示的【菜单管理器】的【选取】菜单，在该菜单中选择【下一个】选项，可以看到整个封闭环被选择，然后选择【接受】选项，弹出【将链转换为环】对话框，单击【是】按钮，整个封闭的环被选择。

（4）模型中出现一个指示偏移方向的箭头，如图 3-151 所示，并且对话区要求输入沿箭头所示方向的偏距。在【于箭头方向输入偏移】消息窗口中输入"-10"，使所选曲线向箭头指的反方向或向内偏移"10"，从而创建新的曲线。

图 3-150　【选取】菜单

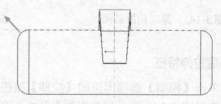

图 3-151　偏移方向

（5）单击【类型】对话框的【关闭】按钮，效果如图 3-152 所示。

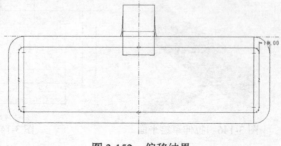

图 3-152　偏移结果

（6）单击【基准】组中的【中心线】按钮，绘制一条水平中心线，并使之成为上面所创建边界图元的对称轴。

（7）单击【删除段】按钮，修剪掉所创建边界图元在对称轴一侧的所有多余曲线。

（8）单击【线】按钮，绘制一条水平线段，连接边界图元的剩下部分，使之成为一个封闭的环，效果如图 3-153 所示。单击【确定】按钮，退出草图绘制环境。

（9）在操控板中设置旋转角度为"180°"，单击【确定】按钮，完成旋转剪切特征的创建。

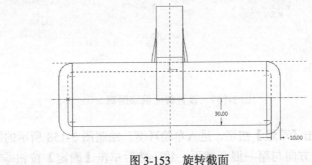

图 3-153　旋转截面

11. 创建底座切口

（1）在【模型】选项卡里单击【形状】组下的【旋转混合】按钮，弹出【旋转混合】操控板，如图 3-154 所示。

（2）单击操控板中的【选项】按钮，在下拉面板中选中【平滑】单选按钮，如图 3-155 所示。

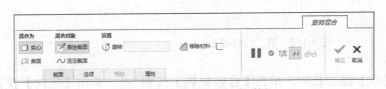

图 3-154　【旋转混合】选项板

图 3-155　【选项】下拉面板

（3）单击操控板中的【截面】按钮，弹出【截面】下拉面板，单击【定义】按钮，弹出【草绘】对话框。选择台灯底座 1 的下底面为草绘平面。绘制图 3-156 所示的第一混合截面。注意要添加旋转轴。

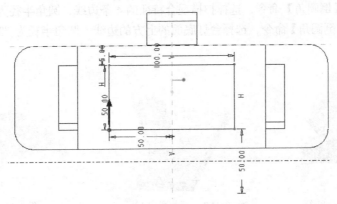

图 3-156　第一混合截面

（4）单击【确定】按钮✔，退出草图绘制环境，完成第一混合截面的绘制。

（5）单击操控板中的【截面】按钮，打开【截面】下拉面板，在【截面】列表框中显示自动新建的【截面2】，在操控板中输入深度值-5，如图3-157所示。

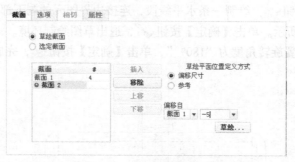

图 3-157　设置截面偏移距离

（6）在下拉面板中单击【草绘】按钮，进入草绘环境。绘制图3-158所示的第二混合截面，并设置混合起始点的位置和方向与第一混合截面一致。然后单击【确定】按钮✔，退出草图绘制环境。

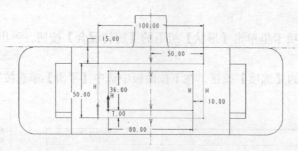

图 3-158　第二混合截面

（7）在弹出的【旋转混合】操控板中，单击【移除材料】按钮，单击【反向】按钮，设置混合方向为向内，然后单击【确定】按钮，混合效果如图3-159所示。

12. 倒圆角

（1）单击【模型】选项卡里的【倒圆角】按钮，打开【倒圆角】操控板。

（2）选择台灯底面的4个拐角的边线，设置圆角半径为"15"，效果如图3-160所示。

（3）重复执行【倒圆角】命令，选择扫描混合特征的4条边线，圆角半径为"2"。

（4）重复执行【倒圆角】命令，选择台灯底面的上方的边线，圆角半径为"2"，效果如图3-161所示。

图 3-159　混合特征

图 3-160　倒圆角（1）

图 3-161　倒圆角（2）

第 **4** 章
工程特征

/ 本章导读

常用的工程特征包括孔、圆角、倒角、壳、筋、拔模等。创建的每一个零件都由一串特征组成，零件的形状直接由这些特征控制，通过修改特征的参数就可以修改零件的形状。

/ 知识重点

- ➲ 倒圆角特征
- ➲ 倒角特征
- ➲ 孔特征
- ➲ 抽壳特征
- ➲ 筋特征
- ➲ 拔模特征

4.1 倒圆角特征

在 Creo Parametric 中可创建和修改倒圆角。倒圆角是一种边处理特征，通过向一条或多条边、边链或在曲面之间添加半径形成。曲面可以是实体模型曲面或常规的 Creo Parametric 零厚度面组和曲面。

要创建倒圆角，需定义一个或多个倒圆角集。倒圆角集是一种结构单位，包含一个或多个倒圆角段（倒圆角几何）。在指定倒圆角放置参考后，Creo Parametric 将使用缺省属性、半径值以及最适于被参考几何的缺省过渡创建倒圆角。Creo Parametric 在绘图窗口中显示倒圆角的预览几何，允许用户在创建特征前创建和修改倒圆角段和过渡。

> **注意** 缺省设置适用于大多数建模情况，用户也可定义倒圆角集或过渡以获得满意的倒圆角几何。

4.1.1 操控板选项介绍

1. 【倒圆角】操控板

单击【模型】选项卡中【工程】组上方的【倒圆角】按钮，打开图 4-1 所示的【倒圆角】操控板。

图 4-1 【倒圆角】操控板

【倒圆角】操控板中显示以下按钮。

（1）【集模式】按钮。激活【集模式】按钮，可用来处理倒圆角集。系统默认选择此选项，默认设置用于具有【圆形】截面形状倒圆角的选项。

（2）【过渡模式】按钮。激活【过渡模式】，可以定义倒圆角特征的所有过渡。【过渡类型】对话框可设置显示当前过渡的缺省过渡类型，并包含基于几何环境的有效过渡类型的列表。此框可用来改变当前过渡的类型。

2. 下拉面板

（1）【集】下拉面板中包含下列选项。

- 【截面形状】下拉列表框。控制活动倒圆角集的截面形状。
- 【圆锥参数】下拉列表框。控制当前【圆锥】倒圆角的锐度。可键入新值，或从列表中选择最近使用的值。缺省值为"0.50"。当仅选择了【圆锥】或【D1×D2 圆锥】截面形状时，此框才可用。
- 【创建方法】下拉列表框。控制活动的倒圆角集的创建方法。
- 【延伸曲面】按钮。启用倒圆角集，以在连接曲面的延伸部分继续展开，而非把边转换为曲面倒圆角。

- 【完全倒圆角】按钮。将活动倒圆角集切换为完全倒圆角，或允许使用第三个曲面来将曲面转换为曲面完全倒圆角。再次单击此按钮可将倒圆角恢复为先前状态。
- 【通过曲线】按钮。允许由选定曲线驱动活动的倒圆角半径，以创建由曲线驱动的倒圆角。单击此按钮，会激活【驱动曲线】列表框。再次单击此按钮可将倒圆角恢复为先前状态。
- 【参考】列表框。包含为倒圆角集所选择的有效参考。可在该列表框中单击或选择【参考】快捷菜单选项将其激活。
- 第二列表框。根据活动的倒圆角类型，可激活下列列表框。
  - ① 驱动曲线。包含曲线的参考，由该曲线驱动倒圆角半径来创建由曲线驱动的倒圆角。可在该列表框中单击或选择【通过曲线】快捷菜单选择将其激活。将半径捕捉（按住 Shift 键单击并拖动）至曲线即可打开该列表框。
  - ② 驱动曲面。包含将由完全倒圆角替换的曲面参考。可在该列表框中单击或选择【延伸曲面】快捷菜单选项将其激活。
  - ③ 骨架。包含用于【垂直于骨架】或【滚动】曲面至曲面倒圆角集的可选骨架参考。可在该列表框中单击或选择【可选骨架】快捷菜单选项将其激活。
  - ④【细节】按钮。打开【链】对话框来修改链的属性，【链】对话框如图 4-2 所示。
  - ⑤【半径】列表框。控制活动的倒圆角集的半径的距离和位置。对于【完全倒圆角】或由曲线驱动的倒圆角，该列表框不可用。【半径】列表框包含以下选项。
- 【距离】框。指定倒圆角集中圆角半径特征。对于 D1 × D2 圆锥倒圆角，会显示两个【距离】框。位于【半径】列表框下面，包含以下选项。
  - ① 值。使用数字指定当前半径。此距离值在【半径】列表框中显示。
  - ② 参考。使用参考设置当前半径。此选项会在【半径】列表框中激活一个列表框，显示相应参考信息。

（2）【过渡】下拉面板。要使用此面板，必须激活【过渡】模式。【过渡】面板如图 4-3 所示，【过渡】列表框中包含用户定义的整个倒圆角特征的所有过渡，可用来修改过渡。

（3）【段】下拉面板。可查看倒圆角特征的全部倒圆角集，查看当前倒圆角集中的全部倒圆角段，修剪、延伸或排除这些倒圆角段，以及处理放置模糊问题。

【段】面板如图 4-4 所示，包含下列选项。

- 【集】列表框。列出包含放置模糊的所有倒圆角集。此列表针对整个倒圆角特征。
- 【段】列表框。列出当前倒圆角集中因放置不明确而产生模糊的所有倒圆角段，并指示这些段的当前状态（【包括】【排除】或【已编辑】）。

（4）【选项】下拉面板。如图 4-5 所示，包含下列选项。

- 【实体】单选按钮。以与现有几何相交的实体形式来创建倒圆角特征。当仅选择实体作为倒圆角集参考时，此连接类型才可用。若选择实体作为倒圆角集参考，则系统自动缺省选中此单选按钮。
- 【曲面】单选按钮。以与现有几何不相交的曲面形式来创建倒圆角特征。当仅选择实体作为倒圆角集参考时，此连接类型才可用。系统默认不选中此单选按钮。
- 【创建终止曲面】复选框。创建终止曲面时，以封闭倒圆角特征的倒圆角段端点。当仅选择了有效几何以及【曲面】或【新面组】连接类型时，此复选框才能被勾选。系统自动缺省不勾选比复选框。

图 4-2 【链】对话框

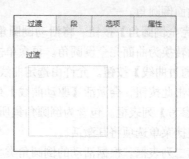

图 4-3 【过渡】面板

图 4-4 【段】面板

图 4-5 【选项】面板

> **注意** 要进行延伸，就必须存在侧面，并使用这些侧面作为封闭曲面。若不存在侧面，则不能封闭倒圆角段端点。

（5）【属性】下拉面板。包含下列选项。

- ○ 【名称】框。显示当前倒圆角特征的名称，可将其重命名。
- ○ **i**按钮。在系统浏览器中显示详细的倒圆角特征信息。

4.1.2 创建倒圆角特征的操作步骤

创建倒圆角特征的具体操作过程如下。

（1）单击【模型】选项卡中【形状】组上方的【拉伸】按钮 ，创建一个长方体，如图 4-6 所示。

（2）单击【模型】选项卡中【工程】组上方的【倒圆角】按钮 ，打开【倒圆角】操控板，如图 4-7 所示。

图 4-6 创建长方体

图 4-7 【倒圆角】操控板

（3）单击【设置】模式按钮 ⌇，激活【设置】模式，在该模式下同时对实体的多处倒圆角。

（4）单击【集】按钮，弹出的下拉面板如图 4-8 所示，在下拉面板中将右边第一个下拉列表框设置为【圆锥】，该下拉列表框用于控制倒圆角的界面形状。

（5）下拉面板右边第二行下拉列表框用于设置倒圆角的锐度，数值越小，过渡越平滑。

（6）下拉面板右边第三行下拉列表框用于设置倒圆角的截面形状，不同形状会生成不同的倒圆角几何，此处设置为【垂直于骨架】。

（7）单击【参考】文本框，然后在绘图窗口选择需要倒圆角的边，被选择的边显示将在【参考】文本框中，同时在实体模型上被选择的边也会加亮显示，如图 4-9 所示。按住 Ctrl 键可选择多条边，同时还可以单击其下面的【细节】按钮，在弹出的图 4-10 所示的【链】对话框中单击【添加】按钮添加其他的边，或单击【移除】按钮去除多余的选择，选择完毕后，单击【确定】按钮即可返回下拉面板。

图 4-8 【集】下拉面板

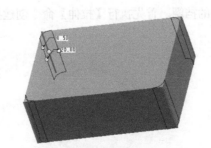

图 4-9 选择需要倒圆角的边

图 4-10 【链】对话框

（8）在下拉面板最下面的列表框中设置倒圆角半径为"20"，下拉面板的完整设置如图 4-11 所示。

（9）设置完成后，单击【确定】按钮 ✓，完成倒圆角操作，效果如图 4-12 所示。

图 4-11 下拉面板的完整设置

图 4-12 倒圆角

（10）单击【模型】选项卡中【工程】组上方的【倒圆角】按钮 ，然后单击操控板中的【集】按钮，在弹出的下拉面板中单击【参考】文本框，系统将提示【选择一条边或边链】或【选择一个曲面以创建倒圆角集】。选择实体上图 4-13 所示的两个曲面 1、2。

（11）单击【驱动曲面】文本框，选择一个要用完全倒圆角进行替换的曲面，选择图 4-13 所示的曲面 3。

（12）单击【确定】按钮 ，完成倒圆角操作，效果如图 4-14 所示。

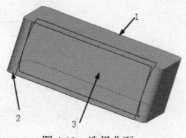

图 4-13 选择曲面

图 4-14 完全倒圆角

4.1.3 实例——绘制挡圈 2

本例将绘制图 4-15 所示的挡圈。首先执行【拉伸】命令创建挡圈的主体，然后执行【倒圆角】命令对其进行倒圆角操作。

图 4-15 挡圈

【绘制步骤】

1. 新建文件

单击工具栏中的【新建】按钮 ，弹出【新建】对话框。在【类型】中选择【零件】，取消【使用默认模板】复选框的勾选，在【名称】文本框中输入零件的名称"挡圈 2"，单击【确定】按钮。弹出【新文件选项】对话框，选择【mmns_part_solid】模板，单击【确定】按钮进入实体建模界面。

2. 绘制拉伸体

（1）单击【模型】选项卡中【形状】组上方的【拉伸】按钮 ，打开【拉伸】操控板。

（2）单击【拉伸】操控板的【放置】下拉面板中的【定义】按钮。打开【草绘】对话框，在绘图区中单击 FRONT 基准平面，设定此面为草绘平面，其他选项保持系统默认，单击【草绘】按钮进入草绘界面。

（3）单击【草绘制图】按钮 ，把草绘平面调整到正视于用户的视角。绘制拉伸截面草图，如图 4-16 所示。单击【确定】按钮 ，退出草图绘制环境。

（4）在【拉伸】操控板中单击 按钮，并在【拉伸值】文本框输入"10"，单击【确定】按钮 ，完成拉伸特征的创建，如图 4-17 所示。

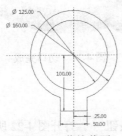

图 4-16　草绘截面

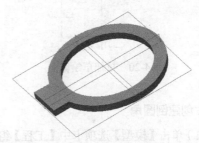

图 4-17　拉伸完成

3. 创建孔

（1）单击【模型】选项卡中【形状】组上方的【拉伸】按钮 ，打开【拉伸】操控板。

（2）单击【拉伸】操控板的【放置】下拉面板中的【定义】按钮，打开【草绘】对话框。在对话框中选择 FRONT 基准平面作为草绘平面，其他选项保持系统默认，单击【草绘】按钮进入草绘界面。

（3）单击【草绘制图】按钮 ，把草绘平面调整到正视于用户的视角，绘制图 4-18 所示的草图，单击【确定】按钮 ，退出草图绘制环境。

（4）在【拉伸】操控板中单击【穿透】按钮 和【移除材料】按钮 。单击【确定】按钮 ，完成拉伸切除，如图 4-19 所示。

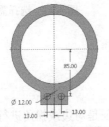

图 4-18　拉伸草绘截面

图 4-19　孔特征完成

4. 绘制槽

（1）单击【模型】选项卡中【形状】组上方的【拉伸】按钮 ，打开【拉伸】操控板。

（2）单击【拉伸】操控板的【放置】下拉面板中的【定义】按钮，打开【草绘】对话框。在对话框中选择 FRONT 基准平面作为草绘平面，其他选项保持系统默认，单击【草绘】按钮进入草绘界面。

（3）单击【草绘制图】按钮 ，把草绘平面调整到正视于用户的视角，绘制图 4-20 所示的草图，单击【确定】按钮 ，退出草图绘制环境。

（4）在【拉伸】操控板中单击【穿透】按钮 和【移除材料】按钮 。单击【确定】按钮 ，完成切除，如图 4-21 所示。

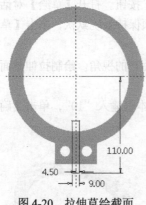

图 4-20 拉伸草绘截面

图 4-21 切口完成

5. 创建倒圆角

（1）单击【模型】选项卡中【工程】组上方的【倒圆角】按钮 ，打开图 4-22 所示的【倒圆角】操控板。

（2）在绘图窗口中选择需要倒圆角的边，如图 4-23 所示。

（3）在【倒圆角】操控板中的【圆角尺寸】框输入倒圆角尺寸为"5"。

（4）单击【确定】按钮 ，完成挡圈的创建，如图 4-15 所示。

图 4-22 【倒圆角】操控板

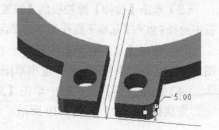

图 4-23 选择需要倒圆角的边

4.2 倒角特征

在 Creo Parametric 中，用户可创建和修改倒角，倒角特征是对边或拐角进行斜切，曲面可以是实体模型曲面或常规的零厚度面组和曲面，可创建两种倒角类型，即边倒角和拐角倒角。

4.2.1　操控板选项介绍

1.【倒角】操控板

Creo Parametric 可创建不同的倒角，能创建的倒角类型取决于用户选择的参考类型。

单击【模型】选项卡中【工程】组上方的【边倒角】按钮 🔶，打开【边倒角】操控板。操控板中包含下列按钮。

（1）【集模式】按钮 🔶。用来处理倒角集。系统会缺省选择此选项，如图 4-24 所示。【标注形式】下拉列表框 D×D 显示倒角集的当前标注形式，并包含基于几何环境的有效标注形式的列表，系统包含的标注方式有【D × D】【D1 × D2】【角度 × D】【45 × D】共 4 种。

图 4-24　集模式【边倒角】操控板

（2）【过渡模式】按钮 🔶。当在绘图窗口中选择倒角几何时，图 4-24 所示的按钮 🔶 被激活，单击该按钮则倒角模式转变为过渡。相应的操控板如图 4-25 所示，可以定义倒角特征的所有过渡。其中【过渡类型】下拉列表框中会显示当前过渡的缺省过渡类型，并包含基于几何环境的有效过渡类型的列表。此框可用来改变当前过渡的类型。

- 集。倒角段，由唯一属性、几何参考、平面角及一个或多个倒角距离组成，由倒角和相邻曲面所形成的三角边。
- 过渡。连接倒角段的填充几何。过渡位于倒角段或倒角集端点会合或终止处。在最初创建倒角时，使用缺省过渡，并提供多种过渡类型，允许用户创建和修改过渡。

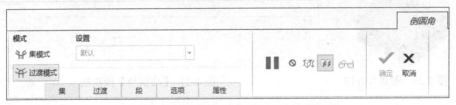

图 4-25　【过渡模式】的【倒圆角】操控板

提供下列倒角方式。

- D × D。在各曲面上与边相距（D）处创建倒角。Creo Parametric 缺省则选择此选项。
- D1 × D2。在一个曲面距选定边（D1）、在另一个曲面距选定边（D2）处创建倒角。
- 角度 × D。创建一个倒角，它距相邻曲面的选定边距离为（D），与该曲面的夹角为指定角度。

> **注意**　只有符合下列条件时，前面 3 个方案才可使用【偏移曲面】创建方法对边倒角，边链的所有成员必须正好由两个 90° 平面或两个 90° 曲面（如圆柱的端面）形成。对于【曲面到曲面】倒角，必须选择恒定角度平面或恒定 90° 曲面。

- 45 × D。创建一个倒角，它与两个曲面都成 45°，且与各曲面上边的距离为（D）。

> **注意** 此方案仅适用于使用 90° 曲面和【相切距离】方法创建的倒角。

- ×O 。在沿各曲面上的边偏移（O）处创建倒角。当仅 D×D 方式不适用时，系统才会缺省选择此选项。

> **注意** 当仅使用【偏移曲面】方法创建倒角时，此方案才可用。

- O1×O2。在一个曲面距选定边的偏移距离（O1）、在另一个曲面距选定边的偏移距离（O2）处创建倒角。

> **注意** 当仅使用【偏移曲面】方法创建倒角时，此方案才可用。

2.下拉面板

【边倒角】操控板的下拉面板和前面介绍的【倒圆角】操控板的下拉面板类似，故不再重复叙述。

4.2.2 创建边倒角特征的操作步骤

（1）单击【模型】选项卡中【形状】组上方的【拉伸】按钮，创建一个长方体，如图 4-26 所示。

（2）单击【模型】选项卡中【工程】组上方的【边倒角】按钮，打开【边倒角】操控板，如图 4-27 所示。

图 4-26　创建长方体

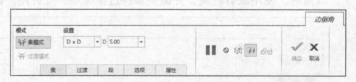

图 4-27　【边倒角】操控板

（3）选择需要倒角的边，如图 4-28 所示。

（4）选择倒角方式为【D1×D2】，并设置 D1 倒角距离尺寸值为 20、D2，倒角距离尺寸值为为 40。

（5）单击【确定】按钮，完成倒边角操作，效果如图 4-29 所示。

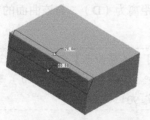

图 4-28　选择需要倒角的边

图 4-29　倒边角

4.2.3　创建拐角倒角特征的操作步骤

（1）单击【模型】选项卡中【工程】组上方的【拐角倒角】按钮，弹出图 4-30 所示的【拐角倒角】操控板。

（2）选择 3 条边的交点后，在操控板中输入拐角倒角尺寸为"50""30""60"。

（3）在操控板中单击【确定】按钮，完成拐角倒角的创建，效果如图 4-31 所示。

图 4-30　【拐角倒角】操控板　　　　　　　　　图 4-31　拐角倒角

4.2.4　实例——绘制键

绘制图 4-32 所示的键。首先执行拉伸命令创建键的主体，然后执行边倒角命令对键进行倒角操作。

图 4-32　键

【绘制步骤】

扫码看视频

1. 创建新文件

单击工具栏中的【新建】按钮，弹出【新建】对话框。在【类型】中选择【零件】，取消【使用默认模板】复选框的勾选，在【名称】文本框中输入零件的名称"键"，单击【确定】按钮。弹出【新文件选项】对话框，选择【mmns_part_solid】模板，单击【确定】按钮进入实体建模界面。

2. 创建平键体

（1）单击【模型】选项卡中【形状】组上方的【拉伸】按钮，打开【拉伸】操控板。

（2）在绘图区中选择 TOP 基准平面，设定此面为草绘平面，其他选项保持系统默认，单击【草绘】按钮进入草绘界面。

（3）单击【草绘制图】按钮，把草绘平面调整到正视于用户的视角，单击【线】按钮和【圆心和端点】按钮，绘制草图，如图 4-33 所示。单击【确定】按钮，退出草图绘制环境。

（4）在操控板中单击【实体】按钮和【对称拉伸】按钮-，输入拉伸高度"3"，再单击【确定】按钮，完成拉伸特征的创建，生成键体，如图 4-34 所示。

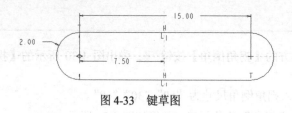

图 4-33　键草图

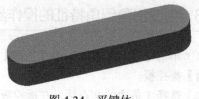

图 4-34　平键体

3. 创建倒角

（1）单击【模型】选项卡中【工程】组上方的【倒角】按钮，打开图 4-35 所示的【边倒角】操控板。

图 4-35　【边倒角】操控板

（2）在绘图窗口中选择键体的上下两平面边线，如图 4-36 所示。

（3）在操控板中选择倒角方式为【D×D】，输入倒角尺寸 "0.2"。单击【确定】按钮，完成倒圆角操作，如图 4-32 所示。

图 4-36　选择键体的上下两平面边线

4.3　孔特征

利用【孔】工具可在模型中添加简单孔、定制孔和工业标准孔。定义放置参考、设置次（偏移）参考及定义孔的具体特性来添加孔。执行【孔】命令可以创建以下类型的孔。

（1）简单孔。由带矩形剖面的旋转切口组成。其中直孔的创建又包括矩形、标准和草绘 3 种创建方式。矩形是使用 Creo Parametric 预定义的（直）几何。缺省情况下，Creo Parametric 创建单侧矩形孔。但是，可以使用【形状】下拉面板来创建双侧简单直孔。双侧矩形孔通常用于组件中，允许同时格式化孔的两侧。标准形状孔的孔底部有实际钻孔时的底部倒角。草绘是使用草绘器中创建的草绘轮廓。

（2）标准。由基于工业标准紧固件表的拉伸切口组成。Creo Parametric 提供选择的紧固件的工业标准孔图表以及螺纹或间隙直径，用户也可创建自己的孔图表。注意，对于标准孔，系统会自动创建螺纹注释。

4.3.1　操控板选项介绍

单击【模型】选项卡中【工程】组上方的【孔】按钮，打开【孔】操控板。

【孔】操控板由一些命令组成，这些铵钮从左向右排列，引导用户逐步完成整个设计过程。根据设计条件和孔类型的不同，某些按钮会不可用，主要可以创建两种类型的孔。

1. 简单孔 ⊔

【简单孔】操控板如图 4-37 所示。

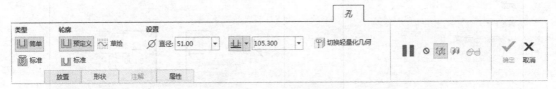

图 4-37 【简单孔】操控板

【轮廓】：指示要用于孔特征轮廓的几何类型。主要有【预定义】【标准】和【草绘】3 种类型。其中，【矩形】孔使用预定义的矩形；【标准孔轮廓】孔使用标准轮廓作为钻孔轮廓；而【草绘】孔允许创建新的孔轮廓草绘或选择目录中的所需草绘。

【直径】文本框 ∅。控制简单孔特征的直径。【直径】文本框中包含最近使用的直径值，输入创建孔特征的直径数值即可。

【深度选项】下拉列表框 ⊥ ▾。列出直孔的可能深度选项。

⊥：在放置参考以指定深度值在第一方向钻孔。

⊟：在放置参考的两个方向上，以指定深度值的一半分别在各方向钻孔。

⊥：在第一方向钻孔，直到下一个曲面（在【组件】模式下不可用）。

⊥：在第一方向钻孔，直到选定的点、曲线、平面或曲面。

⇉：在第一方向钻孔，直到与所有曲面相交。

⊥：在第一方向钻孔，直到与选定曲面或平面相交（在【组件】模式下不可用）。

【深度值】下拉列表框 105.67 ▾。指示孔特征是延伸到指定的参考，还是延伸到用户定义的深度。

（1）【放置】下拉面板。用于选择和修改孔特征的位置与参考，如图 4-38 所示。

○ 【放置】列表框。指示孔特征放置参考的名称。主参考列表框只能包含一个孔特征参考。该工具处于活动状态时，用户可以选择新的放置参考。

○ 【反向】按钮。改变孔放置的方向。

○ 【类型】下拉列表框。指示孔特征使用偏移 / 偏移参考的方法。

○ 【偏移参考】列表框。指示在设计中放置孔特征的偏移参考。若主放置参考是基准点，则该列表框不可用。该表有以下 3 列。

第一列提供参考名称。

第二列提供偏移参考类型的信息。偏移参考类型的定义如下：线性参考类型的定义为【对齐】或【线性】；同轴参考类型的定义为【轴向】；直径和径向参考类型的定义为【轴向】和【角度】。单击该列并从列表中选择偏移定义，可改变线性参考类型的偏移参考定义。

第三列提供参考偏移值，可输入正值或负值，负值会自动反向于孔的选定参考侧。偏移值列包含最近使用的值。

孔工具处于活动状态时，可选择新参考以及修改参考类型和值。如果主放置参考改变，则仅当现有的偏移参考对于新的孔放置有效时，才能继续使用。

（2）【形状】下拉面板如图 4-39 所示。

图 4-38 【放置】下拉面板

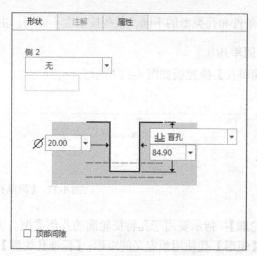

图 4-39 【形状】下拉面板

【侧 2】下拉列表框。对于【简单】孔特征，可确定简单孔特征第二侧的深度选项的格式。所有【简单】孔深度选项均可用。缺省情况下，【侧 2】下拉列表框深度选项为【无】。【侧 2】下拉列表框不可用于草绘孔。

对于【草绘】孔特征，当打开【形状】下拉面板时，在嵌入窗口中会显示草绘几何，可以在各参数下拉列表框中选择前面使用过的参数值或输入新的值。

（3）【属性】下拉面板。用于获得孔特征的一般信息和参数信息，并可以重命名孔特征，如图 4-40 所示。标准孔的【属性】下拉面板比直孔多了一个参数列表框。

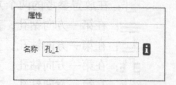

图 4-40 【属性】下拉面板

- 【名称】文本框。允许通过编辑名称文本框来设置孔特征的名称。
- 按钮 ![]：打开包含孔特征信息的嵌入式浏览器。

2. 标准孔

标准【孔】操控板如图 4-41 所示。

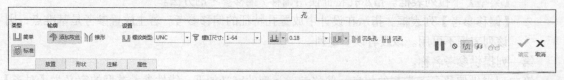

图 4-41 标准【孔】操控板

【螺纹类型】下拉列表框 ISO。列出可用的孔图表，其中包含螺纹类型 / 直径信息。初始会列出工业标准孔图表（UNC、UNF 和 ISO）。

【螺钉尺寸】下拉列表框 M1x.25。根据在【螺纹类型】下拉列表框中选择的孔图表，列出可用的螺纹尺寸。在框中键入值，或拖动直径图柄让系统自动选择最接近的螺钉尺寸。缺省情况下，选择列表中的第一个值，螺钉尺寸文本框显示最近使用的螺钉尺寸。

【深度选项】下拉列表框与【深度值】下拉列表框。与直孔类型类似，不再重复讲述。

![] 指出孔特征是螺纹孔还是间隙孔，即是否添加攻丝。如果标准孔使用【盲孔】深度选项，

则不能清除螺纹选项。

按钮 ⬚。指示其前尺寸值为钻孔的肩部深度。

按钮 ⬚。指示其前尺寸值为钻孔的总体深度。

按钮 ⬚。指示孔特征为埋头孔。

按钮 ⬚。指示孔特征为沉头孔。

> **注意**　　不能使用两条边作为一个偏移参考来放置孔特征。不能选择垂直于主参考的边，也不能选择定义【内部基准平面】的边，而应该创建一个异步基准平面。

（1）【形状】下拉面板。如图 4-42 所示。

- 【包括螺纹曲面】复选框。创建螺纹曲面以代表孔特征的内螺纹。
- 【退出沉头孔】复选框。在孔特征的底面创建沉头孔。孔所在的曲面应垂直于当前的孔特征。

对于标准螺纹孔特征，可定义其螺纹特性。

- 【全螺纹】单选按钮。创建贯通所有曲面的螺纹。此按钮对于【可变】和【穿过下一个】孔以及在【组件】模式下，均不可用。
- 【可变】单选按钮。创建到达指定深度值的螺纹。可键入一个值，也可从最近使用的值中选择值。

对于无螺纹的标准孔特征，可定义孔配合的标准（不选中 ⬚ 按钮，且选孔深度为 ⬚），如图 4-43 所示。

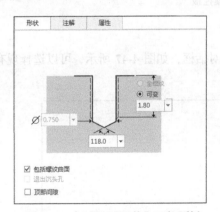

图 4-42　标准孔【形状】下拉面板

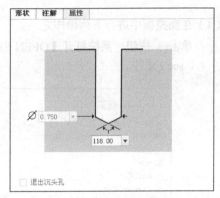

图 4-43　无螺纹标准孔特征的【形状】下拉面板

- 精密拟合。用于保证零件的精确位置，这些零件装配后必须无明显的运动。
- 中级拟合。适用于普通钢质零件，或轻型钢材的热压配合。它们可能是用于高级铸铁外部构件的最紧密的配合。此配合仅适用于公制孔。
- 自由拟合。用于精度要求不是很高的场合或者用于温度变化很大的场合。

（2）【注解】下拉面板。仅适用于【标准】孔特征，如图 4-44 所示。该面板用于预览正在创建或重定义的【标准】孔特征的注释。螺纹注释在模型树和图形窗口中显示，而且在打开【注释】下拉面板时，还会出现在嵌入窗口中。

（3）【属性】下拉面板。用于显示孔特征的一般信息和参数信息，并可以重命名孔特征，如图 4-45 所示。标准孔的【属性】下拉面板比直孔多了一个参数列表框。

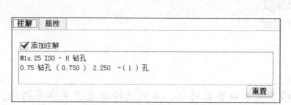

图 4-44　标准孔的【注释】下拉面板　　　　图 4-45　标准孔【属性】下拉面板

3. 创建草绘孔

（1）单击【模型】选项卡中【工程】组上方的【孔】按钮，打开【孔】操控板，并显示简单【孔】的操控板，如图 4-46 所示。

（2）单击 按钮，创建直孔。系统会自动缺省选择此选项。

（3）在操控板上单击【草绘】按钮，系统会显示【草绘】孔选项。

图 4-46　【孔】操控板

（4）在操控板中进行下列操作之一。

● 单击 按钮，系统打开【OPEN SECTION】对话框，如图 4-47 所示，可以选择现有草绘（.sec）文件。

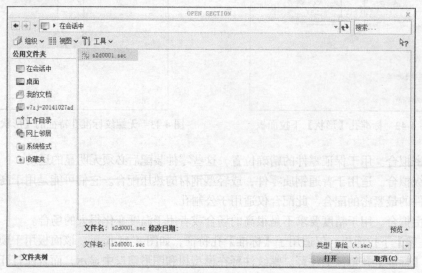

图 4-47　【OPEN SECTION】对话框

● 单击 按钮，进入草绘界面，可以创建一个新草绘剖面（草绘轮廓）。在空窗口中草绘并标注草绘剖面。单击【确定】按钮，完成草绘剖面创建并退出草绘界面。

注意　草绘时要有旋转轴（即中心线），它的要求与旋转命令相似。

（5）如果需要重新定位孔，请将主放置句柄拖到新的位置，或将其捕捉至参考。必要时，可从【放置】下拉面板的【类型】下拉列表框中选择新类型，以此来更改孔的放置类型。

（6）将此放置（偏移）参考句柄拖到相应参考上以约束孔。

（7）如果要将孔与偏移参考对齐，请从【偏移参考】列表框（在【放置】下拉面板中）中选择该偏移参考，并将【偏移】改为【对齐】，如图 4-48 所示。

注意　这只适用于使用【线性】放置类型的孔。

注意　孔直径和深度由草绘驱动，【形状】下拉面板中仅显示草绘剖面。

图 4-48　对齐方式

4.3.2　创建孔特征的操作步骤

创建孔特征的具体操作过程如下。

1. 新建文件

单击工具栏中的【新建】按钮 ，弹出【新建】对话框。在【类型】中选择【零件】，取消【使用默认模板】复选框的勾选，在【名称】文本框中输入零件的名称"孔"，单击【确定】按钮。弹出【新文件选项】对话框，选择【mmns_part_solid】模板，单击【确定】按钮进入实体建模界面。

2. 拉伸体

（1）单击【模型】选项卡中【形状】组上方的【拉伸】按钮 ，打开【拉伸】操控板。

（2）选择 FRONT 基准平面作为草绘平面，绘制图 4-49 所示的截面。单击【确定】按钮 ，退出草图绘制环境。

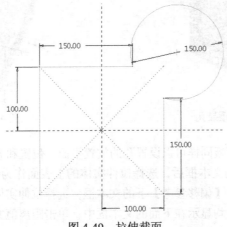

图 4-49　拉伸截面

3. 操控板的设置

操控板的设置如图 4-50 所示。单击【确定】按钮✔，完成拉伸操作，效果如图 4-51 所示。

图 4-50　操控板设置

图 4-51　拉伸实体

4. 创建孔 1

（1）单击【模型】选项卡中【工程】组上方的【孔】按钮，打开【孔】操控板，如图 4-52 所示。

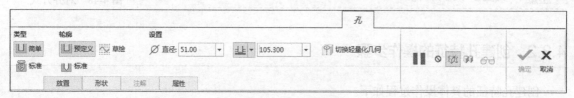

图 4-52　【孔】操控板

（2）选择拉伸实体的上表面来放置孔，被选择的表面将加亮显示，并预显孔的位置和大小，如图 4-53 所示，通过孔的控制手柄可以调整孔的位置和大小。

（3）拖动控制手柄到合适的位置后，系统将显示孔的中心到参考边的距离，双击该尺寸值便可以对其进行修改。设置孔中心到边 1、2 的距离分别为"30"和"50"，孔直径为"20"，如图 4-54 所示。

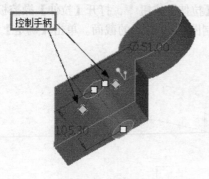

图 4-53　预显孔

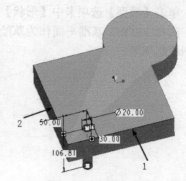

图 4-54　设置孔尺寸

（4）通过【放置】下拉面板同样可以设置孔的放置平面、位置和大小。

（5）单击【放置】下面的文本框后，选择拉伸实体的上表面作为孔的放置平面；单击【反向】按钮改变孔的创建方向；单击【偏移参考】下的文本框，选择拉伸实体的一条参考边，被选择的边的名称及孔中心到该边的距离均显示在下面的文本框中；单击距离值文本框，该框变为可编辑文本框，此时可以改变距离值；再单击【偏移参考】选项下第二行文本框，按住 Ctrl 键的同时，在绘图区选择另外一条参考边，效果如图 4-55 所示。

（6）设置完孔的各项参数之后，单击【形状】按钮，在弹出的图 4-56 所示的下拉面板中显示了当前孔的形状。

图 4-55　下拉面板的设置

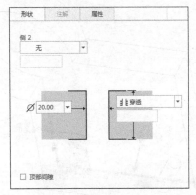

图 4-56　【形状】下拉面板

（7）单击【确定】按钮 ✓，完成孔操作，效果如图 4-57 所示。

5. 创建孔 2

（1）单击【模型】选项卡中【工程】组上方的【孔】按钮，打开【孔】操控板。

（2）单击 按钮，使用草绘定义钻孔轮廓，再单击 按钮，激活草绘器以绘制截面，进入草绘界面。绘制图 4-58 所示的旋转截面，然后单击【确定】按钮 ✓，退出草图绘制环境。

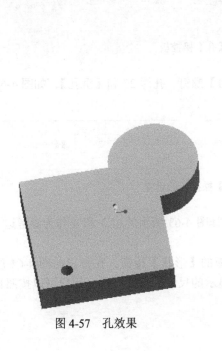

图 4-57　孔效果

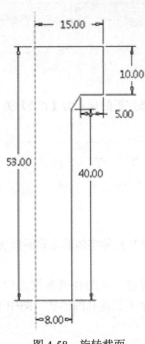

图 4-58　旋转截面

（3）单击【放置】按钮；单击【放置】下面的文本框，选择拉伸实体的上表面放置孔；单击【偏移参考】下的文本框，选择拉伸实体边 3 作为参考边；单击距离值文本框，设置偏距值为"30"；再单击【偏移参考】选项下第二行文本框，按住 Ctrl 键的同时，在绘图区单击选择另外一条参考边 4，并设置偏距为 30，效果如图 4-59 所示。

（4）单击【确定】按钮 ✔，完成孔操作，效果如图 4-60 所示。

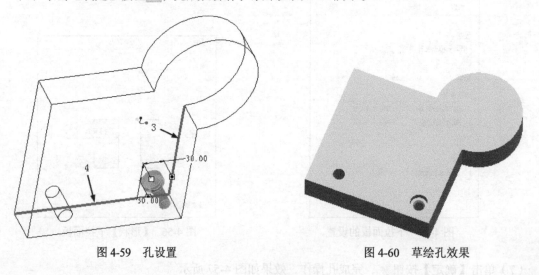

图 4-59　孔设置　　　　　　　　　　　　图 4-60　草绘孔效果

6. 创建孔 3

（1）单击【模型】选项卡中【工程】组上方的【孔】按钮 🔲，打开【孔】操控板，在操控板中单击【标准】按钮 🔩，操控板如图 4-61 所示。

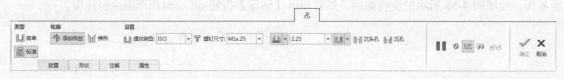

图 4-61　【孔】操控板

（2）操控板的设置为【ISO】类型、【M10×1】螺钉、孔深 27 和【沉孔】，如图 4-62 所示。

图 4-62　【孔】操控板的设置

（3）选择拉伸实体的上表面放置螺纹孔，选择图 4-63 所示的边 3 和 4 作为参考边，偏距分别为 50 和 30。

（4）设置完孔的各项参数之后，单击操控板的【形状】按钮，在弹出的图 4-64 所示的下拉面板中显示了当前孔的形状。图中下拉列表框显示的尺寸为可变尺寸，用户可以按照自己的要求设置。

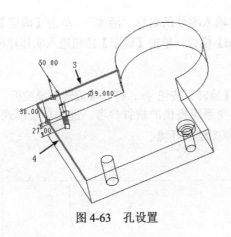

图 4-63　孔设置

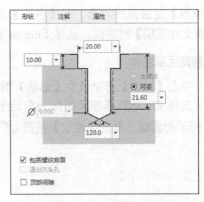

图 4-64　【形状】下拉面板

（5）单击操控板中的【注解】按钮，其下拉面板给出了当前孔的基本信息，如图 4-65 所示。

7. 完成孔的创建

单击【确定】按钮 ✔，完成孔的创建，效果如图 4-66 所示。

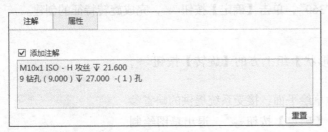

图 4-65　【注解】下拉面板

图 4-66　标准孔效果

4.3.3　实例——绘制活塞

本例将绘制图 4-67 所示的活塞。首先执行旋转命令创建活塞的实体特征，然后利用去除材料的方法形成活塞顶部凹坑，再切割出活塞的内部孔及活塞孔，最后加工活塞的裙部特征。

图 4-67　活塞

【绘制步骤】

扫码看视频

1. 创建文件

单击工具栏中的【新建】按钮 ，弹出【新建】对话框。在【类型】中选择【零件】，取消【使用默认模板】复选框的勾选，在【名称】文本框中输入零件的名称"活塞"，单击【确定】按钮。
弹出【新文件选项】对话框，选择【mmns_part_solid】模板，单击【确定】按钮进入实体建模界面。

2. 创建活塞主体

（1）单击【模型】选项卡中【形状】组上方的【旋转】按钮，打开【旋转】操控板。

（2）选择 FRONT 基准平面作为草绘平面，接受系统提供的缺省参考，进入草绘模式。草绘图 4-68 所示的截面，单击【确定】按钮，退出草图绘制环境。

图 4-68　截面草绘图　　　　　　　　图 4-69　凹坑草绘图

（3）在操控板中输入旋转角度"360"，单击【确定】按钮，完成旋转特征的创建。

3. 创建活塞凹坑

（1）单击【模型】选项卡中【形状】组上方的【旋转】按钮，打开【旋转】操控板。

（2）选择 FRONT 基准平面作为草绘平面，接受系统提供的缺省参考。绘制图 4-69 所示的截面，单击【确定】按钮，退出草图绘制环境。

（3）单击操控板中的【移除材料】按钮，单击【确定】按钮，生成顶部的凹坑。生成的活塞凹坑如图 4-70 所示。

图 4-70　活塞凹坑

4. 创建隔热槽、气环槽、油环槽

（1）单击【模型】选项卡中【形状】组上方的【旋转】按钮，打开【旋转】操控板。

（2）选择 FRONT 基准平面作为草绘平面，接受系统提供的缺省参考。草绘隔热槽、气环槽及油环槽的截面，如图 4-71 所示。单击【确定】按钮，退出草图绘制环境。

（3）在操控板中输入旋转角度"360"，单击【移除材料】按钮，单击【确定】按钮，完成特征的创建，如图 4-72 所示。

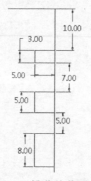

图 4-71　槽草绘截面

图 4-72　槽实体

5. 创建活塞内部孔

（1）单击【模型】选项卡中【形状】组上方的【旋转】按钮，打开【旋转】操控板。

（2）选择 FRONT 基准平面作为草绘平面，接受系统提供的缺省参考，进入草绘环境。绘制图 4-73 所示的截面，单击【确定】按钮，退出草图绘制环境。

（3）在操控板中输入旋转角度"360"，单击【移除材料】按钮，单击【确定】按钮，完成实体创建。

6. 倒圆角

（1）单击【模型】选项卡中【工程】组上方的【倒圆角】按钮，打开【倒圆角】操控板。

（2）在操控板中输入圆角半径"20"，选择活塞内部的圆形边线作为参考。单击【确定】按钮，生成圆角特征，如图 4-74 所示。

7. 创建基准面

（1）单击【基准】组中的【平面】按钮，打开【基准平面】对话框，如图 4-75 所示。

（2）选择 RIGHT 基准平面作为参考，将平移量修改为"30"，单击【确定】按钮，生成基准平面。

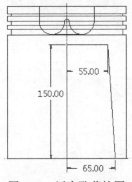

图 4-73　活塞孔草绘图

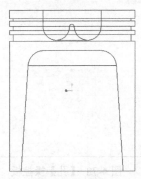

图 4-74　倒圆角

图 4-75　【基准平面】对话框

8. 创建活塞销座

（1）单击【模型】选项卡中【形状】组上方的【拉伸】按钮，打开【拉伸】操控板。

（2）选择第 7 步创建的基准平面作为草绘平面，接受系统提供的缺省参考，进入草绘环境。绘制图 4-76 所示的截面，单击【确定】按钮，退出草图绘制环境。

（3）在操控板中选择拉伸形式为，单击【确定】按钮，完成特征的创建，实体如图 4-77 所示。

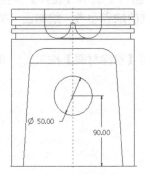

图 4-76　销座草绘

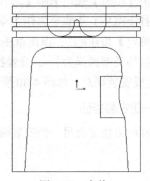

图 4-77　实体

9. 创建另一侧基准特征

重复执行第 7 和第 8 步，或执行【镜像】命令，在另一侧创建基准特征。

10. 创建活塞孔

（1）单击【模型】选项卡中【工程】组上方的【孔】按钮，打开【孔】操控板。

（2）单击【放置】按钮，选择 RIGHT 基准平面作为主参考，将参考类型定义为同轴，选择活塞销座的轴线作为次参考。

（3）孔类型选择【穿透】，修改孔的直径为"30"，如图 4-78 所示，单击【形状】，【侧 2】设置为穿透，单击【确定】按钮，完成孔特征的创建。

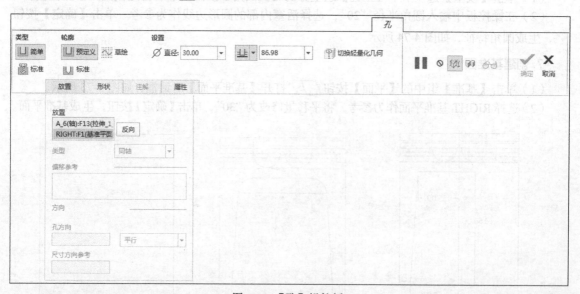

图 4-78 【孔】操控板

11. 活塞销孔倒角

（1）单击【模型】选项卡中【工程】组上方的【倒角】按钮，打开【倒角】操控板。

（2）选择销孔的两个端面作为倒角边，选择【D×D】的倒角方式，尺寸修改为"2"。单击【确定】按钮，生成倒角特征。

12. 创建安装端面特征

（1）单击【模型】选项卡中【形状】组上方的【拉伸】按钮，打开【拉伸】操控板。

（2）选择 FRONT 基准平面作为草绘平面，接受系统提供的缺省参考，绘制图 4-79 所示的草图，单击【确定】按钮，退出草图绘制环境。

（3）将拉伸类型选择为-□-，设置拉伸深度为"100"，单击【移除材料】按钮，单击【确定】按钮，生成安装端面，如图 4-80 所示。

13. 另一侧安装端面

采用同样的方法完成另一侧安装端面的创建。

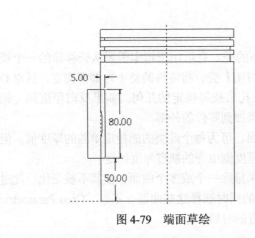

图 4-79　端面草绘　　　　　　　　　　　图 4-80　端面实体

14. 切割活塞裙部

（1）单击【模型】选项卡中【形状】组上方的【拉伸】按钮，打开【拉伸】操控板。

（2）选择 FRONT 基准平面作为草绘平面，接受系统提供的缺省参考，绘制的剖面如图 4-81 所示，单击【确定】按钮，退出草图绘制环境。

（3）在拉伸工具操控板中，将深度选择为，输入距离"200"，单击【移除材料】按钮，单击【确定】按钮，完成裙部草绘。

（4）采用同样的方法切割另一侧活塞裙部，实体如图 4-82 所示。

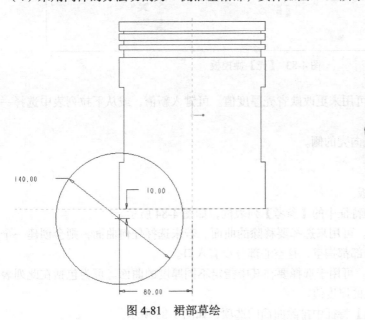

图 4-81　裙部草绘　　　　　　　　　　　图 4-82　裙部实体

15. 倒圆角特征

（1）单击【模型】选项卡中【工程】组上方的【倒圆角】按钮，打开【倒圆角】操控板。

（2）选择活塞销座与活塞体的交线作为倒角边，将圆角半径修改为 5。单击【确定】按钮，生成圆角特征，如图 4-67 所示。

4.4 抽壳特征

【壳】特征可将实体内部掏空，只留一个特定壁厚的壳。它可用于指定需要从壳移除的一个或多个曲面。若未选择要移除的曲面，则会创建一个【封闭】壳，将零件的整个内部都掏空，且空心部分没有入口。在这种情况下，可添加必要的切口或孔来获得特定的几何。如果反向厚度侧（例如，输入负值或在对话栏中单击），那么壳厚度将被添加到零件的外部。

定义壳时，也可选择要在其中指定不同厚度的曲面，可为每个此类曲面指定单独的厚度值。但是，无法为这些曲面输入负的厚度值或反向厚度侧。厚度侧由壳的缺省厚度确定。

用户也可通过在【排除曲面】收集器中指定曲面来排除一个或多个曲面，使其不被壳化。此过程称作部分壳化。要排除多个曲面，请在按住 Ctrl 键的同时选择这些曲面。不过，Creo Parametric 不能壳化与在【排除曲面】收集器中指定的曲面相垂直的材料。

4.4.1 操控板选项介绍

1.【壳】操控板

单击【模型】选项卡中【工程】组上方的【壳】按钮，打开图 4-83 所示的【壳】操控板。

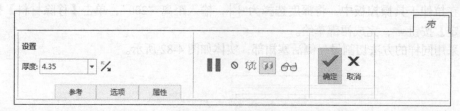

图 4-83 【壳】操控板

- 【厚度】下拉列表框。可用来更改缺省壳厚度值。可键入新值，或从下拉列表中选择一个最近使用的值。
- 按钮。可用于创建反向壳的侧。

2.下拉面板

【壳】操控板中包含下列面板。

（1）参考：包含用于【壳】特征中的【参考】列表框，如图 4-84 所示。

- 【移除的曲面】列表框。可用来选择要移除的曲面。若未选择任何曲面，则会创建一个封闭壳，将零件的整个内部都掏空，且空心部分没有入口。
- 【非默认厚度】列表框。可用于选择要在其中指定不同厚度的曲面。可为包括在此列表框中的每个曲面指定单独的厚度值。

（2）选项：包含用于从【壳】特征中排除曲面的选项，如图 4-85 所示。

- 【排除的曲面】列表框。可用于选择一个或多个要从壳中排除的曲面。若未选择任何要排除的曲面，则将壳化整个零件。
- 【细节】按钮。打开用来添加或移除曲面的【曲面集】对话框，如图 4-86 所示。

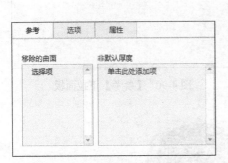

图 4-84　【参考】下拉面板

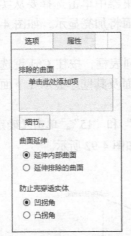

图 4-85　【选项】下拉面板

图 4-86　【曲面集】对话框

> **注意**　通过【壳】操控板访问【曲面集】对话框时不能选择面组曲面。

- 【延伸内部曲面】单选按钮。在壳特征的内部曲面上形成一个盖。
- 【延伸排除的曲面】单选按钮。在从壳特征中排除曲面上形成一个盖。

（3）属性：包含特征名称和用于访问特征信息的图标，如图 4-87 所示。

图 4-87　【属性】下拉面板

4.4.2　创建壳特征的操作步骤

创建壳特征的具体操作过程如下。

1. 打开文件

单击工具栏中的【打开】按钮，打开【文件打开】对话框，打开配套资源中的"源文件\第 4 章\抽壳 .prt"文件，如图 4-88 所示。

2. 抽壳

（1）单击【模型】选项卡中【工程】组上方的【壳】按钮，打开【壳】操控板，如图 4-89 所示。

图 4-88　原始模型

图 4-89　【壳】操控板

（2）单击操控板中的【参考】按钮，弹出图 4-90 所示的下拉面板。

（3）在【移除的曲面】收集器中单击选择要从实体上被移除的曲面，被选择的曲面将加亮显示，如图 4-91 所示。

（4）单击【非默认厚度】列表框，按住 Ctrl 键选择不同壁厚的曲面。被选择的曲面及其壁厚显示在下面的列表框中。

（5）修改其壁厚分别为"5"和"15"。单击【确定】按钮，完成抽壳操作，效果如图 4-92 所示。

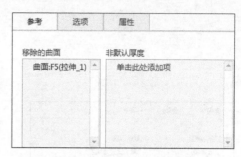

图 4-90　【参考】下拉面板

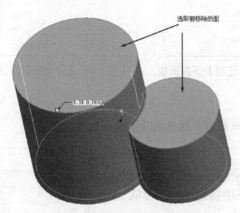

图 4-91　选择要被移除的曲面

图 4-92　抽壳

4.4.3　实例——绘制变径进气管 2

本例将绘制图 4-93 所示的变径进气管 2。首先打开实例 3.4.4 绘制的变径进气管，然后利用抽壳命令完成变径进气管的创建。

图 4-93　变径进气管 2

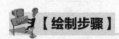【绘制步骤】

扫码看视频

1. 打开文件

单击工具栏中的【打开】按钮，打开【文件打开】对话框，打开配套资源中的"源文件 \ 第 3 章 \ 变径进气管 .prt"文件。

2. 抽壳

（1）单击【模型】选项卡中【工程】组上方的【壳】按钮，打开【壳】操控板。

（2）在操控板中输入厚度值"0.5"。根据提示选择要从零件删除的曲面，选择的曲面如图 4-94 所示。单击【确定】按钮✔，完成进气管的创建，效果如图 4-95 所示。

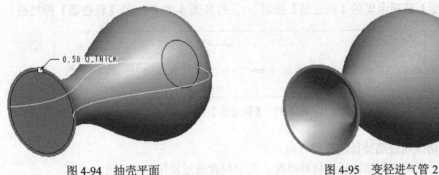

图 4-94　抽壳平面　　　　　　　　　图 4-95　变径进气管 2

> **注意**　在选择抽壳平面的时候，要选择两个或两个以上的平面时，按住 Ctrl 键，然后选择 需要删除的平面就可以完成平面的选择。

4.5　筋特征

筋特征是连接实体曲面的薄翼或腹板伸出项。筋通常用来加固设计中的零件，防止出现不需要 的折弯。利用筋工具可快速创建筋特征。

4.5.1　操控板选项介绍

在任意一种情况下，指定筋的草绘后，即可对草绘的有效性进行检查，若有效，则将其放置在 列表框中。参考列表框一次只接受一个有效的筋草绘。指定筋特征的有效草绘后，在图形窗口中会 出现预览几何。可在图形窗口、对话框或在这两者的组合中直接修改并定义模型。预览几何会自动 更新，以同步所做的任何修改。

1.【轮廓筋】操控板

单击【模型】选项卡里的【轮廓筋】按钮，打开图 4-96 所示的【轮廓筋】操控板。

图 4-96　【轮廓筋】操控板

该操控板中包含以下内容。

- 【厚度】下拉列表框 ⊏ 2.99 ▼。控制筋特征的材料厚度。其中包含最近使用的尺寸值。
- ╲ 按钮。用来切换筋特征的厚度侧。单击该按钮可从一侧切换到另一侧，然后关于草绘平面对称。

2.【轨迹筋】操控板

单击【模型】选项卡里的【轨迹筋】按钮 ，打开图 4-97 所示的【轨迹筋】操控板。

图 4-97 【轨迹筋】操控板

╲。用来切换轨迹筋特征的拉伸方向。

┤┠ 4.60 ▼。控制筋特征的材料厚度。其中包含最近使用的尺寸值。

。添加拔模特征。

。在筋内部边上添加倒圆角。

。在筋的暴露边上添加圆角边。

3. 下拉面板

下拉面板中包含筋特征参考和属性的信息。

（1）参考：包含有关筋特征参考的信息并允许对其进行修改，如图 4-98 所示。

- 【草绘】列表框。包含为筋特征选定的有效草绘特征参考。可使用快捷菜单（指针位于列表框中）中的【移除】来移除草绘参考。草绘列表框每次只能包含一个筋特征草绘参考。

图 4-98 【参考】下拉面板

- 【反向】按钮。可用来切换筋特征草绘的参考方向，单击该按钮可改变方向箭头的指向。

（2）形状：包含有关筋特征的形状和参数，如图 4-99 所示。

（3）属性：可用显示筋特征的信息并重命名筋特征，如图 4-100 所示。

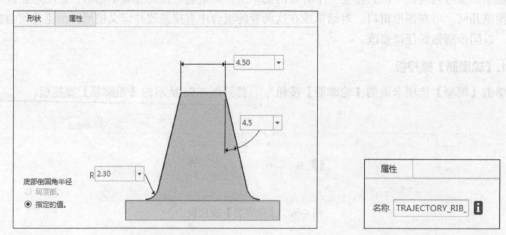

图 4-99 【形状】下拉面板

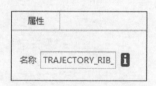

图 4-100 【属性】下拉面板

4.5.2 创建轮廓筋特征的操作步骤

创建轮廓筋特征的具体操作过程如下。

（1）打开文件。单击工具栏中的【打开】按钮，打开【文件打开】对话框，打开配套资源中的"源文件\第 4 章\轮廓筋 .prt"文件，如图 4-101 所示。

（2）单击【模型】选项卡中【工程】组上方的【轮廓筋】按钮，打开【轮廓筋】操控板，如图 4-102 所示。

图 4-101　原始模型　　　　　　　　　　　图 4-102　【轮廓筋】操控板

（3）单击操控板中的【参考】按钮，弹出图 4-103 所示的下拉面板。

（4）单击【定义】按钮，在弹出的【草绘】对话框中单击【平面】按钮，然后选择 RIGHT 基准平面作为草绘平面，进入草绘界面。

（5）单击【草绘制图】按钮，把草绘平面调整到正视于用户的视角，绘制图 4-104 所示的截面。单击【确定】按钮，退出草图绘制环境。

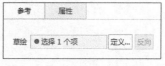

图 4-103　【参考】下拉面板

（6）单击【加厚】按钮，设置筋的厚度为"6"。单击【确定】按钮，完成轮廓筋特征的创建，效果如图 4-105 所示。

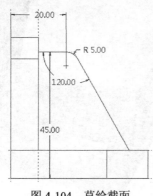

图 4-104　草绘截面

图 4-105　轮廓筋特征

4.5.3 创建轨迹筋特征的操作步骤

创建轨迹筋特征的具体操作过程如下。

（1）打开文件。单击工具栏中的【打开】按钮，打开【文件打开】对话框，打开配套资源中的"源文件\第 4 章\轨迹筋 .prt"文件，如图 4-106 所示。

（2）单击【模型】选项卡中【工程】组上方的【轨迹筋】按钮 ，打开【轨迹筋】操控板，如图 4-107 所示。

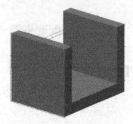

图 4-106　原始模型

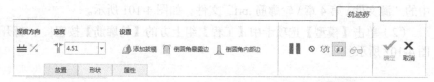

图 4-107　【轨迹筋】操控板

（3）单击操控板中的【放置】按钮，弹出下拉面板。

（4）单击【定义】按钮，在弹出的【草绘】对话框中单击【平面】按钮，然后选择 DTM1 作为草绘平面，进入草绘界面。

（5）绘制图 4-108 所示的截面，绘制的截面要与实体相交。单击【确定】按钮 ，退出草图绘制环境。

（6）在操控板中的 下拉列表框中输入厚度"20"。单击【在内部边上添加倒圆角】按钮 ，预览特征如图 4-109 所示。单击【确定】按钮 ，完成轨迹筋特征的创建，效果如图 4-110 所示。

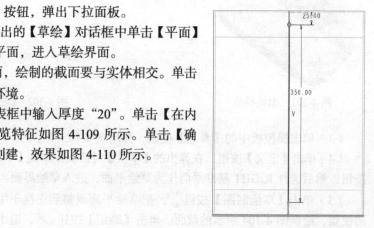

图 4-108　绘制截面

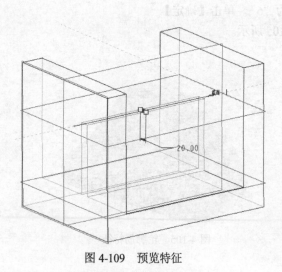

图 4-109　预览特征

图 4-110　轨迹筋特征

4.5.4　实例——绘制法兰盘

本例将绘制图 4-111 所示的法兰盘。首先执行旋转命令创建法兰盘主体，然后执行轮廓筋命令创建筋特征，最后执行孔命令创建孔特征。

图 4-111　法兰盘

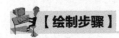【绘制步骤】

扫码看视频

1. 创建新文件

单击工具栏中的【新建】按钮 ，弹出【新建】对话框。在【类型】中选择【零件】，取消【使用默认模板】复选框的勾选，在【名称】文本框中输入零件的名称"法兰盘"，单击【确定】按钮，弹出【新文件选项】对话框，选择【mmns_part_solid】模板，单击【确定】按钮进入实体建模界面。

2. 制作旋转实体

（1）单击【模型】选项卡中【形状】组上方的【旋转】按钮 ，打开【旋转】操控板。

（2）选择 TOP 基准平面作为草绘平面，接受系统的缺省参考。绘制旋转截面，如图 4-112 所示，单击【确定】按钮 ，退出草图绘制环境。

（3）在操控板中输入旋转角度"360"，单击【确定】按钮 ，完成旋转实体的创建，如图 4-113 所示。

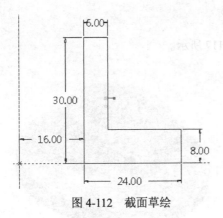

图 4-112　截面草绘

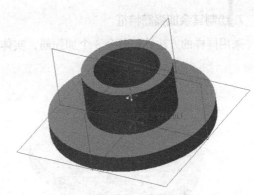

图 4-113　旋转实体

3. 倒角

（1）单击【模型】选项卡中【工程】组上方的【倒角】按钮 ，打开【倒角】操控板。

（2）在操控板中选择【45×D】的倒角方式，输入倒角的距离"1"。选择要倒角的顶圆面的外边界，单击【确定】按钮 。

4. 倒圆角

（1）单击【模型】选项卡中【工程】组上方的【倒圆角】按钮 ，打开【倒圆角】操控板。

（2）在操控板中输入倒圆角的半径"4"，选择两个圆柱面的过渡边界后，单击【确定】按钮✓，退出倒圆角的绘制，完成实体的创建，如图 4-114 所示。

5. 加强筋的创建

（1）单击【模型】选项卡中【工程】组上方的【轮廓筋】按钮，打开【轮廓筋】操控板。

（2）选择 TOP 基准平面作为草绘平面，增加实体边界线为参考，草绘图 4-115 所示的直线，单击【确定】按钮✓，退出草图绘制环境。

图 4-114　倒角后实体

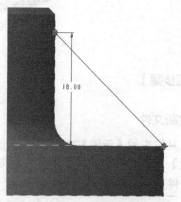

图 4-115　筋的草绘

（3）在操控板中输入加强筋厚度值"6"，单击【确定】按钮✓，完成筋的创建。

6. 加强筋圆角创建

重复执行上面第 4 步倒圆角的操作，选择加强筋的两条过渡弧线，输入圆角值"2"，生成的实体如图 4-116 所示。

7. 绘制其余加强筋特征

采用同样的方法绘制其余 3 个加强筋，实体如图 4-117 所示。

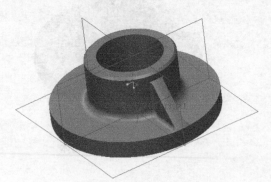

图 4-116　加强筋实体

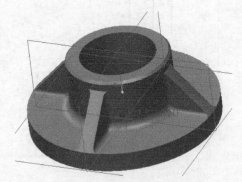

图 4-117　绘制其余加强筋

8. 孔特征创建

（1）单击【模型】选项卡中【工程】组上方的【孔】按钮，打开【孔】操控板。

（2）选择法兰盘底面为孔放置面，选择两基准平面为参考，如图 4-118 所示。

（3）在操控板输入孔的直径"8"，单击【确定】按钮✓，绘制孔如图 4-111 所示。

图 4-118　孔参考

4.6　拔模特征

　　拔模特征将向单独曲面或一系列曲面中添加一个 −30° ～ +30° 的拔模角度。当曲面仅是由列表圆柱面或平面形成时，才可拔模。曲面边的边界周围有圆角时不能拔模，不过可以先拔模，然后对边进行圆角过渡。

　　对于拔模，有以下术语。

- 拔模曲面：要拔模的模型的曲面。
- 拔模枢轴：曲面围绕其旋转的拔模曲面上的线或曲线（也称作中立曲线）。可通过选择平面（在此情况下拔模曲面围绕它们与此平面的交线旋转）或选择拔模曲面上的单个曲线链来定义拔模枢轴。
- 拖拉方向（也称作拔模方向）。用于测量拔模角度的方向，通常为模具开模的方向。可通过选择平面（在这种情况下拖拉方向垂直于此平面）、直边、基准轴或坐标系的轴来定义拖拉方向。
- 拔模角度。拔模方向与生成的拔模曲面之间的角度。若拔模曲面被分割，则可为拔模曲面的每侧定义两个独立的角度。拔模角度必须在 −30° ～ +30° 。

　　拔模曲面可按拔模曲面上的拔模枢轴或不同的曲线进行分割，如与面组或草绘曲线的交线。如果使用不在拔模曲面上的草绘进行分割，那么系统会以垂直于草绘平面的方向将其投影到拔模曲面上。若拔模曲面被分割，则可以进行以下操作。

- 为拔模曲面的每一侧指定两个独立的拔模角度。
- 指定一个拔模角度，第二侧以相反方向拔模。
- 仅拔模曲面的一侧（任意一侧均可），另一侧仍位于中性位置。

4.6.1　操控板选项介绍

1.【拔模】操控板

　　单击【模型】选项卡中【工程】组上方的【拔模】按钮 ，打开图 4-119 所示的【拔模】操控板。

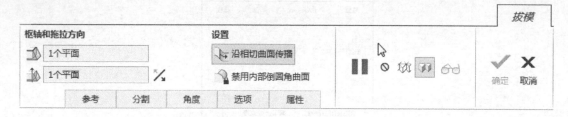

图 4-119 【拔模】操控板

【拔模】操控板由以下内容组成。

- 【拔模枢轴】列表框 。用来指定拔模曲面上的中性直线或曲线，即曲面绕其旋转的直线或曲线。单击列表框可将其激活。最多可选择两个平面或曲线链。要选择第二枢轴，必须先用分割对象分割拔模曲面。
- 【拖拉方向】列表框 。用来测量拔模角度的方向，单击列表框可将其激活。可以选择平面、直边、基准轴、两点（如基准点或模型顶点）或坐标系。
- 【反转拖拉方向】按钮 。用来反转拖拉方向（在拔模模型中由黄色箭头指示）。

对于具有独立拔模侧的【分割拔模】，该操控板包含第二【角度】组合框和【反转角度】图标，以控制第二侧的拔模角度。

2. 下拉面板

下拉面板包含拔模特征的参考和属性的信息。

（1）【参考】下拉面板：包含在拔模特征和分割选项中使用的参考列表框，如图 4-120 所示。

（2）【分割】下拉面板：包含【分割选项】，如图 4-121 所示。

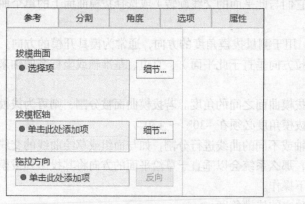

图 4-120 【参考】下拉面板

图 4-121 【分割】下拉面板

（3）【角度】下拉面板：包含拔模角度值及其位置的列表框，如图 4-122 所示。

（4）【选项】下拉面板：包含定义拔模几何的复选框，如图 4-123 所示。

（5）【属性】下拉面板：包含特征名称和用于访问特征信息的图标，如图 4-124 所示。

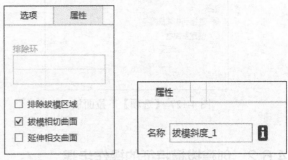

图 4-122 【角度】下拉面板　　　图 4-123 【选项】下拉面板　图 4-124 【属性】下拉面板

3.【可变拖拉方向拔模】操控板

单击【模型】选项卡中【工程】组上方的【可变拖拉方向拔模】按钮，打开图 4-125 所示的【可变拖拉方向拔模】操控板。

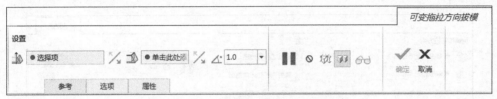

图 4-125 【可变拖拉方向拔模】操控板

操控板中包含以下内容。

○ 【角度】按钮 。单击该按钮，弹出【角度】下拉面板，其中会显示拔模角度。勾选【调整角度保持相切】复选框，将强制与拔模曲面相切。

其余选项解释同【拔模】操控板。

4. 下拉面板

下拉面板包含可变拖拉方向拔模特征的参考和属性的信息。

（1）【参考】下拉面板：包含在可变拖拉方向拔模特征中使用的参考列表框，如图 4-126 所示。

（2）【选项】下拉面板：包含定义可变拖拉方向拔模几何的选项，如图 4-127 所示。

（3）【属性】下拉面板：包含特征名称和用于访问特征信息的图标，如图 4-128 所示。

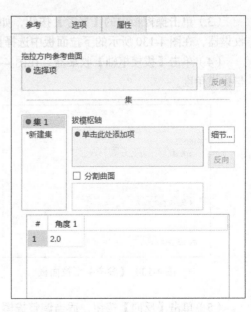

图 4-126 【参考】下拉面板

图 4-127 【选项】下拉面板

图 4-128 【属性】下拉面板

4.6.2 创建拔模特征的操作步骤

拔模特征的创建过程如下。

（1）打开文件。单击工具栏中的【打开】按钮📂，打开【文件打开】对话框，打开配套资源中的"源文件 \ 第 4 章 \ 拔模基体 .prt"文件。

（2）单击【模型】选项卡中【工程】组上方的【拔模】按钮🔺，弹出【拔模】操控板，如图 4-129所示。

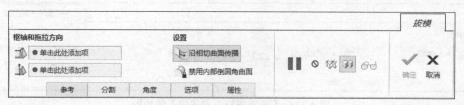

图 4-129 【拔模】操控板

（3）单击操控板中的【参考】按钮，如图 4-129 所示。在弹出的下拉面板中单击【拔模曲面】收集器，在图 4-130 所示的下拉面板中选择拔模曲面。

（4）单击【拔模枢轴】收集器，在图 4-131 所示的界面中定义拔模，在绘图区将显示拔模方向与拔模角度。

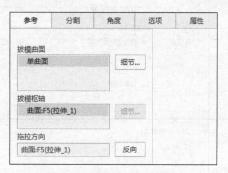

图 4-130 【参考】下拉面板

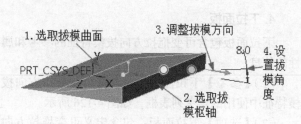

图 4-131 定义拔模

（5）单击【反向】按钮，适当调整拔模方向。双击角度值，弹出列表框，在其中输入要修改的值（选中图 4-131 所示的白色小方框，使之变为黑色，上下拖动即可调整拔模角度）。

（6）单击【确定】按钮✓，完成倒角处理，如图 4-132 所示。

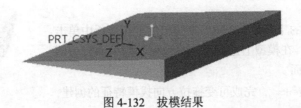

图 4-132　拔模结果

4.6.3　创建可变拖拉方向拔模特征的操作步骤

可变拖拉方向拔模特征的创建过程如下。

（1）打开文件。单击工具栏中的【打开】按钮 📂，打开【文件打开】对话框，打开源文件 \ 第 4 章 \ 轮廓筋 .prt 文件。

（2）单击【模型】选项卡中【工程】组上方的【可变拖拉方向拔模】按钮 🔧，弹出【可变拖拉方向拔模】操控板，如图 4-133 所示。

图 4-133　【可变拖拉方向拔模】操控板

（3）单击【拔模枢轴】按钮 🔧 后的收集器，然后在模型中选择图 4-134 所示的拔模枢轴的平面。

（4）单击【拖拉方向】按钮 🔧 后的收集器，然后在模型中选择图 4-135 所示的拔模角度的测量方向平面。此时会出现一个箭头以指示测量方向，可以单击 🔧 按钮改变拖动方向。

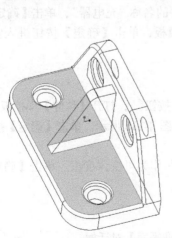

图 4-134　选择拔模枢轴的平面

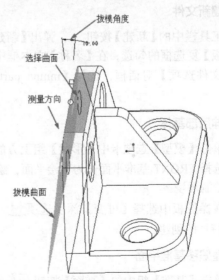

图 4-135　选择拔模角度的测量方向平面

（5）在【拔模角度】按钮 🔺 后的下拉列表框中输入拔模角度 "5"，可以单击【反向】按钮 🔧，使拔模角度反向。

（6）单击操控板中的【参考】按钮，在弹出的下拉面板中单击【拔模曲面】收集器后，在模型上选择定义拔模枢轴的平面另一侧的平行平面作为拔模曲面。

（7）单击【确定】按钮，完成可变拖拉方向拔模特征的创建，效果如图 4-136 所示。

图 4-136　可变拖拉方向拔模特征

4.6.4　实例——绘制充电器

本例将创建充电器，如图 4-137 所示。首先分 4 个部分进行拉伸，形成充电器的基体，对其中的两部分拉伸体进行拔模操作。然后拉伸形成插销部分，从而形成最终的实体。

图 4-137　充电器

【绘制步骤】

扫码看视频

1. 创建新文件

单击工具栏中的【新建】按钮，弹出【新建】对话框。在【类型】中选择【零件】，取消【使用默认模板】复选框的勾选，在【名称】文本框中输入零件的名称"充电器"，单击【确定】按钮。弹出【新文件选项】对话框，选择【mmns_part_solid】模板，单击【确定】按钮进入实体建模界面。

2. 拉伸后部基体

（1）单击【模型】选项卡中【形状】组上方的【拉伸】按钮，打开【拉伸】操控板。

（2）选择 FRONT 基准平面作为草绘平面，绘制截面如图 4-138 所示。单击【确定】按钮，退出草图绘制环境。

（3）在操控板中选择【可变】深度选项。输入"4"作为可变深度值。单击【确定】按钮，完成特征的创建。

3. 创建偏移基准平面

（1）单击【基准】组中的【平面】按钮，打开【基准平面】对话框。

（2）选择 FRONT 基准平面作为从其偏移的平面，设置偏移为 0.5，如图 4-139 所示。

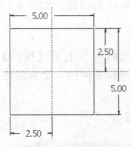

图 4-138 绘制截面

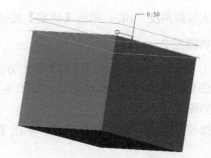

图 4-139 基准平面选择和偏移

4. 拉伸前部基体

（1）单击【模型】选项卡中【形状】组上方的【拉伸】按钮 ，打开【拉伸】操控板。

（2）在刚创建的面上绘制图 4-140 所示的矩形。单击【确定】按钮 ，退出草图绘制环境。

（3）在操控板中输入可变深度值"2"，单击【确定】按钮 ，生成的特征如图 4-141 所示。

图 4-140 绘制草图

图 4-141 生成特征

5. 创建拔模面 1

（1）单击【模型】选项卡中【工程】组上方的【拔模】按钮 ，打开【拔模】操控板。

（2）按住 Ctrl 键选择图 4-142 所示的 4 个表面。选择零件的一个表面作为拔模枢轴（或中性面），并选择拖拉方向，如图 4-143 所示。

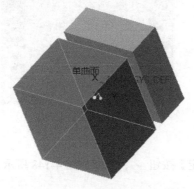

图 4-142 表面选择

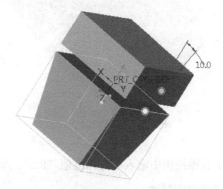

图 4-143 拔模枢轴和拖拉方向选择

（3）输入拔模角度"10"，单击【确定】按钮 ，完成特征的创建，如图 4-144 所示。

6. 创建拔模面 2

（1）单击【模型】选项卡中【工程】组上方的【拔模】按钮 ，打开【拔模】操控板。

（2）按住 Ctrl 键选择要拔模的曲面，如图 4-145 所示。选择零件的一个表面作为拔模枢轴（或中性面），如图 4-146 所示。

（3）在操控板中输入拔模角度"30"，单击【确定】按钮 。

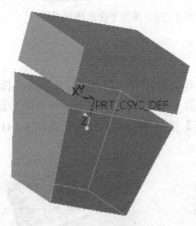

图 4-144　生成特征

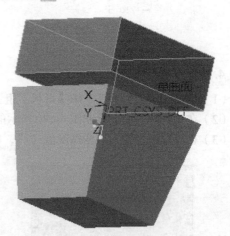

图 4-145　表面选择

7. 拉伸中间基体

（1）单击【模型】选项卡中【工程】组上方的【拉伸】按钮 ，打开【拉伸】操控板。

（2）选择 FRONT 基准平面为草图绘制面，选择矩形的 4 条边作为参考，绘制草图如图 4-147 所示。单击【确定】按钮 ，退出草图绘制环境。

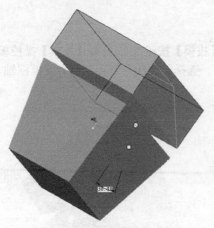

图 4-146　选择拔模方向

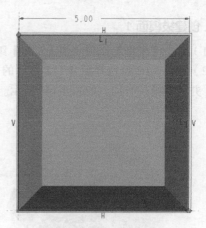

图 4-147　绘制草图

（3）在操控板中输入可变深度值"0.5"，单击【确定】按钮 ，效果如图 4-148 所示。

8. 拉伸突出基体

（1）单击【模型】选项卡中【形状】组上方的【拉伸】按钮 ，打开【拉伸】操控板。

（2）在图 4-149 所示的端面上绘制图 4-150 所示的草图截面。选择矩形的 4 条边作为参考。单击【确定】按钮✔，退出草图绘制环境。

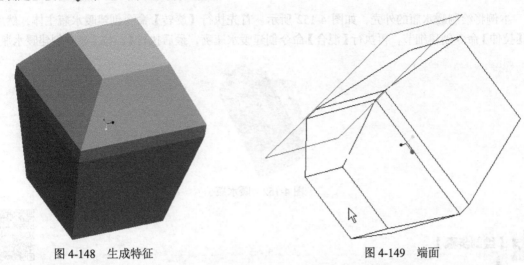

图 4-148　生成特征　　　　　　　　　　　　　　图 4-149　端面

（3）在操控板中输入可变深度值 0.3，单击【确定】按钮✔，完成拉伸。

9. 拉伸插销

（1）单击【模型】选项卡中【形状】组上方的【拉伸】按钮，打开【拉伸】操控板。

（2）选择第 8 步创建的拉伸体的上表面为草图绘制平面，绘制截面如图 4-151 所示。选择矩形的 4 条边作为参考。单击【确定】按钮✔，退出草图绘制环境。

（3）在操控板中输入可变深度值 "2"，单击【确定】按钮✔。

10. 倒圆角

（1）单击【模型】选项卡中【工程】组上方的【倒圆角】按钮，打开【倒圆角】操控板。

（2）在绘图区中选择第 9 步创建的拉伸体边线，设置圆角尺寸为 "0.6"，单击【确定】按钮✔，如图 4-137 所示。

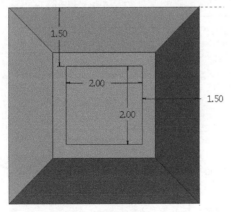

图 4-150　绘制截面（1）

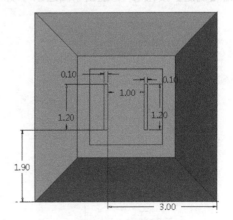

图 4-151　绘制截面（2）

4.7 综合实例——绘制暖水瓶

本例将绘制暖水瓶的外壳，如图 4-152 所示。首先执行【旋转】命令创建暖水瓶主体，然后执行【拉伸】命令创建细节，再执行【混合】命令创建暖水瓶嘴，最后执行【扫描】命令创建暖水瓶把。

图 4-152　暖水瓶

【绘制步骤】

扫码看视频

1. 创建新文件

单击工具栏中的【新建】按钮 ，弹出【新建】对话框。在【类型】中选择【零件】，取消【使用默认模板】复选框的勾选，在【名称】文本框中输入零件的名称"暖水瓶"，单击【确定】按钮。弹出【新文件选项】对话框，选择【mmns_part_solid】模板，单击【确定】按钮进入实体建模界面。

2. 绘制主体

（1）单击【模型】选项卡中【形状】组上方的【旋转】按钮，打开【旋转】操控板，选择RIGHT 基准平面作为草绘平面，绘制图 4-153 所示的图形。

（2）单击【圆角】按钮 ，对拐角处进行倒圆角过渡，效果如图 4-154 所示，其中，图 4-154 所示的右图为左图的局部放大效果。

（3）单击【基准】组中的【中心线】按钮，绘制一条与原始参考线重合的竖直中心线，然后单击【确定】按钮 ，退出草图绘制环境。

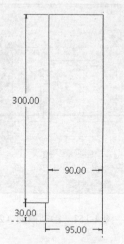

图 4-153　草绘图形

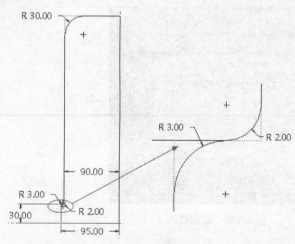

图 4-154　倒圆角

（4）在操控板中输入旋转角度"360"，然后单击【确定】按钮✓，完成旋转特征的创建，效果如图 4-155 所示。

3.创建拉伸 1

（1）单击【模型】选项卡中【形状】组上方的【拉伸】按钮 🗲，打开【拉伸】操控板。

（2）选择旋转特征的底面作为草绘平面，绘制图 4-156 所示的图形，然后单击【确定】按钮✓，退出草图绘制环境。

图 4-155　旋转特征

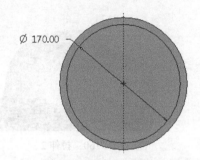

图 4-156　拉伸 1 截面

（3）操控板的设置如图 4-157 所示，输入深度"5"，单击【移除材料】按钮◪。

图 4-157　【拉伸】操控板设置

（4）单击【确定】按钮✓，完成拉伸特征的创建，效果如图 4-158 所示。

4.创建拉伸 2

（1）单击【模型】选项卡中【形状】组上方的【拉伸】按钮 🗲，打开【拉伸】操控板。

（2）选择旋转特征的上表面作为草绘平面，绘制图 4-159 所示的图形。单击【确定】按钮✓，退出草图绘制环境。

图 4-158　拉伸 1

图 4-159　拉伸 2 截面

（3）在操控板中设置为拉伸实体、去除材料类型、拉伸深度为"10"。然后单击【确定】按钮✓，完成拉伸特征的创建，效果如图 4-160 所示。

5. 抽壳

（1）单击【模型】选项卡中【工程】组上方的【壳】按钮■，打开【壳】操控板。

（2）单击操控板中的【参考】按钮。在弹出的下拉面板的【移除的曲面】列表框的收集器中单击，选择曲面【拉伸2】为移除的曲面，设置厚度为"5"。

（3）单击【非默认厚度】列表框中的收集器，按住 Ctrl 键选择实体的底面和旋转曲面，并设置其厚度分别为"10"和"5"，下拉面板的设置和选择后的实体模型分别如图 4-161 和图 4-162 所示。

图 4-160　拉伸 2

图 4-161　下拉面板的设置

（4）单击【确定】按钮✓，完成壳的创建，效果如图 4-163 所示。

图 4-162　选择后的实体模型

图 4-163　抽壳

6. 倒圆角

（1）单击【模型】选项卡中【工程】组上方的【倒圆角】按钮，打开【倒圆角】操控板。

（2）选择底面与旋转体间的过渡线，设置圆角半径为"5"，单击【确定】按钮✓，倒圆角效果如图 4-164 所示。

7. 创建混合特征 1

（1）在【模型】选项卡中【形状】组下单击【混合】按钮，打开【混合】操控板，如图 4-165 所示。

图 4-164　倒圆角

图 4-165　【混合】操控板

（2）打开【截面】下拉面板，单击【定义】按钮，弹出【草绘】对话框，选择旋转特征的上表面作为草绘平面。进入截面草绘，以参考线的交点为圆心绘制一个直径为"100"的圆。

（3）单击【确定】按钮✔，完成第一个截面的绘制。

（4）打开【截面】下拉面板，设置截面 2 与截面 1 间距为"20"，如图 4-166 所示。单击【草绘】按钮，进入草绘环境，绘制一个直径为"80"的同心圆。

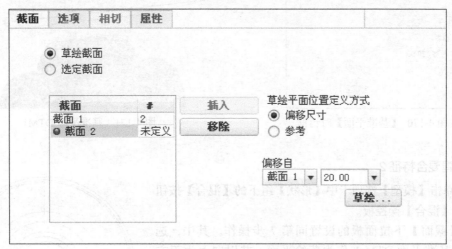

图 4-166　【截面】下拉面板

（5）重复执行第（4）步，绘制第三个截面，与截面 2 的距离为"5"，绘制一个直径为"70"的圆，效果如图 4-167 所示，单击【确定】按钮✔，退出草图绘制环境。

（6）单击【创建薄壁特征】按钮，选择向内添加材料为正向，如图 4-168 所示。输入薄壁特征的厚度 5。

（7）单击操控板中的【确定】按钮或鼠标中键，完成混合特征 1 的创建，效果如图 4-169 所示。

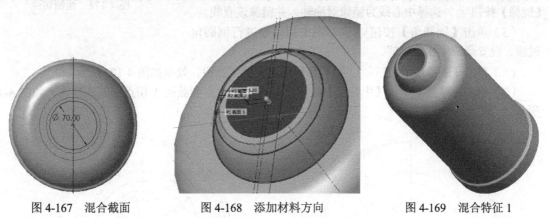

图 4-167　混合截面　　　　图 4-168　添加材料方向　　　　图 4-169　混合特征 1

8. 创建基准面

（1）单击【基准】组中的【平面】按钮，打开【基准平面】对话框，如图 4-170 所示。

（2）选择混合特征 1 的上表面作为参考，将平移量修改为"20"，单击【确定】按钮，生成基准平面，如图 4-171 所示。

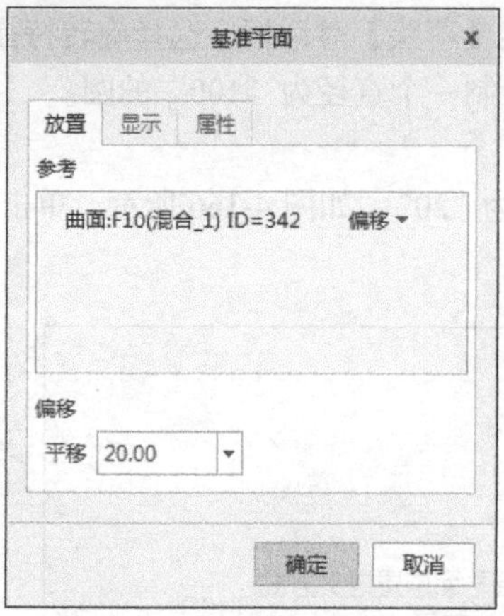

图 4-170 【基准平面】对话框

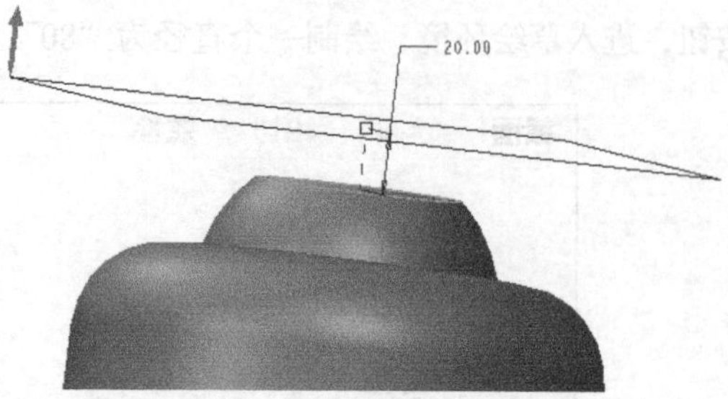

图 4-171 基准平面 DTM1

9. 创建混合特征 2

（1）单击【模型】选项卡中【形状】组下的【混合】按钮，打开【混合】操控板。

（2）【截面】下拉面板的设置同第 7 步操作。其中，选择新建的基准平面 DTM 1 作为草绘平面，并以向上为正方向，进入截面草绘后，以参考线的交点为圆心绘制一个直径为“80”的圆。（由于两截面的图元数不等，需要先将截面 1 分解。）

（3）单击【线】按钮，绘制一条图 4-172 所示的切线。

（4）单击【草绘】中的【中心线】按钮，绘制一条与原始参考线重合的竖直中心线。选中刚才绘制的切线，然后单击【镜像】按钮，选择中心线为镜像对称轴，并镜像该直线。

（5）单击【倒圆角】按钮，对图中拐角处进行倒圆角过渡，设置圆角半径为“5”。

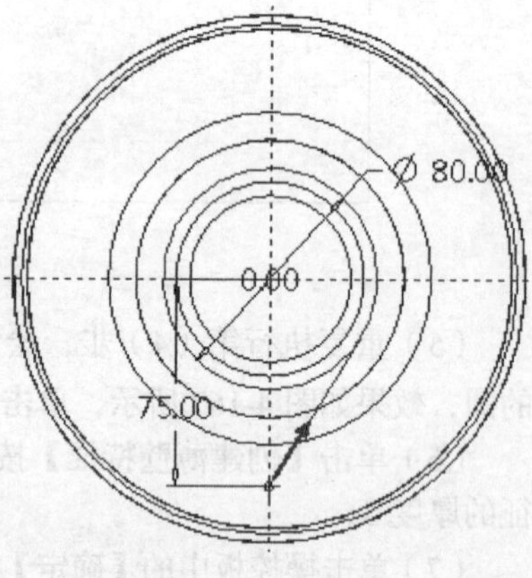

图 4-172 绘制切线

（6）单击【删除段】按钮，修剪掉切线包含的圆弧段，效果如图 4-173 所示。

（7）单击【草绘】中的【中心线】按钮，过参考线交点和截面 1 切点绘制基准线，如图 4-174 所示。

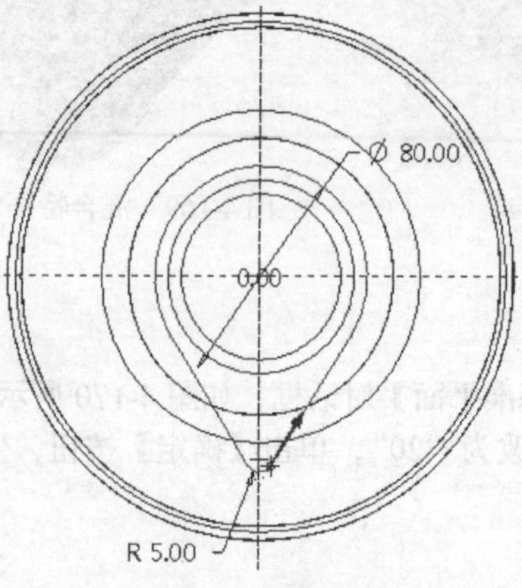

图 4-173 修剪圆弧

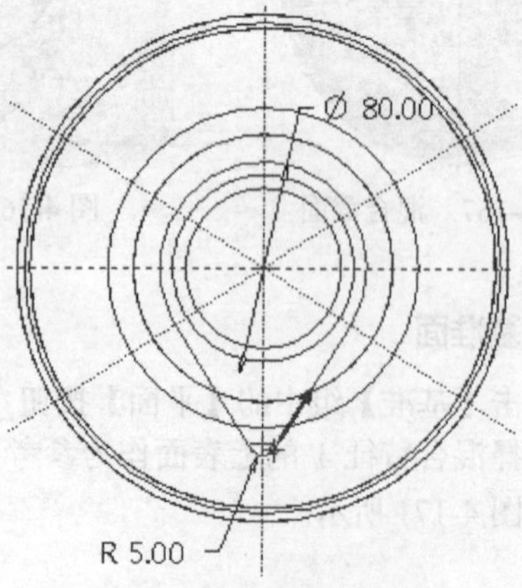

图 4-174 绘制基准线

（8）单击【确定】按钮 ✔，退出草图绘制环境，完成第一个截面的绘制。

（9）打开【截面】下拉面板，设置截面 2 与截面 1 间距为 "-20"，单击【草绘】按钮，进入草绘环境，绘制图 4-175 所示直径为 "60" 的同心圆。

（10）单击【分割】按钮 ，在图元与中心线的交点处单击，将图元分割为 4 部分，如图 4-176 所示（注意截面调整起点方向）。

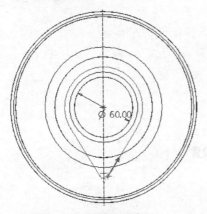

图 4-175　绘制圆形截面

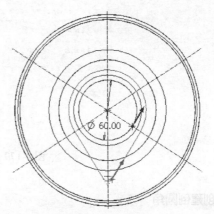

图 4-176　第二截面

（11）单击【确定】按钮 ✔，退出草图绘制环境，完成第二个截面的绘制。

（12）单击【创建薄壁特征】按钮 ，选择向外添加材料为正向，输入薄壁特征的厚度 "5"。完成混合特征 2 的创建，结果如图 4-177 所示。

10. 创建拉伸切除材料

（1）单击【模型】选项卡中【形状】组上方的【拉伸】按钮 ，打开【拉伸】操控板。

（2）选择【TOP】平面作为草绘平面，绘制图 4-178 所示的图形，单击【确定】按钮 ✔，退出草图绘制环境。

图 4-177　混合特征 2

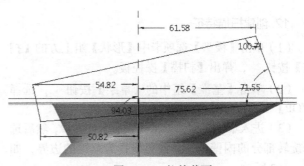

图 4-178　拉伸截面

（3）操控板的设置如图 4-179 所示。单击【确定】按钮 ✔，完成拉伸切除材料的创建，效果如图 4-180 所示。

图 4-179　操控板的设置

11. 创建倒圆角

（1）单击【模型】选项卡中【工程】组上方的【倒圆角】按钮，打开【倒圆角】操控板。

（2）选择两次混合实体的内外过渡线，设置圆角半径为"3"，单击【确定】按钮，效果如图 4-181 所示。

图 4-180　拉伸切除材料

图 4-181　倒圆角

12. 创建扫描特征

（1）单击【模型】选项卡中【形状】组上方的【扫描】按钮，弹出【扫描】操控板。

（2）单击【基准】组中的【草绘】按钮，选择【TOP】平面作为草绘平面。

（3）进入草绘界面，单击【投影】按钮，然后选择旋转部分的内壁，选择该直线作为草绘的边界，如图 4-182 所示。

（4）绘制图 4-183 所示的轨迹。对图中拐角处进行倒圆角过渡，效果如图 4-184 所示。

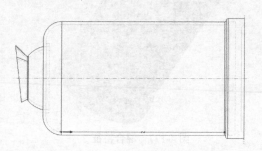

图 4-182　通过边创建图元

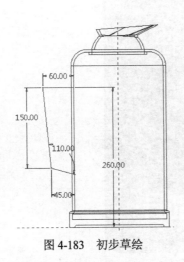

图 4-183　初步草绘

图 4-184　编辑草绘

（5）单击【删除段】按钮，修剪掉图 4-184 中选择的
直线。单击【确定】按钮，退出草图绘制环境。

（6）在操控板中单击【继续】按钮，单击【创建截面】
按钮，进入扫描截面草绘，单击【选项板】按钮，在弹
出的【草绘器选项板】对话框中选择【I 形轮廓】选项，如图
4-185 所示。

（7）双击该选项，然后移动鼠标至绘图平面中两参考线
的交点，并在该点单击，将轮廓放置在该处。

（8）通过图 4-186 所示的导入截面调整轮廓的大小和方
向。调整好截面后，连续单击【确定】按钮，退出草图绘
制环境。

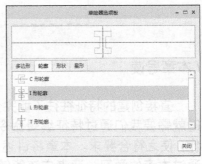

图 4-185　【草绘器选项板】对话框

图 4-186　【旋转调整大小】操控板

（9）单击【确定】按钮，完成扫描特征的创建，效果如图 4-187 所示。

图 4-187　扫描特征

第 5 章
实体特征的编辑

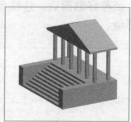

/ 本章导读

直接创建的特征往往不能完全符合我们的设计要求,这时就需要我们通过特征编辑命令对建立的特征进行编辑操作,使之符合要求。本章将讲述实体特征的各种编辑方法。通过本章的学习,读者应该能够熟练地掌握各种编辑命令及其使用方法。

/ 知识重点

- ● 特征操作
- ● 特征的删除、隐含与隐藏
- ● 镜像命令
- ● 阵列命令

5.1　特征操作

5.1.1　特征镜像

（1）打开文件。单击工具栏中的【打开】按钮，打开【文件打开】对话框，打开"源文件\第5章\特征镜像 prt"文件，如图 5-1 所示。

（2）在【模型】选项卡里执行【操作】组下【继承】命令（如果不能找到就搜索【继承】命令，还可以在【选项】的【自定义组】中添加【继承】命令，将命令添加到【操作】组中），打开图 5-2所示的【菜单管理器】对话框。

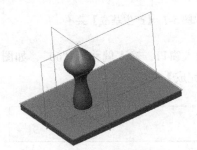

图 5-1　原始模型

图 5-2　菜单管理器

（3）在【继承零件】菜单中选择【特征】→【复制】选项，弹出图 5-3 所示的【复制特征】菜单。

（4）在【复制特征】菜单中选择【镜像】选项，如图 5-4 所示。

（5）选择【完成】选项，弹出【选择特征】菜单，在模型树中选择【旋转 1】选项，选择平板上的旋转特征，如图 5-5 所示。

图 5-3　【复制特征】菜单

图 5-4　选择【镜像】选项

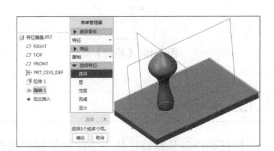

图 5-5　选择旋转特征

（6）选择完成以后，单击【选择】对话框上的【确定】按钮，然后执行【复制】菜单中的【完成】命令，弹出图 5-6 所示的【设置平面】菜单。

（7）在【设置平面】菜单中选择【产生基准】选项，弹出【产生基准】菜单，如图 5-7 所示。选择【偏移】选项，在模型树或视图中选择 TOP 基准平面作为参考面，弹出图 5-8 所示的【偏移】菜单。

图 5-6 【设置平面】菜单　　　　　　　　　　　图 5-7 【产生基准】菜单

（8）在菜单中选择【输入值】选项，弹出消息输入窗口，输入偏移为"60"，如图 5-9 所示。单击【确定】按钮 ✓，在【产生基准】菜单中选择【完成】选项。

图 5-8 【偏移】菜单　　　　　　　　　　　　　图 5-9 　消息输入窗口

（9）弹出图 5-10 所示的【特征】菜单，从中选择【完成】选项，即可完成特征镜像操作，结果如图 5-11 所示。

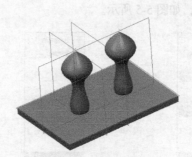

图 5-10 【特征】菜单　　　　　　　　　　　图 5-11 　特征镜像结果

5.1.2 特征移动

特征移动就是将特征从一个位置复制到另外一个位置。特征移动可以使特征在平面内平行移动，也可以使特征绕某一轴做旋转运动。特征移动的具体操作步骤如下。

（1）打开文件。单击工具栏中的【打开】按钮 ，打开【文件打开】对话框，打开"源文件 \ 第 5 章 \ 特征移动 .prt"文件，如图 5-12 所示。

（2）在【模型】选项卡里执行【操作】组下【继承】命令（如果不能找到就搜索【继承】命令，还可以在【选项】的【自定义组】中添加【继承】命令，将命令添加到【操作】组中），在弹出的【菜单管理器】的【特征】菜单中选择【复制】选项，弹出图 5-13 所示的【复制特征】菜单。

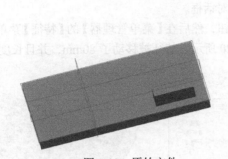

图 5-12　原始文件　　　　　　　　　图 5-13　【复制特征】菜单

（3）在【复制特征】菜单中选择【移动】→【完成】选项后，弹出【选择特征】菜单。

（4）在模型树中选择【拉伸 2】选项，选择平板上的小方块，如图 5-14 所示。

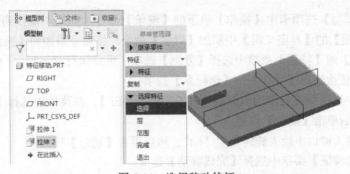

图 5-14　选择移动特征

（5）选择完成以后，单击【选择】对话框中的【确定】按钮，弹出图 5-15 所示的菜单。

（6）在菜单中依次选择【平移】→【平面】选项。在模型中选择 RIGHT 基准平面，然后在弹出的【方向】下拉列表中将平移方向设置为背离屏幕的方向，最后选择菜单中的【确定】选项。

（7）在消息输入窗口输入偏移距离"80"，然后单击【确定】按钮 ✓，弹出【移动特征】菜单，如图 5-16 所示。

（8）在【移动特征】菜单中选择【完成移动】选项，弹出图 5-17 所示的【组可变尺寸】菜单。

图 5-15　【移动特征】菜单（1）　　图 5-16　【移动特征】菜单（2）　　图 5-17　【组可变尺寸】菜单

（9）在【组可变尺寸】菜单中勾选【Dim 3】复选框，此时模型中显示了被移动的特征的可变尺寸，如图 5-18 所示。

（10）选择【组可变尺寸】中的【完成】选项，并在消息输入窗口中输入 Dim 3 的新尺寸"30"，然后按回车键。弹出图 5-19 所示的【组元素】对话框。

（11）在【组元素】对话框中单击【确定】按钮，然后在【菜单管理器】的【特征】菜单中选择【完成】选项，完成特征的平移操作，效果如图 5-20 所示。特征被移动了 80mm，并且长度由"70"变为"30"。

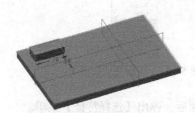

图 5-18　模型中的可变尺寸　　　图 5-19　【组元素】对话框　　　图 5-20　平移特征

（12）执行【模型】选项卡中【操作】组下的【继承】命令（如果不能找到就搜索【继承】命令，还可以在【选项】的【自定义组】中添加【继承】命令，将命令添加到【操作】组中），在弹出的【菜单管理器】的【特征】菜单中选择【复制】选项。重复执行第（3）～（5）步，然后在图 5-21 所示的菜单中依次选择【旋转】→【坐标系】选项。

（13）在模型中选择系统自带的坐标系【PRT_CSYS_DEF】，在菜单中选择【Z 轴】，设置向上的方向为正向，然后单击【确定】按钮。

（14）在消息输入窗口中输入旋转角度"60"，然后单击【确定】按钮 ✓。

（15）在【移动特征】菜单中选择【完成移动】选项。

（16）在弹出的【组可变尺寸】菜单中勾选【Dim 2】和【Dim 5】复选框，改变模型到 TOP 基准平面的距离以及模型的宽度。

（17）在对话区分别输入【Dim 2】和【Dim 5】的值为"60"和"60"。

（18）在【组元素】对话框中单击【确定】按钮，然后在【菜单管理器】的【特征】菜单中选择【完成】选项，完成特征的旋转操作，效果如图 5-22 所示。特征被旋转了 60°，并且宽度由"30"变为"60"。

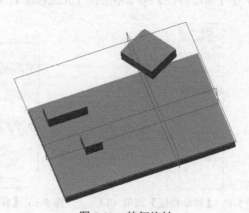

图 5-21　【旋转】菜单设置　　　　　　　　图 5-22　特征旋转

5.1.3　重新排序

特征的顺序是指特征出现在【模型树】中的序列。在排序的过程中不能将子项特征排在父项特征的前面。同时，对现有特征重新排序可更改模型的外观。重新排序的过程如下。

（1）打开文件。单击工具栏中的【打开】按钮，打开【文件打开】对话框，打开"源文件\第5章\重新排序.prt"文件，模型如图 5-23 所示。

（2）单击模型树上方的【设置】按钮，从其下拉列表中选择【树列】选项，弹出图 5-24 所示的【模型树列】对话框。

图 5-23　原始模型

图 5-24　【模型树列】对话框

（3）在【模型树列】对话框中的【类型】下选择【特征号】选项，然后单击 >> 按钮将【特征号】选项添加到【显示】列表框中，如图 5-25 所示。

（4）单击【模型树列】对话框中的【确定】按钮，则在模型树中显示特征的【特征号】属性，如图 5-26 所示。

图 5-25　添加【特征号】选项

图 5-26　显示【特征号】属性的模型树

（5）在【模型】选项卡里执行【操作】组下的【继承】命令（如果不能找到就搜索【继承】命令，还可以在【选项】的【自定义组】中添加【继承】命令，将命令添加到【操作】组中），在弹出的【菜单管理器】的【特征】菜单中选择【重新排序】选项，弹出图 5-27 所示的【特征】菜单。

（6）从模型树中选择需要重新排序的特征，这里单击【倒圆角 1】特征，然后单击【选择】对话框中的【确定】按钮完成选择，并再次选择【选择特征】菜单中【完成】选项。

（7）弹出【重新排序】菜单，如图 5-28 所示。选择【之前】→【选择】选项，在视图中选择【镜像 1】特征，将【倒圆角 1】特征放置在【镜像 1】特征前，效果如图 5-29 所示。

图 5-27　【特征】菜单

图 5-28　【确认】菜单

图 5-29　重新排序后的模型树

还有一种更简单的重新排序方法：从模型树中选择一个或多个特征，然后在特征列表中拖动鼠标，将所选特征拖动到新位置。但是这种方法没有重新排序提示，可能会造成错误。

注意

有些特征不能重新排序，例如 3D 注释的隐含特征，并且如果试图将一个子零件移动到比其父零件更高的位置，父零件将随子零件相应移动，且保持父 / 子关系。此外，如果将父零件移动到另一位置，子零件也将随父零件相应移动，以保持父 / 子关系。

5.1.4　插入特征模式

在进行零件设计的过程中，有时建立了一个特征后需要在该特征或者几个特征之前先建立其他特征，这时就需要启用插入特征模式。

（1）打开文件。单击工具栏中的【打开】按钮，打开【文件打开】对话框，打开"源文件\第 5 章\插入特征模式 .prt"文件，模型如图 5-30 所示。

（2）从模型树中选择一个特征【拉伸 2】，右击弹出一个快捷菜单，如图 5-31 所示。选择【在此插入】选项，此时【在此插入】箭头就会移到【拉伸 2】特征下面，如图 5-32 所示。

图 5-30　原始模型

图 5-31　插入命令

图 5-32　插入命令完成

（3）操作完成后就可以在此插入定位符的当前位置进行新特征的建立。建立完成后，可以通过右击在此插入定位符，执行弹出的【退出插入命令】命令，可以在插入定位符后返回缺省位置。

用户还可以单击选择插入定位符，按住鼠标左键并拖动指针到所需的位置，插入定位符随着指针移动。释放鼠标左键，插入定位符将其置于新位置，并且会保持当前视图的模型方向，模型不会复位到新位置。

5.1.5　实例——绘制转向盘

本例将创建转向盘，如图 5-33 所示。首先绘制轮毂的截面曲线，再用旋转曲线创建轮毂特征。转向盘的把手通过旋转创建。轮辐的创建需要首先创建轮辐的轴线，然后通过扫描得到，接着创建倒圆角特征，将与轮辐相关的特征组建成组，复制轮辐组得到最终的模型。

图 5-33　转向盘

 【绘制步骤】

扫码看视频

1. 新建文件

单击工具栏中的【新建】按钮 ，弹出【新建】对话框。在【类型】中选择【零件】，取消【使用默认模板】复选框的勾选，在【名称】文本框中输入零件的名称"转向盘"，单击【确定】按钮。弹出【新文件选项】对话框，选择【mmns_part_solid】模板，单击【确定】按钮进入实体建模界面。

2. 创建轮毂特征

（1）单击【模型】选项卡中【形状】组上方的【旋转】按钮 ，打开【旋转】操控板。

（2）选择 RIGHT 基准平面作为草绘平面，绘制图 5-34 所示的草图。绘制水平中心线作为旋转轴。单击【确定】按钮 ，退出草图绘制环境。

（3）在操控板中设置旋转方式为 。输入"360.00"作为旋转的变量角，如图 5-35 所示。单击【确定】按钮 ，完成特征的创建。

图 5-34　绘制草图

图 5-35　预览特征

3. 创建转向盘的把手

（1）单击【模型】选项卡中【形状】组上方的【旋转】按钮 ，打开【旋转】操控板。

（2）选择【使用先前的】作为草图绘制平面，绘制图 5-36 所示的草图。单击【确定】按钮，退出草图绘制环境。

（3）在操控板中设置旋转方式为 ，输入"360.00"作为旋转的变量角。单击【确定】按钮，完成特征的创建，效果如图 5-37 所示。

4. 创建轮辐曲线

（1）单击【基准】组中的【草绘】按钮 ，在基准平面 RIGHT 上草绘，草绘环境如图 5-38 所示。

（2）在草绘环境中，单击【草绘】选项卡【设置】组上的【参考】按钮 ，弹出【参考】对话框，指定图 5-38 所示的参考、圆和梯形斜边。

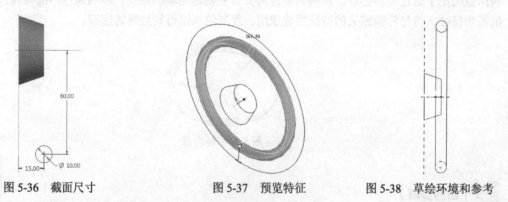

图 5-36　截面尺寸　　　　　　图 5-37　预览特征　　　　　　图 5-38　草绘环境和参考

（3）单击【点】按钮 ，创建图 5-39 所示的 3 个点。

（4）单击【样条】按钮 ，创建图 5-40 所示的样条曲线图元。单击【确定】按钮 ，退出草图绘制环境。

图 5-39　创建点　　　　　　　　　　　图 5-40　样条曲线

5. 创建扫描辐条

（1）单击【模型】选项卡中【形状】组上方的【扫描】按钮 ，弹出【扫描】操控板，如图 5-41 所示。

（2）选择第 4 步创建的样条曲线为扫描轨迹，如图 5-42 所示。

图 5-41　【扫描】操控板

（3）单击【创建截面】按钮 ，在草绘环境中创建图 5-43 所示的圆图元。单击【确定】按钮 ，退出草图绘制环境。

（4）在【选项】下拉面板中勾选【合并端】复选框，在操控板中单击【确定】按钮 ，如图 5-44 所示。

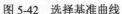

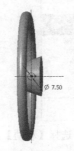

图 5-42　选择基准曲线　　　　图 5-43　截面尺寸　　　　　图 5-44　生成特征

6. 创建圆角特征

（1）单击【模型】选项卡中【工程】组上方的【倒圆角】按钮 ，打开【倒圆角】操控板。

（2）在扫描特征辐条的端面选择两条边，如图 5-45 所示。

（3）输入 "2.5" 作为圆角的半径，单击【确定】按钮 。

7. 创建轮辐特征组

（1）在模型树上选择基准曲线特征、扫描特征 1 和圆角特征 1，单击【模型】组【操作】面板下的【分组】按钮。

（2）在模型树中观察特征的更改，如图 5-46 所示。

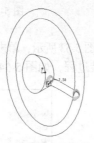

图 5-45　选择边　　　　　　　　　　图 5-46　组

8. 复制辐条组

（1）在【模型】选项卡里执行【操作】组下的【继承】命令（如果不能找到就搜索【继承】命令，还可以在【选项】的【自定义功能区】中添加【继承】命令，将命令添加到【操作】组中），选择【复制】选项，如图 5-47 所示。

（2）在【复制特征】菜单中选择【移动】→【从属】→【完成】选项，如图 5-48 所示。

（3）在模型树或工作区选择要复制的特征组，然后选择【完成】选项，如图 5-49 所示。

（4）在【移动特征】菜单中选择【旋转】选项。

（5）选择【曲线／边／轴】选项，如图 5-50 所示，然后选择图 5-51 所示的中心轴。

（6）如果需要，可反转旋转方向箭头。选择【确定】选项，接受如图 5-52 所示的旋转方向。

图 5-47 选择【复制】

图 5-48 选择【移动】

图 5-49 选择【完成】

图 5-50 选择【曲线 / 边 / 轴】

图 5-51 选择中心轴

图 5-52 正向

（7）在消息输入窗口中输入"120"作为组旋转的角度值，如图 5-53 所示，单击【确定】按钮 ✓。

（8）在【移动特征】菜单中选择【完成移动】选项完成旋转过程，如图 5-54 所示。

图 5-53 输入旋转角度

图 5-54 完成旋转过程

（9）在【组可变尺寸】菜单中选择【完成】选项，如图 5-55 所示。

（10）在【特征定义】对话框中单击【确定】按钮，完成复制，如图 5-56 所示。

（11）重复执行【特征复制】命令，创建第二个辐条的副本，如图 5-33 所示。

单击【完成】按钮，即可【复制】框从体平移一定距离，得到相同的框体【镜像】上各图形。……（本文字模糊）

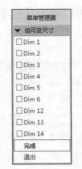

图 5-55 确定尺寸

图 5-56 完成复制

5.2　特征的删除

特征的【删除】命令就是将已经建立的特征从模型树和绘图区删除。

如果要删除该模型中的【镜像 1】特征，可以在模型树上选中该特征，然后右击，弹出图 5-57 所示的快捷菜单。

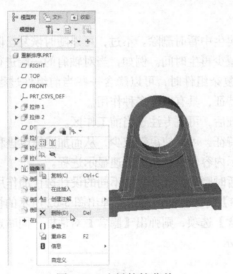

图 5-57　右键快捷菜单

从快捷菜单中选择【删除】选项，若所选的特征没有子特征，则会弹出图 5-58 所示的【删除】对话框，同时该特征在模型树和绘图区中将加亮显示。单击【确定】按钮即可删除该特征。

如果像本例中选择的特征【镜像 1】一样存在子特征，则在选择【删除】选项后就会出现图 5-59 所示【删除】对话框，同时该特征及所有的子特征都在模型树和绘图区加亮显示，如图 5-60 所示。

图 5-58　【删除】对话框（1）

图 5-59　【删除】对话框（2）

单击【确定】按钮，即可删除该特征及所有子特征。用户也可以单击【选项】按钮，在弹出的【子项处理】对话框中对子特征进行处理，如图 5-61 所示。

图 5-60   所选特征加亮显示

图 5-61   【子项处理】对话框

5.3   特征的隐含

隐含特征类似于将其从再生中暂时删除。不过，可以随时恢复已隐含的特征。可以隐含零件上的特征来简化零件模型，并减少再生时间。例如，当对轴肩的一端进行处理时，可能希望隐含轴肩另一端的特征。当处理一个复杂组件时，可以隐含一些当前组件过程中不需要其详图的特征和元件。在设计过程中隐含某些特征，具有以下多种作用。

（1）隐含其他区域的特征后，可更专注于当前工作区。

（2）隐含当前不需要的特征，可以使更新较少，从而加速修改进程。

（3）隐含特征可以使显示内容较少，从而加速显示进程。

（4）隐含特征可以起到暂时删除特征，尝试不同的设计迭代的作用。

从模型树中选择【拉伸 3】特征，然后右击，弹出图 5-62 所示的快捷菜单。

从快捷菜单中选择【隐含】选项，则弹出【隐含】对话框，同时选择的特征在模型树和绘图窗口中加亮显示，如图 5-63 所示。

图 5-62   右键快捷菜单

图 5-63   【隐含】对话框

单击【隐含】对话框中的【确定】按钮，则将选择的特征进行隐含，隐含特征后的模型如图 5-64 所示。

一般情况下，模型树上是不显示被隐含的特征的。如果要显示隐含特征，可以从【模型树】选项卡中执行【设置】→【树过滤器】命令，打开【模型树项】对话框，如图 5-65 所示。

在【模型树项】对话框的【显示】选项组下，勾选【隐含的对象】复选框，复选框中将出现一个复选标记。然后单击【确定】按钮，这样隐含对象就会在模型树中列出，并带有一个项目符号，表示该特征被隐含，如图 5-66 所示。

图 5-64　隐含特征后的模型

如果要恢复隐含特征，可以在模型树中选择要恢复的一个或多个隐含特征。然后执行菜单栏中的【编辑】→【恢复】→【恢复上一个集】命令，则对象将显示在模型树中，并且不带项目符号，表示该特征已经取消隐含，同时在绘图区显示该特征。

图 5-65　【模型树项】对话框

图 5-66　显示隐含特征

> **注意**　与其他特征不同，基本特征不能隐含。如果对基本（第一个）特征不满意，可以重定义特征截面，或将其删除并重新开始。

5.4　特征的隐藏

系统允许在当前进程中的任何时间隐藏和取消隐藏所选的模型图元。执行【隐藏】和【取消隐藏】命令可以节约设计时间。

执行【隐藏】命令时无须将图元分配到某一层中并遮蔽整个层，可以隐藏和重新显示单个基准特征，例如基准平面和基准轴，而无须同时隐藏或重新显示所有基准特征。下列项目类型可以即时隐藏。

- 单个基准面（与同时隐藏或显示所有基准面相对）。
- 基准轴。
- 含有轴、平面和坐标系的特征。
- 分析特征（点和坐标系）。

- 基准点（整个阵列）。
- 坐标系。
- 基准曲线（整条曲线，不是单个曲线段）。
- 面组（整个面组，不是单个曲面）。
- 组件元件。

如果要隐藏某一特征或者项目，可以右击【模型树】或绘图窗口中的某一项目或多个项目，弹出图 5-67 所示的快捷菜单。然后从快捷菜单选择【隐藏】选项即可将该特征隐藏。隐藏某一项目时，系统将该项目从图形窗口中删除。隐藏的项目仍存在于【模型树】列表中，其图表以灰色显示，表示该项目处于隐藏状态，如图 5-68 所示。

如果要取消隐藏，可以在【图形】窗口或【模型树】中，选中要隐藏的项目，然后右击，在弹出的快捷菜单中选择【隐藏】选项即可。取消隐藏某一项目时，其图标返回正常显示（不灰显），该项目在【图形】窗口中重新显示。

图 5-67　右键快捷菜单　　　　　图 5-68　隐藏项目在模型树中的显示

用户还可以使用【模型树】中的搜索功能（单击【工具】选项卡里的【查找】按钮🔍）选择某一指定类型的所有项目（例如，某一组件所有元件中的相同类型的全部特征），然后单击【视图】选项卡里的【隐藏】按钮🖉，将其隐藏。

当使用【模型树】手动隐藏项目或创建异步项目时，这些项目会自动添加到被称为【隐藏项目】的层（如果该层已存在）。如果该层不存在，那么系统将自动创建一个名为【隐藏项目】的层，并将隐藏项目添加到其中。该层始终被创建在【层树】列表的顶部。

5.5　镜像命令

前面讲的特征复制中的镜像操作只是针对特征进行操作的。在 Creo Parametric 6.0 中，还提供了单独的【镜像】命令，不仅能够镜像实体上的某些特征，还能够镜像整个实体。【镜像】工具允许复制镜像平面周围的曲面、曲线、阵列和基准特征。可用多种方法创建镜像。

- 特征镜像。可复制特征并创建包含模型所有特征几何的合并特征和选定的特征。
- 几何镜像。允许镜像基准、面组和曲面等几何项目。用户也可通过在【模型树】中选择相应节点来镜像整个零件。

具体操作步骤如下。

（1）打开文件。单击工具栏中的【打开】按钮，打开【文件打开】对话框，打开"源文件\第 5 章\镜像实体 .prt"文件，如图 5-69 所示。

（2）选择模型中所有的特征，然后单击【模型】选项卡中【编辑】组上方的【镜像】按钮，打开图 5-70 所示的【镜像】操控板。

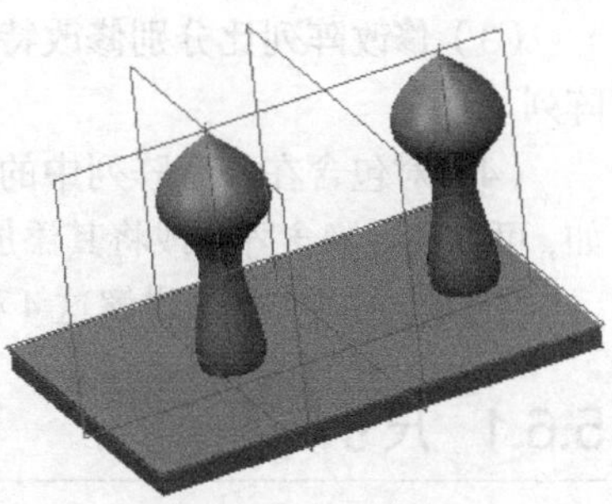

图 5-69　原始模型

（3）打开【模型】选项卡，单击【基准】组中的【平面】按钮，弹出【基准平面】对话框。选择 FRONT 基准平面作为参考面，设置为【偏移】方式，并使新建立的基准平面沿 FRONT 基准平面向下偏移"60"。单击【确定】按钮，完成基准面的创建。

（4）单击操控板中的【参考】按钮，弹出图 5-71 所示的下拉面板。此时的镜像平面默认为第（3）步新建的基准平面 DTM2。用户可以单击【镜像平面】下的收集器，然后在模型中选择镜像平面。

图 5-70　【镜像】操控板

图 5-71　【参考】下拉面板

（5）单击操控板中的【选项】按钮，弹出图 5-72 所示的下拉面板。该面板中的【从属副本】为系统默认勾选，当勾选该复选框时，复制得到的特征是原特征的从属特征，当原特征改变时，复制特征也发生改变；不选中该特征时，原特征的改变对复制特征不产生影响，效果如图 5-73 所示。

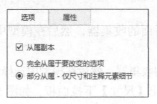

图 5-72　【选项】下拉面板

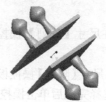

图 5-73　镜像效果

5.6　阵列命令

特征阵列就是按照一定的排列方式复制特征。在创建阵列时，通过改变某些指定尺寸，可创建选定特征的实例，最后将得到一个特征阵列。特征阵列有【尺寸】【方向】【轴】和【填充】4 种类型，其中【尺寸】和【方向】两种类型阵列结果为矩形阵列，而【轴】类型阵列结果为圆形阵列。阵列有如下优点。

（1）创建阵列是重新生成特征的快捷方式。

（2）阵列是参数控制的。因此，通过改变阵列参数，例如实例数、实例之间的间距和原始特征尺寸，可修改阵列。

（3）修改阵列比分别修改特征更为有效。在阵列中改变原始特征尺寸时，系统自动更新整个阵列。

（4）对包含在一个阵列中的多个特征同时执行操作时，比操作单独特征更为方便和高效。例如，可方便地隐含阵列或将其添加到层。

下面分别以实例来讲解这 4 种阵列类型的操作方法。

5.6.1　尺寸阵列

尺寸阵列是通过选择特征的定位尺寸来确定阵列参数的阵列方式。创建【尺寸】阵列时，选择特征尺寸，并指定这些尺寸的增量变化以及阵列中的特征实例数。【尺寸】阵列可以是单向阵列（如孔的线性阵列），也可以是双向阵列（如孔的矩形阵列）。换句话说，双向阵列将实例放置在行和列中。

创建尺寸阵列的具体操作步骤如下。

（1）打开文件。单击工具栏中的【打开】按钮，打开【文件打开】对话框，打开"源文件\第 5 章\尺寸阵列 .prt"文件，如图 5-74 所示。

（2）在模型树中单击【拉伸 2】选择孔特征，然后单击【模型】选项卡中【编辑】组上方的【阵列】按钮，打开【阵列】操控板。并在【选择阵列类型】下拉列表框中选择【尺寸】类型，则系统弹出尺寸【阵列】操控板，如图 5-75 所示。此时，模型此特征的相关参数将显示出来，如图 5-76 所示。

图 5-74　原始模型

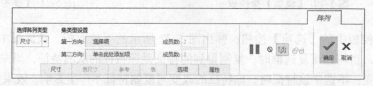

图 5-75　尺寸【阵列】操控板

（3）在尺寸【阵列】操控板上单击【第一方向】后面的收集器，然后在模型中选择水平尺寸【120】。

（4）在尺寸【阵列】操控板上单击【第二方向】后面的收集器，然后在模型中选择水平尺寸【60】。

（5）选择完成后单击操控板上的【尺寸】按钮，弹出【尺寸】下拉面板，如图 5-77 所示。

（6）单击【尺寸】下拉面板中【方向 1】下的尺寸值"120"，使之处于可编辑状态，然后将其值改为"80"。

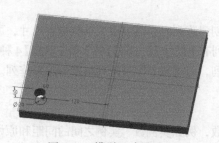

图 5-76　模型尺寸显示

图 5-77　【尺寸】下拉面板

（7）用同样的方法，将【方向 2】下的尺寸值改为"30"，此时模型预显示阵列特征，如图 5-78 所示。

（8）从预显模型中可以看到阵列方向不理想，这时需要将阵列特征反向，将【尺寸】下拉面板中【方向 1】下的尺寸值和【方向 2】下的尺寸值分别改为"–80"和"–30"。然后单击【尺寸】按钮关闭【尺寸】下拉面板。

（9）在操控板中第一个【成员数】后面的文本框中输入"4"，使矩形阵列特征为 4 列。

（10）在操控板中第二个【成员数】后面的文本框中输入"5"，使矩形阵列特征为 5 行。

（11）单击【确定】按钮 ✓ 完成阵列操作，阵列如图 5-79 所示。

图 5-78　阵列特征预显

图 5-79　尺寸阵列

5.6.2　方向阵列

方向阵列通过指定方向并拖动控制滑块设置阵列增长的方向和增量来创建自由形式阵列，即先指定特征的阵列方向，然后再指定尺寸值和行列数的阵列方式。方向阵列可以为单向或双向，创建方向阵列的具体操作步骤如下。

（1）打开文件。单击工具栏中的【打开】按钮 📂，打开【文件打开】对话框，打开"源文件 \ 第 5 章 \ 尺寸阵列 .prt"文件。

（2）在模型树中单击【拉伸 2】选择孔特征，然后单击【模型】选项卡里的【阵列】按钮 ▦，打开【阵列】操控板。

（3）从【选择阵列类型】下拉列表框中选择阵列类型为【方向】类型，则弹出方向【阵列】操控板，如图 5-80 所示。

图 5-80　方向【阵列】操控板

（4）单击【方向阵列】操控板【第一方向】后面的收集器，然后在模型中选择 RIGHT 基准平面，并在该收集器后的文本框中输入阵列数量"3"，第二个文本框中输入阵列尺寸"120"。

（5）单击【方向阵列】操控板【第二方向】后面的收集器，然后在模型中选择 TOP 基准平面，并在该收集器后的文本框中输入阵列数量"3"，第二个文本框中输入阵列尺寸"50"。此时模型预显示阵列特征，如图 5-81 所示。

（6）由预显阵列可以看出阵列在第二个方向上不符合要求，因此单击方向【阵列】操控板【第二方向】后面的 ⤢ 按钮，使阵列在第二个方向上反向。然后单击【确定】按钮 ✓，得到阵列如图 5-82 所示。

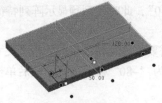

图 5-81　阵列特征预显　　　　　　　　　　　　　　　图 5-82　阵列

5.6.3　轴阵列

　　轴阵列就是特征绕旋转中心轴在圆周上进行阵列。轴阵列第一方向的尺寸用来定义圆周方向上的角度增量，第二方向尺寸用来定义阵列径向增量。下面通过具体实例讲解创建轴阵列的具体操作步骤。

　　（1）打开文件。单击快捷工具栏里的【打开】按钮，打开【文件打开】对话框，打开"源文件\第5章\轴阵列.prt"文件，如图5-83所示。

　　（2）在模型树中单击【拉伸2】选择拉伸特征，然后单击【模型】选项卡里的【阵列】按钮，打开【阵列】操控板。

　　（3）从【选择阵列类型】下拉列表框中选择阵列类型为【轴】类型，弹出轴【阵列】操控板，如图5-84所示。

图 5-83　原始模型

图 5-84　轴【阵列】操控板

　　（4）单击【轴阵列】操控板【第一方向】后面的收集器，然后在模型中选择轴【A1】，并在该收集器后的文本框中输入阵列数量"3"，第二个文本框中输入阵列尺寸"120"，表示在第一个方向上阵列数量为3，阵列的角度为120°。

　　（5）在【轴阵列】操控板【第二方向】后面的文本框中输入"3"，然后按回车键，第二个文本框变为可编辑状态后，在其中输入阵列尺寸"100"，表示在第二个方向上阵列数量为3，阵列尺寸为100。此时模型预显阵列特征如图5-85所示。

　　（6）单击【确定】按钮，得到阵列如图5-86所示。

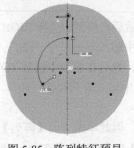

图 5-85　阵列特征预显　　　　　　　　　　　　　　　图 5-86　阵列

5.6.4　填充阵列

填充阵列是根据栅格、栅格方向和成员间的间距从原点变换成员位置而创建的。草绘的区域和边界余量决定将创建哪些成员。将创建中心位于草绘边界内的任何成员。边界余量不会改变成员的位置。

图 5-87　原始模型

创建填充阵列的具体操作步骤如下。

（1）打开文件。单击工具栏中的【打开】按钮，打开【文件打开】对话框，打开【填充阵列】文件，如图 5-87 所示。

（2）在模型树中单击【拉伸 2】选择拉伸特征，然后单击【模型】选项卡里的【阵列】按钮，打开【阵列】操控板。

（3）从【选择阵列类型】下拉列表框中选择阵列类型为【填充】类型，弹出填充【阵列】操控板，如图 5-88 所示。

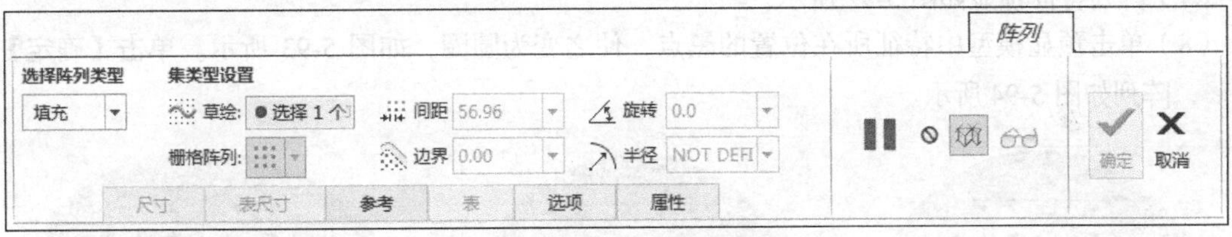

图 5-88　填充【阵列】操控板

创建填充阵列需要明确以下各项的意义。

选择或草绘填充边界线。单击按钮后的收集器。

设置栅格类型。可在操控板中【栅格阵列】旁的框中选择。缺省的栅格类型被设置为【方形】。

指定阵列成员间的间距值。可在操控板中按钮旁的框中键入一个新值，在图形窗口中拖动控制滑块，或双击与【间距】相关的值并键入新值。

指定阵列成员中心与草绘边界间的最小距离。可在操控板中按钮旁的框中键入一个新值，可在图形窗口中拖动控制滑块，或双击与控制滑块相关的值并键入新值。使用负值可使中心位于草绘的外面。

指定栅格绕原点的旋转角度。可在操控板上按钮旁的框中键入一个值，也可在图形窗口中拖动控制滑块，或双击与控制滑块相关的值并键入值。

指定圆形和螺旋形栅格的径向间隔。可在操控板上按钮旁的框中键入一个值，也可在图形窗口中拖动控制滑块，或双击与控制滑块相关的值并键入值。

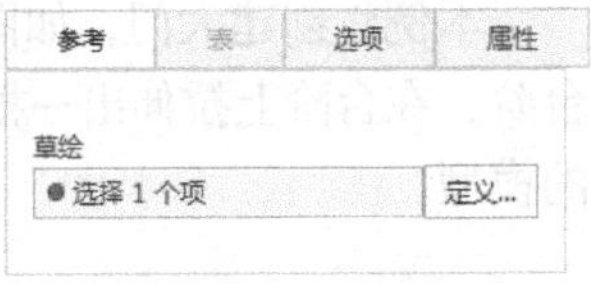

图 5-89　下拉面板

（4）单击操控板上的【参考】按钮，弹出图 5-89 所示的下拉面板。单击该下拉面板中的【定义】按钮，在弹出的【草绘】对话框中选择【拉伸 1】的圆面作为草绘平面。

（5）进入草绘器后，单击【选项板】按钮，在弹出的【草绘器选项板】对话框中选择【六边形】，将其插入图形中，弹出【导入截面】操控板，在【缩放因子】按钮后的文本框中输入“250”，如图 5-90 所示。单击【确定】按钮，完成正六边形插入。关闭【草绘器选项板】对话框，单击【草绘】操控板中的【确定】按钮，退出草图绘制环境。

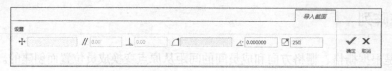

图 5-90 【旋转调整大小】操控板

（6）【阵列】操控板的设置如图 5-91 所示。

图 5-91 【阵列】操控板的设置

（7）阵列特征预显如图 5-92 所示。

（8）单击预显模型中特征所在位置的黑点，使之变为圆圈，如图 5-93 所示。单击【确定】按钮✓，阵列如图 5-94 所示。

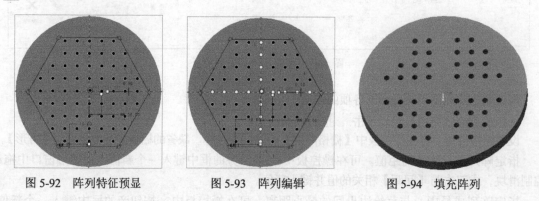

图 5-92　阵列特征预显　　　图 5-93　阵列编辑　　　图 5-94　填充阵列

5.6.5　实例——绘制礼堂大门

本例将创建大门，如图 5-95 所示。首先大门基础的右护台和左护台通过拉伸创建，中间拉伸台阶，在台阶上拉伸出一根柱子，通过阵列创建所有的柱子，最后在柱子顶上创建顶篷，得到完成的模型。

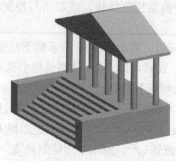

图 5-95　大门

 【绘制步骤】

扫码看视频

1. 新建模型

单击工具栏中的【新建】按钮，弹出【新建】对话框。在【类型】中选择【零件】，取消【使用默认模板】复选框的勾选，在【名称】文本框中输入零件的名称"礼堂大门"，单击【确定】按钮。弹出【新文件选项】对话框，选择【mmns_part_solid】模板，单击【确定】按钮进入实体建模界面。

2. 拉伸右护台

（1）单击【模型】选项卡中【形状】组上方的【拉伸】按钮，打开【拉伸】操控板。

（2）在工作区选择 FRONT 基准平面作为草绘平面。绘制截面，如图 5-96 所示。单击【确定】按钮，退出草图绘制环境。

（3）选择【可变】深度选项。输入"250"作为可变深度值。单击【确定】按钮，完成特征的创建，如图 5-97 所示。

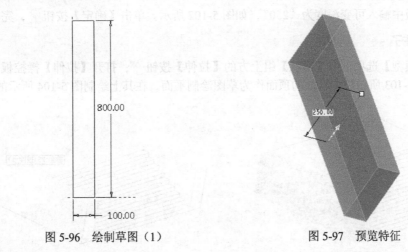

图 5-96 绘制草图（1）　　　　　　　　　图 5-97 预览特征

3. 拉伸台阶

（1）单击【模型】选项卡中【形状】组上方的【拉伸】按钮，打开【拉伸】操控板。

（2）选择图 5-98 所示的拉伸特征的侧面作为草图绘制平面，在其上绘制图 5-99 所示的截面，单击【确定】按钮，退出草图绘制环境。

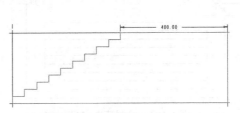

图 5-98 选择草绘平面　　　　　　　　　图 5-99 绘制草图（2）

（3）在操控板中输入可变深度为"900"，如图 5-100 所示。单击【确定】按钮，完成拉伸。

4. 拉伸左护台

（1）单击【模型】选项卡中【形状】组上方的【拉伸】按钮，打开【拉伸】操控板。

（2）选择 FRONT 基准平面作为草图绘制平面，在其上绘制图 5-101 所示的矩形，单击【确定】按钮，退出草图绘制环境。

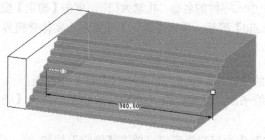

图 5-100　预览特征（1）

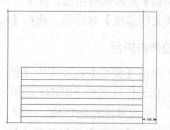

图 5-101　绘制草图（1）

（3）在操控板中输入可变深度为"250"，如图 5-102 所示。单击【确定】按钮，完成拉伸。

5. 拉伸一根柱子

（1）单击【模型】选项卡中【形状】组上方的【拉伸】按钮，打开【拉伸】操控板。

（2）选择图 5-103 所示拉伸特征的顶面作为草图绘制平面，在其上绘制图 5-104 所示的图形。

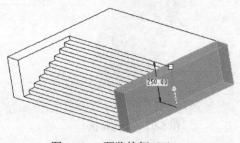

图 5-102　预览特征（2）

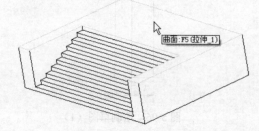

图 5-103　选择草绘平面

（3）在操控板中输入可变深度为 400，如图 5-105 所示。单击【确定】按钮，完成拉伸。

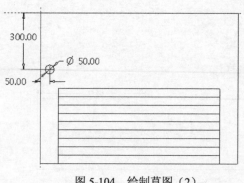

图 5-104　绘制草图（2）

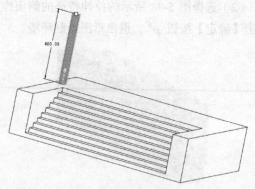

图 5-105　预览特征（3）

6. 阵列柱子

（1）在模型树上选择第 5 步创建的拉伸柱特征。

（2）单击【模型】选项卡中【编辑】组上方的【阵列】按钮⊞，打开【阵列】操控板，打开【尺寸】下拉面板。

（3）选择【50】作为特征的第一个方向。输入"200"作为尺寸增量值。

（4）在操控板上，在【第二方向尺寸选取】框内部单击。选择【300】为第二个方向的引导尺寸。输入"–200"作为尺寸增量值，如图 5-106 所示。

（5）在【阵列】操控板中，输入"6"作为【第一方向】上实例的数值。输入"2"作为【第二方向】上实例的数值。

（6）选择不需要的阵列实例进行去除，如图 5-107 所示。单击【确定】按钮✓，完成阵列操作，如图 5-108 所示。

图 5-106　选择方向

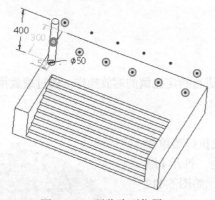

图 5-107　预览阵列位置

图 5-108　阵列

7. 创建偏移基准平面

（1）单击【基准】组中的【平面】按钮▱，打开【基准平面】对话框。

（2）选择拉伸体的前端表面的 TOP 基准平面作为从其偏移的平面，如图 5-109 所示。

（3）在文本框中输入"400"，单击【确定】按钮。

8. 拉伸顶篷

（1）单击【模型】选项卡中【形状】组上方的【拉伸】按钮▱，打开【拉伸】操控板。

（2）选择新创建的基准平面 DIM1 作为草图绘制平面。绘制图 5-110 所示的截面，单击【确定】按钮✓，退出草图绘制环境。

（3）在操控板中输入可变深度为"400"，效果如图 5-111所示。单击【确定】按钮✓，完成拉伸。完成后的模型如图5-95 所示。

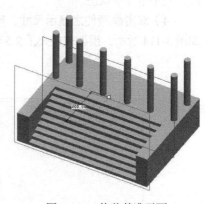

图 5-109　偏移基准平面

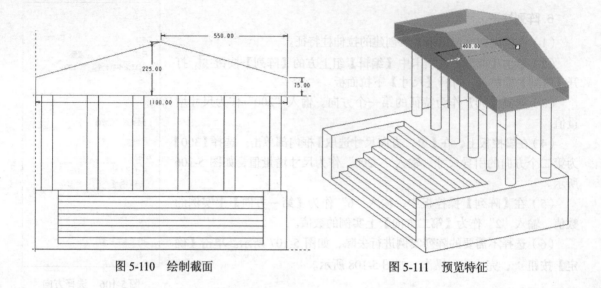

图 5-110　绘制截面　　　　　　　　　　　　　图 5-111　预览特征

5.7　缩放命令

缩放模型命令可以按照用户的需求对整个零件造型进行指定比例的缩放操作。通过缩放模型命令可以对特征尺寸进行缩小或放大。

具体操作步骤如下。

（1）打开文件。单击工具栏中的【打开】按钮📁或执行菜单栏中的【文件】→【打开】命令，打开【文件打开】对话框，打开【缩放】文件，并双击该模型使之显示尺寸为【300×50】，如图 5-112 所示。

（2）在【模型】选项卡里执行【操作】组→【缩放模型】命令，在【缩放模型】对话框中输入模型的缩放比例"2.5"，如图 5-113 所示。

（3）单击【确定】按钮，即可完成特征缩放操作，完成后模型尺寸处于不显示状态。

（4）双击模型使之显示尺寸，则当前尺寸显示为【750×125】，如图 5-114 所示，模型被放大了 2.5 倍。

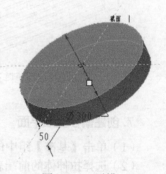

图 5-112　原模

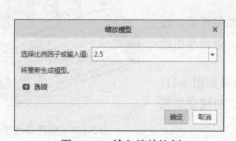

图 5-113　输入缩放比例

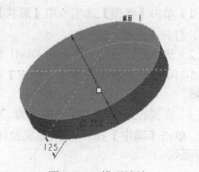

图 5-114　模型缩放

5.8　综合实例——绘制轮胎

轮胎的创建首先执行拉伸命令创建矩形实体，在矩形表面执行切剪命令进行轮胎表面纹理的修饰，修饰特征可使用阵列的方法完成；完成修饰特征后进行环形折弯，形成轮胎的基本外形；最后镜像上面的特征，完成轮胎的实体，如图 5-115 所示。

图 5-115　轮胎

【绘制步骤】

扫码看视频

1．创建新文件

单击工具栏中的【新建】按钮 ，弹出【新建】对话框。在【类型】中选择【零件】，取消【使用默认模板】复选框的勾选，在【名称】文本框中输入零件的名称"轮胎"，单击【确定】按钮。弹出【新文件选项】对话框，选择【mmns_part_solid】模板，单击【确定】按钮进入实体建模界面。

2．创建实体拉伸特征

（1）单击【模型】选项卡中【形状】组上方的【拉伸】按钮 ，打开【拉伸】操控板。

（2）选择 FRONT 基准平面作为草绘平面，接受系统提供的缺省参考系。草绘截面如图 5-116 所示，单击【确定】按钮 ，退出草图绘制环境。

（3）修改拉伸深度为"600"，单击【确定】按钮 ，完成拉伸实体的创建，如图 5-117 所示。

图 5-116　草绘截面　　　　　　　　　　　　　　　　图 5-117　拉伸实体

3．创建剪切特征

（1）单击【模型】选项卡中【形状】组上方的【拉伸】按钮 ，打开【拉伸】操控板。

（2）选择拉伸实体上表面作为草绘平面，FRONT 基准平面作为参考平面，进入草绘环境。绘制图 5-118 所示的截面草图，单击【确定】按钮 ，退出草图绘制环境。

（3）单击【移除材料】按钮 ，修改拉伸深度为"3"，单击 按钮修改剪切方向，单击【确定】按钮 ，完成的剪切特征如图 5-119 所示。

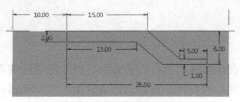

图 5-118　截面草图

图 5-119　剪切实体图

4. 创建基准平面

（1）单击【基准】组中的【平面】按钮，弹出【基准平面】对话框。

（2）选择图 5-120 所示的平面作为参考平面，关系如图 5-121 所示。单击【确定】按钮，完成基准平面 DTM1 的创建。

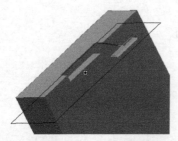

图 5-120　参考面位置

图 5-121　【基准平面】对话框

5. 镜像剪切特征

选中第 3 步中创建的剪切特征，单击【模型】选项卡中【编辑】组上方的【镜像】按钮，选择 DTM1 基准平面作为镜像平面，完成特征创建，如图 5-122 所示。

6. 平移剪切特征

（1）在【模型】选项卡里执行【操作】组→【继承】命令（如果不能找到就搜索【继承】命令，还可以在【选项】的【自定义组】中添加【继承】命令，将命令添加到【操作】组中），在弹出的【菜单管理器】中选择【特征】选项，然后选择【复制】选项，然后在【复制】选项的下拉列表中依次选择【移动】→【选择】→【独立】→【完成】选项，在弹出的下一级对话框中选择第 3 步和第 5 步创建的特征，选择【完成】选项。

（2）在弹出的移动对话框中选择【平移】→【平面】选项，选择 FRONT 基准平面作为参考平面，确定方向后，选择【确定】按钮，在提示区中输入移动量为 "12"，完成移动特征的创建，完成的实体如图 5-123 所示。

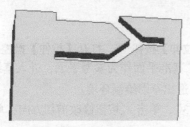

图 5-122　镜像特征

图 5-123　移动特征

7. 阵列特征

（1）在模型树中选择第 6 步创建的移动特征，单击【模型】选项卡中【编辑】组上方的【阵列】按钮 ⌗，打开【阵列】操控板。

（2）单击第 6 步的移动尺寸 12，如图 5-124 所示。设置增量为 "12"，修改阵列个数为 "49"，操控板如图 5-125 所示，单击【确定】按钮 ✓ 完成阵列。

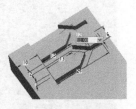

图 5-124　阵列尺寸

图 5-125　【阵列】操控板

8. 创建环形折弯特征

（1）在【模型】选项卡里【工程】组下选择【环形折弯】选项，打开【环形折弯】操控板。在【参考】下拉面板中勾选【实体几何】复选框，如图 5-126 所示。

（2）单击【定义内部草绘】按钮，选择 FRONT 基准平面作草绘平面，绘制图 5-127 所示的轮廓截面草图（注意，绘制草图时采用几何坐标系）。

（3）在操控板中选择【360 度 折弯】选项，在后面的收集器中分别选择草绘侧面以及另一端的平行平面，完成折弯定义。

图 5-126　【参考】下拉面板

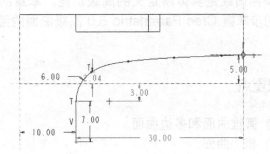

图 5-127　截面草绘

9. 创建基准面

（1）单击【基准】组中的【平面】按钮 ⬭，弹出【基准平面】对话框。

（2）选择 RIGHT 基准平面作为参考平面，输入平移距离为 "40"，单击【确定】按钮，完成基准平面 DTM2 的创建。

10. 镜像折弯特征

在【模型】选项卡里执行【操作】组→【继承】命令（如果不能找到就搜索【继承】命令，还可以在【选项】的【自定义组】中添加【继承】命令，将命令添加到【操作】组中），在弹出的菜单管理器中选择【特征】选项，然后选择【复制】选项，在下一级对话框中依次选择【镜像】→【所有特征】→【独立】→【完成】选项，然后选择【平面】选项，以 DTM2 基准平面作为镜像中心平面，单击【完成】按钮，最终效果如图 5-115 所示。

第 6 章
高级曲面

/ 本章导读

本章将介绍 Creo Parametric 6.0 中各种高级曲面的使用方式和极具方便性的模块化成形方式，这些特征针对特殊造型曲面或是实体所定义的高级功能。本章的目的是让读者初步掌握 Creo Parametric 6.0 高级曲面的绘制方法与技巧。

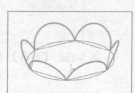

/ 知识重点

- ⊃ 圆锥曲面和多边曲面
- ⊃ 相切曲面
- ⊃ 混合相切的曲面
- ⊃ 利用文件创建曲面
- ⊃ 曲面的自由变形
- ⊃ 展平面组

6.1 圆锥曲面和多边曲面

6.1.1 高级圆锥曲面

圆锥曲面是指以两条边界线（仅限单段曲线）形成曲面，再以一条控制曲线调整曲面隆起程度的曲面。其中构成圆锥曲面需要利用圆锥曲线形成曲面，即曲面的截面为圆锥线。在【模型】选项卡里执行【操作】组下【继承】命令（如果不能找到就搜索【继承】命令，还可以在【选项】的【自定义组】中添加【继承】命令，将命令添加到【操作】组中，打开【菜单管理器】，选择【曲面】→【新建】→【高级】→【完成】→【边界】→【完成】选项，弹出图 6-1 所示的【边界选项】菜单。选择【圆锥曲面】选项。此时【肩曲线】和【相切曲线】两个选项被激活，如图 6-2 所示。这两个选项的意义如下。

- 肩曲线。曲面穿过控制曲线。这种情况下，控制曲线定义曲面的每个横截面圆锥肩的位置。
- 相切曲线。曲面不穿过控制曲线。这种情况下，控制曲线定义穿过圆锥截面渐进曲线交点的直线。

选择【肩曲线】→【完成】选项，弹出【曲面：圆锥，肩曲线】对话框和【曲线选项】菜单，如图 6-3 所示。各选项意义如下。

图 6-1 【边界选项】
菜单

图 6-2 选择【圆锥曲面】
后的【边界选项】菜单

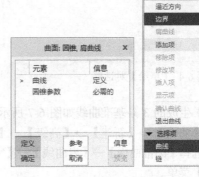

图 6-3 【曲面：圆锥，肩曲线】对话框
和【曲线选项】菜单

1. 曲线

定义圆锥曲面的边界曲线和控制曲线，其中包含以下几种类型。

（1）逼近方向：指定逼近曲面的曲线。

（2）边界：指定圆锥混合的两条边界线。

（3）肩曲线：指定控制曲线隆起程度的曲线。

（4）5 种编辑方式：包括添加项、移除项、修改项、插入项、显示项。

2. 圆锥线参数

控制生成曲面的形式，范围是 0.05 ～ 0.95，分为以下几种类型。

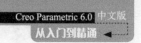

（1）0＜圆锥线参数＜0.5：椭圆。

（2）圆锥线参数＝0.5：抛物线。

（3）0.5＜圆锥线参数＜0.95：双曲线。

6.1.2　创建高级圆锥曲面的操作步骤

（1）单击工具栏中的【新建】按钮，弹出【新建】对话框。在【新建】对话框的【类型】栏中选择【零件】，在【子类型】栏中选择【实体】，输入名称"高级圆锥曲面 1"，单击对话框中的 确定 按钮。进入建模界面。

（2）单击【基准】组下的【草绘】按钮，选择 TOP 基准平面作为草绘平面，【草绘】对话框设置如图 6-4 所示，进入草绘界面，使基准平面正视。

（3）绘制图 6-5 所示的草图，单击【确定】按钮，退出草图绘制环境。

（4）以同样的方式，在 RIGHT 基准平面内，利用【样条曲线】命令绘制图 6-6 所示基准曲线。

图 6-4　【草绘】对话框

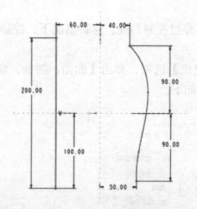

图 6-5　草绘图形（1）

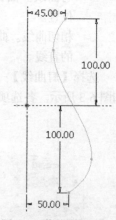

图 6-6　草绘图形（2）

（5）生成的 3 条基准曲线如图 6-7 所示。在【模型】选项卡里选择【操作】组下【继承】命令后执行【曲面】→【新建】→【高级】→【完成】→【边界】→【完成】命令，弹出【边界选项】菜单，选择【圆锥曲面】→【肩曲线】→【完成】选项。弹出【曲面：圆锥，肩曲线】对话框和【曲线选项】菜单。

（6）选择图 6-8 所示的两条曲线作为边界线。

（7）在【曲线选项】菜单中选择【肩曲线】选项，弹出图 6-9 所示的【菜单管理器】。

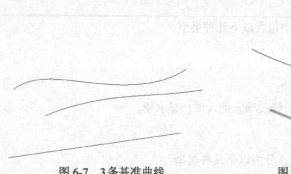

图 6-7　3 条基准曲线

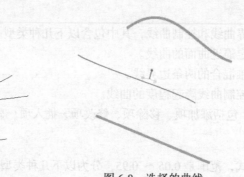

图 6-8　选择的曲线

图 6-9　【菜单管理器】

（8）选择图 6-10 所示的曲线作为肩曲线。

（9）选择【菜单管理器】中的【确认曲线】选项。

（10）在弹出的文本框内输入圆锥曲线参数值 "0.8"，如图 6-11 所示，单击 ✓ 按钮。

（11）单击【曲面：圆锥，肩曲线】对话框中的【预览】按钮后，单击【确定】按钮，生成的曲面如图 6-12 所示。

输入圆锥曲线参数，从0.05（椭圆），到.95（双曲线）
0.8

图 6-10　选择的肩曲线　　　　　图 6-11　输入参数值　　　　　图 6-12　圆锥曲面

（12）执行【文件】→【另存为】→【保存副本】命令，在新建名称文本框中输入 "高级圆锥曲面 1"，保存当前模型文件。

6.1.3　创建高级相切圆锥曲面的操作步骤

（1）打开上个实例创建的高级圆锥曲面文件——高级圆锥曲面 1。

（2）在模型树中选择曲面特征后右击，在弹出的快捷菜单中选择【隐藏】选项，将曲面隐藏，如图 6-13 所示。

（3）建立高级相切曲线圆锥曲面，操作同建立高级肩曲线圆锥曲面相似。在【模型】选项卡里选择【操作】组下【继承】命令后，执行【曲面】→【新建】→【高级】→【完成】→【边界】→【完成】命令，弹出【边界选项】菜单，选择【圆锥曲面】→【相切曲线】→【完成】选项。系统弹出【曲面：圆锥，相切曲线】对话框和【曲线选项】菜单。

（4）选择图 6-14 所示的两条曲线作为边界线。

（5）在【曲线选项】菜单中选择【相切曲线】选项，再选择第三条曲线作为相切曲线。

（6）选择【菜单管理器】中的【确认曲线】选项。在弹出的文本框内输入圆锥曲线参数值 "0.5"，单击 ✓ 按钮。

（7）单击【曲面：圆锥，相切曲线】对话框中的【预览】按钮后，单击【确定】按钮，生成的曲面如图 6-15 所示。

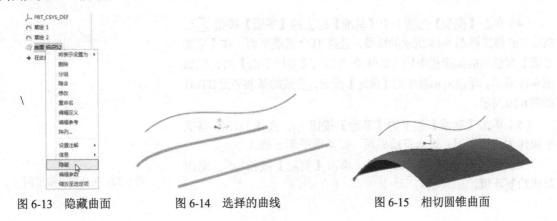

图 6-13　隐藏曲面　　　　　图 6-14　选择的曲线　　　　　图 6-15　相切圆锥曲面

（8）在模型树中选择隐藏的曲面特征后右击，在弹出的快捷菜单中选择【取消隐藏】选项，将曲面显示，最终完成的曲面如图 6-16 所示。

（9）执行【文件】→【另存为】→【保存副本】命令，在新建名称文本框中输入"高级圆锥曲面 2"，保存当前模型文件。

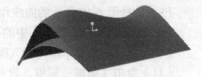

图 6-16　圆锥曲面与相切圆锥曲面

6.1.4　多边曲面

N 侧曲面片用来处理 N 条线段所围成的曲面，线段数目不得少于 5 条，N 侧曲面边界不能包括相切的边、曲线。N 条线段形成一个封闭的环。N 侧曲面片的形状由连接到一起的边界几何决定。

6.1.5　创建多边曲面的操作步骤

（1）单击工具栏中的【新建】按钮 ▯，弹出【新建】对话框。在【新建】对话框的【类型】栏中选择【零件】，在【子类型】栏中选择【实体】，接受默认【名称】，单击对话框中的 确定 按钮，进入建模界面。

（2）单击【基准】组下的【草绘】按钮 ，选择 TOP 基准平面作为草绘平面，进入草绘界面。使基准平面正视。

（3）绘制图 6-17 所示的曲线，单击【确定】按钮 ✔，完成基准曲线的绘制，返回零件设计状态。

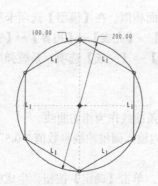

图 6-17　草绘曲线

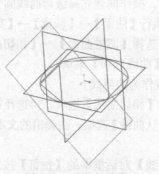

图 6-18　选择的线段

图 6-19　【基准平面】对话框

（4）单击【模型】选项卡中【基准】组上的【平面】按钮 ▱，按住 Ctrl 键选择图 6-18 所示的线段，选择 TOP 基准平面，在【基准平面】对话框的偏距栏中输入旋转值"120"，【基准平面】对话框如图 6-19 所示。单击对话框中的【确定】按钮，生成的基准平面 DTM1 如图 6-20 所示。

（5）单击【基准】组下的【草绘】按钮 ，选择 DTM1 基准平面作为草绘平面，进入草绘界面。使基准平面正视。

（6）绘制图 6-21 所示的圆弧。单击【确定】按钮 ✔，退出草图绘制环境。

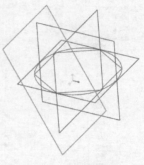

图 6-20　生成的基准平面

（7）选择第（6）步创建的曲线后单击【模型】选项卡中【编辑】组上的【镜像】按钮 ，弹出【镜像】操控板，如图 6-22 所示，根据系统提示选择 RIGHT 基准平面作为镜像平面。

（8）单击操控板中的【完成】按钮 ，完成曲线的镜像，如图 6-23 所示。

（9）单击【模型】选项卡中【基准】组上的【平面】按钮 ，弹出【基准平面】对话框，选择第（8）步创建的两个基准点及 TOP 基准平面，【基准平面】对话框如图 6-24 所示。建立辅助平面 DTM2，如图 6-25 所示。

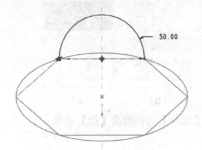

图 6-21　草绘圆弧

图 6-22　【镜像】操控板

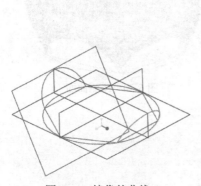

图 6-23　镜像的曲线

图 6-24　【基准平面】对话框

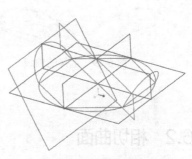

图 6-25　创建的辅助平面

（10）重复执行【镜像】命令，分别以基准平面 DTM2、RIGHT 为镜像平面，直至镜像的最终曲线如图 6-26 所示。

（11）在【模型】选项卡里执行【操作】组下【继承】命令后，执行【曲面】→【新建】→【高级】→【完成】→【边界】→【完成】命令，弹出【边界选项】菜单，选择【N 侧曲面】→【完成】选项，如图 6-27 所示。弹出【曲面：N 侧】【选择】对话框及【链】菜单，如图 6-28 所示。

（12）按住 Ctrl 键，依次选择 TOP 基准平面上的 6 条圆弧曲线，如图 6-29 所示。

（13）选择【链】菜单中的【完成】选项。

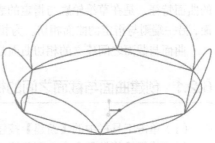

图 6-26　镜像的最终曲线

（14）单击【曲面：圆锥，肩曲线】对话框中的【预览】按钮后，单击【确定】按钮，生成的曲面如图 6-30 所示。

（15）执行【文件】→【另存为】→【保存副本】命令，在新建名称文本框中输入"高级圆锥曲面3"，保存当前模型文件。

图 6-27　选择【N 侧曲面】

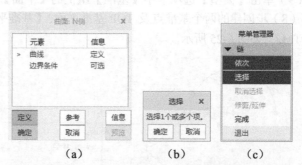

（a）　　　　　　（b）　　　　　（c）

图 6-28　【曲面：N 侧】【选择】对话框及【链】菜单

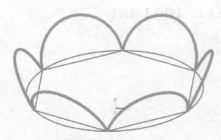

图 6-29　选择的曲线

图 6-30　N 侧曲面

6.2　相切曲面

【将切面混合到曲面】命令是将曲面特征通过混合的方式，与截面或封闭的 2D 轮廓产生混合的曲面特征，是在草绘轮廓与指定的表面之间建立过渡曲面或实体。过渡部分一端为草绘建立的曲面，另一端则与指定的曲面相切。为相切边界选择的曲面必须是闭合的。

曲面与截面之间建立的相切曲面是由曲面与截面之间的一系列相切曲面组成的。

6.2.1　创建曲面与截面之间的相切曲面的操作步骤

（1）单击工具栏中的【新建】按钮 ，建立新文件。

（2）执行【旋转】命令，创建图 6-31 所示的旋转曲面。

（3）单击【模型】选项卡中【基准】组上的【平面】按钮 ，弹出【基准平面】对话框，选择 FRONT 基准平面作为参考，在偏距文本框中输入"150"，如图 6-32 所示。单击【确定】按钮，建立辅助平面 DTM1，如图 6-33 所示。

（4）单击【基准】组中的【草绘】按钮 ，选择 DTM1 辅助平面作为草绘平面，进入草绘界面。使基准平面正视。

（5）绘制图 6-34 所示的截面。单击【确定】按钮 ，退出草图绘制环境。

图 6-31　旋转曲面

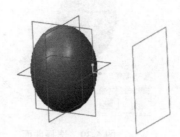

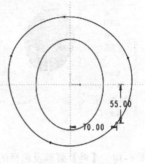

图 6-32　【基准平面】对话框　　　　图 6-33　辅助平面 DTM1　　　　图 6-34　绘制截面

（6）单击【模型】选项卡中【曲面】组下的【将切面混合到曲面】按钮，弹出【曲面：相切曲面】对话框和【一般选择方向】菜单，如图 6-35 所示。

（7）选择辅助平面 DTM1 作为草绘平面，如图 6-36 所示，在弹出的【方向】菜单中选择【反向】→【确定】选项。

（8）在对话框单击【参考】按钮，弹出【链】菜单及【选择】对话框，如图 6-37 所示。在【菜单管理器】中选择【曲线链】选项后，按住 Ctrl 键选择绘制的曲线为拔模曲线段，在弹出的【链选项】菜单中选择【完成】选项，如图 6-38 所示。

（9）在【参考】下拉面板中单击【参考曲面】栏中的【选择】按钮 后，选择创建的旋转曲面特征，在弹出的【选择】对话框中单击【确定】按钮，如图 6-39 所示。

（10）单击【曲面：相切曲面】对话框中的 按钮，生成的曲面如图 6-40 所示。单击【曲面：相切曲面】对话框中的 ✓ 按钮，完成曲面创建。

（11）执行【文件】→【另存为】→【保存副本】命令，在新建名称中文本框输入"相切曲面 1"，保存当前模型文件。

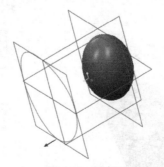

图 6-35　【曲面：相切曲面】对话框和　　　图 6-36　选择平面　　图 6-37　【链】菜单及【选择】对话框
【一般选择方向】菜单

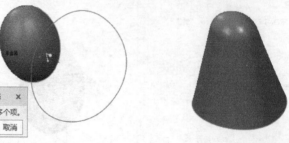

图 6-38　【链】菜单及选择的曲线　　　图 6-39　选择曲面　　　图 6-40　与截面相切曲面

6.2.2　创建与两个曲面相切的曲面的操作步骤

（1）单击工具栏中的【新建】按钮 □，建立新文件。

（2）执行【拉伸】命令，以 TOP 平面为基准平面，创建图 6-41
所示的拉伸封闭曲面。

（3）单击【模型】选项卡中【工程】组上的【倒圆角】按钮 ○，
弹出【倒圆角】操控板，设置倒圆角的半径值为"12"，如图 6-42 所示。

根据提示选择拉伸曲面的一条边，如图 6-43 所示。

图 6-41　拉伸特征

图 6-42　【倒圆角】操控板

（4）同理，创建半径为"9"的圆角，选择拉伸曲面的另一条边，如图 6-44 所示。

（5）单击【模型】选项卡中【曲面】组下的【将切面混合到曲面】按钮，弹出【曲面：相切曲面】
对话框和【一般选择方向】菜单，选择【方向】为【单侧】，如图 6-45 所示。

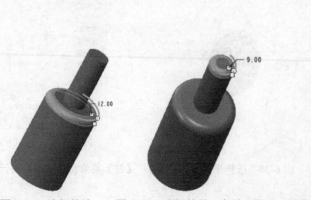

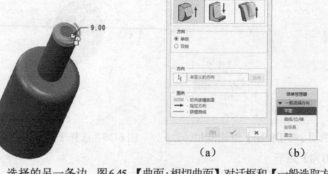

图 6-43　选择的边　　图 6-44　选择的另一条边　图6-45【曲面：相切曲面】对话框和【一般选取方向】菜单

（6）选择 TOP 基准平面作为草绘平面，如图 6-46 所示，在弹出的【方向】菜单中选择【确定】选项。

（7）在对话框单击【参考】按钮，弹出【链】菜单及【选择】对话框，如图 6-47 所示。在【菜单管理器】中选择【相切链】选项后，按住 Ctrl 键选择图 6-48 所示的曲线，选择【完成】选项，如图 6-48 所示。

(a)　　　　　(b)

(a)　　　　(b)

图 6-46　选择平面　　　图 6-47　【链】菜单及【选择】对话框　　　图 6-48　【链】菜单及选择的曲线

（8）在【参考】下拉面板中，单击【参考曲面】栏中的【选择】 按钮后，选择图 6-49 所示的曲面特征，在弹出的【选择】对话框中单击【确定】按钮，效果如图 6-49 所示。

（9）单击【曲面：相切曲面】对话框中的 按钮，生成的曲面如图 6-50 所示。单击【曲面：相切曲面】对话框中的 按钮，完成曲面创建。

图 6-49　选择曲面

图 6-50　两个曲面相切的曲面

（10）执行【文件】→【另存为】→【保存副本】命令，在新建名称文本框中输入"相切曲面 2"，保存当前模型文件。

6.3　混合相切的曲面

单击【模型】选项卡中【曲面】组下的【将切面混合到曲面】按钮，弹出图 6-51 所示的【曲面：

相切曲面】对话框。该对话框中的【基本选项】中图标的意义如下。

t：通过创建曲线进行相切拔模。

：使用超出拔模曲面的恒定拔模角度进行相切拔模。

：在拔模曲面内部使用恒定拔模角度进行相切拔模。

单击【曲面：相切曲面】对话框中的【参考】按钮，弹出【链】菜单和【选择】对话框，如图 6-52 所示。【菜单管理器】中各选项的作用如下。

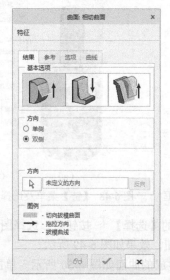

图 6-51 【曲面：相切曲面】对话框

图 6-52 【链】菜单和【选择】对话框

（1）依次：一段一段地选择曲线或模型边线来组成线段（一定要依次选择）。

（2）相切链：选择相切的曲线来组成线段。

（3）曲线链：选择曲线来组成线段。

（4）边界链：选择模型的边界来组成线段。

（5）曲面链：选择曲面的边界来组成线段。

（6）目的链：选择目的链来组成线段。

6.3.1　创建通过外部曲线并与曲面相切的曲面的操作步骤

（1）单击工具栏中的【新建】按钮 ，建立新文件。

（2）利用【拉伸】命令，以 TOP 平面为基准平面，创建图 6-53 所示的拉伸封闭曲面及创建一条曲线。

（3）单击【模型】选项卡中【曲面】组下的【将切面混合到曲面】按钮，弹出【曲面：相切曲面】对话框，同时还出现图 6-54 所示【一般选择方向】菜单。

（4）在模型中，选择 RIGHT 基准平面，并使出现的箭头方向如图 6-55 所示。

（5）弹出图 6-56 所示的【方向】菜单，选择【确定】选项。

（6）【曲面：相切曲面】对话框的方向选项中的内容为指定的基准平面名称。在【曲面：相切曲面】对话框的【方向】栏中，选中【单侧】单选按钮，如图 6-57 所示。

（7）单击【曲面：相切曲面】对话框的【参考】按钮，弹出【链】菜单和【选择】对话框，选择图 6-58 所示的曲线。

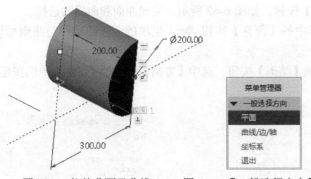

图 6-53 拉伸曲面及曲线

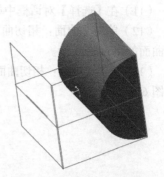

图 6-54 【一般选择方向】菜单

图 6-55 选择 RIGHT 基准平面
后的箭头方向

图 6-56 【方向】菜单

图 6-57 选中【单侧】单选按钮

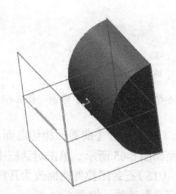

图 6-58 选择曲线

（8）选择【链】菜单中的【完成】选项，如图 6-59 所示。

（9）单击【曲面：相切曲面】对话框的【参考曲面】栏中的【选取】按钮，如图 6-60 所示。

（10）弹出【选择】对话框，在模型中单击选择其中的曲面，如图 6-61 所示。

图 6-59 选择【完成】选项

图 6-60 【参考曲面】

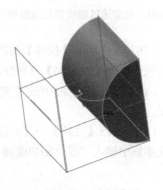

图 6-61 选择曲面

（11）在【选择】对话框中单击【确定】按钮，如图 6-62 所示，完成曲面和曲线的选择。

（12）单击【曲面：相切曲面】对话框中的【预览】按钮 ⊙⊙，生成的通过曲线并与曲面相切的曲面如图 6-63 所示。

（13）单击【曲面：相切曲面】对话框的【结果】按钮，选中【方向】栏中的【双侧】单选按钮，如图 6-64 所示。

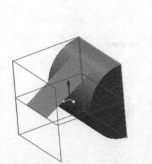

图 6-62　单击【确定】按钮　图 6-63　单侧通过曲线并与曲面相切的曲面　图 6-64　选中【双侧】单选按钮

（14）单击【曲面：相切曲面】对话框的【预览】按钮 ⊙⊙，生成的通过曲线并与曲面相切的曲面如图 6-65 所示。单击对话框中的 ✓ 按钮，完成曲面的绘制。

（15）把封闭拉伸曲面改为开放拉伸曲面。选择拉伸曲面后右击，在弹出的快捷菜单中选择【编辑定义】选项，如图 6-66 所示。

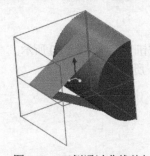

图 6-65　双侧通过曲线并与曲面相切的曲面　图 6-66　选择【编辑定义】选项　图 6-67　【选项】下拉面板

（16）在弹出的【拉伸】操控板中单击【选项】按钮，在弹出的下拉面板中取消【封闭端】复选框的勾选，如图 6-67 所示。

（17）单击操控板中的【完成】按钮 ✓，生成的模型如图 6-68 所示。

（18）执行【文件】→【另存为】→【保存副本】命令，在新建名称文本框中输入"混合相切曲面 1"，保存当前模型文件。

图 6-68　修改后的曲面

6.3.2　在实体外部创建与实体表面圆弧相切的曲面的操作步骤

（1）单击工具栏中的【新建】按钮，建立新文件。

（2）单击【模型】选项卡中【形状】组上的【拉伸】按钮，在 FRONT 基准平面上绘制图 6-69 所示的草图。设置拉伸距离为"200"，建立图 6-70 所示的拉伸实体。

（3）单击【模型】选项卡中【曲面】组下的【将切面混合到曲面】按钮，弹出【曲面：相切曲面】对话框和【一般选择方向】菜单，在【结果】选项卡中单击按钮。

（4）选择 TOP 基准平面为延伸方向，选择【方向】菜单中的【确定】选项，单击【方向】栏中的【反向】按钮，如图 6-71 所示。

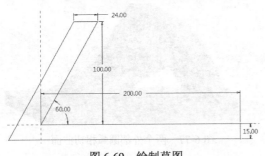

图 6-69　绘制草图

图 6-70　拉伸实体

（5）调整箭头的方向，使箭头方向如图 6-72 所示，选中【单侧】单选按钮。

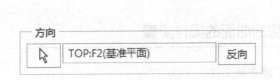

图 6-71　【方向】栏

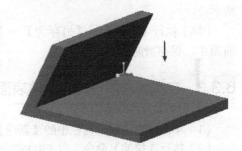

图 6-72　箭头方向

（6）单击【曲面：相切曲面】对话框的【参考】按钮，弹出【链】菜单和【选择】对话框，选择图 6-73 所示的曲线后，选择【链】菜单中的【完成】选项。

（7）在【拔模参数】栏中，设置【角度】为"30"、【半径】为"60"，如图 6-74 所示。

（8）单击【曲面：相切曲面】对话框的【预览】按钮，生成的模型如图 6-75 所示。

图 6-73　选择曲线

图 6-74　【拔模参数】栏

图 6-75　模型预览

（9）单击对话框中的 ✓ 按钮，完成曲面的绘制。

（10）执行【文件】→【另存为】→【保存副本】命令，在新建名称文本框中输入"混合相切曲面2"，保存当前模型文件。

（11）单击【模型】选项卡中【曲面】组下的【将切面混合到曲面】按钮，同样在【结果】选项卡中单击 按钮。

（12）选择 TOP 基准平面定义拉伸方向，在【方向】菜单中选择【确定】选项，在【方向】栏中选中【单侧】单选按钮。

（13）单击【曲面：相切曲面】对话框的【参考】按钮，选择图6-76所示的曲线后，选择【链】菜单中的【完成】选项。

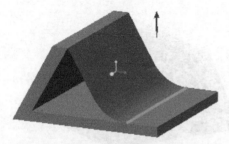

图6-76　选择曲线

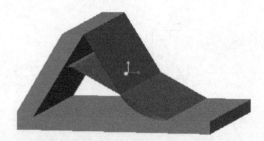

图6-77　两个外部圆弧相切曲面

（14）在【拔模参数】一栏中设置【角度】为"60"、【半径】为"10"。

（15）单击对话框中的 ✓ 按钮，完成曲面的绘制。创建的两个外部圆弧相切曲面如图6-77所示。

（16）执行【文件】→【另存为】→【保存副本】命令，在新建名称文本框中输入"混合相切曲面3"，保存当前模型文件。

6.3.3　在实体内部创建与实体表面圆弧相切的曲面的操作步骤

（1）单击快速访问工具栏中的【新建】按钮 ，建立新文件。

（2）执行【拉伸】命令，以 FRONT 平面为基准平面，创建图6-78所示的拉伸实体。

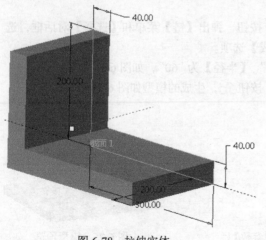

图6-78　拉伸实体

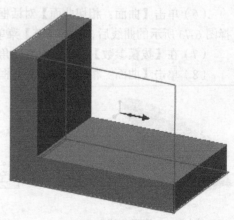

图6-79　模型显示

（3）单击【模型】选项卡中【曲面】组下的【将切面混合到曲面】按钮，弹出【曲面：相切曲面】对话框和【一般选择方向】菜单。在【结果】选项卡中单击█按钮。

（4）选择 RIGHT 基准平面为延伸方向，选择【方向】菜单中的【确定】选项，模型如图 6-79 所示，选中【单侧】单选按钮。

（5）单击【曲面：相切曲面】对话框的【参考】按钮，选择图 6-80 所示的曲线。

（6）在【链】菜单中选择【完成】选项，如图 6-81 所示。

（7）在【拔模参数】栏中设置【角度】为"30"、【半径】为"30"，如图 6-82 所示。

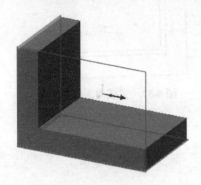

图 6-80　【选择曲线】

图 6-81　选择【完成】选项

（8）单击【曲面：相切曲面】对话框的【预览】按钮◑◑，生成的模型如图 6-83 所示。

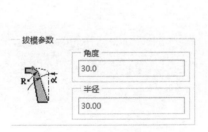

图 6-82　【拔模参数】栏

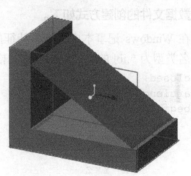

图 6-83　模型预览

（9）单击【拔模线选择】栏中的⬚按钮，如图 6-84 所示。

（10）选择图 6-85 所示的曲线，选择【链】菜单中的【完成】选项。

图 6-84　单击按钮

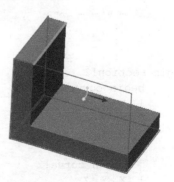

图 6-85　选择的曲线

（11）单击【曲面：相切曲面】对话框的【预览】按钮 👓，两次生成的曲面如图 6-86 所示。

（12）选择【视图】快速访问工具栏中的【消隐】选项，再单击【曲面：相切曲面】对话框中的 ✓ 按钮，完成曲面创建，如图 6-87 所示。

（13）执行【文件】→【另存为】→【保存副本】命令，在新建名称对话框中输入"混合相切曲面 4"，保存当前模型文件。

图 6-86　两次生成的曲面

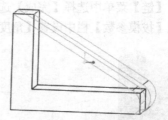

图 6-87　完成曲面创建

6.4　利用文件创建曲面

使用文件创建曲面，经常用于对已有的实物曲面进行特征曲线关键点的测绘后，将测绘点保存为系统接受文件，格式为 *.ibl，然后再对曲面进行修改完善。

数据文件的创建方式如下。

在 Windows 记事本中，将各特征的关键点坐标按格式一次写在记事本上，并将该文件保存为扩展名类型为 *.ibl 的文件。其默认的格式如下。

```
closed
arclength
begin section!1
      begin curve!1
      1  X  Y  Z
      2  X  Y  Z
      3  X  Y  Z
         … … … …
      begin curve!2
      1  X  Y  Z
      2  X  Y  Z
      3  X  Y  Z
         … … … …
            :
            :
            :
Begin section!2
      begin curve!1
      1  X  Y  Z
      2  X  Y  Z
      3  X  Y  Z
         … … … …
      begin curve!2
      1  X  Y  Z
```

```
                    2  X  Y  Z
                    3  X  Y  Z
                    … … … …
                            ⋮
                            ⋮
                            ⋮
… … … … …
```

具体解释如下。

（1）closed 表示截面生成的类型，可以是 open（开放）或 closed（封闭）。

（2）arclength 表示曲面混合的类型，可以是 arclength（弧形）或 pointwise（逐点）。

（3）begin section 表示新生成截面，在每个截面生成前必须要有这一句。

（4）begin curve 表示将列出截面处的曲线的数据点。

（5）数字部分从左到右第一列为各点坐标的编号，第二、三、四列依次为笛卡儿坐标的 x、y、z 值，每一段数据前，都要指明该数据属于哪一个截面。

（6）如果曲线中只有两个数据点，则该曲线为一直线段，如果多于两点，则为一自由曲线。

6.4.1　利用文件建立曲面的操作步骤

（1）打开 Windows 记事本，在记事本中输入下面的数据。

```
open
  Arclength
begin section!1
begin Curve!1
1    -65    -160   0
2     0     -150   0
3     60    -120   0
begin curve!2
1     60    -120   0
2     90    -70    0
3     100    0     0
4     100    70    0
begin curve!3
1     100    70    0
2     60     100   0
3     0      95    0
4    -46     69    0
begin curve!4
1    -46     69    0
2    -80     25    0
3    -100   -10    0
4    -90    -76    0
begin section!2
begin curve!1
1     25    -70    200
2     80    -10    200
begin curve!2
1     80    -10    200
2     20     70    200
begin curve!3
```

```
1     20     70      200
2    -65     30      200
begin curve!4
1    -65     30      200
2    -50    -50      200
```

（2）执行【文件】→【另存为】命令，弹出【另存为】对话框，在【文件名】文本框中输入"c1.ibl"，如图 6-88 所示。单击【保存】按钮，保存数据文件。

（3）在 Creo 用户操作界面中单击工具栏中的【新建】按钮 ，建立新文件。

（4）在【模型】选项卡里执行【操作】组下【曲面】命令（如果不能找到就搜索【曲面】命令，还可以在【选项】的【自定义组】中添加【曲面】命令，将该命令添加到【操作】组中），弹出图6-89 所示的【曲面：从文件混合】对话框和【得到坐标系】菜单。

图 6-88　保存文本

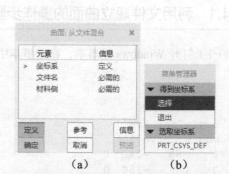

（a）　　　　　（b）

图 6-89　【曲面：从文件混合】
对话框和【得到坐标系】菜单

（5）在【菜单管理器】中选择【PRT_CSYS_DEF】选项，弹出图 6-90 所示的【打开】对话框。选择【c1.ibl】文件，单击【导入】按钮。

图 6-90　【打开】对话框

（6）文件中的曲线显示在窗口中，如图 6-91 所示。同时弹出图 6-92 所示的【方向】菜单，选择【确定】选项。

（7）单击【曲面：从文件混合】对话框中的【预览】按钮后单击【确定】按钮，生成的曲面如图 6-93 所示。

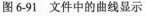

图 6-91　文件中的曲线显示　　　　图 6-92　【方向】菜单　　　　图 6-93　文件创建的曲面

（8）执行【文件】→【另存为】→【保存副本】命令，在新建名称文本框中输入"文件曲面 1"，保存当前模型文件。

注意　　　　如果编辑了数据文件，用户在模型中可以重新读取数据文件，通过更新来生成曲面。

6.4.2　编辑修改【从文件混合】曲面的操作步骤

（1）打开上个实例创建的曲面文件——文件曲面 1。

（2）在【模型】选项卡里执行【操作】组下【继承】命令，弹出【菜单管理器】对话框，在模型树中选择曲面特征后右击，在弹出的快捷菜单中选择【修改】选项，如图 6-94 所示。

（3）弹出【确认】对话框，单击【是】按钮，如图 6-95 所示。

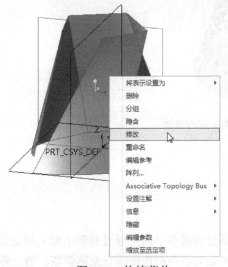

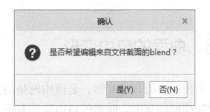

图 6-94　快捷菜单　　　　　　　　　　　图 6-95　【确认】对话框

（4）打开图 6-96 所示的记事本。

（5）编辑点数据，使第二个截面的 4 条线段首尾倒置，如图 6-97 所示。将记事本保存，单击【模型】选项卡中【操作】组上的【重新生成】按钮，生成的曲面如图 6-98 所示。

（6）执行【文件】→【另存为】→【保存副本】命令，在新建名称文本框中输入"文件曲面 2"，保存当前模型文件。

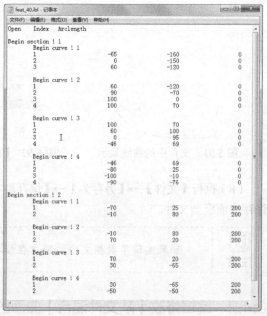

图 6-96　记事本　　　　　　　　　　　　　　图 6-97　修改记事本

图 6-98　编辑后的文本生成的曲面

6.5　曲面的自由变形

所谓曲面的自由变形，是指用网格的方式，把曲面分成很多小面，通过移动小面上的顶点位置来控制曲面的变形。曲面的自由变形有两种方法：一种是对存在的曲面进行整体调整；另一种是在曲面的局部进行曲面调整。

在【模型】选项卡里执行【操作】组下【继承】命令后，执行【曲面】→【新建】→【高级】→【完成】→【自由成型】→【完成】命令，弹出【曲面：自由成型】对话框，如图 6-99 所示。相关含义解释如下。

图 6-99　【曲面：自由形状】对话框

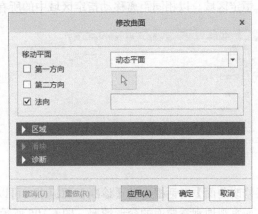

图 6-100　【修改曲面】对话框

（1）基准曲面。定义进行自由构建曲面的基本曲面。

（2）栅格。控制基本曲面上经、纬方向的网格数。

（3）操控。进行一系列的自由构建曲面操作，如移动曲面、限定曲面、自由构建区域等。

定义基准曲面的经、纬网格数后，弹出【修改曲面】对话框，如图 6-100 所示。曲面变形由【修改曲面】对话框中的参数来控制。

在【修改曲面】对话框的【移动平面】项中，可以指定参考平面，利用参考平面来引导曲面的自由变形，如图 6-101 所示。

（1）第一方向。可以拖动控制点沿着第一方向移动。

（2）第二方向。可以拖动控制点沿着第二方向移动。

（3）法向。可以拖动控制点沿着所定义的移动平面的法线方向移动。

单击 动态平面 后的下拉按钮，弹出图 6-102 所示的 3 个移动平面选项。

（1）动态平面。根据移动方向，系统自动定义移动平面。

（2）定义的平面。选择一个平面定义移动方向。

（3）原始平面。以选择的底层基本曲面定义移动方向。

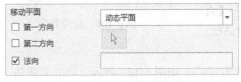

图 6-101　【移动平面】栏

图 6-102　【动态平面】选项

单击【修改曲面】对话框中的【区域】下拉按钮，打开【区域】面板，可以设定在曲面自由变形的过程中指定区域是光滑过渡还是按直线形过渡等，如图 6-103 所示。单击 平滑区域 后的按钮，可以分别设定两个方向上的过渡方式，如图 6-104 所示。各选项含义说明如下。

（1）局部。只移动选定点。

（2）平滑区域。将点的运动应用到符合立方体空间指定的区域内。选择两点可以确定一个区域。

（3）线性区域。将点的运动应用到平面内的指定区域内。选择两点可以确定一个区域。

（4）恒定区域。以相同距离移动指定区域中的所有点。选择两点可以确定一个区域。

图 6-103　【区域】面板

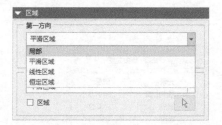
图 6-104　【第一方向】选项

在【修改曲面】对话框中的【诊断】面板中，可以在曲面自由变形的过程中，显示曲面的不同特性，从而直观地观看曲面的变形情况。图 6-105 所示为【诊断】面板。

图 6-105　【诊断】面板

6.5.1　创建自由曲面变形 1 的操作步骤

（1）单击快速访问工具栏中的【新建】按钮 ，建立新文件。

（2）执行【拉伸】命令，以 RIGHT 平面为基准平面，创建图 6-106 所示的拉伸曲面。

（3）在【模型】选项卡里执行【操作】组下【继承】命令后，执行【曲面】→【新建】→【高级】→【完成】→【自由成型】→【完成】命令，弹出【曲面：自由成型】对话框。

图 6-106　拉伸曲面

（4）选择创建的曲面。

（5）在弹出的文本框中输入第一方向的控制曲线数为"9"，如图 6-107 所示，单击 按钮。

输入在指定方向的控制曲线号
9

图 6-107　第一方向控制线数

（6）在弹出的文本栏中输入第二方向的控制曲线数为"7"，单击 按钮。选择图 6-108 所示的控制点，按住鼠标左键拖动该控制点向上移动。

（7）移动一定距离后，单击【修改曲面】对话框中的 确定 按钮，关闭【修改曲面】对话框。

在【曲面：自由成型】对话框中单击【确定】按钮，创建的自由形状曲面如图 6-109 所示。

（8）执行【文件】→【保存副本】命令，将文件命名为"自由曲面变形 1"，保存当前模型文件。

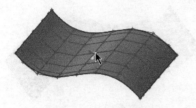

图 6-108　选择控制点

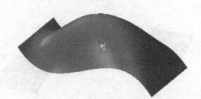

图 6-109　自由形状曲面

6.5.2　创建自由曲面变形 2 的操作步骤

（1）打开上个实例创建的曲面文件——自由曲面变形 1。

（2）在【模型】选项卡里执行【操作】组下【继承】命令，弹出【菜单管理器】对话框，选择自由形状曲面特征后右击，在弹出的快捷菜单中选择【编辑定义】选项，弹出【曲面：自由成型】对话框，在对话框中双击【操控】元素。

（3）弹出【修改曲面】对话框，单击【区域】下拉按钮，展开区域选项列表，在第一个方向中勾选【区域】复选框，如图 6-110 所示。

（4）此时在基本曲面中显示一个箭头，如图 6-111 所示，按系统提示在该箭头方向上选择两条控制曲线。

图 6-110　勾选【区域】复选框

图 6-111　基本曲面上的箭头（1）

（5）按住 Ctrl 键选择图 6-112 所示的两条控制曲线，在第二方向中勾选【区域】复选框，此时在基本曲面中也显示一个箭头，如图 6-113 所示。按系统提示按住 Ctrl 键选择该方向上图 6-112 所示的两条控制线。

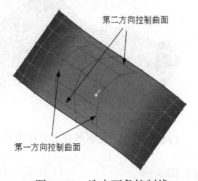

图 6-112　选中两条控制线

图 6-113　基本曲面上的箭头（2）

（6）选择图 6-114 所示的限定区域的中间控制点，按住鼠标左键拖动该控制点向下移动。

（7）移动一定距离后，单击【修改曲面】对话框中的 ▢确定▢ 按钮，关闭【修改曲面】对话框。在【曲面：自由成型】对话框中单击【确定】按钮，创建的自由形状曲面如图 6-115 所示。

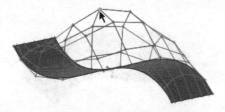

图 6-114　移动控制点

图 6-115　自由形状曲面

（8）执行【文件】→【保存副本】命令，将文件命名为"自由曲面变形 2"，保存当前模型文件。

6.5.3　创建自由曲面变形 3 的操作步骤

（1）打开上个实例创建的曲面文件——自由曲面变形 2。

（2）在【模型】选项卡里执行【操作】组下【继承】命令，弹出【菜单管理器】对话框，选择自由形状曲面特征后右击，在弹出的快捷菜单中选择【编辑定义】选项。弹出【曲面：自由形状】对话框，在对话框中双击【操控】元素。

（3）弹出【修改曲面】对话框，在【移动平面】栏中选择【定义的平面】选项，如图 6-116 所示。

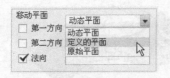

图 6-116　【移动平面】选项组

图 6-117　基准显示

（4）选择 TOP 基准平面后在法向栏中显示基准，如图 6-117 所示。

（5）单击【区域】下拉按钮，展开区域选项列表，在【第一方向】下拉列表框中选择【恒定区域】选项，如图 6-118 所示。

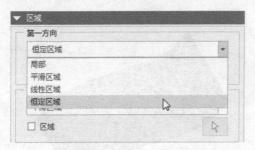

图 6-118　选择【恒定区域】

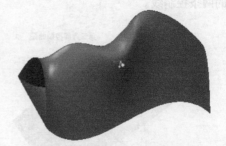

图 6-119　恒定区域自由形状曲面

（6）选择中间控制点，按住鼠标左键拖动该控制点向上移动。

（7）移动一定距离后，单击【修改曲面】对话框中的 确定 按钮，关闭【修改曲面】对话框。在【曲面：自由形式】对话框中单击【确定】按钮，创建的自由形状曲面如图 6-119 所示。

（8）执行【文件】→【保存副本】命令，将文件命名为"自由曲面变形 3"，保存当前模型文件。

6.6　展平面组

使用【展平面组】功能可以展开一个面组，从而形成一个与源面组具有相同参数的平面型曲面。【展平面组】功能只对面组有效，如果要展开实体的表面，可以先复制实体表面，把实体表面转化为面组。

单击【模型】选项卡中【曲面】组下的【展平面组】按钮 ，打开图 6-120 所示的【展平面组】操控板。

图 6-120　【展平面组】操控板

【曲面】文本框：选择一个曲面的面组，面组中的各曲面必须相切。

【原点】文本框：选择一个基准点，【原点】必须位于源面组上。

【指定放置】复选框：为展平的面组或曲面定义替代位置。

单击【参考】按钮，弹出下拉面板，如图 6-121 所示。

- 【参数化曲面】。为展平的曲面或面组定义替代参数化，在【参考】下拉面板中，单击【参数化曲面】收集器，然后选择曲面。

- 【对称平面】。要定义对称平面，可在【参考】下拉面板中单击【对称平面】收集器，然后选择平面。对称平面必须穿过原点。

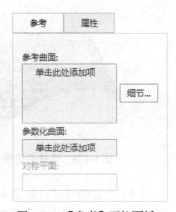

图 6-121　【参考】下拉面板

6.6.1　创建展平面组 1 的操作步骤

（1）单击工具栏中的【新建】按钮 ，建立新文件。

（2）执行【拉伸】命令创建图 6-122 所示的拉伸曲面。

（3）单击【模型】选项卡中【基准】组下的【点】按钮 ，弹出图 6-123 所示的【基准点】对话框。

（4）选择拉伸曲面的边线，如图 6-124 所示。

（5）在对话框中定义基准点在拉伸边线上的位置，在【偏移】一栏中输入"0.3"，如图 6-125 所示。

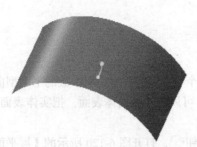

图 6-122　拉伸曲面

图 6-123　【基准点】对话框（1）

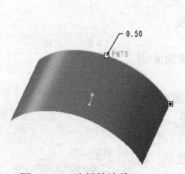

图 6-124　选择的边线

图 6-125　【基准点】对话框（2）

（6）生成的基准点如图 6-126 所示。单击【模型】选项卡中【曲面】组下的【展平面组】按钮，弹出【展平面组】操控板。选择拉伸曲面作为源面组，选择创建的基准点为原点。

（7）其余选项保持默认值。单击操控板中的✔按钮，生成的模型如图 6-127 所示。

图 6-126　生成的基准点

图 6-127　展平曲面

（8）执行【文件】→【保存副本】命令，将文件命名为"展平面组 1"，保存当前模型文件。

6.6.2　创建展平面组 2 的操作步骤

（1）打开上个实例创建的曲面文件——展平面组 1。

（2）在模型树中选择【展平面组】特征后右击，在弹出的快捷菜单中选择【删除】选项，如图 6-128 所示。

图 6-128　删除展平曲面　　　　　　　　　　图 6-129　另一侧创建的基准点

（3）单击【模型】选项卡中【基准】组下的【点】按钮 ，在拉伸曲面的另一侧面上创建另一个基准点 PNT1，如图 6-129 所示。

（4）单击【模型】选项卡中【基准】组上的【平面】按钮 ，选择图 6-130 所示的拉伸曲面边线作为参考，建立辅助平面 DTM1，如图 6-131 所示。

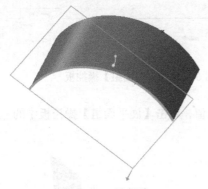

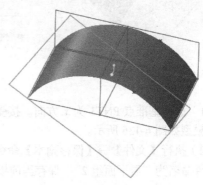

图 6-130　选择边　　　　　　　　　　　　图 6-131　创建的辅助平面

（5）单击【模型】选项卡中【基准】组上的【坐标系】按钮 ，弹出图 6-132 所示的【坐标系】对话框。

（6）按住 Ctrl 键选择 TOP、RIGHT、DTM1 基准平面，在【坐标系】对话框中单击【方向】选项卡，设置基准平面确定方向，此时【坐标系】对话框中的内容如图 6-133 所示。

图 6-132 【坐标系】对话框（1）

图 6-133 【坐标系】对话框（2）

（7）单击对话框中的【确定】按钮，生成图 6-134 所示的坐标系。

（8）单击【模型】选项卡中【曲面】组下的【展平面组】按钮 ，弹出【展平面组】操控板，如图 6-135 所示。

（9）选择拉伸曲面为源面组，基准点 PNT0 为原点。

（10）勾选【指定放置】复选框，在视图中选择新建坐标系 CS0。

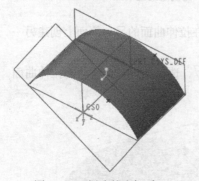

图 6-134 创建的坐标系

图 6-135 【展平面组】操控板

（11）选择基准点 PNT1 为 x 方向。接受默认的步数值，单击【展平面组】操控板中的 ✔ 按钮，生成的模型如图 6-136 所示。

（12）执行【文件】→【保存副本】命令，将
文件命名为"展平面组 2"，保存当前模型文件。

6.7 综合实例——绘制灯罩

本综合实例主要熟悉高级曲面中的圆锥曲面及将切面混合到曲面
等高阶曲面功能，最终生成的模型如图 6-137 所示。

图 6-136 展平曲面

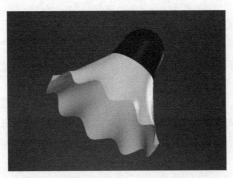

图 6-137　灯罩

【绘制步骤】

扫码看视频

1. 创建新文件

单击工具栏中的【新建】按钮 □，弹出【新建】对话框。在【新建】对话框的【类型】中选择【零件】，在【子类型】中选择【实体】，输入【名称】为"灯罩"，取消勾选【使用默认模板】复选框，单击 确定 按钮，在弹出的【新文件选项】对话框中将模板类型设为【 mmns_part_solid】，单击 确定 按钮，进入建模界面。

2. 从方程创建曲线

（1）单击【模型】选项卡中【基准】组下的【来自方程的曲线】按钮 ∿，弹出【曲线：从方程】操控板，如图 6-138 所示。

图 6-138　【曲线：从方程】操控板

（2）选择坐标系的类型为【柱坐标】，如图 6-139 所示。

（3）选择坐标系后单击操控板中的 方程... 按钮，将弹出两个【方程】对话框。

图 6-139　选择坐标系类型

（4）在【方程】对话框中输入以下公式。

```
R=100
Theta=t*360
Z=9*sin(10*t*360)
```

（5）单击【方程】对话框中的【确定】按钮，再单击操控板中的【确定】按钮 ✓，生成的曲线如图 6-140 所示。

（6）重复执行【来自方程的曲线】命令，在【方程】对话框中输入以下公式。

```
r=70
theta=t*360
z=40
```

以此创建圆，同理创建 r=40、z=90 的圆，最终曲线如图 6-141 所示。

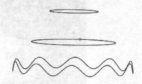

图 6-140　从方程生成的曲线　　　　　图 6-141　最终生成的曲线

3. 创建曲面特征

（1）单击【模型】选项卡中【操作】组上方的【继承】按钮，在打开的菜单栏中执行【曲面】→【新建】→【高级】→【完成】→【边界】→【完成】命令，弹出【边界选项】菜单，选择【圆锥曲面】→【肩曲线】→【完成】选项。弹出【曲面：圆锥，肩曲线】对话框和【曲线选项】菜单。

（2）选择图 6-142 所示的两条曲线作为边界曲线。

（3）选择【肩曲线】选项，如图 6-143 所示，弹出【选择项】菜单。

图 6-142　选择的边界曲线　　　　　　　图 6-143　选择【肩曲线】选项

（4）选择图 6-144 所示的曲线作为肩曲线。

（5）在【菜单管理器】中选择【确认曲线】选项，如图 6-145 所示。

（6）在弹出的文本栏中接受默认【圆锥参数】值 "0.5"。单击 ✓ 按钮，再单击【曲面：圆锥，肩曲线】对话框中的【确定】按钮，生成的灯罩曲面如图 6-146 所示。

图 6-144　选择作为肩曲线的曲线　　　图 6-145　选择【确认曲线】选项　　　图 6-146　灯罩曲面

4. 生成灯罩的顶部

（1）单击【模型】选项卡中【形状】组上的【旋转】按钮，在操控板中单击【旋转为曲面】

按钮。

（2）选择 RIGHT 基准平面作为草绘平面，绘制图 6-147 所示的截面，生成的曲面如图 6-148 所示。

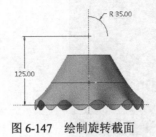

图 6-147　绘制旋转截面

图 6-148　旋转特征曲面

（3）单击【模型】选项卡中【曲面】组下的【将切面混合到曲面】按钮，弹出【曲面：相切曲面】对话框和【一般选择方向】菜单，如图 6-149 所示。

（a）　　　　　　　　（b）

图 6-149　【曲面：相切曲面】对话框和【一般选择方向】菜单

（4）选择 FRONT 基准平面作为方向参考，在弹出的【方向】菜单中选择【确定】选项。在【方向】栏选中【单侧】单选按钮。

（5）单击【曲面：相切曲面】对话框的【参考】按钮，系统弹出【链】菜单和【选择】对话框，选择【链】菜单中的【相切链】选项后，选择图 6-150 所示的曲线。

（6）选择【链】菜单中的【完成】选项后，单击【曲面：相切曲面】对话框的【参考曲面】栏中的【选择】按钮，按住 Ctrl 键选择图 6-151 所示的曲面，在【选择】对话框中单击【确定】按钮。

（7）单击对话框中的 ✔ 按钮，生成的灯罩如图 6-152 所示。

（8）单击快速访问工具栏中的【保存】按钮，保存当前模型文件。

图 6-150　选择曲线

图 6-151　选择曲面

图 6-152　灯罩

第7章
曲面的编辑

/ 本章导读

　　曲面完成后，根据新的设计要求，可能需要对曲面进行修改与调整。曲面的修改与编辑命令主要位于【模型】选项卡中的【编辑】组中。只有在模型中选择曲面后，面板上的命令才能使用。本章将讲解曲面的编辑与修改命令，在曲面模型的建立过程中，利用这些命令来加快建模速度。

/ 知识重点

- 镜像曲面
- 复制曲面
- 合并曲面
- 修剪曲面
- 延伸曲面
- 曲面偏移

7.1　镜像曲面

7.1.1　操控板选项介绍

镜像功能可以复制相对于一个平面对称的特征，通过镜像简单特征完成复杂模型的设计，这样可以节约大量的制作时间。使用镜像工具，用户可以建立一个或多个曲面关于某个平面的镜像曲面。

选择要镜像的曲面，单击【模型】选项卡中【编辑】组上方的【镜像】按钮 ，弹出【镜像】操控板，如图 7-1 所示。

图 7-1　【镜像】操控板

面板中各项介绍如下。

（1）镜像平面。保持镜像特征与原特征对称的平面。

（2）参考。单击该按钮，弹出图 7-2 所示的【参考】下拉面板，它与镜像平面的内容相同。

（3）选项。单击该按钮，弹出图 7-3 所示的【选项】下拉面板，勾选【从属副本】复选框，镜像的特征从属于原特征，原特征改变，镜像特征随之改变。

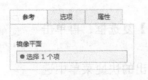

图 7-2　【参考】下拉面板

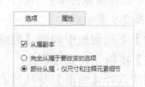

图 7-3　【选项】下拉面板

（4）属性。设定当前特征的名称，显示当前特征的属性。

7.1.2　创建镜像曲面的操作步骤

（1）打开随书配套资源中的"源文件 \ 第 7 章 \ 旋转混合 .prt"文件，如图 7-4 所示。

（2）单击【模型】选项卡中【基准】组上的【平面】按钮 ，弹出【基准平面】对话框，选择 FRONT 基准平面作为参考，在【平移】文本框中输入"30"，如图 7-5 所示。单击对话框中的【确定】按钮，创建基准平面 DTM1，如图 7-6 所示。

（3）选择图 7-7 所示的曲面特征。

图 7-4　旋转混合

（4）单击【模型】选项卡【编辑】组上的【镜像】按钮 ，弹出【镜像】操控板。选择基准平面 DTM1 为镜像平面，单击操控板中的【确定】按钮 ，镜像后的模型如图 7-8 所示。

图 7-5 【基准平面】对话框

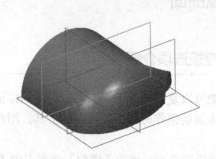

图 7-6 基准平面 DTM1

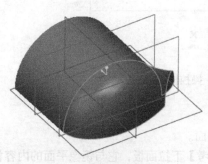

图 7-7 选择曲面特征

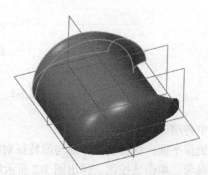

图 7-8 镜像后的曲面

（5）在模型树中选择镜像特征后右击，在弹出的快捷菜单中选择【编辑定义】选项，如图 7-9 所示。

（6）在【选项】下拉面板中勾选【隐藏原始几何】复选框，再单击操控板中的【确定】按钮 ✓，完成修改。

（7）在模型树中选择【曲面】特征后右击，在弹出的快捷菜单中选择【编辑定义】选项，如图 7-10 所示。

（8）在弹出的【曲面：混合，旋转，草绘截面】对话框中双击【属性】元素，将【属性】改变为【直】，生成的曲面如图 7-11 所示。

（9）执行【文件】→【保存副本】命令，在新建名称文本框中输入镜像曲面，保存当前模型文件。

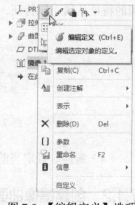

图 7-9 【编辑定义】选项

图 7-10 编辑定义

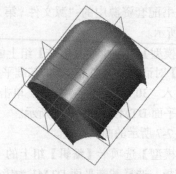

图 7-11 改变属性后的曲面

7.2　复制曲面

7.2.1　普通复制

执行【复制】命令，可以直接在选定的曲面上创建一个面组，生成的面组含有与父项曲面形状和大小相同的曲面。该命令可以复制已存在的曲面或实体表面。

曲面的复制有 3 种形式：一是复制所有选择的曲面，二是复制曲面并填充曲面上的孔，三是复制曲面上封闭区域内部分曲面。

选择要复制的曲面，使曲面呈高亮显示，如图 7-12 所示。

单击【模型】选项卡中【操作】组下的【复制】按钮 ，再单击【模型】选项卡中【操作】组下的【粘贴】按钮 ，弹出【曲面：复制】操控板，如图 7-13 所示。

图 7-12　选择的曲面　　　　　　　　图 7-13　【曲面：复制】操控板

单击操控板中的【选项】按钮，弹出【选项】下拉面板，如图 7-14 所示。各选项的意义如下。

（1）按原样复制所有曲面。复制所有选择的曲面。

（2）排除曲面并填充孔。如果选择此选项，以下的两个编辑框将被激活，如图 7-15 所示。

- 排除轮廓：从当前复制特征中选择排除曲面。
- 填充孔 / 曲面：在已选择曲面上选择孔的边来填充孔。

（3）复制内部边界。如果选择此选项，【边界曲线】文本框将被激活，如图 7-16 所示。选择封闭的边界，复制边界内部曲面。

图 7-14　【选项】下拉面板　　图 7-15　【排除曲面并填充孔】选项　　图 7-16　【复制内部边界】选项

（4）取消修剪包络。复制曲面、移除所有内轮廓，并用当前轮廓的包络替换外轮廓，如图 7-17 所示。

（5）取消修剪定义域。复制曲面、移除所有内轮廓，并用与曲面定义域相对应的轮廓替换外轮廓，如图 7-18 所示。

图 7-17　【取消修剪包络】选项　　　　　图 7-18　【取消修剪定义域】选项

7.2.2　复制所有选择的曲面的操作步骤

（1）打开随书配套资源中的"源文件＼第 7 章＼复制 1.prt"文件，如图 7-19 所示。

（2）按住 Ctrl 键，在绘图窗口中选择图 7-20 所示 3 个曲面。

图 7-19　打开文件

图 7-20　选择的曲面

（3）单击【模型】选项卡中【操作】组下的【复制】按钮，再单击【模型】选项卡中【操作】组下的【粘贴】按钮，弹出【曲面：复制】操控板。

（4）保持系统默认值，单击操控板中的【确定】按钮，完成所选曲面的复制，此时模型树中新增一曲面特征——复制 1。

（5）执行【文件】→【另存为】→【保存副本】命令，在新建名称文本框中输入"复制 1-1"，保存当前模型文件。

注意

　　因为复制的曲面与原始曲面重合，所以不易观察，用户可以通过镜像复制的曲面特征来观察生成的复制曲面。

（1）创建基准平面。

（2）单击模型树中的复制曲面以选中复制曲面。

（3）单击【编辑特征】快捷工具栏中的镜像工具按钮，打开【镜像】操控板，镜像复制曲面。

（4）观察生成的复制曲面，如图 7-21 所示。

　　这一操作是为了查看曲面复制结果，故要删除此镜像特征。在模型树中选择镜像特征，右击，在弹出的快捷菜单中选择【删除】选项，如图 7-22 所示，删除镜像特征。

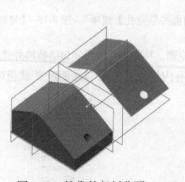

图 7-21　镜像的复制曲面

图 7-22　删除镜像的复制曲面

7.2.3　用排除曲面并填充孔的方式复制曲面的操作步骤

（1）打开随书配套资源中的"源文件 \ 第 7 章 \ 复制 1.prt"文件。

（2）选择图 7-20 所示的 3 个曲面。

（3）单击【模型】选项卡中【操作】组下的【复制】按钮，再单击【模型】选项卡中【操作】组下的【粘贴】按钮，弹出【曲面：复制】操控板。

（4）单击操控板中的【选项】按钮，选中【排除曲面并填充孔】单选按钮。

（5）在模型中选择孔的边，如图 7-23 所示。

（6）单击操控板中【确定】按钮，完成所选曲面的复制，生成的模型如图 7-24 所示。

图 7-23　选中孔的边　　　　　　　　　　　图 7-24　曲面复制后的模型

（7）执行【文件】→【另存为】→【保存副本】命令，在新建名称文本框中输入"复制 1-2"，保存当前模型文件。

注意

通过镜像观察生成的复制曲面如图 7-25 所示。

图 7-25　镜像的复制曲面

7.2.4　用复制内部边界的方式复制曲面的操作步骤

（1）打开随书配套资源中的"源文件 \ 第 7 章 \ 复制 1.prt"文件。

（2）单击【基准】组上的【草绘】按钮，选择复制 1 的表面作为草绘平面，如图 7-26 所示。

（3）绘制图 7-27 所示的草图，单击【确定】按钮，退出草图绘制环境。

 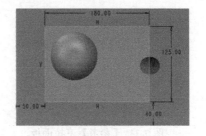

图 7-26　草绘平面　　　　　　　　　　　图 7-27　绘制草图

（4）选择图 7-28 所示的曲面，单击【模型】选项卡中【操作】组上的【复制】按钮，再单击【模型】选项卡中【操作】组上的【粘贴】按钮，弹出【曲面：复制】操控板。单击操控板中的【选项】按钮，选中【复制内部边界】单选按钮。按住 Ctrl 键，选择刚刚绘制的封闭曲线。

图 7-28　选择的曲面

（5）单击操控板中的【完成】按钮，完成所选曲面的复制。

（6）执行【文件】→【另存为】→【保存副本】命令，在新建名称文本框中输入"复制 1-3"，保存当前模型文件。

注意

通过镜像观察生成的复制曲面如图 7-29 所示。

图 7-29　镜像的复制曲面

7.2.5　用种子和边界曲面的方式复制曲面 1 的操作步骤

（1）打开随书配套资源中的"源文件 \ 第 7 章 \ 复制 1.prt"文件。

（2）按住 Ctrl 键，选择拉伸特征的 4 个侧面，如图 7-30 所示。

（3）单击【模型】选项卡中【操作】组下的【复制】按钮，再单击【模型】选项卡中【操作】组下的【粘贴】按钮，弹出【曲面：复制】操控板。

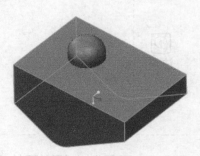

图 7-30　选择侧面

（4）单击操控板中的【参考】按钮，弹出【参考】下拉面板，如图 7-31 所示。单击【细节】按钮，弹出【曲面集】对话框，如图 7-32 所示。

图 7-31　【参考】下拉面板

曲面集		
集	计数	添加(A)
单曲面	4	
排除的曲面	0	移除(R)

包括的曲面

曲面:F5(拉伸_1)
曲面:F5(拉伸_1)
曲面:F5(拉伸_1)
曲面:F5(拉伸_1)

图 7-32　【曲面集】对话框

（5）单击【添加】按钮，选择图 7-33 所示的平面作为锚点。

（6）勾选【种子和边界曲面】复选框，按住 Ctrl 键，选择图 7-34 所示的曲面作为边界曲面，此时【曲面集】对话框如图 7-35 所示。

（7）单击【确定】按钮完成选择。在【参考】下拉面板中选中多余的【单曲面】单选按钮后右击，在弹出的图 7-36 所示的快捷菜单中选择【移除】选项。

（8）单击操控板中的【确定】按钮 ✔，完成所选曲面的复制，通过镜像观察复制的曲面如图 7-37 所示。

（9）执行【文件】→【另存为】→【保存副本】命令，在新建名称文本框中输入"复制 1- 4"，保存当前模型文件。

图 7-33　选择锚点　　　　　图 7-34　选择边界曲面　　　　　图 7-35　【曲面集】对话框

图 7-36　【移除】选项　　　　　　　　　　图 7-37　镜像的复制曲面

7.2.6　用种子和边界曲面的方式复制曲面 2 的操作步骤

（1）打开随书配套资源中的"源文件 \ 第 7 章 \ 复制 1.prt"文件。

（2）在模型树中选择拉伸 2 特征后右击，在弹出的快捷菜单中选择【隐含】选项，如图 7-38 所示。

（3）在弹出的对话框中单击【确定】按钮，确定隐含特征，如图 7-39 所示。

（4）按住 Ctrl 键，选择图 7-40 所示的拉伸特征的 4 个侧面。

（5）单击【模型】选项卡中【操作】组下的【复制】按钮，再单击【模型】选项卡中【操作】

组下的【粘贴】按钮，弹出【曲面：复制】操控板。

（6）单击操控板中的【参考】按钮，弹出【参考】下拉面板，单击【细节】按钮，弹出【曲面集】对话框。

（7）单击【添加】按钮，选择图 7-41 所示的平面作为锚点。

（8）勾选【种子和边界曲面】复选框。按住 Ctrl 键，选择图 7-42 所示的曲面作为边界曲面。此时【曲面集】对话框如图 7-43 所示。

图 7-39　确定【隐含】特征

图 7-41　选择锚点

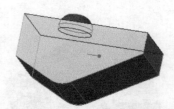

图 7-38　隐含拉伸特征　　　图 7-40　选择拉伸特征的侧面　　　图 7-42　选择边界曲面

（9）单击【确定】按钮完成选择。在【参考】下拉面板中选中多余的【单曲面】单选按钮后右击，在弹出的快捷菜单中选择【移除】选项。

（10）单击操控板中的【确定】按钮，完成所选曲面的复制，通过镜像观察复制的曲面，如图 7-44 所示。

图 7-43　【曲面集】对话框

图 7-44　镜像的复制曲面

（11）执行【文件】→【另存为】→【保存副本】命令，在新建名称文本框中输入"复制 1-5"，保存当前模型文件。

> **注意**　　在种子和边界复制曲面中，首先选择种子曲面，按住 Ctrl 键后选择边界曲面（边界曲面是不需要的曲面）。若选择的边界曲面形成封闭的环路，则将去掉其他所有曲面，种子曲面及其周围的曲面将是我们需要的曲面；若选择的边界曲面是一个或多个单一曲面，则只有边界曲面是不需要的曲面。

7.2.7　选择性复制

单击系统窗口中的选择过滤器 特征 ▾ 后的下拉按钮，在弹出的下拉列表中选择【几何】选项，如图 7-45 所示。

选择要复制的曲面或面组，单击【模型】选项卡中【操作】组下的【复制】按钮 ⬚，再单击【模型】选项卡中【操作】组下的【选择性粘贴】按钮 ⬚，弹出图 7-46 所示的【移动（复制）】操控板。

图 7-45　选择过滤器　　　　　　　　图 7-46　【移动（复制）】操控板

【平移】按钮 ⁛：可以沿选择参考平移复制曲面。

【旋转】按钮 ↻：可以绕选择参考旋转复制曲面。

单击【参考】按钮，弹出图 7-47 所示【参考】下拉面板，在此下拉面板中定义要复制的曲面面组。

单击【变换】按钮，弹出图 7-48 所示的【变换】下拉面板，在此下拉面板中定义复制曲面面组的形式，移动或旋转，移动距离或旋转角度，以及方向参考。

单击【选项】按钮，弹出的【选项】下拉面板中有两个复选框，如图 7-49 所示。

图 7-47　【参考】下拉面板　　　图 7-48　【变换】下拉面板　　图 7-49　【选项】下拉面板

7.2.8　创建选择性复制 1 的操作步骤

（1）打开随书配套资源中的"源文件\第 7 章\多边曲面 .prt"文件，如图 7-50 所示。

（2）单击系统窗口中的选择过滤器 特征 后的下拉按钮，在弹出的下拉列表中选择【几何】选项，选择图 7-51 所示的曲面。

图 7-50　文件

图 7-51　选择的曲面

（3）单击【模型】选项卡中【操作】组下的【复制】按钮，再单击【模型】选项卡中【操作】组下的【选择性粘贴】按钮，弹出【选择性粘贴】对话框，勾选【对副本应用移动 / 旋转变换 (A)】复选框，如图 7-52 所示。单击【确定】按钮，选择图 7-53 所示的轴线。

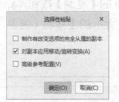

图 7-52　【选择性粘贴】对话框

图 7-53　选择轴线

（4）在操控板中输入移动距离 "300"，如图 7-54 所示。模型如图 7-55 所示。

图 7-54　【移动（复制）】操控板

图 7-55　移动后的曲面

（5）生成的复制模型如图 7-56 所示。

（6）执行【文件】→【另存为】→【保存副本】命令，在新建名称文本框中输入 "选择性复制 1"，保存当前模型文件。

7.2.9　创建选择性复制 2 的操作步骤

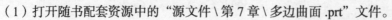

图 7-56　生成的复制模型

（1）打开随书配套资源中的 "源文件 \ 第 7 章 \ 多边曲面 .prt" 文件。

（2）单击系统窗口中的选择过滤器 特征 后的下拉按钮，在弹出的下拉列表中选择【几何】选项。

（3）单击【模型】选项卡中【基准】组上的【轴】按钮，弹出【基准轴】对话框。

（4）按住 Ctrl 键选择图 7-57 所示的 TOP 基准平面和六边形任意边的端点，单击【确定】按钮，生成基准轴 A2。

（5）选择曲面特征。单击【模型】选项卡中【操作】组下的【复制】按钮，再单击【模型】选项卡中【操作】组下的【选择性粘贴】按钮，在操控板中单击【旋转】按钮。

（6）选择图 7-58 所示的基准轴 A2，在操控板中输入旋转角度"180"，如图 7-59 所示。单击操控板中的【确定】按钮，生成的模型如图 7-60 所示。

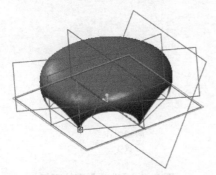

图 7-57　选择 TOP 基准平面和端点

图 7-58　选择的基准轴

图 7-59　【移动（复制）】操控板

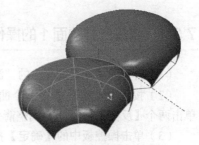

图 7-60　旋转后的曲面

（7）执行【文件】→【另存为】→【保存副本】命令，在新建名称文本框中输入"选择性复制2"，保存当前模型文件。

7.3 合并曲面

两个相邻或相交面组可合并，生成的面组是一个单独的特征，与两个原始面组及其他单独的特征一样。在删除合并面组特征后，原始面组仍然存在。

按住 Ctrl 键，选择要合并的两个曲面，单击【模型】选项卡中【编辑】组上的【合并】按钮，弹出图 7-61 所示的【合并】操控板。

图 7-61　【合并】操控板

单击【参考】按钮，弹出的【参考】下拉面板如图 7-62 所示，其中列出了用于合并的曲面。

单击【选项】按钮，在弹出的【选项】下拉面板中有合并曲面的两种形式，如图 7-63 所示。

（1）相交。当两个曲面相互交错时，选择【相交】形式来合并，单击两个【反向】按钮可为每个面组指定哪一部分包括在合并特征中。

（2）联接。当一个曲面的边位于另一个曲面的表面时，选中该单选按钮，将与边重合的曲面合并在一起。

图 7-62 【参考】下拉面板　　　　　　　　图 7-63 【选项】下拉面板

7.3.1 创建合并曲面 1 的操作步骤

（1）打开随书配套资源中的"源文件\第 7 章\合并 1.prt"文件，如图 7-64 所示。

（2）按住 Ctrl 键，选择两个曲面，单击【模型】选项卡中【编辑】组上的【合并】按钮 。
单击两个【反向】按钮 ，调整箭头如图 7-65 所示。

（3）单击操控板中的【确定】按钮 ，完成合并曲面的建立，如图 7-66 所示。

图 7-64　曲面特征　　　　　图 7-65　箭头方向　　　　　图 7-66　合并后的曲面

（4）执行【文件】→【另存为】→【保存副本】命令，在新建名称文本框中输入"合并 1"，
保存当前模型文件。

7.3.2 创建合并曲面 2 的操作步骤

（1）单击工具栏中的【新建】按钮 ，创建新文件。

（2）创建图 7-67 所示的曲面特征。

（3）按住 Ctrl 键选中两个曲面，单击【模型】选项卡中【编辑】组上的【合并】按钮 。

（4）系统弹出【合并】操控板，单击【选项】按钮，选择其中的【联接】合并方式。

（5）单击操控板中的【反向】按钮 ，调整箭头如图 7-68 所示。

（6）单击【预览】按钮 ，生成的模型如图 7-69 所示。

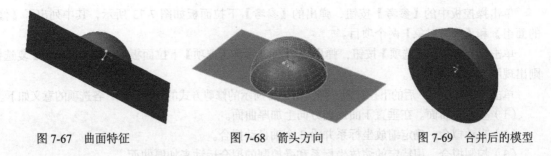

图 7-67　曲面特征　　　　　　　图 7-68　箭头方向　　　　　　　图 7-69　合并后的模型

（7）单击【暂停】按钮▶，重新返回编辑状态。单击操控板中的【反向】按钮✕，调整箭头方向如图 7-70 所示。

（8）单击【预览】按钮 ◠◡，箭头向外时生成的模型如图 7-71 所示。

图 7-70　改变后的箭头方向　　　　　　　　　图 7-71　箭头向外时的合并模型

（9）单击操控板中的【确定】按钮✓，完成曲面的建立。

（10）执行【文件】→【另存为】→【保存副本】命令，在新建名称文本框中输入"合并 2"，保存当前模型文件。

7.4　修剪曲面

曲面的修剪就是通过新生成的曲面或是利用曲线、基准平面等来修剪已存在的曲面。常用的修剪方法有：用特征中的切除方法来修剪曲面、用曲面来修剪曲面、用曲面上的曲线来修剪曲面、通过在曲面的顶点处倒圆角来修剪曲面。用特征中的切除方法来修剪曲面，在第 2 章介绍基本曲面时已经做过介绍，在此不再赘述。本节主要介绍后面 3 种修剪曲面的方法。

7.4.1　用曲面来修剪曲面

选择要修剪的曲面，此时【模型】选项卡中【编辑】组上的【修剪】按钮 ◌ 由灰色不可用状态变为可用状态，单击【修剪】按钮 ◌，弹出图 7-72 所示的【曲面修剪】操控板。

图 7-72　【曲面修剪】操控板

单击操控板中的【参考】按钮，弹出的【参考】下拉面板如图 7-73 所示，其中列出了【修剪的面组】和【修剪对象】两个项目。

单击操控板中的【选项】按钮，弹出图 7-74 所示的【选项】下拉面板，勾选【薄修剪】复选框，则出现图 7-75 所示页面。

单击 垂直于曲面 ▼ 后的下拉按钮，弹出图 7-76 所示的修剪方式的 3 个选项，各选项的意义如下。

（1）垂直于曲面。在垂直于曲面的方向上加厚曲面。

（2）自动拟合。确定缩放坐标系并沿 3 个轴自动拟合。

（3）控制拟合。用特定的缩放坐标系和受控制的拟合运动来加厚曲面。

图 7-73 【参考】下拉面板　图 7-74 【选项】下拉面板　图 7-75 勾选【薄修剪】复选框　图 7-76 修剪方式

1. 用曲面来修剪曲面的实例 1

（1）单击【暂停】按钮▶，重新返回编辑状态。在【选项】下拉面板中，取消【保留修剪曲面】复选框的勾选，再单击【预览】按钮∞，生成的曲面如图 7-77 所示。

（2）单击【选项】按钮，弹出【选项】下拉面板，勾选【保留修剪曲面】复选框，单击操控板中的【确定】按钮✓，完成曲面的建立。

（3）执行【文件】→【另存为】→【保存副本】命令，在新建名称文本框中输入"修剪曲面 1"，保存当前模型文件。

修剪后的模型如图 7-78 所示。

2. 用曲面来修剪曲面的实例 2

（1）打开随书配套资源"源文件\第 7 章\合并 1. prt"文件。

（2）在绘图窗口中选中旋转曲面，单击【模型】选项卡中【编辑】组上的【修剪】按钮，选择拉伸曲面。

（3）单击【选项】按钮，在【选项】下拉面板中勾选【薄修剪】复选框并输入修剪厚度"10"。

（4）单击【预览】按钮∞，生成的模型如图 7-79 所示。

（5）单击【暂停】按钮▶，重新返回编辑状态。单击【选项】按钮，取消【保留修剪曲面】复选框的勾选，单击【预览】按钮∞，生成模型如图 7-80 所示。

图 7-77 修剪后的曲面　图 7-78 修剪后的模型　图 7-79 修剪曲面　图 7-80 修剪模型

（6）单击操控板中的【确定】按钮 ✓，完成曲面建立。

（7）执行【文件】→【另存为】→【保存副本】命令，在新建名称文本框中输入"修剪曲面2"，保存当前模型文件。

7.4.2 用曲面上的曲线来修剪曲面

曲面上的曲线可以用来修剪曲面。对用来修剪曲面的曲线来说，不一定是要封闭的，但曲线一定要位于曲面上。因此所选择的修剪曲面的曲线必须位于曲面上，不能选择任意的空间曲线。可以通过投影的方法将空间曲线投影到曲面上，再利用投影曲线修剪曲面。

单击【模型】选项卡中【编辑】组上的【投影】按钮 ⚓，弹出【投影曲线】操控板，如图 7-81 所示。

图 7-81 【投影曲线】操控板

单击操控板中的【参考】按钮，弹出图 7-82 所示的【参考】下拉面板。在面板中选择确定投影原始曲线的方式——选择还是草绘；选择曲线投影到的曲面以及方向。

单击 投影链 ▾ 后的下拉按钮，弹出 3 个投影方式选项，如图 7-83 所示。

（1）投影链。选择现有的曲线作为投影原始线。

（2）投影草绘。草绘投影原始曲线。

（3）投影修饰草绘。草绘投影修饰曲线。

图 7-82 【参考】下拉面板

图 7-83 投影方式

用曲面上的曲线来修剪曲面的具体操作步骤如下。

（1）单击工具栏中的【新建】按钮 ，创建新文件。

（2）创建图 7-84 所示的曲面特征，设置曲面半径为"120"。

（3）单击【模型】选项卡中【编辑】组上的【投影】按钮 ⚓。单击操控板中的【参考】按钮，弹出【参考】下拉面板，选择投影方式为【投影草绘】，如图 7-85 所示。

图 7-84　曲面特征　　　　　　　　　　　　　图 7-85　【参考】下拉面板（1）

（4）单击【定义】按钮，选择 TOP 基准平面为草绘平面，进入草绘界面，绘制图 7-86 所示的投影曲线。

（5）单击【确定】按钮 ✔，退出草图绘制环境。

（6）选择旋转曲面，在【参考】下拉面板中单击【方向参考】下的文本框，如图 7-87 所示。

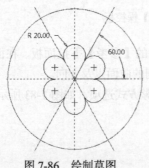

图 7-86　绘制草图　　　　　　　　　　　　　图 7-87　【参考】下拉面板（2）

（7）选择 TOP 基准平面作为投影参考方向面，投影方向箭头朝上，如图 7-88 所示。

（8）单击操控板中的【完成】按钮 ✔，完成曲线投影的建立，如图 7-89 所示。

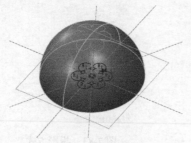

图 7-88　投影箭头方向　　　　　　　　　　　图 7-89　曲线的投影

（9）在绘图窗口中选中旋转曲面。单击【模型】选项卡中【编辑】组上的【修剪】按钮 🔲。再选择投影曲线，单击操控板中的【反向】按钮 ✕，调整箭头如图 7-90 所示。

（10）单击操控板中的【确定】按钮 ✔，完成修剪曲面的建立，如图 7-91 所示。

（11）执行【文件】→【另存为】→【保存副本】命令，在新建名称文本框中输入"修剪曲面 3"，保存当前模型文件。

图 7-90　箭头方向

图 7-91　修剪后的模型

7.4.3　通过在曲面的顶点处倒圆角来修剪曲面

在顶点处使用倒圆角功能可以在外部面组边上创建圆角。

通过在曲面的顶点处倒圆角来修剪曲面的具体操作步骤如下。

（1）打开随书配套资源中的"源文件 \ 第 7 章 \ 合并 2. prt"文件。

（2）选择【模型】选项卡中【曲面】组下的【顶点倒圆角】选项，弹出【顶点倒圆角】操控板，如图 7-92 所示。

图 7-92　【顶点倒圆角】操控板

（3）在操控板中输入圆角半径"30"。按住 Ctrl 键选择 4 个顶点，此时的模型如图 7-93 所示。

（4）单击操控板中的【确定】按钮 ✓，生成的模型如图 7-94 所示。

（5）执行【文件】→【另存为】→【保存副本】命令，在新建名称文本框中输入"修剪曲面 4"，保存当前模型文件。

图 7-93　选择顶角后的模型

图 7-94　顶点倒圆角后的模型

7.5　曲面偏移

在模型中选择一个面，然后单击【模型】选项卡中【编辑】组上的【偏移】按钮，弹出【偏移】操控板，如图 7-95 所示，在该操控板中可完成曲面偏移的各种设置及操作。

图 7-95 【偏移】操控板

偏移类型如下。

图 7-96 【选项】下拉面板中的 3
种控制偏移的方式

 ：标准偏移。

 ：具有拔模特征。

 ：展开类型。

 ：替换型。

 ：偏移距离。

单击操控板中的【选项】按钮，在弹出的【选项】下拉面板中有 3 种控制偏移的方式，如图 7-96 所示。

（1）垂直于曲面。垂直于原始曲面。

（2）自动拟合。系统根据自动决定的坐标系缩放相关的曲面。

（3）控制拟合。在指定坐标系下，将原始曲面进行缩放并沿指定轴移动。

7.5.1 标准型曲面偏移

1. 标准型曲面偏移实例 1

（1）打开随书配套资源中的"源文件 \ 第 7 章 \ 多边曲面 . prt"文件。

（2）选择面组，然后单击【模型】选项卡中【编辑】组上的【偏移】按钮 ，弹出【偏移】操控板。

（3）接受系统默认的偏移类型为 ，在操控板中输入偏移距离"20"，单击【反向】按钮 ，如图 7-97 所示。

（4）单击【预览】按钮 ，生成的模型如图 7-98 所示。

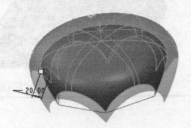

图 7-97 偏移方向及距离

图 7-98 偏移后的模型

（5）单击【暂停】按钮 ，重新返回编辑状态。单击操控板中的【选项】按钮，在弹出的【选项】下拉面板中勾选【创建侧曲面】复选框，如图 7-99 所示。

（6）单击【预览】按钮 后，单击操控板中【确定】按钮 ，生成的模型如图 7-100 所示。

（7）执行【文件】→【另存为】→【保存副本】命令，在新建名称文本框中输入"曲面偏移 1"，保存当前模型文件。

图 7-99　【选项】下拉面板

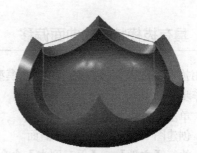

图 7-100　创建侧曲面偏移模型

2. 标准型曲面偏移实例 2

（1）打开上个实例绘制的文件——曲面偏移 1。

（2）在模型树中选择【偏移】特征后右击，在弹出的快捷菜单中选择【编辑定义】选项。

（3）单击操控板中的【选项】按钮，在弹出的【选项】下拉面板中单击【特殊处理】一栏，如图 7-101 所示。

（4）按住 Ctrl 键，选择图 7-102 所示的 3 个曲面。

（5）单击操控板中的【确定】按钮 ✓，生成模型。

（6）按住 Ctrl 键，在模型树中选择所有的曲线及原始的曲面后右击，在弹出的快捷菜单中选择【隐藏】选项 ，将它们全部隐藏，如图 7-103 所示。

（7）观察生成的模型，如图 7-104 所示。

图 7-101　【选项】下拉面板

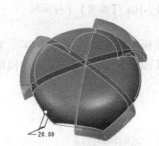

图 7-102　选择要排除的曲面

图 7-103　隐藏所有曲线及原始曲面

图 7-104　排除曲面偏移模型

（8）执行【文件】→【保存副本】命令，在新建名称文本框中输入"曲面偏移2"，保存当前文件。

7.5.2 具有拔模特征的曲面偏移

使用拔模型曲面偏移方式，可建立模型局部拔模特征，具体操作步骤如下。

（1）单击工具栏中的【新建】按钮 ，创建新的文件。

（2）创建图7-105所示的拉伸曲面。

（3）执行【文件】→【保存副本】命令，在新建名称文本框中输入"偏移1-1"，保存当前文件。

图7-105　拉伸曲面

（4）选择曲面，然后单击【模型】选项卡中【编辑】组上的【偏移】按钮 ，弹出【偏移】操控板。

（5）设置偏移类型为 ，单击【参考】按钮，弹出图7-106所示的【参考】下拉面板，单击【定义】按钮。

（6）选择TOP基准平面为草绘平面，绘制图7-107所示的截面。

图7-106　【参考】下拉面板

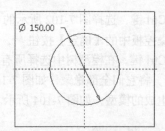

图7-107　绘制截面

（7）在操控板中输入偏移距离"40"，输入拔模角度"30"，生成的模型如图7-108所示。

（8）单击【预览】按钮 ，生成的模型如图7-109所示。

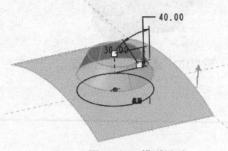

图7-108　模型显示

图7-109　预览拔模偏移模型

（9）单击【暂停】按钮 ，重新返回编辑状态。单击操控板中的【反向】按钮 ，预览生成的模型，如图7-110所示。

（10）单击【暂停】按钮 ，重新返回编辑状态。单击【选项】按钮，在弹出的【选项】下拉面板中控制拔模曲面偏移的特征。

（11）在面板中选中【草绘】和【相切】单选按钮，如图7-111所示。

（12）单击【预览】按钮 后，单击操控板中的【确定】按钮 ✔，生成的模型如图 7-112 所示。

（13）执行【文件】→【另存为】→【保存副本】命令，在新建名称文本框中输入"曲面偏移 3"，保存当前模型文件。

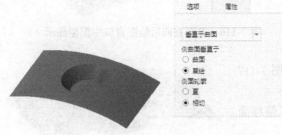

图 7-110　改变拔模方向后的模型　　图 7-111　【选项】下拉面板　　图 7-112　侧面垂直于草绘并且侧面轮廓相切的偏移模型

7.5.3　扩展型曲面偏移

使用扩展型曲面偏移方式，在选择的面之间可创建连续的包容体，也可对开放曲线或实体表面的局部进行偏移，具体操作步骤如下。

（1）打开创建的文件——偏移 1-1。

（2）选择曲面，然后单击【模型】选项卡中【编辑】组上的【偏移】按钮 ，弹出【偏移】操控板。

（3）设置偏移类型为 ，单击【选项】按钮，弹出图 7-113 所示的【选项】下拉面板，单击【定义】按钮。

（4）选择 TOP 基准平面为草绘平面，绘制图 7-114 所示模型，在操控板中输入偏移距离"50"，绘图窗口中的模型如图 7-114 所示。

（5）单击【预览】按钮 ，生成的模型如图 7-115 所示。

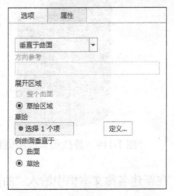

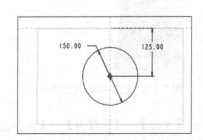

图 7-113　【选项】下拉面板　　　　　图 7-114　绘图窗口中的模型

（6）单击【暂停】按钮 ▶，重新返回编辑状态。单击【反向】按钮 ，这时，在模型中可以看到原始曲面整体发生了偏移，如图 7-116 所示。

图 7-115　预览扩展型偏移曲面

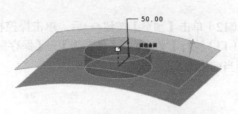

图 7-116　改变方向后绘图窗口中模型显示

（7）单击【预览】按钮，生成的模型如图 7-117 所示。

（8）单击操控板中的【确定】按钮，完成偏移曲面的建立。

（9）执行【文件】→【另存为】→【保存副本】命令，在新建名称文本框中输入"曲面偏移 4"，保存当前模型文件。

图 7-117　改变方向后的模型显示

7.5.4　曲面替换实体表面

替换是指使用曲面或基准平面来替代实体表面，具体操作步骤如下。

（1）单击工具栏中的【新建】按钮，创建新的文件。

（2）创建图 7-118 所示的拉伸实体和拉伸曲面。

（3）选择拉伸实体上部的椭圆柱端面，然后单击【模型】选项卡中【编辑】组上的【偏移】按钮，弹出【偏移】操控板。

（4）在面板中单击【替换】按钮，选择拉伸曲面。

（5）单击【预览】按钮，生成的模型如图 7-119 所示。

（6）单击操控板中的【确定】按钮，完成偏移曲面的建立。

图 7-118　拉伸实体及拉伸曲面

图 7-119　替换实体表面偏移曲面

（7）执行【文件】→【另存为】→【保存副本】命令，在新建名称文本框中输入"曲面偏移 5"，保存当前模型文件。

注意　替换的实体表面需与替换的曲面平行。

7.6　曲面加厚

从理论上讲，曲面是没有厚度的。因此，如果以曲面为参考，产生薄壁实体，就要用到曲面加厚的功能，在设计一些复杂的均匀薄壁塑料件、压铸件、钣金件时经常用到。

选择面组，然后单击【模型】选项卡中【编辑】组上的【加厚】按钮，弹出图 7-120 所示的【加厚】操控板。

单击操控板中的【选项】按钮，在弹出的【选项】下拉面板中有 3 个选项，如图 7-121 所示。

（1）垂直于曲面：垂直于原始曲面增加均匀厚度。

（2）自动拟合：系统根据自动决定的坐标系控制相关的厚度。

（3）控制拟合：在指定坐标系下将原始曲面进行缩放并沿指定轴给出厚度。

图 7-120　【加厚】操控板

图 7-121　【选项】下拉面板

7.6.1　创建曲面加厚 1 的操作步骤

（1）打开随书配套资源中的"源文件 \ 第 7 章 \ 混合曲面 .prt"文件，如图 7-122 所示。

（2）选中面组，单击【模型】选项卡中【编辑】组上的【加厚】按钮，在弹出的【加厚】操控板中输入厚度值"10"。

（3）单击操控板中的【反向】按钮，调整箭头方向向外。单击操控板中的【确定】按钮，完成模型的制作如图 7-123 所示。

（4）执行【文件】→【另存为】→【保存副本】命令，在新建名称文本框中输入"曲面加厚 1"，保存当前模型文件。

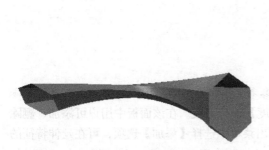

图 7-122　混合曲面文件

图 7-123　曲面加厚模型

7.6.2　创建曲面加厚 2 的操作步骤

（1）打开上个实例文件——曲面加厚 1。

（2）创建图 7-124 所示的拉伸曲面。

（3）选中拉伸曲面，单击【模型】选项卡中【编辑】组上的【加厚】按钮。单击操控板中的【去除材料】按钮，输入加厚厚度"20"。单击操控板中的【确定】按钮，完成模型的建立，如图 7-125 所示。

（4）执行【文件】→【另存为】→【保存副本】命令，在新建名称文本框中输入"曲面加厚 2"，保存当前模型文件。

图 7-124　拉伸曲面　　　　　　　　　图 7-125　曲面加厚剪切模型

7.7　延伸曲面

延伸曲面的方法包括 4 种，分别是同一曲面类型的延伸、延伸曲面到指定的平面、与原曲面相切延伸、与原曲面逼近延伸。选择要延伸曲面的边链，再单击【模型】选项卡中【编辑】组上的【延伸】按钮，弹出图 7-126 所示的【延伸】操控板。

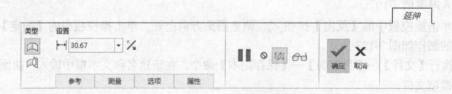

图 7-126　【延伸】操控板

：沿原始曲面延伸曲面。

：将曲面延伸到参考平面。

：输入曲面延伸的距离。

：可改变曲面延伸的方向。

单击按钮，单击【参考】按钮，在弹出的【参考】下拉面板中，用户可更改曲面延伸的参考边。单击【测量】按钮，弹出图 7-127 所示的【量度】下拉面板。在该面板中用户可添加、删除或设置延伸的相关配置。在该面板中右击，然后在弹出菜单中选择【添加】选项，可在延伸特征的参考边中添加一控制点。

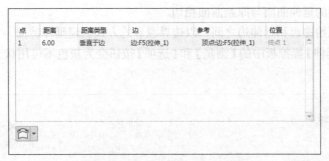

图 7-127　【量度】下拉面板

单击【量度】下拉面板中 按钮后的下拉按钮，弹出两个测量距离方式。

：测量参考曲面中的延伸距离。

：测量选定平面中的延伸距离。

每种测量方式又有 4 种距离类型，如图 7-128 所示。

（1）垂直于边：垂直于边测量延伸距离。

（2）沿边：沿测量边测量延伸距离。

（3）至顶点平行：在顶点处开始延伸边并平行于测量边。

（4）至顶点相切：在顶点处开始延伸边并与下一单侧边相切。

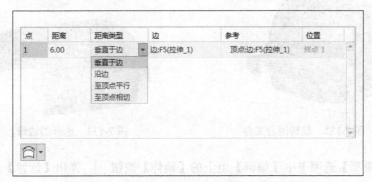

图 7-128　【量度】下拉面板中的 4 种距离类型

单击操控板中的【选项】按钮，弹出图 7-129 所示的【选项】下拉面板。在【方法】下拉列表框中可以选择沿原始曲面延伸曲面的 3 种延伸方式，如图 7-130 所示。

图 7-129　【选项】下拉面板　　　图 7-130　【选项】下拉面板中的 3 种延伸方式

（1）相同：以保证连续曲率变化延伸原始曲面；例如，平面类型、圆柱类型、圆锥面类型或样条曲面类型；原始曲面将按指定的距离通过其选定的原始边界。

（2）相切：建立的延伸曲面与原始曲面相切。

（3）逼近：在原始曲面和延伸边之间，以边界混合的方式创建延伸特征。

单击按钮，【延伸】操控板中的【测量】和【选项】按钮变为灰色不可用状态，如图 7-131 所示。

图 7-131　【延伸】操控板

7.7.1　以相同的方式延伸曲面

以相同的方式建立延伸曲面，具体操作步骤如下。

（1）打开随书配套资源中的"源文件 \ 第 7 章 \ 旋转混合 .prt"文件，如图 7-132 所示。

（2）选择拉伸曲面的边线，如图 7-133 所示。

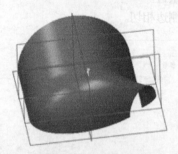

图 7-132　旋转混合文件

图 7-133　选择的边线

（3）单击【模型】选项卡中【编辑】组上的【延伸】按钮，弹出【延伸】操控板，输入延伸值为 30。

（4）单击【测量】按钮，在弹出的【量度】下拉面板中右击，然后在弹出的菜单中选择【添加】选项，如图 7-134 所示，在延伸特征的参考边中添加控制点。

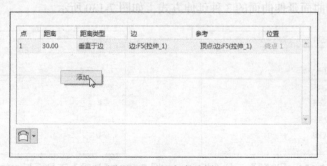

图 7-134　添加控制点

（5）设置【量度】下拉面板中的新增控制点的距离值为"50"，设置位置值为"0.6"，改变控制点的位置，也可在模型中通过拖动图标来改变延伸值及控制点位置。

（6）以同样的方式增加另一控制点，将其延伸值设置为"10"，控制点位置值设置为"0.2"，定为另一端点。

（7）单击操控板中的【确定】按钮 ✓，完成延伸曲面的建立，模型如图 7-135 所示。

（8）执行【文件】→【另存为】→【保存副本】命令，在新建名称文本框中输入"曲面延伸 1"，保存当前模型文件。

图 7-135　延伸曲面（1）

7.7.2　以相切的方式延伸曲面

以相切的方式建立延伸曲面，具体操作步骤如下。

（1）打开随书配套资源中的"源文件\第 7 章\旋转混合 . prt"文件。

（2）选择图 7-136 所示的边。

（3）单击【模型】选项卡中【编辑】组上的【延伸】按钮 ⬜，弹出【延伸】操控板，输入延伸值为"8"。

（4）单击【测量】按钮，在弹出的【量度】下拉面板中右击，然后在弹出的菜单中选择【添加】选项，在延伸特征的参考边中添加两个控制点。

（5）将新增的两控制点分别定位在端点和中间位置，并将延伸值分别改为"7"和"13.5"，【量度】下拉面板中的内容如图 7-137 所示。

（6）单击操控板中的【选项】按钮，在【方法】下拉列表框中选择【相切】选项。单击操控板中的【完成】按钮 ✓，完成延伸曲面的建立，如图 7-138 所示。

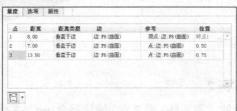

图 7-136　选中的边　　　　图 7-137【量度】下拉面板中的内容　　　　图 7-138　延伸曲面（2）

（7）执行【文件】→【另存为】→【保存副本】命令，在新建名称文本框中输入"曲面延伸 2"，保存当前模型文件。

7.7.3　以逼近的方式延伸曲面

以逼近的方式建立延伸曲面，具体操作步骤如下。

（1）打开随书配套资源中的"源文件\第 7 章\曲面延伸 2.prt"文件。

（2）在模型树中选择延伸曲面特征后右击，在弹出的快捷菜单中选择【编辑定义】选项，重新定义延伸曲面。

（3）单击操控板中的【选项】按钮，在【方法】下拉列表框中选择【逼近】选项，选择拉伸第一侧和第二侧为【垂直于】选项。

图 7-139　延伸曲面（3）

单击操控板中的【确定】按钮✓，完成延伸曲面的建立，如图 7-139 所示。

（4）执行【文件】→【另存为】→【保存副本】命令，在新建名称文本框中输入"曲面延伸 3"，保存当前模型文件。

7.7.4 延伸曲面到指定的平面

1. 延伸曲面到指定平面实例 1

（1）打开随书配套资源中的"源文件 \ 第 7 章 \ 旋转混合 .prt"文件。

（2）选中图 7-140 所示的边线。

（3）单击【模型】选项卡中【编辑】组上的【延伸】按钮 →，弹出【延伸】操控板，单击 按钮，选择 TOP 基准平面为曲面延伸到的平面，单击操控板中的【确定】按钮✓，生成的延伸到指定平面的曲面模型如图 7-141 所示。

执行【文件】→【另存为】→【保存副本】命令，在新建名称文本框中输入"曲面延伸 4"，保存当前模型文件。

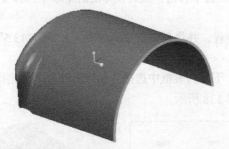 

图 7-140　选中的边线　　　　　　　图 7-141　延伸到指定平面的曲面

2. 延伸曲面到指定平面实例 2

（1）打开随书配套资源中的"源文件 \ 第 7 章 \ 旋转混合 .prt"文件。

（2）单击特征工具栏中的基准平面图标 ，穿过图 7-142 所示的边线，建立基准平面 DTM1。

（3）单击特征工具栏中的基准平面图标 ，建立平行于 DTM1 基准平面并与之偏移 50 的基准平面 DTM2，如图 7-143 所示。

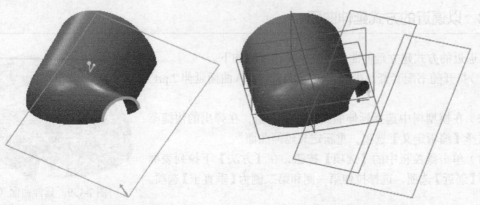

图 7-142　基准曲面穿过的边线　　　　　图 7-143　基准平面 DTM2

（4）选中图 7-144 所示的边线，单击【模型】选项卡中【编辑】组上的【延伸】按钮 ➡，弹出【延伸】操控板。

（5）单击 🗔 按钮，选择基准平面 DTM2。单击操控板中的【确定】按钮 ✓，生成的模型如图 7-145 所示。

（6）执行【文件】→【另存为】→【保存副本】命令，在新建名称文本框中输入"曲面延伸 5"，保存当前模型文件。

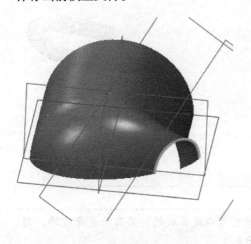

图 7-144　选择延伸边线

图 7-145　延伸曲面

7.8　曲面的实体化

实体化就是将前面设计的面组特征转化为实体几何。有时，为了能分析生成的模型特性，也需要把曲面模型转变为实体模型。

曲面的实体化包括曲面模型转变为实体和用曲面来修剪切割实体两种功能。

7.8.1　曲面转化为实体

> **注意**　需要转变为实体的曲面模型必须完全封闭，不能有缺口，或是曲面能与实体表面相交，并形成封闭的曲面空间。

（1）打开随书配套资源中的"源文件 \ 第 7 章 \ 曲面扫描 .prt"文件，如图 7-146 所示。

（2）因为曲面不是封闭曲面，故【实体化】命令不可用，呈灰色显示状态。

（3）选中扫描曲面特征后右击，在弹出的快捷菜单中选择【编辑定义】选项。

（4）弹出【曲面：扫描】对话框，双击【属性】元素，将其属性改为【封闭端】。

图 7-146　曲面扫描文件

（5）选中扫描曲面，单击【模型】选项卡中【编辑】组上的【实体化】按钮，弹出【实体化】操控板，如图 7-147 所示。

（6）单击操控板中的【确定】按钮，将曲面实体化，生成的模型如图 7-148 所示。

（7）执行【文件】→【另存为】→【保存副本】命令，在新建名称文本框中输入"曲面实体化1"，保存当前模型文件。

图 7-147 【实体化】操控板

图 7-148 实体化后的模型

7.8.2 利用曲面切除实体

> **注意**　用来创建切削特征面组的曲面可以是封闭的也可以是开放的。若曲面是开放的，则面组的边界位于实体特征表面上，或与实体表面相交。

（1）单击工具栏中的【新建】按钮，创建新文件。

（2）创建图 7-149 所示的拉伸实体和拉伸曲面。

（3）选中拉伸曲面，单击【模型】选项卡中【编辑】组上的【实体化】按钮，弹出图 7-150 所示的【实体化】操控板。

（4）单击【移除材料】按钮，生成的模型如图 7-151 所示。

（5）单击【预览】按钮，生成的模型如图 7-152 所示。

图 7-149 拉伸实体和拉伸曲面

图 7-150 【实体化】操控板

图 7-151 单击【移除材料】按钮后的模型显示

图 7-152 预览移除材料后的模型

（6）单击【暂停】按钮▶，重新返回编辑状态。单击【反向】按钮✎，模型如图 7-153 所示。

（7）单击操控板中的【确定】按钮✓，生成的模型如图 7-154 所示。

（8）执行【文件】→【另存为】→【保存副本】命令，在新建名称文本框中输入"曲面实体化 2"，保存当前模型文件。

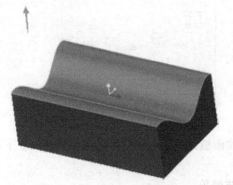

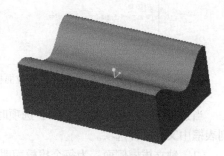

图 7-153　改变移除材料方向后的模型显示　　　　　图 7-154　反方向移除材料后的模型

7.9　曲面拔模

【拔模】命令可对实体表面或曲面建立拔模特征，拔模角度在 –30° ～ 30° 。单击【模型】选项卡中【工程】组上的【拔模】按钮◥，弹出图 7-155 所示的【拔模】操控板。

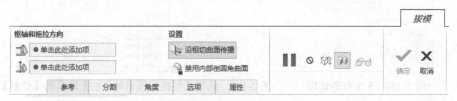

图 7-155　【拔模】操控板

▷ ● 单击此处添加项　：明确拔模面上的中性面或中性曲线。

▷ ● 单击此处添加项　：明确测量拔模角的方向，可选择如下对象来定义拔模方向。

（1）若选择一个平面，则定义拔模方向垂直于该平面。

（2）若选择一条边或基准轴，则定义拔模方向平行于该边或基准轴。

（3）若选择两个点，则定义拔模方向平行于该两点的连线。

（4）若选择一个坐标系，则默认的拔模方向为坐标系的 x 轴方向。要使用其他坐标轴作为拔模方向，则在窗口中右击，再选择弹出快捷菜单中的【下一个】选项，来设定下一个坐标轴作为拔模方向。

单击操控板中的【参考】按钮，弹出图 7-156 所示的【参考】下拉面板。其中各项意义解释如下。

（1）拔模曲面：模型中要进行拔模的曲面。

（2）拔模枢轴：又称中性面或中性曲线，即拔模后不会改变形状大小的截面、表面或曲线。

（3）拖拉方向：拔模方向与拔模后的拔模面的夹角。

单击操控板中的【分割】按钮，弹出图 7-157 所示的【分割】下拉面板，在【分割选项】的下拉列表中有 3 个分割选项，如图 7-158 所示。

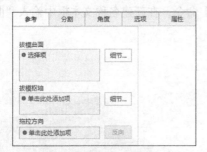

图 7-156 【参考】下拉面板

图 7-157 【分割】下拉面板

当选择【根据拔模枢轴分割】选项时，【分割】下拉面板如图 7-159 所示，在【侧选项】下拉列表框中又有 4 种选项。

（1）独立拔模侧面：为每个拔模面明确两个独立的拔模角。

（2）从属拔模侧面：仅一个拔模角，在拔模中性面另一侧的拔模角与之相等方向相反。

（3）只拔模第一侧：仅在拔模中性面的第一侧进行拔模，第二侧保持在中性位置。

（4）只拔模第二侧：仅在拔模中性面的第二侧进行拔模，第一侧保持在中性位置。

图 7-158 3 个分割选项

图 7-159 选择【根据拔模枢轴分割】选项的【分割】下拉面板

当选择【根据分割对象分割】选项时，【分割】下拉面板如图 7-160 所示。单击【分割对象】栏中的【定义】按钮绘制拔模分割线。其【侧选项】下拉列表框中的选项与【根据拔模枢轴分割】相同。单击【角度】按钮，弹出图 7-161 所示的【角度】下拉面板，在该面板中进行拔模角度的设置，右击可增加控制点。

单击【选项】按钮，弹出图 7-162 所示的【选项】下拉面板，在该面板中可选择拔模方式。

图 7-160 选择【根据分割对象
分割】选项的【分割】下拉面板

图 7-161 【角度】下拉面板

图 7-162 【选项】下拉面板

（1）拔模相切曲面：沿着切面来分布拔模特征。

（2）延伸相交曲面：以延长拔模面的方式进行拔模。

7.9.1　不分割拔模特征

建立不分割拔模特征是建立拔模特征的基本方法，也是系统默认的拔模方式。

1．不分割拔模特征实例 1

（1）单击工具栏中的【新建】按钮　，创建新的文件。

（2）创建图 7-163 所示的拉伸曲面。

（3）执行【文件】→【另存为】→【保存副本】命令，在新建名称文本框中输入"拔模 1"，保存当前模型文件。

（4）单击【模型】选项卡中【工程】组上的【拔模】按钮　，弹出【拔模】操控板。

（5）单击操控板中的【参考】按钮，选择图 7-164 所示的面为拔模曲面。

图 7-163　拉伸曲面

图 7-164　选择拔模曲面

（6）单击【参考】下拉面板中的【拔模枢轴】，如图 7-165 所示。

（7）选择 RIGHT 基准平面，模型如图 7-166 所示。

（8）接受默认的【拖拉方向】，单击【反向】按钮可改变拉伸方向，使拔模方向如图 7-167 所示。

图 7-165　【拔模枢轴】栏

图 7-166　选择拔模枢轴面

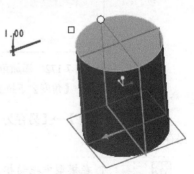

图 7-167　拔模方向

（9）输入拔模角度"15"，模型显示如图 7-168 所示。

（10）单击【反向】按钮　，改变拔模角的方向，如图 7-169 所示。

（11）单击操控板中的【确定】按钮　，完成拔模特征的建立，如图 7-170 所示。

（12）执行【文件】→【另存为】→【保存副本】命令，在新建名称文本框中输入"曲面拔模 1"，保存当前模型文件。

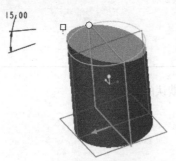

图 7-168　模型显示

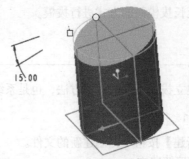

图 7-169　改变拔模角方向后的模型显示

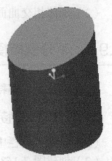

图 7-170　拔模模型

2．不分割拔模特征实例 2

（1）打开上个实例创建的文件——曲面拔模 1。

（2）在模型树中选择【拔模斜度】特征后右击，在弹出的快捷菜单中选择【编辑定义】选项，重新编辑拔模特征。

（3）单击操控板中的【角度】按钮，将鼠标移至 1 上右击，在弹出的快捷菜单中选择【添加角度】选项，如图 7-171 所示。

（4）系统自动添加一个拔模角，此时的【角度】下拉面板如图 7-172 所示。

（5）在【角度】下拉面板中设定两个拔模角度分别为"10"和"25"，其位置分别设为"1.0"和"0.9"。单击操控板中的【确定】按钮 ✓，完成拔模特征的建立，如图 7-173 所示。

图 7-171　添加角度

图 7-172　添加角度后的
【角度】下拉面板

图 7-173　不同角度的
拔模模型

（6）执行【文件】→【另存为】→【保存副本】命令，在新建名称文本框中输入"曲面拔模 2"，保存当前模型文件。

> **注意**
> 1．在模型中拖动相应尺寸手柄，也可改变拔模角度的定位位置。
> 2．在其定位中用的数字是 0～1，是指相对比例位置。

7.9.2　根据拔模枢轴分割拔模特征

根据拔模枢轴分割拔模特征，具体操作步骤如下。

（1）打开随书配套资源中的 "源文件 \ 第 7 章 \ 拉伸实体 1.prt" 文件。

（2）单击【模型】选项卡中【工程】组上的【拔模】按钮，弹出【拔模】操控板。

（3）选择圆柱的侧面曲面为拔模曲面，如图 7-174 所示。

（4）单击【参考】下拉面板中的【拔模枢轴】，选择 FRONT 基准平面为拔模枢轴，接受默认的【拖拉方向】。单击【分割】按钮，在弹出的【分割】下拉面板中选择【根据拔模枢轴分割】选项，选择独立拔模侧面，如图 7-175 所示。

（5）分别设置两侧的拔模角度为 15 和 28，模型显示如图 7-176 所示。

图 7-174　选择拔模曲面

图 7-175　【分割】下拉面板

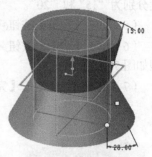

图 7-176　模型显示

（6）单击【预览】按钮，生成的模型如图 7-177 所示。

（7）单击【反向】按钮，改变拔模角度为 15º 的拔模方向，单击【预览】按钮，此时的模型如图 7-178 所示。

（8）单击【反向】按钮，改变拔模角度为 28º 的拔模方向，单击【预览】按钮，此时的模型如图 7-179 所示。

图 7-177　根据拔模枢轴分割

图 7-178　改变拔模角度为 15°
方向后的模型

图 7-179　改变拔模角度为 28°
方向后的模型

（9）单击操控板中的【确定】按钮，完成拔模特征的建立。

（10）执行【文件】→【另存为】→【保存副本】命令，在新建名称文本框中输入 "曲面拔模 3"，保存当前模型文件。

7.9.3　根据分割对象分割拔模特征

1. 根据分割对象分割拔模特征创建实例 1

（1）打开随书配套资源中的 "源文件 \ 第 7 章 \ 拉伸实体 1.prt" 文件。

（2）单击【模型】选项卡中【工程】组上的【拔模】按钮，弹出【拔模】操控板。仍然选择圆柱的侧面为拔模曲面，FRONT 基准平面为拔模枢轴，接受默认的拖拉方向。

（3）单击【分割】按钮，在【分割】下拉面板中选择【根据分割对象分割】选项，单击分割对象栏中的【定义】按钮。选择 TOP 基准平面作为草绘平面，绘制图 7-180 所示的梯形草图。

（4）单击【确定】按钮 ✓，完成草图的绘制。模型显示以分界面为界线的两个不同拔模区域，如图 7-181 所示。设置两个方向的拔模角度分别为"15"和"20"。

（5）单击【预览】按钮 ，模型如图 7-182 所示。

（6）单击【反向】按钮 改变拔模方向，单击【预览】按钮 ，模型如图 7-183 所示。

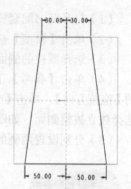

图 7-180　草绘梯形草图

（7）单击操控板中的【完成】按钮 ✓，完成拔模特征的建立。

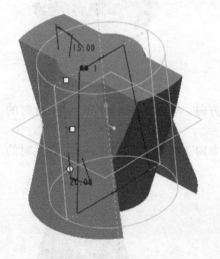

图 7-181　模型显示

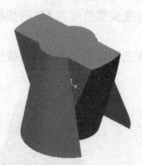

图 7-182　根据分割对象分割模型

图 7-183　改变拔模方向后的模型

（8）执行【文件】→【另存为】→【保存副本】命令，在新建名称文本框中输入"曲面拔模 4"，保存当前模型文件。

2. 根据分割对象分割拔模特征创建实例 2

（1）打开随书配套资源中的"源文件 \ 第 7 章 \ 拉伸实体 1.prt"文件。

（2）以 RIGHT 基准平面为草绘平面，绘制图 7-184 所示的拉伸曲面。

（3）单击【模型】选项卡中【工程】组上的【拔模】按钮 ，弹出【拔模】操控板。

（4）单击操控板中的【分割】按钮，在弹出的【分割】下拉面板中选择【根据分割对象分割】选项。

（5）单击第（2）步中创建的拉伸曲面，选择拉伸曲面为分割对象。

（6）单击【参考】下拉面板中的【拔模曲面】文本框，选择圆柱的侧面作为拔模曲面。

（7）单击【参考】下拉面板中的【拔模枢轴】文本框，按住 Ctrl 键，选择圆柱的上下端面为拔模枢轴，模型中将显示两个拔模角度，如图 7-185 所示。

（8）修改拔模角的值为"8""15"，单击【预览】按钮 ，生成的模型如图 7-186 所示。

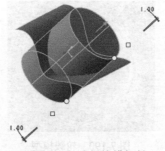

图 7-184 拉伸曲面　　　　　图 7-185 选择拔模枢轴　　　　　图 7-186 拔模模型预览

（9）修改角度值为"8"的拔模角的方向，单击【预览】按钮👓，生成的模型如图 7-187 所示。单击操控板中的【确定】按钮✓，完成拔模特征的建立。

（10）在模型树中选择【拉伸 2】特征后右击，在弹出的快捷菜单中选择【隐藏】选项，如图 7-188 所示。

（11）将曲面隐藏，模型如图 7-189 所示。

图 7-187 修改角度值为 8 的拔模角方向后的模型　　图 7-188 隐藏拉伸曲面　　图 7-189 隐藏拉伸曲面后的模型

（12）执行【文件】→【另存为】→【保存副本】命令，在新建名称文本框中输入"曲面拔模 5"，保存当前模型文件。

7.10 综合实例

7.10.1 绘制轮毂

本综合实例主要练习曲面的基本造型、关系式建模以及曲面编辑。首先分析要创建的模型的特征，轮毂是由外圈和轮条组成，轮条是通过在曲面上挖孔得到的。轮条设计中的一个主要的技术就是投影、变截面扫描和合并，这是本曲面制作中比较核心的部分。最终轮毂模型如图 7-190 所示。

图 7-190　轮毂模型

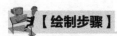【绘制步骤】

扫码看视频

1. 建立新文件

单击工具栏中的【新建】按钮 ，建立新文件。

2. 建立外圈

（1）单击【模型】选项卡中【形状】组上的【旋转】按钮 ，弹出【旋转】操控板，如图 7-191 所示。单击【曲面】按钮 ，设置旋转曲面选项。

图 7-191　【旋转】操控板

（2）单击【放置】按钮，在弹出的【放置】下拉面板中单击【定义】按钮，弹出图 7-192 所示的【草绘】对话框，选择 FRONT 基准平面作为草绘平面，单击【草绘】按钮进入草绘界面。

（3）使基准平面正视。单击【草绘】选项卡中【基准】组上的【中心线】按钮，绘制旋转中心线，并绘制图 7-193 所示的草图。

（4）单击【确定】按钮 ，完成草图的绘制，然后单击操控板中的【确定】按钮 ，完成实体的旋转，效果如图 7-194 所示。

图 7-192　【草绘】对话框

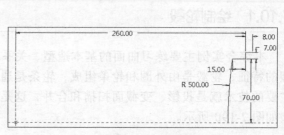

图 7-193　绘制草图

（5）选择创建的旋转曲面后，单击【模型】选项卡中【编辑】组上的【镜像】按钮 ，弹出【镜像】操控板，如图 7-195 所示。

图 7-194　旋转曲面

图 7-195　【镜像】操控板

（6）单击【参考】按钮，弹出图 7-196 所示的【参考】下拉面板。

（7）选择 TOP 基准平面面作为镜像平面，然后单击操控板中的【确定】按钮 ，完成镜像模型，如图 7-197 所示。

（8）按住 Ctrl 键，选择镜像后的实体和旋转实体。

（9）单击【模型】选项卡中【编辑】组上的【合并】按钮 ，弹出【合并】操控板。

（10）单击操控板中的【完成】按钮 ，完成实体合并，如图 7-198 所示。

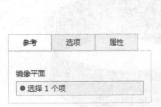

图 7-196　【参考】下拉面板

图 7-197　镜像模型

图 7-198　合并曲面

3. 曲面

（1）单击【模型】选项卡中【形状】组上的【旋转】按钮 ，弹出【旋转】操控板，如图 7-199 所示。单击 按钮，设置旋转形式为【曲面】。

图 7-199　【旋转】操控板

（2）单击【放置】按钮，弹出【放置】下拉面板，单击【定义】按钮，弹出图 7-200 所示【草绘】对话框，选择 FRONT 基准平面作为草绘平面绘制草图。

（3）单击【草绘】选项卡中【基准】组上的【中心线】按钮 ，绘制旋转中心线，再绘制图 7-201 所示的草图。

（4）单击【确定】按钮 ，退出草图绘制环境，得到图 7-202 所示的旋转预览图。

（5）单击操控板中的【确定】按钮 ，完成旋转实体制作，如

图 7-200　【草绘】对话框

图 7-203 所示。

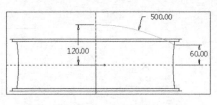

图 7-201　绘制草图

图 7-202　旋转预览

图 7-203　旋转的曲面

（6）选择旋转特征后右击，弹出图 7-204 所示的快捷菜单。

（7）选择【隐藏】选项，隐藏后得到的模型如图 7-205 所示。

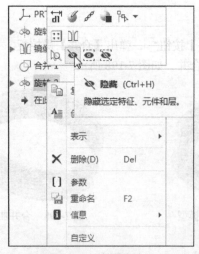

图 7-204　快捷菜单

图 7-205　隐藏后的模型

4. 旋转曲面

（1）单击【模型】选项卡中【形状】组上的【旋转】按钮，弹出【旋转】操控板，如图 7-206 所示。单击按钮，设置为【旋转曲面】。

（2）单击【放置】按钮，弹出【放置】下拉面板，单击【定义】按钮，弹出图 7-207 所示【草绘】对话框，选择 FRONT 基准平面作为草绘平面绘制草图。

（3）单击【草绘】选项卡中【基准】组上的【中心线】按钮，绘制旋转中心线，再绘制图 7-208 所示的草图。

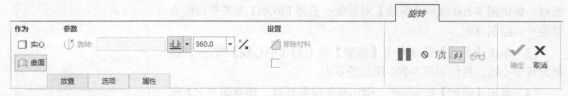

图 7-206　【旋转】操控板

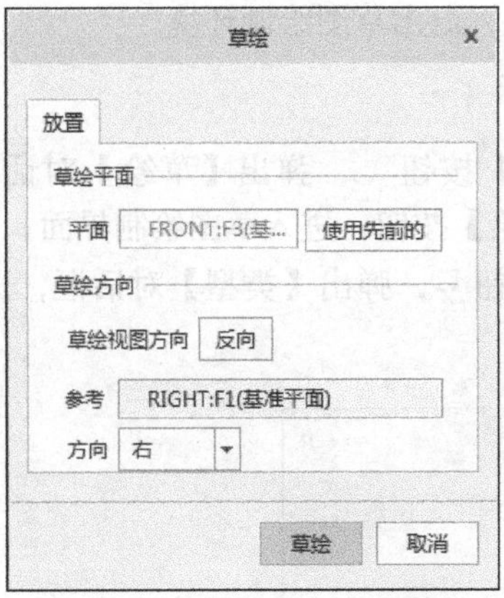

图 7-207　【草绘】对话框

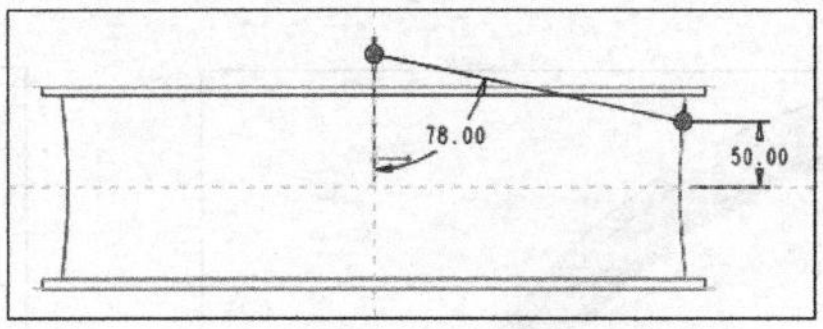

图 7-208　绘制草图

（4）单击【确定】按钮，预览完成的旋转曲面，如图 7-209 所示。

（5）单击操控板中的【确定】按钮，完成旋转曲面的制作，如图 7-210 所示。

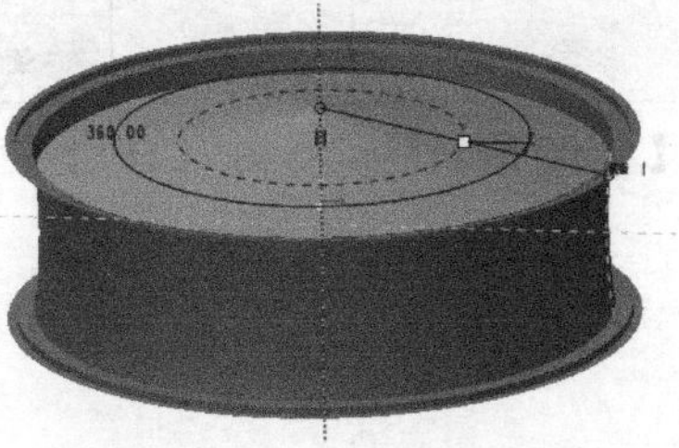

图 7-209　旋转曲面预览

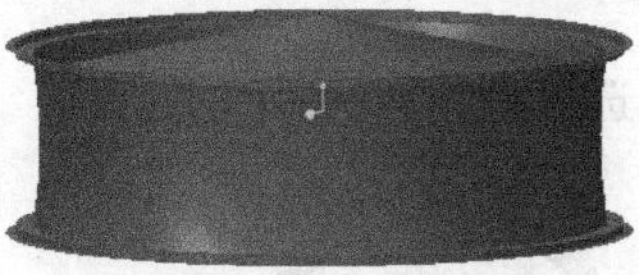

图 7-210　旋转曲面

5. 创建曲面

（1）选择旋转特征后右击，弹出图 7-211 所示的快捷菜单。

（2）选择【隐藏】选项，效果如图 7-212 所示。

（3）单击【模型】选项卡中【基准】组上的【草绘】按钮，弹出【草绘】对话框，选择 TOP 基准平面作为草绘平面，如图 7-213 所示。单击【草绘】按钮，进入草图绘制界面。

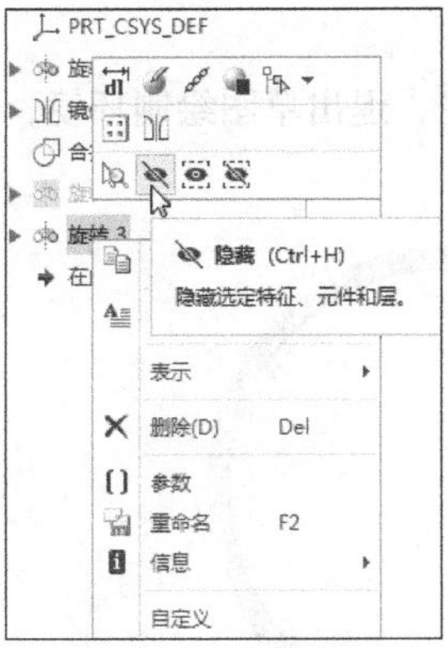

图 7-211　快捷菜单

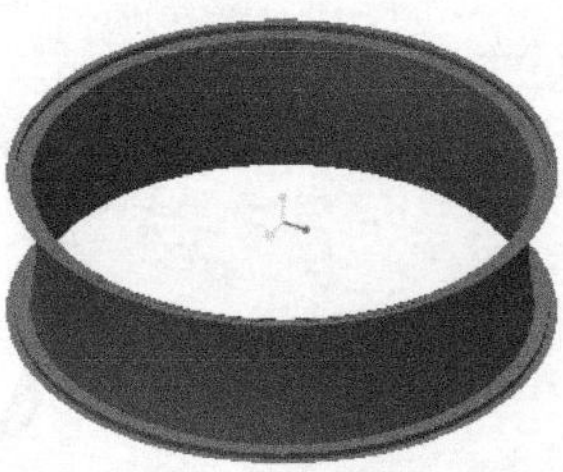

图 7-212　隐藏曲面后的模型

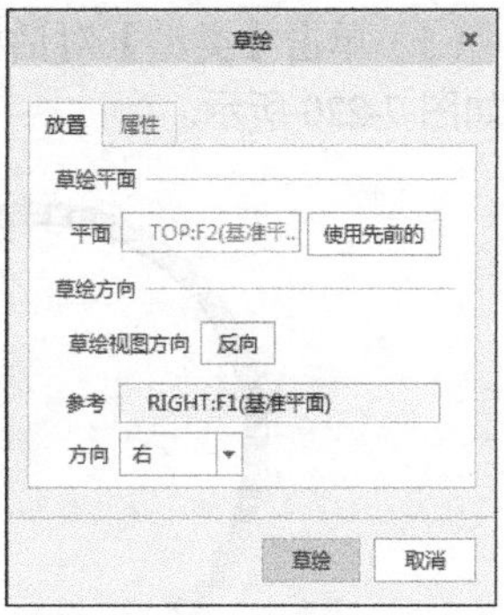

图 7-213　【草绘】对话框

（4）绘制图 7-214 所示的草图，单击【确定】按钮 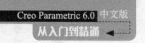，退出草图绘制环境。

6. 另一曲线

（1）单击【模型】选项卡中【基准】组上的【草绘】按钮，弹出【草绘】对话框，选择 TOP 基准平面作为草绘平面，如图 7-215 所示。单击【草绘】按钮，进入草图绘制界面。

（2）单击【草绘】功能区【草绘】组上的【偏移】按钮 ，弹出【类型】对话框，选中【环】单选按钮，如图 7-216 所示。

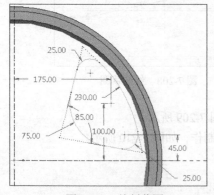

图 7-214　绘制草图

图 7-215　【草绘】对话框

图 7-216　【类型】对话框

（3）选择图 7-217 所示的圆弧。

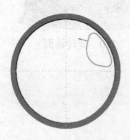

图 7-217　选择弧

图 7-218　输入偏移

（4）在弹出的文本框内输入偏移距离值 "–14"，如图 7-218 所示，单击 按钮。偏移曲线如图 7-219 所示。

（5）单击【类型】对话框中的【关闭】按钮。单击【确定】按钮 ，退出草图绘制环境，效果如图 7-220 所示。

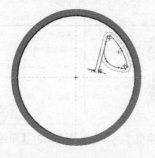

图 7-219　显示的偏移曲线

图 7-220　偏移后的曲线

7. 曲线投影

（1）按住 Ctrl 键在模型树中选择【旋转 2】【旋转 3】特征后右击，弹出图 7-221 所示的快捷菜单。

（2）选择【显示】选项，模型显示如图 7-222 所示。

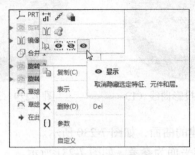

图 7-221　快捷菜单

图 7-222　消除隐藏后的模型框架显示

（3）单击【模型】选项卡中【编辑】组上的【投影】按钮，弹出【投影曲线】操控板，如图 7-223 所示。

图 7-223　【投影曲线】操控板

（4）单击【投影曲线】操控板中的【参考】按钮，弹出图 7-224 所示【参考】下拉面板。

（5）单击【链】文本框，单击图 7-225 所示的曲线。

（6）单击【曲面】文本框，选择【旋转 2】创建的曲面，如图 7-226 所示。

图 7-224　【参考】下拉面板

图 7-225　选择曲线

图 7-226　投影曲面

（7）单击【方向参考】文本框，选择 TOP 基准平面为参考，如图 7-227 所示。

（8）单击操控板中的【确定】按钮，完成曲线的投影操作，如图 7-228 所示。

（9）单击【模型】选项卡中【编辑】组上的【投影】按钮，弹出【投影曲线】操控板。

（10）单击【参考】按钮，弹出【参考】下拉面板，单击【链】文本框，选择图 7-229 所示的曲线。

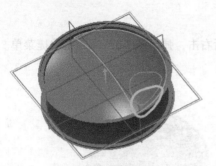

图 7-227　参考方向（1）

图 7-228　投影曲线（1）

图 7-229　选择曲线

（11）单击【曲面】文本框，选择【旋转 3】创建的曲面，如图 7-230 所示。

（12）单击【方向参考】文本框，选择 TOP 基准平面为参考，如图 7-231 所示。

（13）单击操控板中的【确定】按钮 ✓，完成曲线的投影操作，如图 7-232 所示。

图 7-230　投影曲面

图 7-231　参考方向（2）

图 7-232　投影曲线（2）

8. 边界扫描

（1）按住 Ctrl 键，选择模型树中的所有旋转曲面以及两个草图，然后右击，弹出图 7-233 所示的快捷菜单。

（2）选择【隐藏】选项，效果如图 7-234 所示。

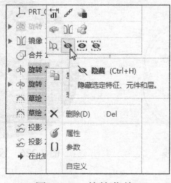

图 7-233　快捷菜单

图 7-234　隐藏后的效果

（3）单击【模型】选项卡中【基准】组下的【通过点的曲线】按钮 ～，弹出图 7-235 所示的【曲线：通过点】操控板。

图 7-235　【曲线：通过点】操控板

（4）单击【曲线：通过点】操控面板中的【放置】按钮，弹出图 7-236 所示的【放置】下拉面板。

（5）单击【点】文本框，选择图 7-237 所示的两个交点，然后单击操控板中的【确定】按钮 ✓，完成曲线创建，效果如图 7-238 所示。

（6）同理，创建其余 6 条曲线，效果如图 7-239 所示。

（7）单击【模型】选项卡中【曲面】组上的【边界混合】按钮 ，弹出【边界混合】操控板，如图 7-240 所示。

（8）单击【曲线】按钮，弹出图 7-241 所示的【曲线】下拉面板，单击【第一方向】文本框。

（9）按住 Ctrl 键，选择图 7-242 所示的曲线。

（10）单击【第二方向】文本框，按住 Ctrl 键选择外面的两条曲线，如图 7-243 所示。

（11）单击操控板中的【确定】按钮 ✓，效果如图 7-244 所示。

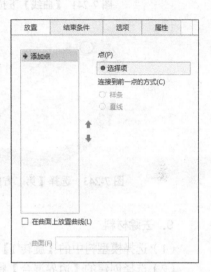

图 7-236　【放置】下拉面板

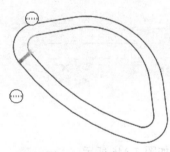

图 7-237　选择点

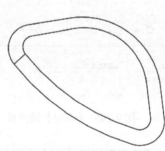

图 7-238　创建的曲线

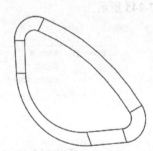

图 7-239　创建的其余 6 条曲线

图 7-240　【边界混合】操控板

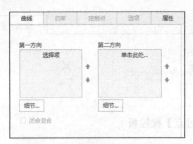

图 7-241 【曲线】下拉面板

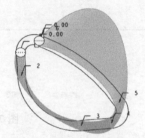

图 7-242 选择【第一方向】的曲线

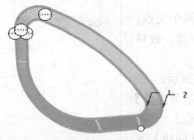

图 7-243 选择【第二方向】的曲线

图 7-244 边界混合曲面

9. 去除材料

（1）选择模型树中的【旋转 1】特征后右击，在弹出的快捷菜单中选择【显示】选项。

（2）选择创建的【边界混合】特征，然后单击【模型】选项卡中【编辑】组上的【阵列】按钮 ▦，弹出【阵列】操控板。

（3）选择阵列类型为【轴】，选择基准轴，设置阵列个数为"6"、角度为 60°，操控板如图 7-245 所示。

图 7-245 【阵列】操控板

（4）单击【阵列】操控板中的【确定】按钮 ✓，完成阵列操作，如图 7-246 所示。

（5）将所有隐藏的特征显示。

（6）按住 Ctrl 键，选择生成的【边界混合 1 [1]】和【旋转 2】特征，然后单击【模型】选项卡中【编辑】组上的【合并】按钮 ⬚，弹出【合并】操控板，如图 7-247 所示。单击【合并】操控板中的【确定】按钮 ✓，完成合并操作，如图 7-248 所示。

图 7-246 阵列操作后的模型

图 7-247 【合并】操控板

（7）按住 Ctrl 键，选择生成的【合并 2】和【旋转 3】特征，然后单击【模型】选项卡中【编辑】组上的【合并】按钮，单击操控板中的【确定】按钮，完成合并操作，如图 7-249 所示。

（8）按住 Ctrl 键，选择生成的【合并 3】和【边界混合 1 [2]】特征，然后单击【模型】选项卡中【编辑】组上的【合并】按钮，单击【合并】操控板中的【确定】按钮，完成合并操作。如图 7-250 所示。

（9）同理，将其余曲面合并，效果如图 7-251 所示。

图 7-248　合并结果（1）　　图 7-249　合并结果（2）　　图 7-250　合并结果（3）　　图 7-251　合并后的模型

10. 挖孔

（1）在模型树中选择【合并 1】以下的所有特征并右击，在弹出的快捷菜单中选择【隐藏】选项。

（2）单击【模型】选项卡中【形状】组上的【旋转】按钮，弹出【旋转】操控板，如图 7-252 所示。单击按钮，可建立拉伸曲面特征。

图 7-252　【旋转】操控板

（3）单击【放置】按钮，在下拉面板中单击【定义】按钮，弹出【草绘】对话框，选择 FRONT 基准平面作为单绘平面绘制草图，其余设置使用默认值。单击【草绘】按钮，进入草绘界面，使基准平面正视，如图 7-253 所示。

（4）单击【草绘】选项卡中【基准】组上的【中心线】按钮，绘制旋转中心线，如图 7-254 所示。

 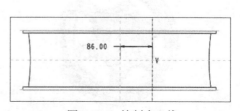

图 7-253　【草绘】对话框　　　　　　　　　図 7-254　绘制中心线

（5）绘制图 7-255 所示的草图。

（6）单击操控板中的【确定】按钮✔，完成图 7-256 所示的旋转曲面。

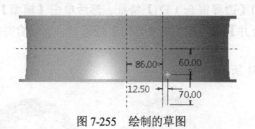

图 7-255　绘制的草图　　　　　　　　　　　　图 7-256　旋转曲面

（7）选择刚刚创建的旋转特征后，单击【模型】选项卡中【编辑】组上的【阵列】按钮⚏，弹出【阵列】操控板，选择阵列类型为【轴】，选择基准轴，设置阵列个数为"6"、角度为 60°，操控板如图 7-257 所示。

图 7-257　【阵列】操控板

（8）单击【阵列】操控板中的【确定】按钮✔，完成阵列操作，如图 7-258 所示。

（9）在模型树中选择【合并 1】以下的所有特征并右击，在弹出的快捷菜单中选择【取消隐藏】选项。

（10）按住 Ctrl 键，选择生成的旋转曲面和【合并 8】特征，然后单击【模型】选项卡中【编辑】组上的【合并】按钮⬡，弹出【合并】操控板，如图 7-259 所示。

图 7-258　阵列旋转曲面　　　　　　　　　　　图 7-259　【合并】操控板

（11）单击【反向】按钮✎，单击操控板中的【确定】按钮✔，完成合并操作，如图 7-260 所示。

（12）同理，将其余曲面合并，效果如图 7-261 所示。

图 7-260　合并曲面　　　　　　　　　　　　图 7-261　合并曲面后的模型

11. 合并主体

（1）按住 Ctrl 键，选择生成的【合并 1】和【合并 14】特征，然后单击【模型】选项卡中【编辑】组上的【合并】按钮，弹出【合并】操控板。

（2）单击【合并】操控板中的【选项】按钮，在弹出的【选项】下拉面板中选中【联接】单选按钮，如图 7-262 所示。

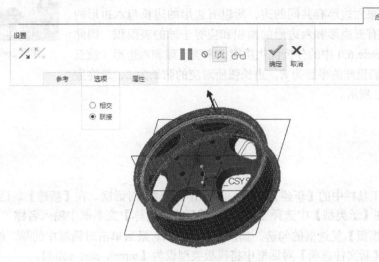

图 7-262　设置【选项】下拉面板

12. 修饰

（1）选择最后一个合并特征后，单击【模型】选项卡中【编辑】组上的【加厚】按钮，弹出【加厚】操控板，如图 7-263 所示。

图 7-263　【加厚】操控板

（2）设置加厚的厚度值为"4"，模型如图 7-264 所示。

（3）单击【加厚】操控板中的【完成】按钮，完成加厚操作，如图 7-265 所示。

图 7-264　加厚模型

图 7-265　加厚的曲面模型

（4）执行【文件】→【另存为】→【保存副本】命令，在新建名称文本框中输入"轮毂"，保存当前模型文件。

7.10.2 绘制足球

本综合实例主要练习曲面的基本造型、关系式建模以及曲面编辑。首先分析要创建的模型的特征，足球是由 12 个五边形和 20 个六边形组成的，并且五边形跟六边形有共同的边，所以五边形的边长与六边形的边长相等，并且所有五边形和六边形的面积和应等于球的表面积。因此要用到 Creo Parametric 6.0 中的分析优化功能，来确定球和六边形（或五边形）的边长。我们设球的半径为 R，边长弧所对应的弦长为 L，最终生成的模型如图 7-266 所示。

图 7-266　足球实例

扫码看视频

【绘制步骤】

1. 创建新零件

单击快速访问工具栏中的【新建】按钮，弹出【新建】对话框。在【新建】对话框的【类型】中选择【零件】，在【子类型】中选择【实体】，然后在【名称】文本框中输入名称"足球"，同时取消对【使用默认模板】复选框的勾选，如图 7-267 所示。最后单击对话框中的 确定 按钮，在弹出的图 7-268 所示的【新文件选项】对话框中将模板类型设为【mmns_part_solid】。

图 7-267　【新建】对话框

图 7-268　【新文件选项】对话框

注意　在 Creo Parametric 中系统默认的是英制单位，而我们国家通常使用的是国际单位制。

2. 增加两个参数

单击【工具】功能区【模型意图】组上的【参数】按钮，弹出图 7-269 所示的【参数】对话框。单击【添加】按钮，输入参数的名称"R"，设置其数值为"120"。再次单击【添加】按钮，输入参数的名称"L"，设置其数值为"60"。单击该对话框中的【确定】按钮，完成参数创建。

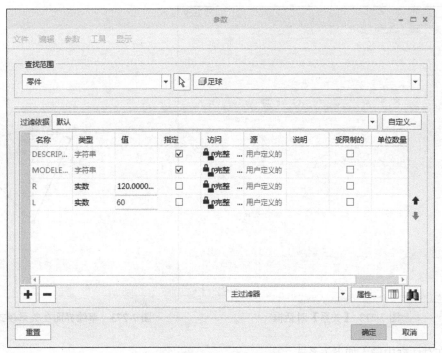

图 7-269 【参数】对话框

3. 创建通过六边形中心、圆心及通过相邻五边形中心、圆心的两条轴线

（1）单击【基准】组下的【草绘】按钮$\sim$，选择 FRONT 基准平面作为草绘平面，【草绘】对话框设置如图 7-270 所示，进入草绘界面，使基准平面正视。

（2）绘制图 7-271 所示截面。

图 7-270 【草绘】对话框

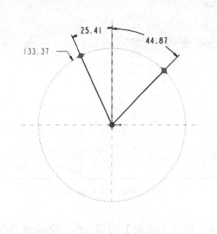

图 7-271 绘制的截面

（3）单击【工具】功能区【模型意图】组上的【关系】按钮$d=$，弹出图 7-272 所示的【关系】对话框。图 2-273 所示为草绘界面在关系模式下的显示。

图 7-272 【关系】对话框

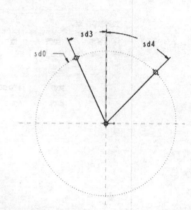

图 7-273 草绘界面在关系模式下的显示

（4）在对话框中输入如下关系式。

Sd0=R
Sd3=asin((L/2)/(R*cos(asin(L/2/R))*tan(36)))
Sd4=asin((L*cos(30))/(R*cos(asin(L/2/R))))

【关系】对话框如图 7-274 所示。

（5）单击【关系】对话框中【确定】按钮，系统将根据输入的关系式对图形重新进行再生，此时草绘截面如图 7-275 所示。

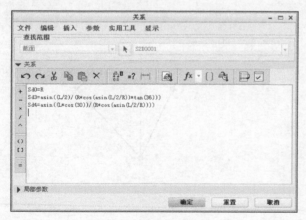

图 7-274 输入关系式

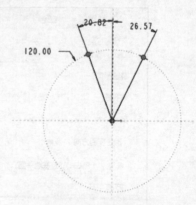

图 7-275 草绘截面

（6）单击【确定】按钮 ✔，完成草绘曲线特征创建，生成的模型如图 7-276 所示。

（7）单击【模型】选项卡中【基准】组上的【轴】按钮 ⁄，选择同一草绘直线的两个端点，如图 7-277 所示。

（8）【基准轴】对话框如图 7-278 所示，单击对话框中【确定】按钮创建基准轴 A1。

（9）以同样的方式选择另一草绘直线的端点，创建基准轴 A2。

注意　A1 为六边形中心与球心的连线，A2 为五边形中心与球心的连线。

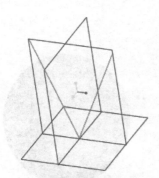

图 7-276　草绘的曲线

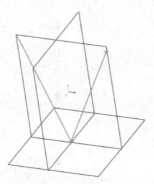

图 7-277　选择的两个端点

图 7-278　【基准轴】对话框

4. 创建球体曲面

（1）单击【模型】选项卡中【形状】组上的【旋转】按钮，弹出图 7-279 所示的【旋转】操控板。单击 按钮，建立旋转曲面特征。

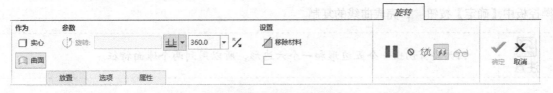

图 7-279　【旋转】操控板

（2）单击【放置】按钮，在弹出的【放置】下拉面板中单击【定义】按钮，弹出【草绘】对话框，选择 TOP 基准平面为草绘平面，接受系统默认的参考方向，如图 7-280 所示。

（3）单击对话框中的【确定】按钮，系统进入草绘模式，绘制图 7-281 所示的截面。

图 7-280　【草绘】对话框

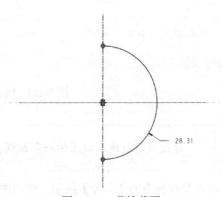

图 7-281　草绘截面

（4）单击【工具】选项卡中【模型意图】组上的【关系】按钮 d=，弹出【关系】对话框。截面如图 7-282 所示。

（5）在对话框中输入关系式sd1=R，单击对话框中的【确定】按钮，此时的截面如图7-283所示。

（6）单击【确定】按钮✔️，完成草绘，返回零件设计状态。在面板中接受系统默认的旋转角度360°，单击操控板中的【确定】按钮✔️，完成旋转特征的创建，如图7-284所示。

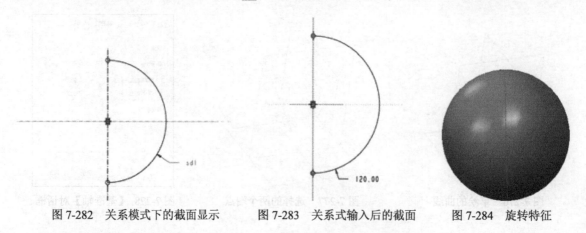

图 7-282　关系模式下的截面显示　　　图 7-283　关系式输入后的截面　　　图 7-284　旋转特征

5. 复制球面特征

选择刚刚创建的旋转特征，单击【模型】选项卡中【操作】组下的【复制】按钮📋，再单击【模型】选项卡中【操作】组下的【粘贴】按钮📋，弹出【曲面：复制】操控板。保持默认设置，单击操控板中【确定】按钮✔️，完成曲线的复制。

注意　　　　因为要剪切出一个五边形和一个六边形，所以用到两个球面特征。

6. 创建投影曲线

（1）单击【模型】选项卡中【编辑】组上的【投影】按钮〜，弹出图7-285所示的【投影曲线】操控板。

图 7-285　【投影曲线】操控板

注意　　　　通过投影创建球面上的一条曲线，使之在球面圆上对应的弦长为 L。

（2）单击操控板中的【参考】按钮，弹出图7-286所示【参考】下拉面板。在面板中选择【投影草绘】选项，然后单击【定义】按钮。

（3）弹出【草绘】对话框，选择TOP基准平面为草绘平面，接受系统默认参考方向，如图7-287所示。单击对话框中【草绘】按钮，系统进入草绘模式。

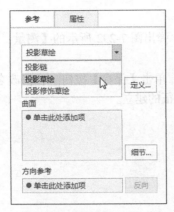

图 7-286　【参考】下拉面板

图 7-287　【草绘】对话框

（4）绘制图 7-288 所示的截面。

（5）单击【工具】选项卡中【模型意图】组上的【关系】按钮d=，弹出【关系】对话框。在对话框中输入关系式 sd0=L，生成的草绘截面如图 7-289 所示。

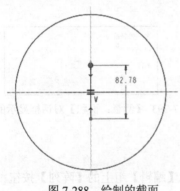

图 7-288　绘制的截面

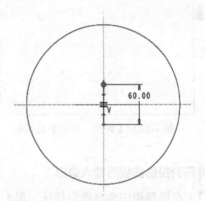

图 7-289　输入关系式后的截面

（6）单击【确定】按钮✔，完成草绘，返回零件设计状态。

（7）选择图 7-290 所示的曲面为参考曲面，单击方向【参考】对话框，选择 TOP 基准平面为方向参考平面。

（8）单击操控板中的【确定】按钮✔，完成投影曲面的建立，如图 7-291 所示。

图 7-290　选择参考曲面

图 7-291　投影曲面

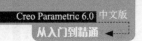

7. 测量球面的面积

（1）单击【分析】选项卡中【测量】组下【面积】按钮，弹出图 7-292 所示的【测量：面积】对话框。

（2）选择球面特征，在【结果】一栏中将显示球面面积，单击【保存】按钮，修改名称为"ballarea"，如图 7-293 所示。单击【关闭】按钮，完成分析特征的建立。

图 7-292 【测量：面积】对话框

图 7-293 【测量：面积】对话框显示的结果

8. 阵列投影曲线形成六边形

（1）在模型树中选择投影特征，单击【模型】选项卡中【编辑】组上的【阵列】按钮。弹出图 7-294 所示的【阵列】操控板。

图 7-294 【阵列】操控板（1）

（2）设置【选择阵列类型】为【轴】，并在绘图窗口中选择 A1 为参考轴，选择基准轴，设置阵列个数为"6"、角度为 60°，【阵列】操控板如图 7-295 所示。

图 7-295 【阵列】操控板（2）

（3）【阵列】模型示意图如图 7-296 所示。

（4）单击操控板中的【确定】按钮 ✓，完成投影曲线阵列，如图 7-297 所示。

9. 阵列投影曲线成五边形

（1）改变当前的过滤方式为【基准】，在绘图窗口中选择图 7-298 所示的投影曲线。

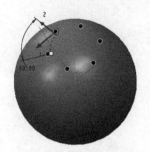  

图 7-296　阵列模型示意图　　　　图 7-297　阵列曲线呈六边形　　　　图 7-298　选择曲线

（2）单击【模型】选项卡中【操作】组下的【复制】按钮 📋，再单击【模型】选项卡中【操作】组下的【粘贴】按钮 📋，弹出【曲线：复合】操控板，如图 7-299 所示。保持默认设置，单击操控板中的【确定】按钮 ✓，完成曲线的复制。

（3）选择复制的曲线后，单击【模型】选项卡中【编辑】组上的【阵列】按钮 ▦，在弹出的【阵列】操控板中设置【选择阵列类型】为【轴】，选择轴 A2 为参考轴，设置阵列个数为 "5"、角度为 72°。单击操控板中的【确定】按钮 ✓，效果如图 7-300 所示。

图 7-299　【曲线：复合】操控板　　　　　　　　　　　　图 7-300　阵列曲线呈五边形

10. 使用曲线剪切出五、六边形

（1）改变当前的过滤方式为【几何】，选择球曲面。单击【模型】选项卡中【编辑】组上的【修剪】按钮 ⬚，弹出图 7-301 所示的【曲面修剪】操控板。

图 7-301　【曲面修剪】操控板

（2）单击操控板中的【参考】按钮，在弹出的【参考】下拉面板中单击【细节】按钮。弹出

图 7-302 所示的【链】对话框。

（3）按住 Ctrl 键选择六边形的边，如图 7-303 所示。

（4）单击【链】对话框中【确定】按钮，完成修剪对象的选择。单击【反向】按钮，调整模型的箭头指向六边形内侧，如图 7-304 所示。

图 7-302 【链】对话框

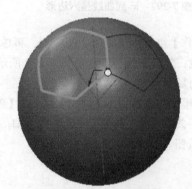

图 7-303 选择六边形的边

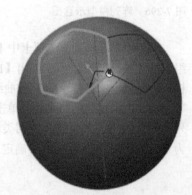

图 7-304 调整剪切方向

（5）单击操控板中的【确定】按钮，完成六边形的修剪。

（6）用同样的方法，完成五边形的修剪。

11. 测量五、六边形的面积，并进行优化 / 可行性分析

（1）执行【面积】命令，分别测量五、六边形的面积，并将测量面积名称修改为"p5""p6"。

（2）单击【分析】选项卡中【管理】组上的【分析】按钮，弹出【分析】对话框，在对话框中选中【关系】单选按钮，其他保持默认值，如图 7-305 所示，单击【下一页】按钮。弹出【关系】对话框，在对话框中输入如下关系式。

`relation=area:FID_p5*12+area:FID_p6*20-area:FID_ballarea。`

注意　关系式表示 12 个五边形曲面面积加上 20 个六边形曲面面积的和与球表面积之差为零。

（3）单击【确定】按钮，完成关系式的输入，返回【分析】对话框。

（4）单击对话框中的 ✓ 按钮，完成分析特征的创建。

12. 创建偏移曲面

（1）选中五边形曲面，单击【模型】选项卡中【编辑】组上的【偏移】按钮，弹出图 7-306所示【偏移】操控板。

图 7-305　【分析】对话框

图 7-306　【偏移】操控板

（2）单击【选项】按钮，在弹出的【选项】下拉面板中勾选【创建侧曲面】复选框，输入偏移值 "6"。单击操控板中的【确定】按钮 ✔，完成偏移曲面的建立。

13. 合并曲面

按住 Ctrl 键，在绘图窗口中选择图 7-307 所示的曲面。单击【模型】选项卡中【编辑】组上的【合并】按钮 ⬡，保持默认设置，单击操控板中的【确定】按钮 ✔，完成曲面的合并。以同样的方式完成和顶面的合并。

14. 为五边形倒圆角

（1）单击【模型】选项卡中【工程】组上的【倒圆角】按钮 ⟍，弹出图 7-308 所示的【倒圆角】操控板，设置圆角半径数值为 "5"。

图 7-307　选择合并的曲面

图 7-308　【倒圆角】操控板

（2）按住 Ctrl 键选择图 7-309 所示 5 个侧边。单击操控板中的【确定】按钮✔，完成倒圆角特征的创建。

（3）单击【模型】选项卡中【工程】组上的【倒圆角】按钮，输入倒圆角的数值"3"，选择图 7-310 所示的边线。单击操控板中的【确定】按钮✔，完成倒圆角特征创建。

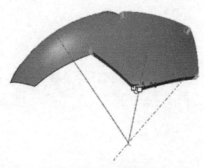
图 7-309　选择倒圆角的边

图 7-310　倒圆角的边

（4）以同样的方式完成六边形的偏移、合并、倒圆角，生成的模型如图 7-311 所示。

15. 优化模型

（1）单击【分析】选项卡中【设计研究】组上的【可行性/优化】按钮，弹出【优化/可行性】对话框。

（2）选择【目标】类型为【RELATION:ANALYSIS1】，如图 7-312 所示。

图 7-311　偏移、合并、倒圆角后的模型

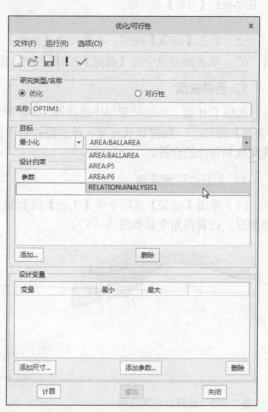
图 7-312　【优化/可行性】对话框

（3）单击【设计约束】栏中的【添加】按钮，弹出【设计约束】对话框，设置参数类型为【RELATION:ANALYSIS1】，选中【设置】单选按钮，如图 7-313 所示。单击【确定】按钮后，将【设计约束】对话框关闭。

（4）单击【设计变量】中的【添加参数】按钮，弹出【选择参数】对话框，选择【L: 足球】选项，如图 7-314 所示，单击【确定】按钮后将【选择参数】对话框关闭。

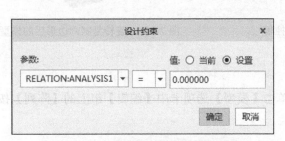

图 7-313 【设计约束】对话框设置

图 7-314 【选择参数】对话框设置

（5）返回【优化 / 可行性】对话框，修改【L: 足球】的变量最小值为 "45"、最大值为 "66"。单击【运行】选项卡中的【计算】按钮，弹出【图形工具】对话框，如图 7-315 所示。

（6）关闭【图表工具】对话框后，单击【优化 / 可行性】对话框中的【关闭】按钮。在弹出的图 7-316 所示的【确认模型修改】对话框中单击【确认】按钮。

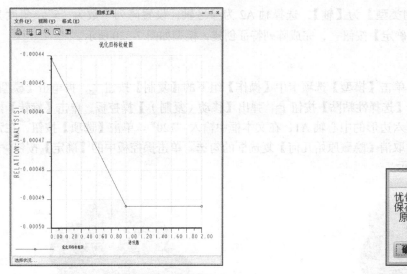

图 7-315 【图形工具】对话框

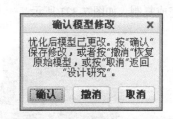

图 7-316 【确认模型修改】对话框

16. 复制六边形曲面组

（1）选择六边形曲面组，单击【模型】选项卡中【操作】组下的【复制】按钮，再单击【模型】选项卡中【操作】组下的【选择性粘贴】按钮，弹出【移动（复制）】操控板，如图 7-317 所示。

（2）单击【旋转】按钮，在绘图窗口中选择五边形的中心轴 A2，在文本框中输入角度值 "72"，单击【选项】按钮，在弹出的【选项】下拉面板中取消【隐藏原始几何】复选框的勾选。单击操控板中的【确定】按钮，完成复制，如图 7-318 所示。

图 7-317 【移动（复制）】操控板　　　　图 7-318　旋转复制六边形后的模型

17. 阵列六边形

（1）在模型树中选择选择性复制特征后，单击【模型】选项卡中【编辑】组上的【阵列】按钮，弹出图 7-319 所示的【阵列】操控板。

图 7-319　【阵列】操控板

（2）设置【选择阵列类型】为【轴】，选择轴 A2 为参考轴，设置阵列个数为 "5"、角度为 72°。单击操控板中的【确定】按钮，完成阵列特征创建，模型如图 7-320 所示。

18. 复制五边形

选择五边形曲面组，单击【模型】选项卡中【操作】组下的【复制】按钮，再单击【模型】选项卡中【操作】组下的【选择性粘贴】按钮，弹出【移动（复制）】操控板。单击【旋转】按钮，在绘图窗口中选择六边形的中心轴 A1，在文本框中输入 "120"。单击【选项】按钮，在弹出的【选项】下拉面板中取消【隐藏原始几何】复选框的勾选。单击操控板中的【确定】按钮，完成复制，如图 7-321 所示。

图 7-320　阵列六边形后的模型　　　　　　图 7-321　复制五边形

19. 阵列五边形

在模型树中选择性复制特征后，单击【模型】选项卡中【编辑】组上的【阵列】按钮，弹出【阵列】操控板。设置【选择阵列类型】为【轴】，选择轴 A2 为参考轴，设置阵列个数为 "5"、角度为 72°。单击操控板中【确定】按钮，完成特征创建，如图 7-322 所示。

20. 复制六边形

选择六边形曲面组，如图 7-323 所示。单击【模型】选项卡中【操作】组下的【复制】按钮 🗐，再单击【模型】选项卡中【操作】组下的【选择性粘贴】按钮 🗐，弹出【移动（复制）】操控板，单击【旋转】按钮 ⟳，在绘图窗口中选择六边形中心轴 A1，在文本框中输入"–120"。单击【选项】按钮，在弹出的【选项】下拉面板中取消【隐藏原始几何】复选框的勾选。单击操控板中的【确定】按钮 ✓，完成复制，如图 7-324 所示。

图 7-322　阵列五边形后的模型　　　图 7-323　选择六边形曲面组　　　图 7-324　再次旋转复制六边形

21. 阵列六边形

在模型树中选择性复制特征后，单击【模型】选项卡中【编辑】组上的【阵列】按钮 ▦，弹出【阵列】操控板。选择阵列类型为【轴】，选择轴 A2 为参考轴，设置阵列个数为"5"、角度为 72°。单击操控板中【确定】按钮 ✓，完成特征创建，如图 7-325 所示。

22. 创建轴线

单击【模型】选项卡中【基准】组上的【轴】按钮 ╱，弹出【基准轴】对话框，按住 Ctrl 键，选择 TOP 和 RIGHT 基准平面，单击【确定】按钮，创建基准轴。

23. 生成足球

选择上面的所有曲面组，单击【模型】选项卡中【操作】组下的【复制】按钮 🗐，再单击【模型】选项卡中【操作】组下的【选择性粘贴】按钮 🗐，弹出【移动（复制）】操控板。单击【旋转】按钮 ⟳，在绘图窗口中选择六边形的中心轴 A4，在文本框中输入"180"。单击【选项】按钮，在弹出的【选项】下拉面板中取消【隐藏原始几何】复选框的勾选。单击操控板中的【确定】按钮 ✓，完成复制，如图 7-326 所示。

图 7-325　再次阵列六边形后的模型　　　　图 7-326　足球模型

24. 保存文件

单击工具栏中的【保存】按钮 🖫，选择保存路径，保存当前模型文件。

第 8 章
钣金特征

/ 本章导读

在钣金设计中，壁类结构是创建其他所有钣金特征的基础，任何复杂的特征都是从创建第一壁开始的。钣金件的基本成形模式主要是指创建钣金件第一壁特征的方法。在 Creo Parametric 中，系统主要提供了【平面】【拉伸】【旋转】【混合】和【偏移】5 种创建第一壁特征的基本模式。一个完整的钣金件，在完成了第一壁特征的创建后，往往还需要在第一壁的基础上再创建其他额外的壁特征，以使钣金件特征完全。

/ 知识重点

- ❍ 平面壁和拉伸壁特征
- ❍ 旋转壁和混合壁特征
- ❍ 偏移壁特征
- ❍ 平整壁和法兰壁特征
- ❍ 扭转壁和扫描壁特征
- ❍ 延伸壁和合并壁特征

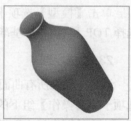

8.1　平面壁特征

平面壁是钣金件的平面 / 平滑 / 展平的部分。它可以是第一壁（设计中的第一个壁），也可以是后续壁。平面壁可采用任何平整形状。

8.1.1　平面壁特征命令

单击【模型】选项卡中【形状】组上的【平面】按钮🛠，如图 8-1 所示，弹出【平面】操控板，如图 8-2 所示。

图 8-1　平面壁命令按钮

图 8-2　【平面】操控板

【平面】操控板内各按钮的功能如下。

　⊏：设置钣金的厚度。

　╱：设置钣金厚度的增长侧。

　▮▮：暂时中止使用当前的特征工具，以访问其他可用的工具。

　∞：模型预览；若预览时出错，则表明特征的构建有误，需要重定义。

　✓：确认当前特征的建立或重定义。

　✗：取消特征的建立或重定义。

参考：确定绘图平面和参考平面。

属性：显示特征的名称、信息。

8.1.2　实例——绘制盘件

下面通过具体实例来详细讲解非连接平面壁的生成方法。

【绘制步骤】

扫码看视频

（1）启动 Creo Parametric 6.0。

（2）单击工具栏中的【新建】按钮，弹出【新建】对话框。在对话框【类型】中选择【零件】，【子类型】中选择【钣金件】，【名称】文本框中输入钣金文件名称"盘件 .prt"，同时取消【使用默认模板】复选框的勾选，如图 8-3 所示。单击【确定】按钮进入钣金设计模式，系统自动在绘图窗口中建立基准平面和坐标系，如图 8-4 所示。

图 8-3 【新建】对话框

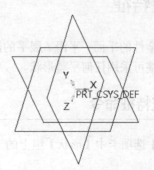

图 8-4 基准平面、坐标系

（3）单击【模型】选项卡中【形状】组上方的【平面】按钮 ，弹出图 8-5 所示的【平面】操控板。

图 8-5 【平面】操控板

（4）单击【参考】按钮，弹出【参考】下拉面板，如图 8-6 所示。

（5）单击【定义】按钮，弹出【草绘】对话框，选择 TOP 基准平面作为草绘平面，其余选项保持系统默认值，如图 8-7 所示。

（6）单击【草绘】按钮 ，进入草绘界面。单击【设置】组中的【草绘视图】按钮 ，把草绘平面调整到正视于用户的视角；单击草绘组中的【中心线】按钮 ，绘制出两条辅助线，与 RIGHT 基准平面成 45°，然后单击【圆】按钮 ，绘制图 8-8 所示的轮廓线。绘制完成后单击【草绘】组中的【确定】按钮 ，退出草绘器。

图 8-6 【参考】下拉面板

图 8-7 【草绘】对话框

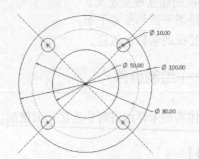

图 8-8 绘制轮廓线

（7）在【平面】操控板中的【厚度】文本框中输入厚度值"5"，如图 8-9 所示，单击【确定】按钮 ，生成盘件零件。

（8）至此，钣金件截面、厚度全部定义完毕。结束第一壁的创建，创建完成后的平面壁如图 8-10 所示。

图 8-9 输入材料厚度

图 8-10 生成平面壁特征

8.2 拉伸壁特征

拉伸壁是草绘壁的侧截面，并使其拉伸出一定长度。它可以是第一壁（设计中的第一个壁），也可以是从属于主要壁的后续壁。

可创建 3 种类型的后续壁：非连接、无半径和使用半径。如果拉伸壁是第一壁，则只能使用非连接选项。

8.2.1 拉伸壁特征命令

单击【模型】选项卡中【形状】组上的【拉伸】按钮，如图 8-11 所示，弹出【拉伸】操控板，如图 8-12 所示。

图 8-11 拉伸壁命令按钮

图 8-12 【拉伸】操控板

【拉伸】操控板内各按钮的功能如下。

：建立实体拉伸壁特征。

：建立曲面拉伸壁特征。

：设置拉伸方式，包括【指定深度拉伸】【两侧对称拉伸】和【拉伸到指定位置】。

：设置钣金的厚度。

：设置钣金厚度的增长侧。

：该按钮被选中时，将建立拉伸去除材料特征。

：暂时中止使用当前的特征工具，以访问其他可用的工具。

：模型预览；若预览时出错，则表明特征的构建有误，需要重定义。

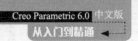
✔：确认当前特征的建立或重定义。

✘：取消特征的建立或重定义。

放置：确定绘图平面和参考平面。

选项：详细设置拉伸壁所需参数。

属性：显示特征的名称、信息。

8.2.2 实例——绘制挠件

通过一个实例来讲解创建拉伸特征的方法，下面是创建拉伸特征的具体方法和步骤。

【绘制步骤】

扫码看视频

（1）启动 Creo Parametric 6.0。

（2）单击工具栏中的【新建】按钮 ，弹出【新建】对话框。在对话框【类型】中选择【零件】，【子类型】中选择【钣金件】，【名称】文本框中输入钣金文件名称"挠件.prt"，同时取消【使用默认模板】复选框的勾选，单击【确定】按钮进入钣金设计模式。

（3）单击【模型】选项卡中【形状】组上方的【拉伸】按钮 ，弹出图 8-13 所示的【拉伸】操控板。

图 8-13 【拉伸】操控板

（4）单击【放置】按钮，弹出【放置】下拉面板，单击【定义】按钮，弹出【草绘】对话框，选择 TOP 基准平面作为草绘平面，其余选项保持系统默认值，如图 8-14 所示。

（5）单击【草绘】按钮，进入草绘界面。单击【草绘】选项卡中草绘【直线】组中的【直线】按钮 ，绘制出外形线的大致轮廓，然后执行创建【圆角】命令 添加圆角，最后绘制成图 8-15 所示的轮廓线。完成后单击【草绘】组中的【确定】按钮 ，完成草绘。

图 8-14 【草绘】对话框

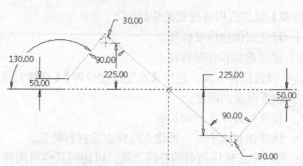

图 8-15 拉伸特征外形线

（6）定义方向。单击图 8-16 所示右边的 ⚡ 按钮可定义材料加厚的方向。

（7）输入材料厚度。在文本框输入"5.00"，如图 8-16 所示。

图 8-16　拉伸设置

（8）定义拉伸方式。单击以指定的拉伸值按钮 ⊥，如图 8-16
所示。

（9）输入拉伸深度。在文本框中输入"200"，然后单击【确定】
按钮 ✓ 完成输入，如图 8-16 所示。

（10）确认定义并完成钣金特征的创建，创建完成后的拉伸壁如
图 8-17 所示。

图 8-17　完成拉伸特征

8.3　旋转壁特征

旋转壁特征就是草绘一个截面，然后让该截面绕轴旋转一定角度后生成的壁特征。本节主要介
绍旋转壁特征的基本生成方法，然后结合实例讲解创建旋转壁特征的具体步骤，最后详细介绍旋转
壁特征选项含义及设置。

8.3.1　旋转壁特征命令

单击【模型】选项卡中【形状】组下的【旋转】按钮 ⊕ ，如图 8-18 所示，弹出【旋转】操控板，
如图 8-19 所示。

图 8-18　旋转壁命令按钮

【旋转】操控板内的相关功能介绍如下。

⬜：建立实体旋转壁特征。

⬛：建立曲面旋转壁特征。

⟳：用于设置生成的三维实体相对于草绘进行旋转。

⊥：设置旋转方式，包括：【指定角度旋转】【两侧对称旋转】和【旋转到指定位置】。

图 8-19 【旋转】操控板

$\sqsubseteq$：设置钣金的厚度。

$\diagdown$：设置钣金厚度的增长侧。

$\triangle$：该按钮被选中时，将建立旋转去除材料特征。

$\parallel$：暂时中止使用当前的特征工具，以访问其他可用的工具。

∞：模型预览；若预览时出错，则表明特征的构建有误，需要重定义。

$\checkmark$：确认当前特征的建立或重定义。

$\times$：取消特征的建立或重定义。

放置：定义草绘平面，进入草绘环境，绘制截面。

选项：定义特征的旋转角度是单侧还是双侧。

8.3.2 实例——绘制花瓶

通过一个实例来讲解创建旋转壁特征的方法，具体创建步骤和方法如下。

【绘制步骤】

扫码看视频

（1）启动 Creo Parametric 6.0。

（2）单击工具栏中的【新建】按钮 ，弹出【新建】对话框。在对话框【类型】中选择【零件】，【子类型】中选择【钣金件】，【名称】文本框中输入钣金文件名称"花瓶.prt"，同时取消【使用默认模板】复选框的勾选，单击【确定】按钮进入钣金设计模式。

（3）单击【模型】选项卡中【形状】组下的【旋转】按钮 ，弹出【旋转】操控板。

（4）单击操控板中的【放置】按钮，弹出【放置】下拉面板，如图 8-20 所示。单击下拉面板中的【定义】按钮，弹出【草绘】对话框，选择 TOP 基准平面作为草绘平面，其余选项保持系统默认值，如图 8-21 所示。

图 8-20 【放置】下拉面板

图 8-21 【草绘】对话框

（5）单击【草绘】按钮，进入草绘界面。单击【设置】组中的【草绘视图】按钮，把草绘平面调整到正视于用户的视角；单击【基准】组中的【中心线】按钮，在图中基准线位置创建一条竖直中心线作为旋转轴；单击【草绘】上方的【样条】按钮，绘制旋转轮廓，如图 8-22 所示。单击【确定】按钮，退出草绘器。

（6）单击操控板中的【实体】按钮和【指定角度旋转】按钮，输入角度值"360"，再输入厚度值"5"；单击【旋转】操控板中的【折弯余量】按钮，弹出【折弯余量】下拉面板，如图 8-23 所示。保持默认设置，单击【确定】按钮，生成旋转切削特征，如图 8-24 所示。

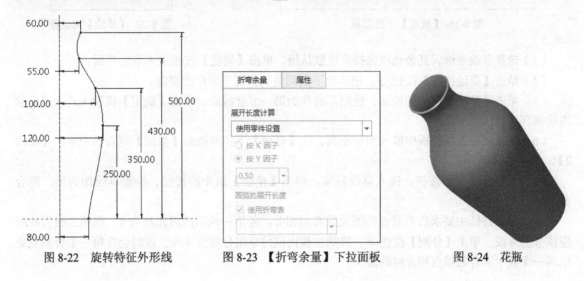

图 8-22　旋转特征外形线　　　　图 8-23　【折弯余量】下拉面板　　　　图 8-24　花瓶

8.4　混合壁特征

混合壁特征就是多个截面通过一定方式连在一起而产生的特征，混合壁特征要求至少有两个截面。

8.4.1　混合壁特征命令

创建混合壁特征的基本步骤如下。

（1）单击【模型】选项卡中【形状】组下的【混合】按钮，弹出图 8-25 所示的【混合】操控板。

图 8-25　【混合】操控板

（2）单击操控板中的【截面】按钮，弹出【截面】下拉面板，如图 8-26 所示。单击【定义】按钮，弹出【草绘】对话框，如图 8-27 所示。

图 8-26 【截面】下拉面板

图 8-27 【草绘】对话框

（3）选择草绘平面，其余选项保持系统默认值，单击【确定】按钮进入草绘界面。

（4）单击【草绘视图】按钮，把草绘平面调整到正视于用户的视角。

（5）单击【草绘】组中的按钮，绘制草绘作为第一混合截面。单击【确定】按钮 ✓ ，退出草图绘制环境。

（6）在【混合】操控板中输入偏移距离，在【截面】下拉面板的【截面】列表框中单击【截面2】，如图 8-28 所示。

（7）单击【草绘】按钮，进入草绘环境。单击【草绘】组中的按钮，绘制草绘作为第二混合截面。

（8）混合特征中要求所有截面的图元数必须相等。若第一截面的图元数为4，则第二截面的圆应该分为4段。单击【分割】按钮，将第二截面里的草图分割为4段，这时会在第一个分割点处出现一个表示混合起始点和方向的箭头。

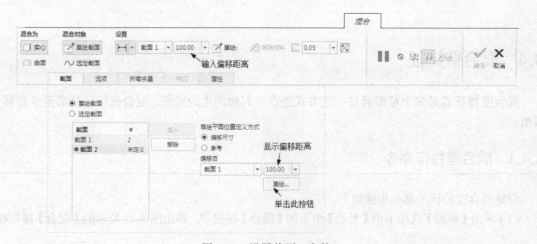

图 8-28　设置截面 2 参数

（9）单击操控板中的【确定】按钮 ✓ ，完成草图的绘制。

（10）单击操控板中的【连接】按钮，连接截面，以方便观察混合特征形成。

（11）在厚度文本框中输入厚度值，单击【确定】按钮 ✓ ，完成混合特征的创建。

8.4.2　实例——绘制异形弯管

在这次实战演练中，我们将执行【旋转混合】特征命令创建一个新的钣金特征。

【绘制步骤】

（1）启动 Creo Parametric 6.0。

（2）单击工具栏中的【新建】按钮 ，弹出【新建】对话框。在【类型】中选择【零件】，取消【使用默认模板】复选框的勾选，【子类型】中选择【钣金件】，【名称】文本框中输入钣金文件名称"异形弯管 .prt"，同时取消对【使用默认模板】复选框的勾选，单击【确定】按钮进入钣金设计模式，系统自动在绘图窗口中建立基准平面和坐标系。

（3）单击【模型】选项卡中【形状】组下的【旋转混合】按钮 ，弹出【旋转混合】操控板。

（4）单击操控板中的【截面】按钮，弹出【截面】下拉面板，如图 8-29 所示。单击【定义】按钮，弹出【草绘】对话框。选择 TOP 基准平面作为草绘平面，其余选项保持系统默认值，如图 8-30 所示，单击【草绘】按钮进入草绘界面。

图 8-29 【截面】下拉面板

图 8-30 【草绘】对话框

（5）单击【草绘视图】按钮 ，把草绘平面调整到正视于用户的视角。

（6）绘制第一个截面。单击【基准】组上方的【中心线】按钮 ，在图中基准线位置创建一条竖直中心线作为旋转轴，再单击【拐角矩形】按钮 和【圆】按钮 ，绘制图形，如图 8-31 所示。单击【确定】按钮 ，退出草图绘制环境。

（7）单击操控板中的【截面】按钮，打开【截面】下拉面板，如图 8-29 所示。在【截面】列表框右侧单击【插入】按钮，在【截面】列表框中显示新建的【截面 2】，在操控板中输入角度"60"，如图 8-32 所示。

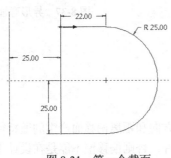

图 8-31 第一个截面

图 8-32 插入截面 2

（8）在【截面】下拉面板中单击【草绘】按钮，进入草绘环境。

（9）绘制第二个截面。单击【拐角矩形】按钮□和【圆】按钮◎，绘制图形，如图 8-33 所示。单击【确定】按钮✓，退出草图绘制环境。

（10）在绘图窗口中显示并连接草图形成的模型，如图 8-34 所示。如果不再绘制其他截面，那么单击【确定】按钮✓，完成模型绘制；如果要绘制下一截面，那么在操控板的【截面】下拉面板中插入截面，继续绘制下一截面。

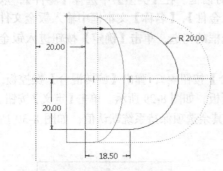

图 8-33　第二个截面

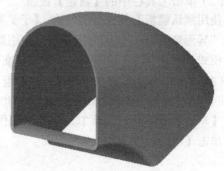

图 8-34　显示并连接草图形成的模型

（11）绘制下一截面后，在【截面】下拉面板中单击【插入】按钮，插入截面 3，在操控面板中或【截面】下拉面板中输入截面 3 与截面 2 的旋转角 "120"。

（12）绘制第三个截面。单击【拐角矩形】按钮□和【圆】按钮◎，绘制图形，如图 8-35 所示。单击【确定】按钮✓，退出草图绘制环境。

（13）单击操控板中的【预览】按钮⚭，生成的混合特征如图 8-36 所示。

（14）在厚度文本框中输入 "3"，单击【反向】按钮✗，最后单击【确定】按钮，完成异形弯管的绘制，如图 8-37 所示。

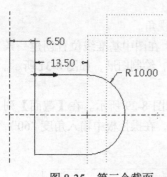

图 8-35　第三个截面

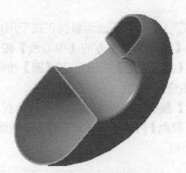

图 8-36　混合特征

图 8-37　异形弯管

8.5　偏移壁特征

偏移壁特征是指选择一个面组或实体的一个面按照定义的方向和距离偏移而产生的壁特征。可选择现有曲面或草绘一个新的曲面进行偏移，除非转换实体零件，否则偏移壁不能是在设计中创建的第一个特征。本节主要讲解创建偏移壁特征的基本方法，然后结合实例讲解创建偏移壁特征的具体步骤，最后详细讲解偏移壁特征选项及设置。

8.5.1　偏移壁特征命令

单击【模型】选项卡中【编辑】组上的【偏移】按钮，如图 8-38 所示，弹出图 8-39 所示的【偏移】操控板。

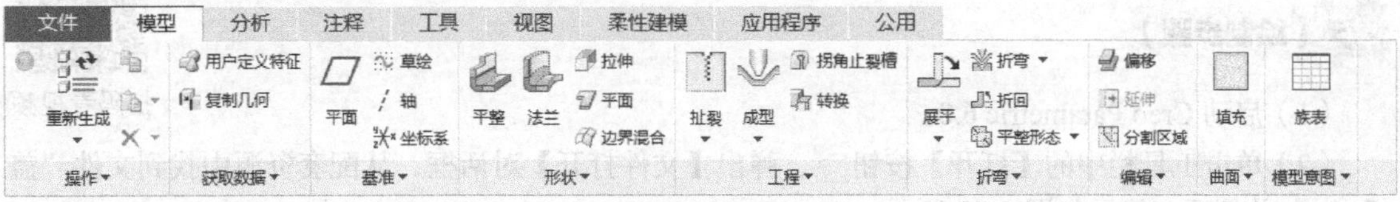

图 8-38　偏移壁命令按钮

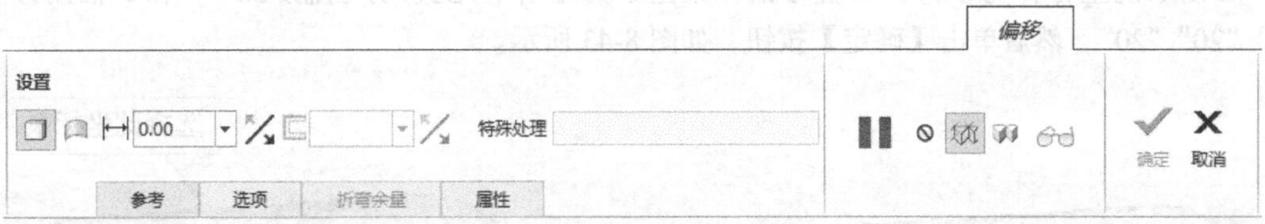

图 8-39 【偏移】操控板

【偏移】操控板中各项的意义如下。

：建立实体偏移壁特征。

：用于指定需要偏移的曲面，可以选择一个或多个曲面。

：用于指定在给定偏移方向上偏移的距离。

：更改偏移方向。

特殊处理：当有多个曲面要偏移时，可以通过重新定义该命令来选择曲面；如果想更精确地定义偏移曲面，那么可选择【遗漏】选项，不过它只有在选择【垂直于曲面】偏移类型时才能用；当选择的曲面是面组时，可以选用该选项来选择要偏移的曲面。

：在截面定义完毕后，设置钣金厚度的增长方向。

：暂时中止使用当前的特征工具，以访问其他可用的工具。

：模型预览；若预览时出错，则表明特征的构建有误，需要重定义。

：确认当前特征的建立或重定义。

：取消特征的建立或重定义。

参考：确定要偏移的曲面。

选项：偏移类型包括以下几种，如图 8-40 所示。

（1）垂直于曲面。这是系统默认的偏移方向，将垂直于曲面进行偏移。

（2）自动拟合。自动拟合面组或曲面的偏移，这种偏移类型只需定义材料侧和厚度。

（3）控制拟合。以控制 x 轴、y 轴、z 轴平移距离创建偏移。

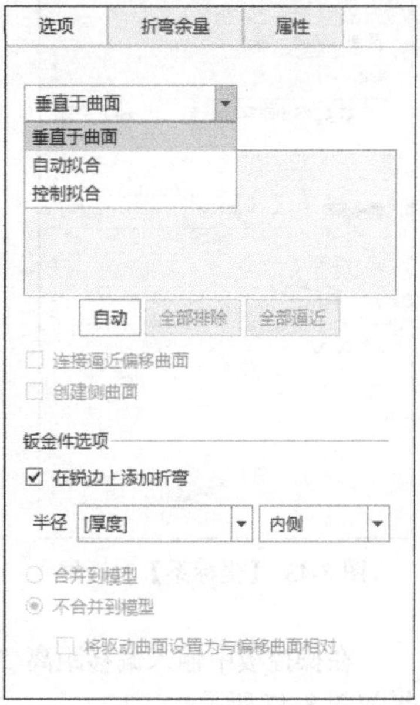

图 8-40 【选项】下拉面板

8.5.2 实例——绘制盖板

在这次实战演练中，我们将通过一个具体实例来讲解创建偏移壁特征的方法，具体创建的方法和步骤如下。

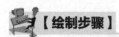【绘制步骤】

（1）启动 Creo Parametric 6.0。

扫码看视频

（2）单击工具栏中的【打开】按钮，弹出【文件打开】对话框，从配套资源中找到文件"盖板 .prt"并打开，显示如图 8-41 所示。

（3）建立坐标系。单击【基准】组上方的【坐标系】按钮，弹出【坐标系】对话框，选择图 8-42 所示的坐标作为参考，设置【偏移类型】为【笛卡儿】。分别输入 x、y 和 z 轴偏移量为"10""20""20"，然后单击【确定】按钮，如图 8-43 所示。

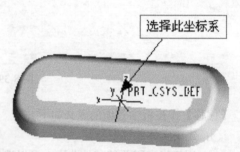

图 8-41　打开的钣金文件

图 8-42　选择参考坐标

（4）选择图 8-46 所示的面组，单击【模型】选项卡中【编辑】组上方的【偏移】按钮，弹出图 8-44 所示的【偏移】操控板，同时在设计树中增加【偏移 1（第一个壁）】项，如图 8-45 所示。

图 8-43　【坐标系】对话框

图 8-44　【偏移】操控板

在操控板中输入偏移距离"25"，输入厚度"3"，单击【确定】按钮，完成盖板的偏移，效果如图 8-47 所示。

图 8-45 设计树　　　　图 8-46 选择曲面　　　　图 8-47 偏移效果

8.6 平整壁特征

不分离平整壁特征只能连接平整的壁，即平整壁只能附着在已有钣金壁的直线边上，壁的长度可以等于、大于或小于被附着壁的长度。

8.6.1 平整壁特征命令

单击【模型】选项卡中【形状】组上的【平整】按钮，如图 8-48 所示，弹出【平整】操控板，如图 8-49 所示。

图 8-48 平整壁命令按钮

图 8-49 【平整】操控板

【平整】操控板内各项的功能如下。

`矩形`：定义平整壁的形状。

`45.0`：定义平整壁的折弯角度。

`⊏`：定义平整壁的厚度。

`↖`：定义平整壁的厚度增加方向。

`⌋`：定义平整壁的圆角半径。

`⌐⌐`：定义平整壁的半径侧，包括【内侧】和【外侧】。

放置：定义平整壁的附着边。

形状：设置修改平整壁的形状。

偏移：将平整壁偏移指定的距离。

止裂槽：设置平整壁的止裂槽形状及尺寸。

折弯余量：设置平整壁展开时的长度。

属性：显示特征的名称、信息。

命令扩展如下。

（1）【平整壁形状】下拉列表框。单击操控板中【平整壁形状】
的下拉按钮 ▾，可以看到系统预设有 5 种平整壁形状，如图 8-50 所
示。这 5 种形状的平整壁预览效果如图 8-51 所示。

图 8-50　平整壁形状下拉列表

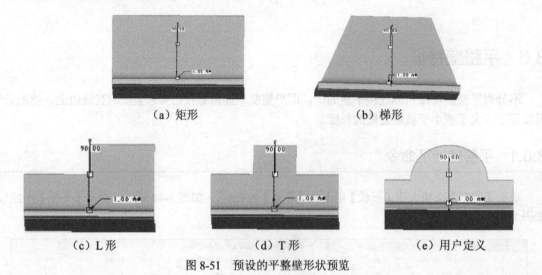

（a）矩形　　　　　　　　　（b）梯形

（c）L 形　　　　　　（d）T 形　　　　　　（e）用户定义

图 8-51　预设的平整壁形状预览

（2）定义折弯角度。单击操控板中【定义折弯角度】的下拉按钮 ▾，可以看到系统将折弯角度
分为两个部分，分别为有【折弯角度】和【平整】，如图 8-52 所示。以 60° 和【平整】为例的预
览效果如图 8-53 所示。

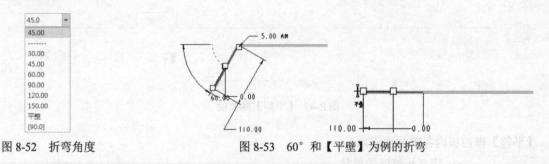

图 8-52　折弯角度　　　　　　　图 8-53　60° 和【平壁】为例的折弯

（3）定义折弯圆角半径。单击操控板中的【折弯圆角半径】按钮，弹出【半径类型】下拉列表
项，此下拉列表中有两个选项，分别为【内侧半径】 ↲ 和【外侧半径】 ↳。

如果指定为【内侧半径】，那么外侧半径等于内侧半径加上钣金厚度；如果指定为【外侧半径】，
那么内侧半径等于外侧半径减去钣金厚度，如图 8-54 所示。

（4）止裂槽。单击操控板中【止裂槽】按钮，弹出【止裂槽】下拉面板，单击【类型】的下拉
按钮 ▾，如图 8-55 所示。可选择 5 种止裂槽类型。

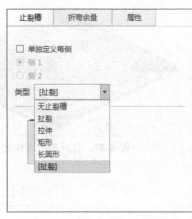

图 8-55　【止裂槽】下拉面板

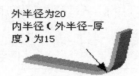

图 8-54　不同半径类型生成的特征对比

- 无止裂槽：在连接点处不添加止裂槽。
- 扯裂：割裂各连接点处的现有材料。
- 拉伸：在壁连接点处拉伸用于折弯止裂槽的材料。
- 矩形：在每个连接点处添加一个矩形止裂槽。
- 长圆形：在每个连接点处添加一个长圆形止裂槽。

止裂槽有助于控制钣金件材料并防止发生不希望的变形，所以在很多情况下需要添加止裂槽，5 种折裂槽的形状如图 8-56 所示。

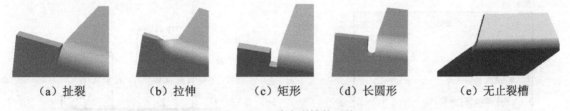

（a）扯裂　　　　（b）拉伸　　　　（c）矩形　　　（d）长圆形　　　（e）无止裂槽

图 8-56　5 种止裂槽的形状

8.6.2　实例——绘制折弯件

我们将通过下面实例来讲解创建平整壁特征的具体方法。

【绘制步骤】

扫码看视频

（1）启动 Creo Parametric 6.0。

（2）打开文件。单击工具栏中的【打开】按钮 ，弹出【文件打开】对话框，从配套资源中找到文件"折弯件 .prt"并打开，文件如图 8-57 所示。

（3）创建不分离的平整壁特征。

　①单击【模型】选项卡中【形状】组上方的【平整】按钮 ，弹出【平整】操控板。

　②单击操控板中的【放置】按钮，然后选择图 8-58 所示的边为平整壁的附着边。

　③单击操控板内平整壁形状下拉按钮，选择形状为【用户定义】，输入折弯角度"60"，输入圆角半径"10"，此时操控板设置如图 8-59 所示。

图 8-57　打开的折弯件文件

图 8-58　选择附着边

图 8-59　操控板设置

④ 单击操控板内【形状】按钮，弹出【形状】下拉面板，单击【草绘】按钮，弹出图 8-60 所示的【草绘】对话框，保持默认设置，单击【草绘】按钮，系统自动进入草绘环境。

⑤ 单击【草绘】选项卡中【草绘】组上的【弧】按钮 和【线】按钮 ，绘制图 8-61 所示的草图。单击【确定】按钮 ，退出草图绘制环境。

图 8-60　【草绘】对话框

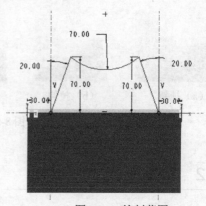

图 8-61　绘制草图

 说明

另一种方法为单击操控板内平整壁形状下拉按钮，选择除【用户定义】以外的任意形状，单击操控板内的【形状】按钮，弹出【形状】下拉面板，直接双击尺寸值修改形状参数。此方法只能修改形状参数，不能改变其形状。

⑥ 单击操控板中的【止裂槽】按钮，弹出【止裂槽】下拉面板，勾选【单独定义每侧】复选框，再选中【侧 1】单选按钮，选择止裂槽【类型】为【矩形】，输入止裂槽尺寸值 "20"，如图 8-62 所示。再选中【侧 2】单选按钮，选择止裂槽【类型】为【长圆形】，输入止裂槽尺寸值 "20"，如图 8-63 所示。

⑦ 单击【完成】按钮 ，完成平整壁的创建，效果如图 8-64 所示。

图 8-62　第一侧止裂槽设置

图 8-63　第二侧止裂槽设置

图 8-64　生成平整壁特征

8.7　法兰壁特征

法兰壁是折叠的钣金边，只能附着在已有钣金壁的边线上，可以是直线，也可以是曲线，具有拉伸和扫描的功能。

8.7.1　法兰壁特征命令

单击【模型】选项卡中【形状】面板上的【法兰】按钮，如图 8-65 所示，弹出【凸缘】操控板，如图 8-66 所示。

图 8-65　法兰壁命令按钮

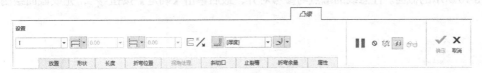

图 8-66　【凸缘】操控板

【凸缘】操控板内各项的功能如下。

　　 I 　　 ：定义法兰壁的形状。

　　：定义法兰壁的第一方向和第二方向的长度方式及长度值。

　　：定义法兰壁的厚度。

　　：定义法兰壁的厚度增加方向。

　　：定义法兰壁的圆角半径。

　　：定义法兰壁的半径侧，包括【内侧】和【外侧】。

放置：定义法兰壁的附着边。

形状：设置修改法兰壁的形状。

长度：设定法兰壁两侧的长度。

偏移：将法兰壁偏移指定的距离。

斜切口：指定折弯处切口形状及尺寸。

止裂槽：设置法兰壁的止裂槽形状及尺寸。

弯曲余量：设置法兰壁展开时的长度。

属性：显示特征的名称、信息。

8.7.2 实例——绘制挠曲面

下面利用【带折弯】选项，创建【带折弯】完整拉伸壁。

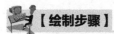【绘制步骤】

（1）启动 Creo Parametric 6.0。

（2）单击工具栏中的【打开】按钮，弹出【文件打开】
对话框，从配套资源中找到文件"挠曲面.prt"，单击【打开】
按钮完成文件载入。

（3）单击【模型】选项卡中【形状】组上的【法兰】按
钮，弹出【凸缘】操控板。

（4）单击操控板内的形状下拉按钮，选择形状为【用户
定义】，单击操控板中的【放置】按钮，弹出【放置】下拉

图 8-67　法兰壁附着边的选择

面板，单击【细节】按钮，弹出【链】对话框。选择图 8-67 所示的边为法兰壁的附着边，此时【链】
对话框如图 8-68 所示，单击【确定】按钮，完成附着边的选择。

（5）单击【形状】按钮，再单击【草绘】按钮，弹出【草绘】对话框，单击【草绘】按钮，进
入草绘环境，如图 8-69 所示。选中【通过参考】单选，选择 TOP 基准平面作为草绘平面。接受系
统默认的草绘参考和草绘方向，然后单击【草绘】按钮。

（6）绘制截面。系统进入草绘环境，接受系统默认参考，单击【草绘】组上方的【直线】按钮，
绘制图 8-70 所示的截面。注意线的端点与参考对齐，最后单击【确定】按钮，完成截面绘制。

图 8-68　【链】对话框

图 8-69　【草绘】对话框

图 8-70　绘制截面

（7）选择半径生成侧为【内侧半径】，输入半径数值"20"，如图 8-71 所示。

（8）单击【凸缘】操控板中的【止裂槽】按钮，设置【类型】为【无止裂槽】，如图 8-72 所示。

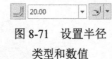

图 8-71　设置半径类型和数值

（9）确认定义。此时，各选项都已定义完毕，单击【凸缘】操控板中的【确定】按钮 ✔，生成钣金特征，如图 8-73 所示。

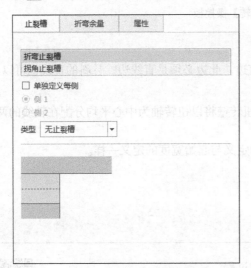

图 8-72　设置止裂槽【类型】

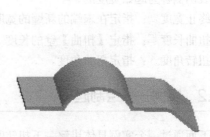

图 8-73　生成钣金特征

8.8　扭转壁特征

扭转壁是钣金件的螺旋或螺线部分。扭转壁就是将壁沿中心线扭转一个角度，类似于将壁的端点反方向转动一相对小的指定角度，可将扭转连接到现有平面壁的直边上。

由于扭转壁可更改钣金零件的平面，所以通常用于两钣金件区域之间的过渡，它可以是矩形或梯形。

8.8.1　扭转壁特征命令

单击【模型】选项卡中【形状】面板下【扭转】按钮，如图 8-74 所示，弹出图 8-75 所示的【扭转】操控板。

图 8-74　扭转壁命令按钮

图 8-75 【扭转】操控板

【扭转】操控板内各项的意义如下。

放置边 ：用于选择附着的直边。此边必须是直线边，且斜的直线也可以，更不能是曲线。

起始宽度 ：指定在连接边的新壁的宽度。扭转壁将以扭转轴为中心平均分配在轴线的两侧，即轴线两侧各为起始宽度的一半。

终止宽度：指定在末端的新壁的宽度，它的定义与起始宽度的定义一样。

扭曲长度：指定【扭曲】壁的长度。

扭转角度：指定扭曲角度。

8.8.2 实例——绘制起子

下面通过一个实例具体讲解一下扭转壁的创建过程。

【绘制步骤】

扫码看视频

（1）启动 Creo Parametric 6.0。

（2）打开文件。单击工具栏中的【打开】按钮，弹出【文件打开】对话框，从配套资源中找到文件"起子 .prt"，单击【打开】按钮完成文件载入。

（3）创建扭转壁特征。

① 单击【模型】选项卡中【形状】组下的【扭转】按钮，弹出【扭转】操控板。

② 单击操控板中的【放置】按钮，如图 8-76 所示，选择图 8-77 所示的附着边线。

图 8-76 【放置】下拉面板

图 8-77 选择附着边

③ 设置【扭转】操控板的各项参数，如图 8-78 所示。

图 8-78 设置【扭转】操控板

④ 单击【扭转】操控板中的【确定】按钮✔，完成扭转壁特征
的创建，效果如图 8-79 所示。

图 8-79 扭转壁特征

8.9 扫描壁特征

扫描壁就是将截面沿着指定的薄壁边进行扫描而形成的特征，连接边不必是线性的，相邻的曲面也不必是平面。

在这一节，我们首先将讲解创建扫描壁特征的基本方法，接着通过实例来具体讲解创建扫描壁的过程，最后讲解一下扫描壁特征选项及设置。

8.9.1 扫描壁特征命令

单击【模型】选项卡中【形状】组下的【扫描】按钮，如图 8-80 所示，弹出【扫描】操控板，如图 8-81 所示。

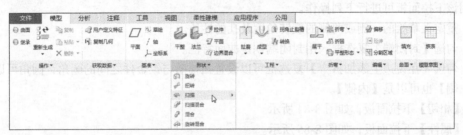

图 8-80 扫描壁命令按钮

图 8-81 【扫描】操控板

1.【扫描】操控板内各项的意义

- ☐：创建扫描壁特征。
- ◠：创建曲面特征。
- ◿：创建或编辑扫描截面。
- ◿：使用特征体积块创建切口。
- ☐：通过为截面轮廓指定厚度来创建特征。
- ⊢：沿扫描进行草绘时截面保持不变。
- ⊬：允许截面根据参数参考或沿扫描的关系进行变化。

2. 下拉面板

（1）【参考】下拉面板。【参考】下拉面板如图 8-82 所示。

在该下拉面板中,【截平面控制】下拉列表框中有【垂直于轨迹】【垂直于投影】和【恒定法向】3 个选项,这 3 个选项的意义如下。

● 垂直于轨迹。截面平面在整个长度上保持与【原点轨迹】垂直。属于普通(缺省)扫描。

● 恒定法向。z 轴平行于指定方向参考向量,必须指定方向参考。

● 垂直于投影。沿投影方向看去,截面平面与【原点轨迹】保持垂直。z 轴与指定方向上的【原点轨迹】的投影相切,必须指定方向参考。

(2)【选项】下拉面板。【选项】下拉面板如图 8-83 所示。

图 8-82 【参考】下拉面板

图 8-83 【选项】下拉面板

使用该下拉面板可进行下列操作。

● 重定义草绘的一侧或两侧的旋转角度及孔的性质。

● 勾选【封闭端】复选框,用封闭端创建曲面特征。

● 勾选【在锐边上添加折弯】复选框可以设置扫描壁与钣金件之间的圆角,圆角可以是【外侧】也可以是【内侧】。

(3)【相切】下拉面板,如图 8-84 所示。

(4)【属性】下拉面板,如图 8-85 所示。

使用该下拉面板可以编辑特征名,并打开 Creo 浏览器显示特征信息。

图 8-84 【相切】下拉面板

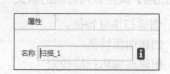

图 8-85 【属性】下拉面板

8.9.2 实例——绘制扫描件

下面通过一个实例具体讲解扫描件的绘制过程。

【绘制步骤】

（1）启动 Creo Parametric 6.0。

（2）单击工具栏中的【打开】按钮 📂，弹出【文件打开】对话框，从配套资源中找到文件"扫描件 .prt"，单击【打开】按钮完成文件载入。

（3）启动扫描壁特征命令。单击【模型】选项卡中【形状】组下方的【扫描】按钮 🍱，弹出【扫描】操控板。

（4）单击操控板中的【参考】按钮，弹出图 8-86 所示的【参考】下拉面板，单击【细节】按钮，弹出【链】对话框，选择图 8-87 所示的边线为链。单击【确定】按钮，设置箭头方向如图 8-88 所示。

图 8-86　【参考】下拉面板

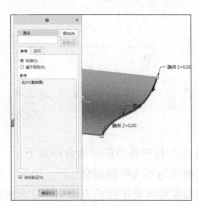

图 8-87　选择链

（5）单击【扫描】操控板中的【创建截面】按钮 ✏️，弹出【草绘】对话框，单击【设置】组中的【草绘视图】按钮 🔄，把草绘平面调整到正视于用户的视角；单击【圆弧】按钮 ⌒，绘制草图，效果如图 8-89 所示。

（6）单击【确定】按钮 ✔️，返回【扫描】操控板，单击【确定】按钮 ✔️，完成扫描壁的绘制，效果如图 8-90 所示。

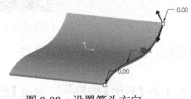  

图 8-88　设置箭头方向　　　　图 8-89　绘制草图　　　　图 8-90　扫描壁

8.10　延伸壁特征

延伸壁特征也叫延拓壁特征，就是将已有的平板钣金件延伸到某一指定的位置或指定的距离，不需要绘制任何截面线。延伸壁不能建立第一壁特征，它只能用于建立额外壁特征。

在这一节，我们将首先讲解创建延伸壁特征的基本方法，接着通过一个实例来进一步加强对创建延伸壁特征方法的理解，最后讲解一下延伸壁特征选项及设置。

8.10.1 延伸壁特征命令

单击【模型】选项卡中【编辑】组上的【延伸】按钮 ➡，如图 8-91 所示，弹出【延伸】操控板，如图 8-92 所示。

图 8-91 延伸壁命令按钮

图 8-92 【延伸】操控板

【延伸】操控板中各项的功能介绍如下。

⬜：延伸壁与参考平面相交。

⬜：用指定延伸至平面的方法来指定延伸距离，该平面是延伸的终止面。

⬜：用输入数值的方式来指定延伸距离。

距离⊢ 1.00 ：用于指定延伸距离。

8.10.2 实例——绘制 U 形体

创建延伸壁特征的具体方法和步骤如下。

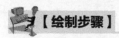【绘制步骤】

（1）启动 Creo Parametric 6.0。

扫码看视频

（2）单击工具栏中的【打开】按钮，弹出【文件打开】对话框，从配套资源中找到文件"U 形体 .prt"，单击【打开】按钮完成文件载入，如图 8-93 所示。

（3）选择图 8-94 所示的边线，单击【模型】选项卡中【编辑】组上的【延伸】按钮 ➡，弹出【延伸】操控板，单击【延伸至参考平面】按钮，选择图 8-95 所示的延伸边对面的平面，单击【确定】按钮，完成延伸壁特征的创建，效果如图 8-96 所示。

   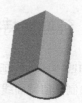

图 8-93 U 形体文件　　图 8-94 选择边线　　图 8-95 选择平面　　图 8-96 延伸壁特征

8.11　合并壁特征

合并壁将至少需要两个非附属壁合并到一个零件中，通过合并操控可以将多个分离的壁特征合并成一个钣金件。

8.11.1　合并壁特征命令

单击【模型】选项卡中【编辑】组下方的【合并】按钮 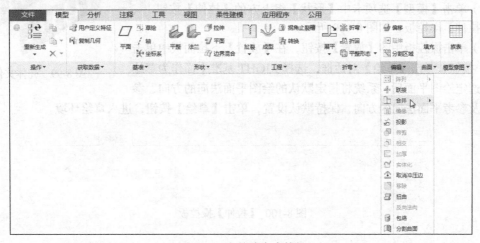，如图 8-97 所示，弹出图 8-98 所示的【合并壁】对话框、【特征参考】菜单。

图 8-97　合并壁命令按钮

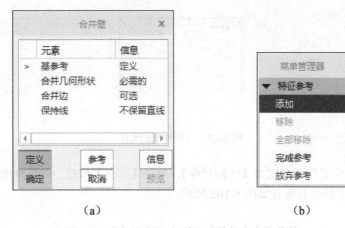

（a）　　　　　　　　　　（b）

图 8-98　【合并壁】对话框、【特征参考】菜单

【合并壁】对话框内各项的意义如下。

基参考：选择基础壁的曲面。

合并几何形状：指定合并几何形状。

合并边：（可选项）增加或删除由合并删除的边。

保持线：（可选项）控制曲面接头上合并边的可见性。

8.11.2 实例——绘制壳体

下面是创建合并壁特征的具体方法和步骤。

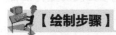【绘制步骤】

（1）启动 Creo Parametric 6.0。

（2）单击工具栏中的【打开】按钮图标，弹出【文件打开】
对话框，从配套资源中找到文件"壳体 .prt"，单击【打开】按钮完
成文件载入，如图 8-99 所示。

（3）单击【模型】选项卡中【形状】组上方的【拉伸】按钮，
弹出【拉伸】操控板，如图 8-100 所示。

（4）单击操控板中的【放置】按钮，在【放置】下拉面板中单击
【定义】按钮，弹出【草绘】对话框，选择 RIGHT 基准平面作为草绘
平面，选定绘图平面后，系统将指定默认的绘图平面法向的方向、参
考平面及参考平面法向的方向，保持默认设置，单击【草绘】按钮，进入草绘环境。

图 8-99　壳体文件

图 8-100　【拉伸】操控板

（5）单击【草绘】选项卡中【草绘】组上方的【线】按钮 和【圆形修剪】按钮，绘制图
8-101 所示的截面，单击【确定】按钮，退出草图绘制环境。

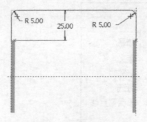

图 8-101　拉伸特征截面

（6）在操控板中设置拉伸方式为【两侧对称】；单击【方向】按钮，调整厚度增加方向为向内；
输入拉伸长度值 212，操控板设置如图 8-102 所示。

图 8-102　操控面板设置

（7）单击操控板中的【选项】按钮，弹出【选项】下拉面板，选中【不合并到模型】单选按钮，

如图 8-103 所示。

（8）单击【完成】按钮 ✓，完成拉伸壁的创建，效果如图 8-104 所示。

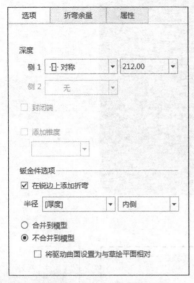

图 8-103　【选项】下拉面板

图 8-104　拉伸壁特征

（9）单击【模型】选项卡中【编辑】面板下【合并】按钮 ⬚，弹出【合并壁】对话框、【特征参考】菜单和【选择】对话框。

（10）选择偏移壁的外侧面，选择【特征参考】菜单中的【完成参考】选项，此时弹出【选择】对话框，如图 8-105 所示。【合并壁】对话框中的指针指向【合并几何形状】选项，选择不与拉伸壁相连的拉伸壁特征的外表面，选择【特征参考】菜单中的【完成参考】选项。

（11）单击【合并壁】对话框中的【确定】按钮，完成合并壁特征的创建，效果如图 8-106 所示。

（12）同理将【第一壁】特征和拉伸特征合并，合并效果如图 8-107 所示。

图 8-105　【选择】对话框

图 8-106　一侧合并壁特征

图 8-107　合并壁特征

第9章
钣金的编辑

/ 本章导读

通过前面几章的学习，我们已经掌握了创建钣金壁特征的方法。但在钣金件设计过程中，通常还需要对壁特征进行一些处理，如折弯、展开、切割、成形等。本章学习壁处理的过程中，常用到的基本命令包括【折弯】【边折弯】【展平】【折回】【平整形态】【扯裂】【转换特征】【拐角止裂槽特征】【钣金切割特征】【钣金切口特征】【冲孔特征】【成型特征】和【平整成型特征】等。

/ 知识重点

- 折弯和边折弯特征
- 展平和折回特征
- 平整形态和扯裂特征
- 分割区域和转换特征
- 拐角扯裂槽和切割特征
- 切口和冲孔特征
- 成型和平整成型特征

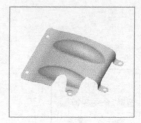

9.1 折弯特征

折弯将钣金件壁转变为斜形或筒形，此过程在钣金件设计中称为弯曲，在 Creo Parametric 中称为钣金折弯。折弯线是计算展开长度和创建折弯几何的参考。

在设计过程中，只要壁特征存在，就可随时添加折弯。可跨多个成形特征添加折弯，但不能在多个特征与另一个折弯交叉处添加这些特征。

9.1.1 折弯特征命令

单击【模型】选项卡中【折弯】组上的【折弯】按钮 ，如图 9-1 所示，弹出【折弯】操控板，如图 9-2 所示。

图 9-1 折弯特征命令按钮

图 9-2 【折弯】操控板

【折弯】操控板中各项的说明如下。

：将材料折弯到折弯线。

：折弯折弯线另一侧的材料。

：折弯折弯线两侧的材料。

：更改固定侧的位置。

：使用值来定义折弯角度。

：折弯至曲面的端部。

90.0 ：输入折弯角度。

：测量生成的内部折弯角度。

：测量自直线开始的折弯角度偏转。

：折弯半径在折弯的外部曲面。

：折弯半径在折弯的内部曲面。

：按参数折弯曲面。

9.1.2 创建折弯特征的操作步骤

在这一实例中，将进行【角度】折弯特征的创建。具体操作步骤和过程如下。

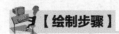

扫码看视频

【绘制步骤】

（1）启动 Creo Parametric 6.0。

（2）单击工具栏中的【打开】按钮 按钮，弹出【文件打开】对话框，从配套资源中找到"源文件\第9章\实例 1.prt"文件，单击【打开】按钮完成文件载入，如图 9-3 所示。

（3）创建角折弯特征。

① 单击【模型】选项卡中【折弯】组上的【折弯】按钮 ，弹出【折弯】操控板。

② 在操控板中单击【折弯线另一侧的材料】按钮 和【折弯角度】按钮 。

③ 单击【模型】选项卡中【基准】组上的【草绘】按钮 ，选择图 9-4 所示的曲面作为草绘平面。

图9-3　打开的实例1 文件

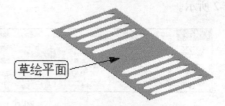

草绘平面

图9-4　选择草绘平面

④ 单击【草绘】选项卡中【草绘】组上的【线】按钮 ，绘制图 9-5 所示的折弯线，绘制完成后单击【确定】按钮 ，退出草图绘制环境。

⑤ 在操控板中单击【继续】按钮 ，同时绘图窗口中出现图 9-6 所示的红色箭头，表示折弯侧。

图9-5　绘制折弯线

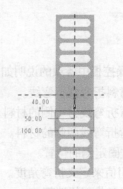

图9-6　方向显示

⑥ 在操控板中输入折弯角度"90.0"、厚度"2.0"，如图 9-7 所示。

图 9-7　【折弯】操控板

⑦ 单击【确定】按钮 ，完成一侧角折弯特征的创建，效果如图 9-8 所示。

⑧ 同理创建另一侧的折弯特征，生成的角折弯特征如图 9-9 所示。

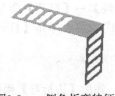

图9-8 一侧角折弯特征

图9-9 角折弯特征

（4）保存文件并退出。执行【文件】→【保存副本】命令，弹出【保存副本】对话框，在文本框中输入文件名"实例1-1"，单击【确定】按钮，完成文件的保存。

9.2 边折弯特征

边折弯将非相切边、箱形边（轮廓边除外）倒圆角，转换为折弯。根据选择要加厚的材料侧的不同，某些边显示为倒圆角的，而某些边则具有明显的锐边。选择【边折弯】选项可以快速对边进行倒圆角。

9.2.1 边折弯特征命令

单击【模型】选项卡中【折弯】组上的【边折弯】按钮 ，如图 9-10 所示，弹出【边折弯】操控板，如图 9-11 所示。

图 9-10 边折弯特征命令按钮

图 9-11 【边折弯】操控板

【边折弯】操控板中各项的说明如下。

【厚度】：可以直接选择半径与厚度的关系，也可以直接输入折弯半径值。

：折弯半径在折弯的外部曲面。

：折弯半径在折弯的内部曲面。

：按参数折弯。

9.2.2 创建边折弯特征的操作步骤

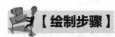【绘制步骤】

扫码看视频

（1）启动 Creo Parametric 6.0。

（2）打开文件。单击工具栏中的【打开】按钮 🗁，执行【文件】→【打开】命令，弹出【文件打开】对话框，找到配套资源中的"源文件 \ 第 9 章 \ 实例 2.prt"文件，单击【打开】按钮将其打开，如图 9-12 所示。

（3）创建边折弯特征。

① 单击【模型】选项卡中【折弯】组上的【边折弯】按钮 ⌐，弹出【边折弯】操控板。

② 选择图 9-13 所示的边线，在操控板中选择厚度为【厚度】。

③ 单击【确定】按钮 ✓，完成边折弯特征的创建，如图 9-14 所示。

图9-12　打开的实例2文件　　　　图9-13　选择边线　　　　　　图9-14　边折弯特征

（4）编辑边折弯特征。

① 在【模型树】中选择【实例 2.PRT】文件【模型树】下的【边折弯 1】选项，右击弹出快捷菜单，选择【编辑定义】选项，如图 9-15 所示，开始重新编辑边折弯特征。

② 在操控板中输入半径"20"，效果如图 9-16 所示。

（5）再生模型。单击【模型】选项卡中【操作】组上的【重新生成】按钮 🔁，系统自动按照新修改的半径值重新生成模型，新生成模型如图 9-17 所示。

（6）保存文件并退出。执行【文件】→【另存为】→【保存副本】命令，弹出【保存副本】对话框，在文本框中输入文件名"实例 2-1"，单击【确定】按钮，完成文件的保存。

图9-15　选择【编辑定义】选项　　　图9-16　修改后的尺寸　　　图9-17　新生成模型

9.3　展平特征

在钣金设计中，不仅需要把平面钣金折弯，还需要将折弯的钣金展开为平面钣金。所谓的展平，在钣金中也称为展开。在 Creo Parametric 6.0 中，系统可以将折弯的钣金件展平为平面钣金。

9.3.1 展平特征命令

单击【模型】选项卡中【折弯】组上的【展平】按钮 ，下拉列表如图9-18所示。

图9-18 展平特征命令按钮

【展平】下拉列表中各项的意义如下。

（1）展平。展平零件中的大多数折弯。选择要展平的现有折弯或壁特征。若选择所有折弯，则创建零件的平整形态。展平是系统默认的展平方式，适用于【常规】折弯、【带有转接】折弯和【平面】折弯。可将壁和折弯展平，材料必须可延展，并能展平。不能用规则展平特征展平不规则曲面。

选择固定面后，可选择展平所有曲面和折弯，或选择特定区域，如图9-19所示。

① 展平选择：选择要展平的特定折弯曲面。

② 展平全部：展平全部折弯和弯曲曲面。

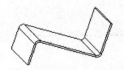

图9-19 【展平选择】和【展平全部】比较

展平某个区域后，可继续添加特征，如切口和裂缝等。

> **说明**　在展平之后所添加的特征为展平的子项，从属于该展平。删除展平，这些特征也随之删除。如果是临时查看展平模型，要确保在添加特征之前删除展平特征。不必要的特征可延长零件再生和开发时间。
>
> 如果添加的壁在展平时相交，那么将以红色加亮相交的边，并出现警告提示。

（2）过渡展平。选择固定曲面并指定横截面曲线来决定展平特征的形状，适用于有转接面的钣金特征，图9-20所示为混合曲面壁的【过渡】展平。

在选择固定面时，所有的固定面都要选择；选择转接面时，所有转接面都要选择。

过渡几何要临时从模型中移除，必须定义该几何以利用该特征，然后展平可展开的曲面，过渡几何即可到平整形态。

选择此两绿色固定面

选择中间所有的20个转接面

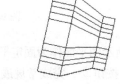

图9-20 过渡展平特征

展平某个区域后，可继续添加特征，如切口和裂缝等。

 说明　　在展平之后所添加的特征为展平的子项，从属于该展平。如果删除展平，那么这些特征也随之删除。如果是临时查看展平模型，要确保在添加特征之前删除展平特征，不必要的特征可延长零件再生和开发时间。

（3）横截面驱动展平。适用于不规则的展平，利用选择或草绘一条曲线来驱动展平，如图 9-21 所示，展平由沿曲线的一系列截面组成，它们被投影到平面上。截面是指用来影响展平壁形状的曲线，可选择现有曲线或草绘新曲线。无论是选择还是草绘曲线，它必须与所定义的固定边共面。如果草绘曲线，那么要确保对曲线进行标注/对齐。

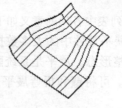

此直线既可作固定边，也可作截面曲线

图 9-21　横截面驱动

选择或草绘的曲线将影响零件的展平状态。

 说明　　该曲线可为直线。

9.3.2　创建展平特征的操作步骤

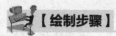【绘制步骤】

扫码看视频

（1）启动 Creo Parametric 6.0。

（2）打开文件。单击工具栏中的【打开】按钮 🗁，弹出【文件打开】对话框，找到配套资源中的"源文件\第9章\实例3.prt"文件，单击【打开】按钮将其打开，如图 9-22 所示。

（3）创建展平特征。单击【模型】选项卡中【折弯】组上的【展平】按钮 🔙，弹出【展平】操控板，如图 9-23 所示。

图9-22　打开的实例3文件

图 9-23　【展平】操控板

① 选择图 9-24 所示的平面作为固定平面。

② 单击【确定】按钮 ✓，完成常规展平特征的创建，效果如图 9-25 所示。

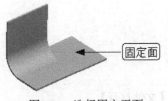

图9-24　选择固定平面　　　　　　　　　图9-25　常规展平特征

（4）保存文件并退出。执行【文件】→【另存为】→【保存副本】命令，弹出【保存副本】对话框，在文本框中输入文件名"实例3-1"，单击【确定】按钮，完成文件的保存。

9.4　折回特征

系统提供了【折回】功能，这个功能是与展平功能相对应的，用于将展平的钣金的平面薄板的整个或部分平面恢复为折弯状态，但并不是所有能展开的钣金件都能折弯回去。

9.4.1　折回特征命令

单击【模型】选项卡中【折弯】组上的【折回】按钮 ，如图 9-26 所示，弹出图 9-27 所示的【折回】操控板。

图 9-26　折回特征命令按钮

图 9-27　【折回】操控板

【折回】操控板内各项的意义如下。

：手动选择展平几何进行折回。

：自动选择所有展平几何进行折回。

曲面:F5(壁曲面)　：用于指定固定平面。

9.4.2　创建折回特征的操作步骤

下面通过实例来具体讲解创建折回特征的方法。

将选择【折弯回去选择】选项来创建钣金折弯回去特征，具体步骤如下。

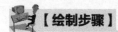【绘制步骤】

（1）启动 Creo Parametric 6.0。

（2）打开文件。单击工具栏中的【打开】按钮 📂，弹出【文件打开】
对话框，找到配套资源中的"源文件\第 9 章 \实例 4.prt"文件，单击【打
开】按钮将其打开，文件如图 9-28 所示。

（3）创建全部折弯回去特征。

① 单击【模型】选项卡中【折弯】组上的【折回】按钮 🔩，弹
出【折回】操控板。

② 在操控板中单击【手动】按钮 ，选择图 9-29 所示的平面作为
固定平面。

③ 选择图 9-30 所示的面作为折弯面。

④ 在操控板中单击【确定】按钮 ✓，完成折弯回去特征的创建，如图 9-31 所示。

（4）保存文件并退出。执行【文件】→【另存为】→【保存副本】命令，弹出【保存副本】对话框，
在文本框中输入文件名"实例 4-1"，单击【确定】按钮，完成文件的保存。

图 9-28　打开的实例 4 文件

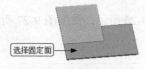

图9-29　选择固定平面

图9-30　选择折弯面

图9-31　折弯回去特征

9.5　平整形态特征

（1）平整形态特征会永远位于整个钣金特征的最后。当加入平整形态特征后，钣金件就以二
维展开方式显示在屏幕上。当加入了新的钣金特征时，平整形态特征又会自动隐藏，钣金会以三维
状态显示，要加入的特征会插在平整形态特征之前，平整形态特征自动放到钣金特征的最后。完成
新的特征加入后，系统又自动恢复平整形态特征，钣金件仍以二维展开方式显示在屏幕上。因此在
钣金设计过程中，应尽早建立平整形态特征，这样有利于二维工程图制作。

（2）在创建【平整形态】特征时，展开类型只有【展开全部】一种；而在创建展平特征时，系
统提供了【手动选取】和【自动选取】两种展开类型。

9.5.1　平整形态特征命令

单击【模型】选项卡中【折弯】组上的【平整形态】按钮 🔩，如图 9-32 所示，弹出图 9-33 所
示的【平整形态】操控板。

图 9-32　平整形态特征命令按钮

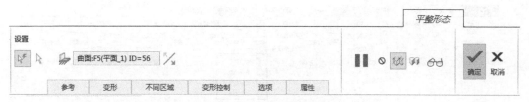

图 9-33 【平整形态】操控板

9.5.2 创建平整形态特征的操作步骤

下面将通过一个实例来具体讲解创建平整形态特征的方法。

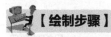 【绘制步骤】

扫码看视频

（1）启动 Creo Parametric 6.0。

（2）打开文件。单击工具栏中的【打开】按钮 ，弹出【文件打开】对话框，找到配套资源中的"源文件\第 9 章\实例 5.prt"文件，单击【打开】按钮将其打开，如图 9-34 所示。

（3）创建平整形态特征。

① 单击【模型】选项卡中【折弯】面板上的【平整形态】按钮 ，弹出【平整形态】操控板。

② 系统自动选择图 9-35 所示的面作为固定面。

③ 在操控板中单击【确定】按钮 ，此时系统生成了平整形态特征，如图 9-36 所示。

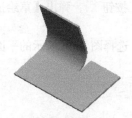

图9-34 打开的实例5文件

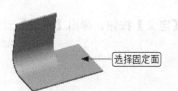

选择固定面

图9-35 选择固定面

图9-36 平整形态特征

（4）保存文件并退出。执行【文件】→【另存为】→【保存副本】命令，弹出【保存副本】对话框，在文本框中输入文件名"实例 5-1"，单击【确定】按钮，完成文件的保存。

9.6 扯裂特征

系统提供了【扯裂】功能，也叫【缝】功能，用来处理封闭钣金件的展开问题。封闭的钣金件是无法直接展开的，但可以利用【扯裂】功能先在钣金件的某处产生裂缝，即裁开钣金件，使钣金件不再封闭，这样就可以展开了。

9.6.1 扯裂特征命令

单击【模型】选项卡中【工程】组上的【扯裂】按钮 ，如图 9-37 所示。

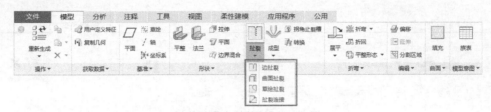

图 9-37　扯裂特征命令按钮

【扯裂】的下拉列表中相关选项的意义如下。

（1）边扯裂。用于选择一条边并撕裂几何形状从而创建扯裂特征。

（2）曲面扯裂。用于选择一个曲面并撕裂几何形状从而创建扯裂特征。

（3）草绘扯裂。用于在零件几何形状体中建立【零宽度】切减材料从而创建扯裂特征。

9.6.2　创建缝特征的操作步骤

【绘制步骤】

扫码看视频

（1）启动 Creo Parametric 6.0。

（2）打开文件。单击工具栏中的【打开】按钮，弹出【文件打开】对话框，找到配套资源中的"源文件\第 9 章\实例 6.prt"文件，单击【打开】按钮将其打开，如图 9-38 所示。

（3）创建规则缝特征。

① 单击【模型】选项卡中【工程】组上的【扯裂】下的【草绘扯裂】按钮，弹出【草绘扯裂】操控板，如图 9-39 所示。

② 在【放置】下拉面板中单击【定义】按钮，弹出【草绘】对话框，选择图 9-40 所示的平面作为草绘平面，系统进入草绘环境。

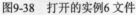

图9-38　打开的实例6 文件　　　　　　　　图9-39　【草绘扯裂】操控板

③ 单击【草绘】选项卡中【草绘】组上的【样条曲线】按钮，绘制图 9-41 所示的曲线作为缝曲线，绘制完成后单击【确定】按钮，退出草图绘制环境，模型如图 9-42 所示。

图9-40　选择草绘平面　　　　　　图9-41　绘制缝曲线　　　　　　图9-42　模型预览

④ 在操控板中单击【选项】下拉面板中的【排除的曲面】按钮，选择图 9-43 所示的 3 个曲面作为排除曲面。

⑤ 在操控板中单击【完成】按钮 ✓，完成草绘扯裂特征的创建，效果如图 9-44 所示。

图9-43　选择排除曲面

图9-44　草绘扯裂特征

（4）创建曲面缝特征。

① 单击【模型】选项卡中【工程】组上的【扯裂】下的【曲面扯裂】按钮 ⬚，弹出【曲面扯裂】操控板，如图 9-45 所示。

图 9-45　【曲面扯裂】操控板

② 按住 Ctrl 键选择图 9-46 所示的平面作为参考平面。

③ 在操控板中单击【确定】按钮 ✓，完成曲面缝特征的创建，如图 9-47 所示。

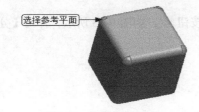

图9-46　选择参考平面

图9-47　曲面缝特征

（5）创建边缝特征。

① 单击【模型】选项卡中【工程】组上的【扯裂】下的【边扯裂】按钮 ⬚，弹出【边扯裂】操控板，如图 9-48 所示。

图 9-48　【边扯裂】操控板

② 选择图 9-49 所示的边作为裂缝边。

③ 在操控板中选择边缝类型为【开放】，单击【确定】按钮 ✓，完成边缝特征的创建，效果如

图 9-50 所示。

（6）创建展平特征。

① 单击【模型】选项卡中【折弯】组上的【展平】按钮 ，弹出【展平】操控板。

② 选择图 9-51 所示的平面作为固定平面。

③ 单击【确定】按钮 ，完成常规展平特征的创建，效果如图 9-52 所示。

图9-49 选择裂缝边　　图9-50 边缝特征　　图9-51 选择固定平面　　图9-52 展平特征

（7）保存文件并退出。执行【文件】→【另存为】→【保存副本】命令，弹出【保存副本】对话框，在文本框中输入文件名"实例 6-1"，单击【确定】按钮，完成文件的保存。

9.7 分割区域特征

在上一章实例中进行操作时，遇到了钣金不能展开的情况，这时需要定义变形的曲面。在 Creo Parametric 6.0 中，可以利用【分割区域】功能来实现。

9.7.1 分割区域特征命令

单击【模型】选项卡中【编辑】组上的【分割区域】按钮 ，如图 9-53 所示，弹出【分割区域】操控板，如图 9-54 所示。

【分割区域】操控板内各项的意义如下。

 ：更改草绘的投影方向。

 ：垂直于驱动曲面的分割。

 ：垂直于偏移曲面的分割。

 ：分割草绘的另一侧。

图 9-53 分割区域特征命令按钮

图 9-54 【分割区域】操控板

9.7.2　创建分割区域特征的操作步骤

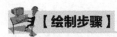【绘制步骤】

扫码看视频

（1）启动 Creo Parametric 6.0。

（2）打开文件。单击工具栏中的【打开】按钮，弹出【文件打开】对话框，找到配套资源中的"源文件\第 9 章\实例 7.prt"文件，单击【打开】按钮将其打开，如图 9-55 所示。

在模型【实例 7.prt】中有一些区域是不可展平的，如图 9-56 所示的区域。要想将此模型展平就要先进行变形区域操作，下面创建变形区域特征。

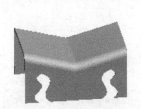

图9-55　打开的实例7 文件

图9-56　不可展平的区域

选择草绘平面

图9-57　选择草绘平面

（3）创建变形区域特征。

① 单击【模型】选项卡中【编辑】组上的【分割区域】按钮，弹出【分割区域】操控板。

② 单击【放置】下拉面板中的【定义】按钮，选择图 9-57 所示的平面作为草绘平面，系统自动进入草绘环境。

③ 绘制图 9-58 所示的草图作为边界线。绘制完成后单击【确定】按钮，退出草图绘制环境。

④ 在操控板中单击【确定】按钮，完成变形区域特征的创建，效果如图 9-59 所示。

⑤ 重复执行【分割区域】命令，完成另一侧的变形区域特征的创建，效果如图 9-60 所示。

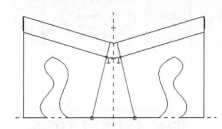

图9-58　绘制变形区域边界线

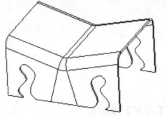

图9-59　变形区域特征

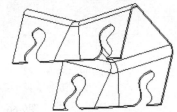

图9-60　镜像结果

⑥ 在【模型树】中选择【分割区域 1】与【分割区域 2】选项，然后右击，在弹出的快捷菜单中选择【分组】选项，如图 9-61 所示。将【分割区域 1】与【分割区域 2】创建成局部组。

（4）创建展平特征。

① 单击【模型】选项卡中【折弯】组上的【展平】按钮，弹出【展平】操控板。

② 选择图 9-62 所示的平面作为固定平面。

③ 在操控板中单击【变形】下拉面板中的【变形曲面】按钮，选择图 9-63 所示的平面作为变形曲面。

④ 单击【确定】按钮，完成展平特征的创建，效果如图 9-64 所示。

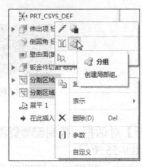

图9-61　创建局部组　　图9-62　选择固定平面　　图9-63　选择变形平面　　图9-64　展平特征

（5）编辑变形区域特征。

① 在【模型树】中选择【实例 7.PRT】文件【模型树】下的【展平 1】选项，右击打开快捷菜单，选择【编辑定义】选项，如图 9-65 所示，开始重新编辑展平特征。

② 弹出图 9-66 所示的【展平】操控板，单击【变形控制】按钮，打开【变形控制】下拉面板，如图 9-67 所示。

③ 选择【变形区域 1】选项，选中【草绘区域】单选按钮，并单击【草绘】按钮，系统自动进入草绘环境。

④ 单击【草绘】选项卡中【草绘】组上的【3 点 / 相切端】按钮 ，绘制图 9-68 所示的连接圆弧，绘制完成后单击【确定】按钮 ，退出草图绘制环境。

⑤ 选择【变形区域 2】选项，重复执行第④步，绘制另一侧的连接圆弧。

⑥ 在操控板中单击【确定】按钮 ，展平特征如图 9-69 所示。

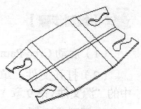

图 9-65　选择【编辑定义】选项

图9-66　【展平】操控板

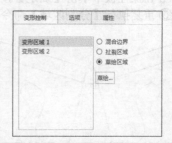

图9-67　【变形控制】下拉面板

（6）保存文件并退出。执行【文件】→【另存为】→【保存副本】命令，弹出【保存副本】对话框，在文本框中输入文件名"实例 7-1"，单击【确定】按钮，完成文件的保存。

图9-68　绘制连接圆弧

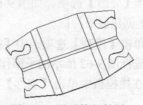

图9-69　展平特征结果

9.8　转换特征

在 Creo Parametric 6.0 中，转换特征主要是针对由实体模型转变而来的不能展开的钣金件，因为在通过实体零件转换为钣金零件的过程之后，其仍不是完整的钣金件。若需要进行展平，我们还需要在零件上增加一些特征，才能顺利完成展平操作。

【转换】功能就是通过在钣金件上定义很多点或线，以将钣金件分割开，然后再对钣金件进行展平。

9.8.1　转换特征命令

单击【模型】选项卡中【工程】组上的【转换】按钮 ，如图 9-70 所示，弹出【转换】操控板，如图 9-71 所示。

图 9-70　转换特征命令按钮

图 9-71　【转换】操控板

【转换】操控板内各项的意义如下。

：沿着零件的边线建立扯裂特征。

：用于连接钣金零件上的顶点或止裂点，以创建裂缝特征，其方法为选择两点产生裂缝直线。

：选择【边折弯】选项可以快速对边进行倒圆角。

：就是拐角止裂槽，用于在适当的顶角上建立倒圆角或是斜圆形拐角止裂槽，在下一节将详细讲述【拐角止裂槽】功能的使用。

9.8.2　创建转换特征的操作步骤

下面我们将在一个实体转换的钣金件上创建转换特征，然后再将其展开，下面是详细步骤。

扫码看视频

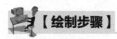【绘制步骤】

（1）启动 Creo Parametric 6.0。

（2）打开文件。单击工具栏中的【打开】按钮 ，弹出【文件打开】对话框，找到配套资源中的"源文件\第9章\实例8.prt"文件，单击【打开】按钮将其打开，如图9-72所示。

（3）创建转换特征。

① 单击【模型】选项卡中【工程】组上的【转换】按钮，系统弹出【转换】操控板。

② 在【转换】操控板中单击【边折弯】按钮，弹出【边折弯】操控板，选择图9-73所示的边进行折弯，选择完毕后，单击操控板中的【确定】按钮，返回【转换】操控板。

③ 在【转换】操控板中单击【边扯裂】按钮，弹出【边扯裂】操控板，选择图9-74所示的边，选择完毕后，单击操控板中的【确定】按钮，返回【转换】操控板，单击【转换】操控板中的【确定】按钮，创建转换特征1。

图9-72　打开的实例8文件

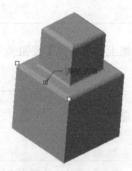

图9-73　选择折弯边

图9-74　选择扯裂边

④ 单击【模型】选项卡中【工程】组上的【转换】按钮，弹出【转换】操控板。

⑤ 在【转换】操控板中单击【扯裂连接】按钮，弹出【扯裂连接】操控板，选择图9-75所示的边线点创建扯裂连接，选择完毕后，单击操控板中的【放置】按钮，弹出【放置】下拉面板，勾选【添加间隙】复选框，如图9-76所示。然后单击下拉面板中的【新建集】按钮，创建其他扯裂连接，效果如图9-77所示。单击确定按钮，返回【转换】操控板，单击【转换】操控板中的【确定】按钮，创建转换特征2。

图9-75　选择两点创建扯裂连接

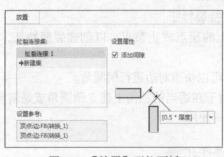

图9-76　【放置】下拉面板

图9-77　创建扯裂连接

（4）创建平整形态特征。

① 单击【模型】选项卡中【折弯】组上的【平整形态】按钮，弹出【平整形态】操控板。

② 系统自动选择图9-78所示的面作为固定面。

③ 在操控板中单击【确定】按钮，此时系统生成的平整形态特征如图9-79所示。

（5）保存文件并退出。执行【文件】→【另存为】→【保存副本】命令，弹出【保存副本】对话框，在文本框中输入文件名"实例 8-1"，单击【确定】按钮，完成文件的保存。

图9-78　选择固定面　　　　　　　图9-79　平整形态特征

9.9　拐角止裂槽特征

【拐角止裂槽】功能用于在展开件的顶角处增加止裂槽，以使展开件在折弯顶角处改小变形或防止开裂。

9.9.1　拐角止裂槽特征命令

单击【模型】选项卡中【工程】组上的【拐角止裂槽】按钮，如图 9-80 所示，弹出【拐角止裂槽】操控板，如图 9-81 所示。

图 9-80　拐角止裂槽特征命令按钮

图 9-81　【拐角止裂槽】操控板

系统提供了 7 种拐角止裂槽类型。

（1）无止裂槽：表示创建方形拐角止裂槽。

（2）V 形凹槽：表示创建 V 形拐角止裂槽。

（3）常规：表示创建从拐角到折弯结束（并与其垂直）的切口作为止裂槽。

（4）圆形：表示创建圆形拐角止裂槽。

（5）正方形：表示创建正方形拐角止裂槽。

（6）矩形：表示创建矩形拐角止裂槽。

（7）长圆形：表示创建斜圆形拐角止裂槽。

拐角止裂槽的 7 种类型如图 9-82 所示。

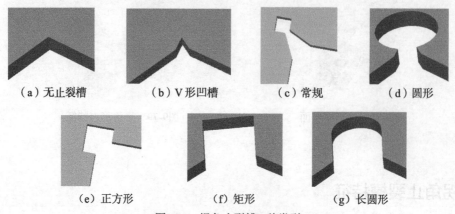

（a）无止裂槽　　　（b）V 形凹槽　　　（c）常规　　　（d）圆形

（e）正方形　　　　（f）矩形　　　　（g）长圆形

图9-82　拐角止裂槽7 种类型

9.9.2　创建拐角止裂槽特征的操作步骤

【绘制步骤】

扫码看视频

（1）启动 Creo Parametric 6.0。

（2）打开文件。单击工具栏中的【打开】按钮，弹出【文件打开】对话框，找到配套资源中的"源文件\第 9 章 \实例 9.prt"文件，单击【打开】按钮将其打开，如图 9-83 所示。

（3）创建拐角止裂槽特征。

① 单击【模型】选项卡中【工程】组上的【拐角止裂槽】按钮，弹出【拐角止裂槽】操控板。

② 在操控板中选择【V 形凹槽】选项，单击【完成】按钮，完成拐角止裂槽特征的创建，效果如图 9-84 所示。

（4）创建展平特征。为了更好地看清顶角止裂槽的形状，我们接着创建平整形态特征，把钣金件展开。

① 单击【模型】选项卡中【折弯】组上的【展平】按钮，弹出【展平】操控板。

② 选择图 9-85 所示的平面作为固定平面，单击【完成】按钮，完成展平特征的创建，效果如图 9-86 所示，局部放大如图 9-87 所示。

（5）保存文件并退出。执行【文件】→【另存为】→【保存副本】命令，弹出【保存副本】对话框，在文本框中输入文件名"实例 9-1"，单击【确定】按钮，完成文件的保存。

图9-83　打开的实例9 文件

图9-84　拐角止裂槽特征

选择固定平面

图9-85　选择固定平面

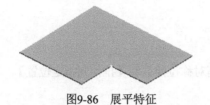

图9-86 展平特征

图9-87 局部放大展平特征

9.10 切割特征

系统提供了【切割】功能。【切割】功能主要用于切割钣金中多余的材料，它不仅可以用于创建钣金特征，还能用于满足折弯时的一些工艺要求。因为在钣金折弯时，常由于材料的挤压，钣金件弯曲处材料易变形，所以在实际的钣金设计中，要求在折弯处切割出小面积的切口，这样就可以避免材料的挤压变形。

钣金模式中切割和实体模式中切割基本上相同，都是通过执行【拉伸】命令来实现的，但又有些不同。如当切割特征的草绘平面与钣金件成某个角度时，两者生成特征的几何形状就不同，如图 9-88 所示。

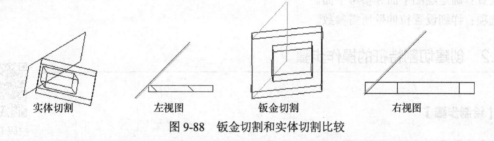

实体切割　　　　左视图　　　　钣金切割　　　　右视图

图 9-88 钣金切割和实体切割比较

9.10.1 切割特征命令

单击【模型】选项卡中【形状】组上的【拉伸】按钮 ，如图 9-89 所示，弹出【拉伸】操控板，如图 9-90 所示。

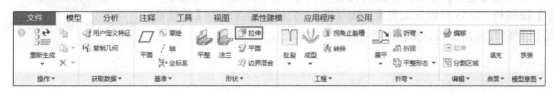

图 9-89 切割特征命令按钮

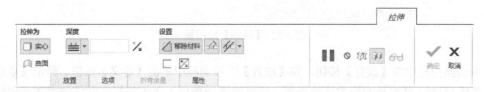

图 9-90 【拉伸】操控板

【拉伸】操控板内各按钮的功能如下。

- ：建立实体拉伸壁特征。

- ：建立曲面拉伸壁特征。

- ：设置拉伸方式，包括【指定深度拉伸】【两侧对称拉伸】和【拉伸到指定位置】。

- ：设置钣金厚度的增长侧。

- ：该按钮被选中时，将建立钣金切割特征。

- ：设置钣金的厚度。

- ：将材料的拉伸方向更改为草绘的另一侧。

- ：建立钣金切割特征时移除与曲面垂直的材料。

- ：材料移除的方向为垂直于偏移曲面和驱动曲面的材料。

- ：材料移除的方向为垂直于驱动曲面的材料。

- ：材料移除的方向为垂直于偏移曲面的材料。

- ：暂时中止使用当前的特征工具，以访问其他可用的工具。

- ：模型预览；若预览时出错，则表明特征的构建有误，需要重定义。

- ：确认当前特征的建立或重定义。

- ：取消特征的建立或重定义。

放置：确定绘图平面和参考平面。

选项：详细设置拉伸壁所需参数。

9.10.2 创建切割特征的操作步骤

扫码看视频

【绘制步骤】

（1）启动 Creo Parametric 6.0。

（2）打开文件。单击工具栏中的【打开】按钮，弹出【文件打开】对话框，找到配套资源中的"源文件\第9章\实例10.prt"文件，单击【打开】按钮将其打开，如图 9-91 所示。

（3）创建钣金切割特征。

① 单击【模型】选项卡中【形状】组上的【拉伸】按钮，弹出【拉伸】操控板。设置拉伸方式为【指定深度】，去除材料方式为【移除垂直于偏移曲面的材料】，操控面板设置如图 9-92 所示。

图9-91 打开的实例10文件

图 9-92 【拉伸】操控板

② 单击操控板中的【放置】按钮，在【放置】下拉面板中单击【定义】按钮，弹出【草绘】对话框，选择 DTM1 基准平面作为草绘平面，选定绘图平面后，系统将指定默认的绘图平面法向的方向、参考平面及参考平面法向的方向，保持默认设置。单击【草绘】按钮，进入草绘环境。

③ 绘制图 9-93 所示的草图作为截面图。绘制完成后单击【确定】按钮 ✔，退出草图绘制环境。

④ 模型中显示去除材料的方向，如图 9-94 所示。

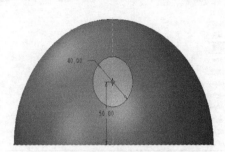

图9-93 截面图

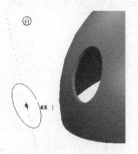

图9-94 去除材料方向

⑤ 在操控板中输入深度值"90"，操控板设置如图 9-95 所示。

⑥ 单击【完成】按钮 ✔，完成钣金切割特征的创建，效果如图 9-96 所示。

图9-95 操控面板设置

图9-96 钣金切割特征

（4）保存文件并退出。执行【文件】→【另存为】→【保存副本】命令，弹出【保存副本】对话框，在文本框中输入文件名"实例 10-1"，单击【确定】按钮，完成文件的保存。

9.11　切口特征

钣金切口就是从钣金件中移除材料，通常在折弯处挖出切口，切口垂直于钣金件曲面。这样钣金件在进行折弯或展平操作时，就不会因材料挤压而产生钣金变形。

切口特征功能与切割特征功能基本相同，但建立方法不同。建立切口特征需要先建立一个 UDF 数据库（扩展名是【.gph】），该数据库用来定义切口特征的各项参数。该 UDF 数据库不仅可以在同一钣金件内多次调用，还可供其他钣金件调用。要定义 UDF，首先在一钣金件上创建一个钣金切割特征，并且在绘制切割特征截面时，需要定义一个局部坐标系。接着利用 UDF 数据库创建一个 UDF。定义该 UDF 数据库与原钣金件的关系是从属关系，则该 UDF 数据库不能被其他钣金件所调用；若想让该 UDF 数据库被其他钣金件所调用，则可以定义该 UDF 数据库与原钣金件的关系是独立关系。

9.11.1　切口特征命令

单击【模型】选项卡中【工程】组下的【凹槽】按钮 Ⅵ，如图 9-97 所示。

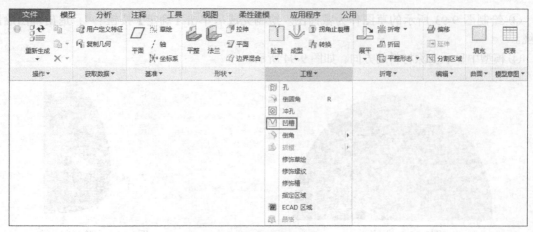

图 9-97　凹槽命令按钮

9.11.2　创建切口特征的操作步骤

【绘制步骤】

扫码看视频

（1）启动 Creo Parametric 6.0。

（2）打开文件。单击工具栏中的【打开】按钮，弹出【文件打开】对话框，找到配套资源中的"源文件＼第 9 章＼实例 11.prt"文件，单击【打开】按钮将其打开，如图 9-98 所示。

（3）创建钣金切割特征。

①单击【模型】选项卡中【形状】组上的【拉伸】按钮，弹出【拉伸】操控板。

②单击操控板上的【放置】按钮，在【放置】下拉面板中单击【定义】按钮，弹出【草绘】对话框，选择图 9-99 所示平面作为草绘平面，选择 FRONT 基准平面作为参考平面，方向为【上】，单击【草绘】按钮，进入草绘环境。

图9-98　打开的实例11 文件

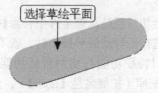

选择草绘平面

图9-99　选择草绘平面

③单击【设置】组上的【参考】按钮，弹出【参考】对话框，在此选择图 9-100 所示的轴 A-1和边线作为添加的参考，单击【关闭】按钮完成参考的添加。

④单击【草绘】选项卡中【草绘】组上的【坐标系】按钮，将坐标系添加到图 9-101 所示的图形位置。

⑤绘制图 9-102 所示的截面，绘制完成后单击【确定】按钮，退出草图绘制环境。

⑥在操控板中设置切口方式为【拉伸至下一曲面】，切口侧为【移除垂直于驱动曲面的材料】，操控板设置如图 9-103 所示。

⑦单击【确定】按钮，完成钣金切割特征的创建，效果如图 9-104 所示。

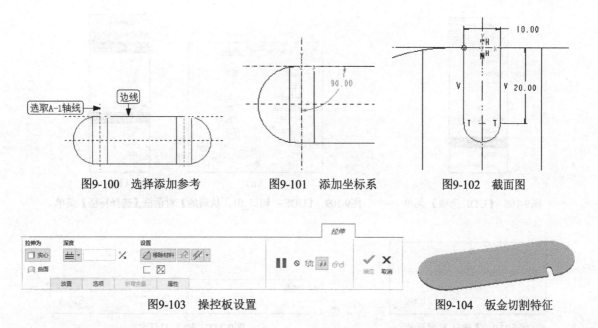

图9-100　选择添加参考　　　　图9-101　添加坐标系　　　　图9-102　截面图

图9-103　操控板设置　　　　　　　　　　图9-104　钣金切割特征

（4）定义 UDF 特征。

① 单击【工具】选项卡中【实用工具】组上的【UDF 库】按钮，如图 9-105 所示，弹出图 9-106 所示的【UDF】菜单。

图 9-105　UDF 库命令按钮

② 选择【创建】选项，弹出图 9-107 所示的消息输入窗口，在文本框中输入名称"切口 _01"，单击【接受值】按钮。

图9-106　【UDF】菜单

图9-107　UDF 名输入窗口

③ 弹出图 9-108 所示的【UDF 选项】菜单，选择【从属的】和【完成】选项。弹出图 9-109 所示的【UDF：切口 _01，从属的】对话框和【选择特征】菜单。

④ 选择刚生成的切口特征，然后选择【完成】选项，接着选择【完成 / 返回】选项。

⑤ 弹出图 9-110 所示的【确认】对话框，单击【是】按钮。

⑥ 弹出图 9-111 所示的消息输入窗口，在文本框中输入"切口 _01"，单击【接受值】按钮。

图9-108 【UDF选项】菜单　　　　图9-109 【UDF：切口_01，从属的】对话框【选择特征】菜单

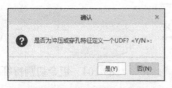

图9-110 【确认】对话框　　　　　　　　　图9-111 输入刀具名

⑦ 弹出【对称】菜单，如图 9-112 所示，选择 y 轴为对称轴。

⑧ 弹出图 9-113 所示的消息输入窗口，同时模型上显示加亮的放置面，输入的文本用于在创建切口特征时提示显示的信息，在文本框中输入"切口放置面"，单击【接受值】按钮 ✓。

图9-112 【对称】菜单　　　　　　　　图9-113 输入切口放置面提示名称

⑨ 打开图 9-114 所示的消息输入窗口，同时模型上显示加亮的 FRONT 基准平面，该基准平面是草绘平面的参考平面，在文本框中输入"参考平面"，单击【接受值】按钮 ✓。

⑩ 打开图 9-115 所示的消息输入窗口，同时模型上显示出 A-1 轴，该轴是建立局部坐标的参考，在文本框中输入"对称轴"，单击【接受值】按钮 ✓。

图9-114 输入参考面提示名称　　　　　　图9-115 输入坐标的参考名称

⑪ 打开图 9-116 所示的消息输入窗口，同时模型上显示底边，该边是放置局部坐标的边线，在文本框中输入"底边"，单击【接受值】按钮 ✓。

图 9-116 输入坐标的放置边名称

⑫ 弹出图 9-117 所示的【修改提示】菜单，用于对刚才定义的提示进行修改，选择【完成／返回】选项，完成 UDF 特征的提示信息的输入。

⑬ 在【UDF：切口 _01，从属的】对话框中双击【可变尺寸】选项，弹出图 9-118 所示的【可变尺寸】菜单。在绘图窗口中模型中选择 20 和 10 两个尺寸。然后选择【完成／返回】选项。

⑭ 弹出图 9-119 所示的消息输入窗口，在文本框中输入"切口圆弧直径"，单击【接受值】按钮✓。

⑮ 打开图 9-120 所示的消息输入窗口，在文本框中输入"切口特征深度"，单击【接受值】按钮✓。

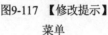

图9-117　【修改提示】菜单　　　图 9-118　【可变尺寸】菜单

图9-119　输入尺寸值的提示名（1）　　　图9-120　输入尺寸值的提示名（2）

⑯ 单击【UDF：切口 _01，从属的】对话框中的【确定】按钮，再选择【UDF】菜单中的【完成／返回】选项，完成 UDF 特征的创建。

（5）保存文件并退出。执行【文件】→【另存为】→【保存副本】命令，弹出【保存副本】对话框，在文本框输入文件名"实例 11_udf.prt"，单击【确定】按钮，完成文件的保存。然后执行【文件】→【管理会话】→【拭除当前】命令，将此文件从内存中清除。

在创建了 UDF 特征后，系统自动在工作目录中生成了一个名为【切口 _01.gph】的文件，此文件就是切口的 UDF 数据库文件。

（6）在钣金中使用 UDF 特征。

① 单击工具栏中的【打开】按钮📂，弹出【文件打开】对话框，找到配套资源中的"源文件 \ 第 9 章 \ 实例 11_udf.prt"文件，单击【打开】按钮将其打开。

② 单击【模型】选项卡中【工程】组下拉列表中的【凹槽】按钮∨，弹出图 9-121 所示的【打开】对话框，从【组目录】中选择【切口 _01.gph】数据库文件，单击【打开】按钮。

③ 弹出图 9-122 所示的【插入用户定义的特征】对话框，用来显示 UDF 特征，勾选【高级参考配置】复选框，然后单击【确定】按钮。

图 9-121　【打开】对话框　　　图 9-122　【插入用户定义的特征】对话框

④ 弹出图 9-123 所示的【用户定义的特征放置】和【实例 11- Creo Parametric】对话框。单击【用户定义的特征放置】对话框中的【变量】按钮，将切割特征的切口特征深度尺寸 20 修改为 30，将切口圆弧直径尺寸 10 修改为 15。

（a）

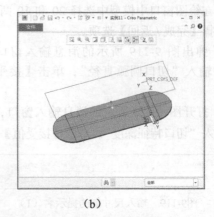

（b）

图 9-123 【用户定义的特征放置】和【实例 11-Creo Parametric】对话框

⑤ 单击【用户定义的特征放置】对话框中的【放置】按钮，开始替换原 UDF 中的参考平面和坐标系。选择图 9-124 所示的切口放置面替换原始特征参考 1 的【切口放置面】;，选择图 9-124 所示的参考平面替换原始特征参考 2 的【参考平面】;，选择如图 9-124 所示的对称轴替换原始特征参考 3 的【对称轴】; 选择图 9-124 所示的底边替换原始特征参考 4 的【底边】。

⑥ 完成参考的替换，单击【用户定义的特征放置】对话框中的【应用】按钮 ✓ ，此时新生成的切口如图 9-125 所示。

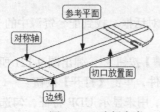

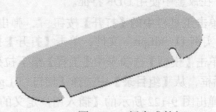

图9-124 选择参考

图9-125 新生成的切口

（7）创建折弯回去特征。

① 单击【模型】选项卡中【折弯】面板上的【折回】按钮 ，弹出【折回】操控板。

② 选择图 9-126 所示的平面作为固定平面。

③ 单击【确定】按钮 ✓ ，完成折弯回去特征的创建，效果如图 9-127 所示。

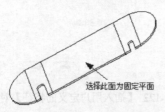

选择此面为固定平面

图9-126 选择固定平面

图9-127 折弯回去特征

（8）保存文件并退出。执行【文件】→【另存为】→【保存副本】命令，弹出【保存副本】对话框，在文本框中输入文件名"实例 11-1_udf.prt"，单击【确定】按钮，完成文件的保存。

9.12 冲孔特征

冲孔特征主要用于切割钣金中的多余材料，也就是一般性的切割操作。创建冲孔特征也需要先定义出冲孔数据库，创建冲孔特征的过程和创建切口特征的过程基本相同，不同于创建切割特征的过程。但是创建冲孔特征和创建切口特征的过程还是有一些区别的。

对于切口特征的 UDF 冲孔数据库，在绘制切割特征的截面时，不需要设置一个局部坐标系。另外也不必为 UDF 定义一个刀具名称，而只要定义切割特征的参考位置即可。

冲孔特征可以创建在钣金件的任何位置，而切口特征只能创建在钣金件的边缘，冲孔特征的 UDF 形状是封闭的，而切口特征的 UDF 形状是开放的。

9.12.1 冲孔特征命令

单击【模型】选项卡中【工程】组下拉列表中的【冲孔】按钮⊠，如图 9-128 所示。

图 9-128　冲孔特征命令按钮

9.12.2 创建冲孔特征的操作步骤

【绘制步骤】

扫码看视频

（1）启动 Creo Parametric 6.0。

（2）打开文件。单击工具栏中的【打开】按钮，弹出【文件打开】对话框，找到配套资源中的"源文件\第 9 章 \实例 12.prt"文件，单击【打开】按钮将其打开，如图 9-129 所示。

（3）创建钣金切割特征。

① 单击【模型】选项卡中【形状】组上的【拉伸】按钮，弹出【拉伸】操控板。

② 单击操控板上的【放置】按钮，在【放置】下拉面板中单击【定义】按钮，弹出【草绘】对话框，选择图 9-130 所示的平面作为草绘平面，选择 FRONT 基准平面作为参考平面，方向为【上】，单击【草绘】按钮，进入草绘环境。

图9-129 打开的实例12 文件

图9-130 选择草绘平面

③ 单击【草绘】选项卡中【设置】组上的【参考】按钮 ，弹出【参考】对话框，在此选择系统坐标系【PRT_CSYS_DEF】作为添加的参考，单击【关闭】按钮完成参考的添加。

④ 绘制图 9-131 所示的截面，绘制完成后单击【确定】按钮 ，退出草图绘制环境。

⑤ 在【拉伸】操控板中设置切口方式为【切除至下一曲面】，切口侧为【垂直于驱动曲面的材料】，操控板的设置如图 9-132 所示。

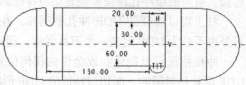

图9-131 截面图

图 9-132 操控板设置

⑥ 单击【确定】按钮 ，完成钣金切割特征的创建，效果如图 9-133 所示。

（4）定义 UDF 特征。

① 单击【工具】选项卡中【实用工具】组上的【UDF库】按钮 ，弹出图 9-134 所示的【UDF】菜单。

② 在其中选择【创建】选项，弹出图 9-135 所示的消息输入窗口，在文本框中输入名称"冲孔_01"，单击【接受值】按钮 。

图 9-133 钣金切割特征

图 9-134 【UDF】菜单

图 9-135 UDF 名输入窗口

③ 弹出图 9-136 所示的【UDF 选项】菜单，选择【从属的】和【完成】选项。弹出图 9-137 所示的【UDF：冲孔_01，从属的】对话框和【选择特征】菜单和【选取】对话框。

（a）　　　　　　　（b）　　　　　（c）

图9-136　【UDF 选项】菜单　　　图9-137　【UDF：冲孔_01，从属的】对话框和【选择特征】菜单

④ 选择刚创建的切割特征，然后选择【完成】选项，接着选择【完成 / 返回】选项。

⑤ 弹出图 9-138 所示的【确认】对话框，单击【是】按钮。

⑥ 弹出图 9-139 所示的消息输入窗口，同时模型上显示加亮的放置面，输入的文本用于在创建冲孔特征时提示显示的信息，在文本框中输入"冲孔特征放置面"，单击【接受值】按钮。

图9-138　【确认】对话框　　　　　　　　　图9-139　输入冲孔放置面提示名称

⑦ 打开图 9-140 所示的消息输入窗口，同时模型上显示出加亮的坐标系【PRT_ CSYS_ DEF】，该坐标系是建立局部坐标的参考，在文本框中输入"坐标系"，单击【接受值】按钮。

⑧ 打开图 9-141 所示的消息输入窗口，同时模型上显示加亮的基准平面，该基准平面是草绘平面的参考平面，在文本框中输入"参考平面"，单击【接受值】按钮。

图9-140　输入坐标系的参考名称　　　　　图9-141　输入参考平面提示名称

⑨ 弹出图 9-142 所示的【修改提示】菜单，用于对刚才定义的提示进行修改，选择【完成 / 返回】选项，结束 UDF 特征的提示信息的输入。

⑩ 在【UDF：冲孔 _01，从属的】对话框中双击【可变尺寸】选项，弹出图 9-143 所示的【可变尺寸】菜单。在绘图窗口模型中选择"20""60""130""30"这 4 个尺寸，然后选择【完成 / 返回】选项。

图9-142　【修改提示】菜单　　　图9-143　【可变尺寸】菜单

⑪ 弹出图 9-144 所示的消息输入窗口，在文本框中输入"冲孔圆弧直径"，单击【接受值】按钮 。

⑫ 打开图 9-145 所示的消息输入窗口，在文本框中输入"冲孔特征深度"，单击【接受值】按钮 。

输入尺寸值的提示：	输入尺寸值的提示：
冲孔圆弧直径	冲孔特征深度

图9-144　输入尺寸值的提示名（1）　　　　　　图9-145　输入尺寸值的提示名（2）

⑬ 打开图 9-146 所示的消息输入窗口，在文本框中输入"竖直尺寸标注"，单击【接受值】按钮 。

⑭ 打开图 9-147 所示的消息输入窗口，在文本框中输入"水平尺寸标注"，单击【接受值】按钮 。

输入尺寸值的提示：	输入尺寸值的提示：
竖直尺寸标注	水平尺寸标注

图9-146　输入尺寸值的提示名（3）　　　　　　图9-147　输入尺寸值的提示名（4）

⑮ 单击【UDF：冲孔 _01, 从属的】对话框中的【确定】按钮，再选择【UDF】菜单中的【完成 / 返回】选项，完成 UDF 特征的创建。

（5）保存文件并退出。执行【文件】→【另存为】→【保存副本】命令，弹出【保存副本】对话框，在文本框中输入文件名"实例 12_udf.prt"，单击【确定】按钮，完成文件的保存。然后执行【文件】→【管理会话】→【拭除当前】命令，将此文件从内存中清除。

在创建了 UDF 特征后，系统自动在工作目录中生成了一个名为【冲孔 _01.gph】的文件，此文件就是切口的 UDF 数据库文件。

（6）在钣金中使用 UDF 特征。

① 单击工具栏中的【打开】按钮 ，弹出【文件打开】对话框，找到配套资源中的"源文件 \ 第 9 章 \ 实例 12_udf.prt"文件，单击【打开】按钮将其打开。

② 单击【模型】选项卡中【工程】组下的【冲孔】按钮 ，弹出图 9-148 所示的【打开】对话框，从【组目录】中选择【冲孔 _01.gph】数据库文件，单击【打开】按钮。

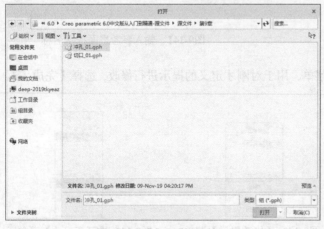

图 9-148　【打开】对话框

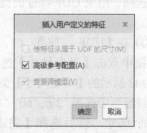

图 9-149　【插入用户定义的特征】对话框

③ 弹出图 9-149 所示的【插入用户定义的特征】对话框,用来显示 UDF 特征,勾选【高级参考配置】复选框,然后单击【确定】按钮。

④ 弹出图 9-150 所示的【用户定义的特征放置】和【实例 12-Creo Parametric】对话框。选择【用户定义的特征放置】对话框中的【变量】选项卡,将尺寸"20"修改为"30","60"修改为"70","130"修改为"90","30"修改为"40"。

⑤ 选择【用户定义的特征放置】对话框中的【放置】选项卡,开始替换原 UDF 中的参考平面和坐标系。选择图 9-151 所示的冲孔特征放置面替换原始特征参考 1 的【冲孔特征放置面】;选择图 9-151 所示的参考平面替换原始特征参考 2 的【参考平面】;选择如图 9-151 所示的参考平面替换原始特征参考 3 的【参考平面】。

⑥ 完成参考的替换,单击【用户定义的特征放置】对话框中的【应用】按钮 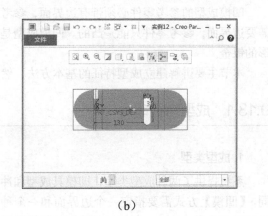,此时新生成的冲孔如图 9-152 所示。

（a）

（b）

图 9-150 【用户定义的特征放置】和【实例 12-Creo Parametric】对话框

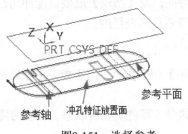

图9-151 选择参考

图9-152 新生成的冲孔

（7）创建折弯回去特征。

① 单击【模型】选项卡中【折弯】组上的【折回】按钮,弹出【折回】操控板。

② 选择图 9-153 所示的平面作为固定平面。

③ 单击【确定】按钮 ，完成折弯回去特征的创建，效果如图 9-154 所示。

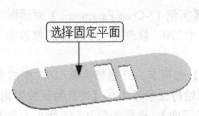

图9-153　选择固定平面

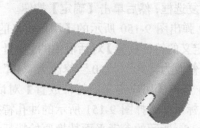

图9-154　折弯回去特征

（8）保存文件并退出。执行【文件】→【另存为】→【保存副本】命令，弹出【保存副本】对话框，在文本框中输入文件名"实例 12-1_udf.prt"，单击【确定】按钮，完成文件的保存。

9.13　成型特征

成型特征分为凹模和凸模两种特征，在生产成型零件之前必须先建立一个拥有凹模或凸模的几何形状的实体零件，作为成型特征的参考零件，而此种零件可在零件设计或钣金设计模块下建立。

凹模成型的参考零件必须带有边界面，参考零件既可以是凸的，也可以是凹的；而凸模成型不需要边界面，参考零件只能是凸的。凹模成型是冲出凸形或凹形的钣金，而凸模成型则只能冲出凸形的钣金。

本节主要讲解建立成型特征的基本方法，然后结合实例讲解建立成型特征的具体步骤。

9.13.1　成型特征命令

1. 成型类型

系统提供了两种成型类型，即模具成型和冲孔成型。两者之间的区别是定义冲压范围的方式不同。【凹模】方式需要指定一个边界面和一个种子面，从种子面开始沿着模型表面不断向外扩展，直到碰到边界面为止，所经过的范围就是模具对钣金的冲压范围，但不包括边界面。而【凸模】方式则是仅需要指定其冲压方向，然后直接由此冲孔参考零件按照指定的方向进行冲压，相对【凹模】方式要简单一些。【凹模】成型能冲出凸形或凹形的钣金特征，而【凸模】成型只能冲出凸形的钣金特征。对于这两种方式，所有的指定操作都是针对其参考零件来进行的。

2. 参考与复制

在凹模特征【选项】菜单中，系统提供了【参考】和【复制】两个命令，用于指定成型特征与参考模型件之间的关系。系统默认是【参考】命令。

【参考】命令意思是在钣金件中冲压出的外形与进行冲压的参考零件仍然有联系，若参考零件发生变化，则钣金件中的冲压外形也会发生变化。

【复制】命令表示成型特征与参考模型之间是一种独立的关系，以该命令建立钣金成型特征时，系统将模具或冲孔的几何形状复制到钣金上，参考零件发生变化，而钣金件中的冲压外形不会发生变化。

3. 约束类型

【约束类型】下拉列表中一共提供了 8 种装配约束关系。

（1）自动。表示按照系统默认位置进行装配。成型特征从属于保存的冲孔零件，再生钣金零件时，对保存的零件所做的任何更改都进行参数化更新。若保存的零件不能定位，则钣金件成型几何将冻结。

（2）重合。用于约束两个要接触的曲面。

（3）距离。用来确定两参考间的距离。

（4）角度偏移。用来确定两参考间的角度。

（5）平行。用来确定两参考曲面平行关系。

（6）法向。用来确定两参考曲面垂直关系。

（7）相切。表示以曲面相切的方式进行装配，约束两个曲面使其相切。

（8）坐标系。表示利用两零件的坐标系进行装配。将成型参考零件的坐标系约束到钣金零件的坐标系。两个坐标系都必须在装配过程开始之前就已存在。

9.13.2　创建成型特征的操作步骤

在本实例中，参考零件是凹的，下面具体讲解创建凹模成型特征的步骤。

【绘制步骤】

扫码看视频

（1）启动 Creo Parametric 6.0。

（2）打开文件。单击工具栏中的【打开】按钮，弹出【文件打开】对话框，找到配套资源中的"源文件＼第 9 章＼实例 13.prt"文件，单击【打开】按钮将其打开，如图 9-155 所示。

（3）创建凹模成型特征。

① 单击【模型】选项卡中【工程】组上的【成型】下【凹模】按钮，弹出图 9-156 所示的【凹模】操控板。

图 9-155　打开的实例 13 文件

图 9-156　【凹模】操控板

② 单击操控板中的【打开】按钮，弹出图 9-157 所示的【打开】对话框，选择零件【冲模 _02. prt】后单击【打开】按钮，此时冲模模型出现在绘图窗口中，如图 9-158 所示。

③ 在【凹模】操控板中单击【放置】按钮，打开【放置】下拉面板，如图 9-159 所示。在右侧的【约束类型】中选择【重合】选项，然后依次选择【冲模 _02.prt】的平面 1 和零件的平面 2，如图 9-160 所示。约束平面设置结果如图 9-161 所示。

图 9-157 【打开】对话框

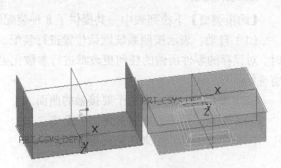

图 9-158 插入冲模模型

图 9-159 【放置】下拉面板

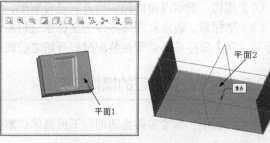

图 9-160 约束平面的选择

④ 单击【元件放置】对话框内【新建约束】按钮➡，在【约束类型】中选择【重合】选项，然后依次选择【冲模 _02.prt】的 TOP 基准平面和零件的 TOP 基准平面，如图 9-162 所示。

⑤ 单击【元件放置】对话框内【新建约束】按钮➡，在【约束类型】中选择【重合】选项，然后依次选择【冲模 _02.prt】的 RIGHT 基准平面和零件的 RIGHT 基准平面。此时在模型放置【模板】右下侧的【状况】为【完全约束】，如图 9-163 所示，单击【确定】按钮 ✔。

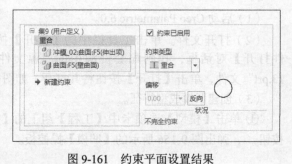

图 9-161 约束平面设置结果

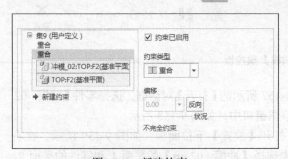

图9-162 新建约束

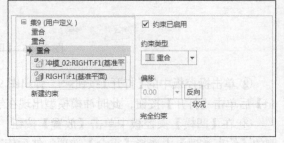

图9-163 完全约束

⑥ 单击【凹模】操控板中的【确定】按钮 ✔，完成凹模成型特征的创建，效果如图 9-164 所示。

（4）保存文件并退出。执行【文件】→【另存为】→【保存副本】命令，弹出【保存副本】对话框，在文本框中输入文件名"实例 13-1"，单击【确定】按钮，完成文件的保存。

图 9-164　创建完成的凹模成型特征

9.14　平整成型特征

系统提供了【平整成型】功能，用于将成型特征造成的钣金凸起或凹陷恢复为平面，平整成型操作比较简单。

本节先介绍创建平整成型特征的基本方法，然后再结合一个实例具体讲解创建平整成型特征的方法。

9.14.1　平整成型特征命令

单击【模型】选项卡中【工程】组上的【成型】下【平整成型】按钮，如图 9-165 所示。弹出图 9-166 所示的【平整成型】操控板。

图 9-165　【平整成型】按钮

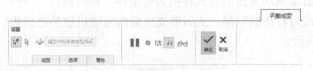

图 9-166　【平整成型】操控板

【平整成型】操控板内各项的意义如下。

：用于手动选择成型参考平面。

：用于自动选择成型参考平面。

9.14.2　创建平整成型特征的操作步骤

下面通过一个实例来具体讲解一下创建平整成型特征的步骤。

【绘制步骤】

（1）启动 Creo Parametric 6.0。

扫码看视频

（2）打开文件。单击工具栏中的【打开】按钮，弹出【文件打开】对话框，找到配套资源中的"源文件 \ 第 9 章 \ 实例 14.prt"文件，单击【打开】按钮将其打开，如图 9-167 所示。

（3）创建平整成型特征。

① 单击【模型】选项卡中【工程】组上的【成型】下【平整成型】按钮，弹出【平整成型】

操控板。

② 选择图 9-168 所示的成型特征平面为成型参考平面。

③ 在操控板中单击【确定】按钮 ✓，完成平整成型特征的创建，生成的平整成型特征如图 9-169 所示。

  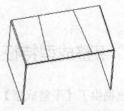

选择此印贴特征中的任何一个平面

图9-167　打开的实例14 文件　　图9-168　选择成型特征中的平面　　图9-169　生成平整成型特征

（4）保存文件并退出。执行【文件】→【另存为】→【保存副本】命令，弹出【保存副本】对话框，在文本框中输入文件名"实例 14-1"，单击【确定】按钮，完成文件的保存。

9.15　综合实例——绘制发动机散热器挡板

本例创建的发动机散热器挡板如图 9-170 所示。

【思路分析】

在创建发动机散热器挡板时，应首先创建基本的曲面轮廓，然后进行合并加厚，再通过驱动曲面的方式转换为钣金件，最后进行法兰壁、钣金切削和成型特征的创建，从而形成完整的发动机散热器挡板。发动机散热器挡板的创建流程如图 9-171 所示。

图 9-170　发动机散热器挡板

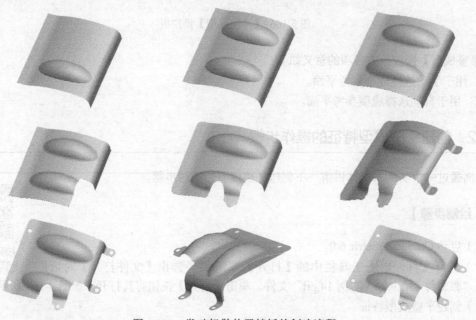

图 9-171　发动机散热器挡板的创建流程

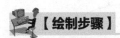【绘制步骤】

1. 创建曲面特征

（1）单击工具栏中的【新建】按钮 ，弹出【新建】对话框，在【类型】中选择【零件】在【子类型】中选择【实体】，在【名称】文本框中输入文件名"散热挡板"，取消【使用缺省模板】复选框的勾选，然后单击【确定】按钮，在弹出的【新文件选项】对话框中选择【mmns-part-solid】选项，单击【确定】按钮，创建一个新的零件文件。

（2）单击【模型】选项卡里的【拉伸】按钮 ，在弹出的【拉伸】操控板中单击【曲面】按钮 ，然后依次单击【放置】→【定义】按钮，弹出【草绘】对话框，如图 9-172 所示。选择 FRONT 基准平面作为草绘平面，RIGHT 基准平面作为参考平面，【方向】为【右】，单击【草绘】按钮，进入草绘界面。

（3）绘制图 9-173 所示的拉伸截面草图，绘制完成后单击【草绘】操控板中的【确定】按钮 ，退出草绘界面。

（4）在操控板中单击【选项】按钮，弹出【选项】下拉面板，参数设置如图 9-174 所示。单击【确定】按钮 ，生成的拉伸特征如图 9-175 所示。

图9-172　【草绘】对话框

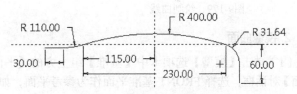

图9-173　绘制拉伸截面草图

图9-174　【选项】下拉面板

图9-175　创建拉伸特征

（5）单击【基准】组上方的【草绘】按钮 ，弹出【草绘】对话框。选择 FRONT 基准平面作为草绘平面，RIGHT 基准平面作为参考平面，【方向】为【右】，单击【草绘】按钮，进入草绘界面。

（6）绘制图 9-176 所示的圆弧，绘制完成后单击【草绘】操控板中的【确定】按钮 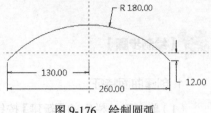，退出草绘界面。

（7）单击【模型】选项卡中【形状】组上方的【扫描】按钮 ，在弹出的【扫描】操控板中单击【曲面】按钮 ，如图 9-177 所示。选择第（6）步绘制的圆弧作为扫描轨迹，如图 9-178 所示。然后单击【创建或编辑扫描截面】按钮 ，进入【草绘】环境，绘制扫描轮廓。

图 9-176　绘制圆弧

图 9-177　【扫描】操控板

图 9-178　选择扫描轨迹

（8）绘制图 9-179 所示的曲线作为扫描轮廓，单击操控板中的【确定】按钮 ，然后单击【扫描】选项卡中的【确定】按钮 ，生成的扫描曲面如图 9-180 所示。

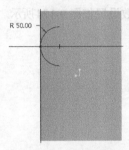

图9-179　绘制曲线

图9-180　创建扫描曲面

2. 镜像曲面

（1）单击【模型】选项卡中【基准】组上方的【平面】按钮 ，弹出图 9-181 所示的【基准平面】对话框，选择 FRONT 基准平面作为参考平面，如图 9-182 所示，设置平移值为 "80"，单击【确定】按钮，完成基准平面 DTM1 的创建。

图9-181　【基准平面】对话框

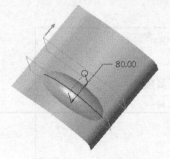

图9-182　新建基准平面 DTM1

（2）在【模型树】中选择创建的【扫描 1】特征，然后单击【模型】选项卡中【编辑】组上方的【镜像】按钮 ，弹出【镜像】操控板，选择第（1）步创建的 DTM1 基准平面作为镜像参考平面，如图 9-183 所示。单击操控板中的【确定】按钮 ，镜像效果如图 9-184 所示。

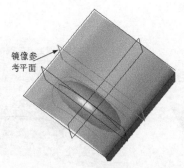

镜像参
考平面

图9-183 选择镜像参考平面

图9-184 镜像扫描曲面特征

（3）按住 Ctrl 键选择图 9-185 所示的两个面组，单击【编辑】组上方的【合并】按钮，在弹出的【合并】操控板中单击【反向】按钮，效果如图 9-186 所示。单击操控板中的【确定】按钮，合并曲面结果如图 9-187 所示。

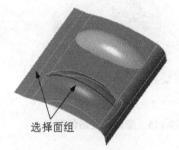

选择面组

图9-185 选择合并曲面（1）

图9-186 反向效果（1）

图9-187 曲面合并结果（1）

（4）按住 Ctrl 键选择图 9-188 所示的两个面组，单击【编辑】组上方的【合并】按钮，在弹出的【合并】操控板中单击【反向】按钮，效果如图 9-189 所示。单击操控板中的【确定】按钮，曲面合并结果如图 9-190 所示。

选择面组

图9-188 选择合并曲面（2）

图9-189 反向效果（2）

图9-190 曲面合并结果（2）

（5）单击【模型】选项卡中【工程】组上方的【倒圆角】按钮，弹出【倒圆角】操控板；在操控板中输入圆角半径值 "20"，选择图 9-191 所示的两条棱边，然后单击【确定】按钮，生成的倒圆角特征如图 9-192 所示。

（6）选择整个曲面，然后单击【模型】选项卡中【编辑】组上方的【加厚】按钮，在操控板中输入加厚厚度 "0.55"，设置加厚方向如图 9-193 所示，单击操控板中的【确定】按钮，效果如图 9-194 所示。

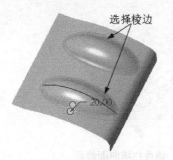

图9-191　选择棱边

图9-192　倒圆角

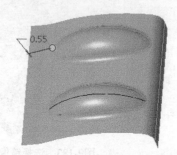

图9-193　设置加厚方向

（7）在【模型】树中选择【草绘 1】选项并右击，在弹出的快捷菜单中选择【隐藏】选项，隐藏特征后的图形如图 9-195 所示。

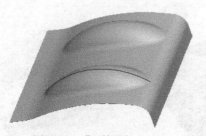

图9-194　曲面加厚

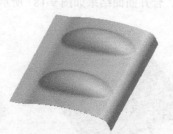

图9-195　隐藏特征后的图形

3. 将实体零件转换为钣金件

（1）单击【模型】选项卡中【操作】组下的【转换为钣金件】命令，弹出【第一壁】操控板，如图 9-196 所示。单击操控板中的【驱动曲面】按钮，弹出【驱动曲面】操控板，选择图 9-197 所示的壳体底面作为驱动曲面，接受系统默认的厚度值"0.5"，单击【确定】按钮，进入钣金界面。

图9-196　【第一壁】操控板

图9-197　选择驱动曲面

（2）单击【模型】选项卡中【形状】组上方的【拉伸】按钮，在弹出的【拉伸】操控板中单击【移除材料】按钮和【移除与曲面垂直的材料】按钮，再依次单击【放置】→【定义】按钮，弹出【草绘】对话框；选择 TOP 基准平面作为草绘平面，RIGHT 基准平面作为参考平面，【方向】为【右】，单击【草绘】按钮，进入草绘界面。

（3）绘制图 9-198 所示的拉伸截面草图，绘制完成后单击【草绘】对话框中的【确定】按钮，退出草绘界面。

（4）在操控板中设置拉伸方式为 -□-，输入拉伸深度值 "200"，单击【确定】按钮 ，生成的拉伸特征如图 9-199 所示。

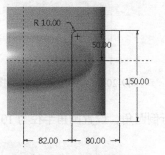

图9-198 绘制拉伸截面草图（1）

图9-199 创建拉伸特征

4. 创建前端拉伸去除特征

（1）单击【模型】选项卡中【形状】组上方的【拉伸】按钮 ，弹出【拉伸】操控板；依次单击【放置】→【定义】按钮，在弹出的【草绘】对话框中选择 TOP 基准平面作为草绘平面，设置 RIGHT 基准平面作为参考平面，【方向】为【右】，单击【确定】按钮，进入草绘界面；绘制图 9-200 所示的拉伸截面草图，然后退出草绘界面；在操控板中设置拉伸方式为 -□-，输入拉伸深度值 200，单击【确定】按钮 ，生成的拉伸特征如图 9-201 所示。

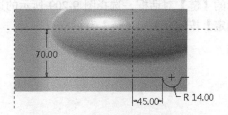

图9-200 绘制拉伸截面草图（2）

图9-201 创建拉伸去除特征

（2）单击【模型】选项卡中【工程】组下的【倒圆角】按钮 ，弹出【倒圆角】操控板；设置圆角半径 "3"，选择图 9-202 所示的棱边，然后单击操控板中的【确定】按钮 ，生成的倒圆角特征如图 9-203 所示。

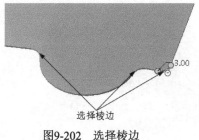

图9-202 选择棱边

图9-203 倒圆角特征

（3）选择图 9-204 所示的两条棱边进行倒圆角，设置圆角半径为 "20"。

（4）采用与上面的拉伸特征类似的创建方法，先选择 TOP 基准平面作为草绘平面，设置 RIGHT 基准平面作为参考平面，【方向】为【右】，进入草绘界面，绘制图 9-205 所示的拉伸截面草图；再在操控板中设置拉伸方式为 ，生成的拉伸特征如图 9-206 所示。

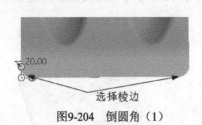

图9-204　倒圆角（1）

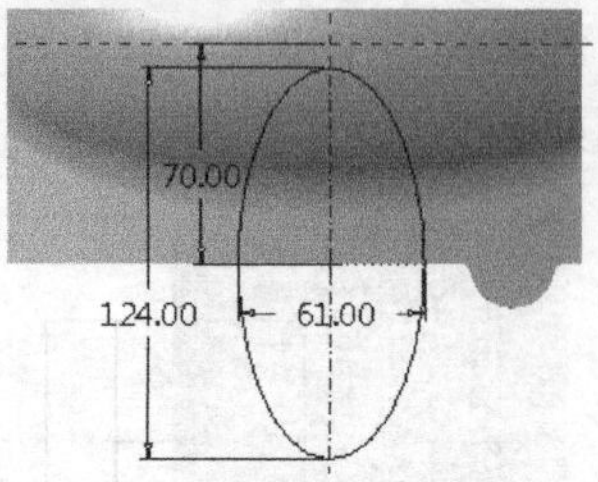

图9-205　绘制拉伸截面草图

（5）采用同样的方法，选择图 9-207 所示的两条棱边进行倒圆角，设置圆角半径为 10。

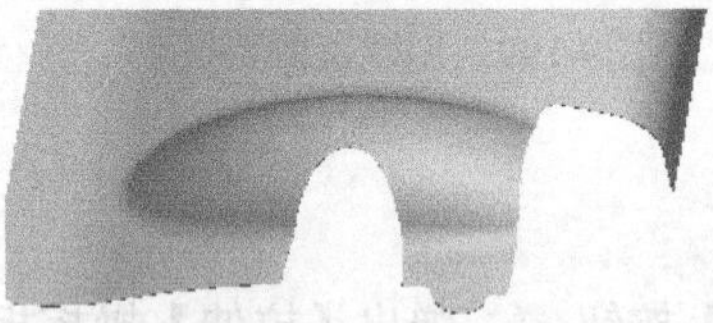

图9-206　创建拉伸特征

图9-207　倒圆角（2）

5. 创建法兰壁

（1）单击【模型】选项卡中【形状】组上方中的【法兰】按钮 ，在弹出的【凸缘】操控板中依次单击【放置】→【细节】按钮，弹出图 9-208 所示的【链】对话框，选择图 9-209 所示的边作为法兰壁的附着边（注意：选择内侧边），再单击【确定】按钮，关闭【链】对话框。

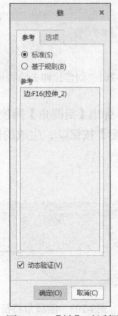

图9-208　【链】对话框

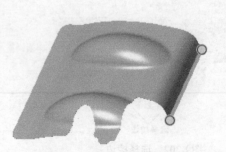

图9-209　选择法兰壁附着边

（2）在操控板中选择法兰壁的形状为 I，然后单击【形状】按钮，在弹出的【形状】下拉面板中设置法兰壁的长度为"50"，设置角度为"90"，再设置内侧折弯半径为"10"，如图 9-210 所示。单击操控板中的【确定】按钮 ，生成的法兰壁特征如图 9-211 所示。

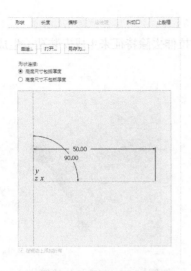

图9-210 法兰壁选项设置

图9-211 创建法兰壁特征

（3）采用与前面拉伸特征相同的创建方法，先选择 TOP 基准平面作为草绘平面，设置 RIGHT 基准平面作为参考平面，【方向】向【右】，绘制图 9-212 所示的拉伸截面草图；然后在操控板中设置拉伸方式为 ，输入拉伸深度值"200"，单击操控板中的【确定】按钮 ，生成的拉伸特征如图 9-213 所示。

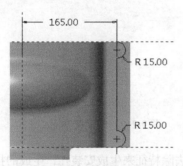

图9-212 绘制拉伸截面草图

图9-213 创建拉伸特征

（4）单击【模型】选项卡中【形状】组上方的【拉伸】按钮 ，弹出【拉伸】操控板；依次单击【放置】→【定义】按钮，在弹出的【草绘】对话框中选择 RIGHT 基准平面作为草绘平面，设置 TOP 基准平面作为参考平面，【方向】为【上】，单击【草绘】按钮，进入草绘界面；绘制图 9-214 所示的拉伸截面草图，然后退出草绘界面；在操控板中设置拉伸方式为 ，单击【确定】按钮 ，生成的拉伸特征如图 9-215 所示。

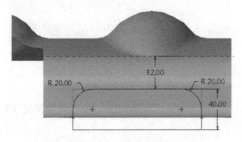

图9-214 绘制拉伸截面草图

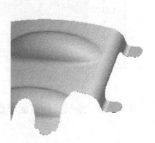

图9-215 创建拉伸特征

6. 创建安装孔

（1）绘制图 9-216 所示的两个安装孔截面草图，并创建拉伸去除特征来生成安装孔，生成的拉伸特征如图 9-217 所示。

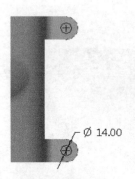

图9-216　绘制拉伸截面草图（1）

图9-217　创建拉伸特征（1）

（2）绘制图 9-218 所示的安装孔截面草图，并创建拉伸去除特征来生成安装孔，生成的拉伸特征如图 9-219 所示。

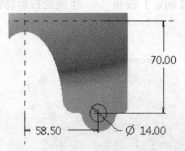

图9-218　绘制拉伸截面草图（2）

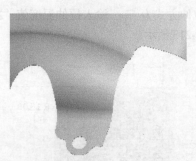

图9-219　创建拉伸特征（2）

（3）绘制图 9-220 所示的安装孔截面草图，并创建拉伸去除特征来生成安装孔，生成的拉伸特征如图 9-221 所示。

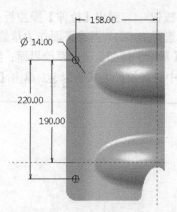

图9-220　绘制拉伸截面草图（3）

图9-221　创建拉伸特征（3）

7. 创建后部法兰壁特征

（1）选择图 9-222 所示的边作为法兰壁附着边，设置法兰壁的形状为 I、长度为"30"、角度为 90°，再设置内侧折弯半径为"1"，创建的法兰壁特征如图 9-223 所示。

选择法兰壁附着边

图9-222　选择法兰壁的附着边

图9-223　创建法兰壁特征

（2）单击【模型】选项卡中【形状】组上方的【拉伸】按钮，弹出【拉伸】操控板；依次单击【放置】→【定义】按钮，在弹出的【草绘】对话框中选择 FRONT 基准平面作为草绘平面，设置 RIGHT 基准平面作为参考平面，【方向】为【左】，单击【确定】按钮，进入草绘界面；绘制图 9-224 所示的拉伸截面草图，然后退出草绘界面；在操控板中设置拉伸方式为，单击【确定】按钮，生成的拉伸特征如图 9-225 所示。

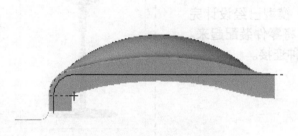

图9-224　绘制拉伸截面草图

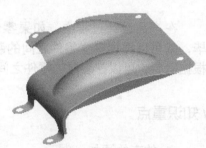

图9-225　创建拉伸特征

第 10 章
零件的装配

/ 本章导读

在产品设计过程中，如果零件的 3D 模型已经设计完毕，就可以根据建立零件之间的装配关系将零件装配起来。根据需要，可以在装配的零件之间进行各种连接。

/ 知识重点

- ➡ 约束的添加
- ➡ 连接类型的定义

10.1 装配概述

10.1.1 装配简介

零件的装配是指将单个零件通过装配形成一个新的组件，以满足设计要求。零件的装配可以通过连接类型和约束两种方式来定义，而连接类型与约束的最大区别在于：连接类型是一个动态的装配过程，在运动轴上定义电动机后可以发生运动；而约束则是一个静态过程，对于运用约束装配好的装配体，不能通过定义电动机使其发生运动。在装配的过程中需要运用到不同的连接类型，如【刚性】【销】和【滑块】等，连接类型中需要定义一个或多个约束类型，如【距离】【平行】和【重合】等，使其能够控制和确定元件之间的相对位置。

工业中很多机构都是通过一个个零件组装起来的，装配是连接零件与机构间的桥梁，从单一变到复杂，所以熟练掌握装配知识至关重要。

10.1.2 装配界面的创建

启动 Creo Parametric 6.0，直接单击工具栏中的【新建】按钮，或执行【文件】→【新建】命令，弹出【新建】对话框。在【类型】中选择【装配】，【子类型】选择【设计】，输入组件名称"asm0001"，取消勾选【使用默认模块】复选框，如图 10-1 所示。单击【确定】按钮，弹出【新文件选项】对话框，选择【mmns_asm_design】模板，如图 10-2 所示。单击【确定】按钮，进入装配界面，如图 10-3 所示。

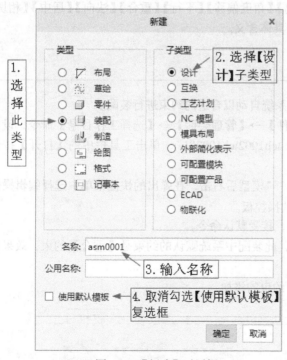

图 10-1 【新建】对话框

图 10-2 【新文件选项】对话框

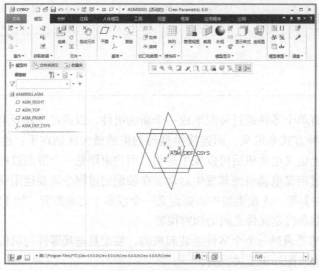

图 10-3　装配界面

10.2　约束的添加

在向机构装置添加连接元件时，定义连接类型后，各种连接类型允许不同的自由度，每种连接类型都与一组预定义的放置约束相关联，不同的组装模型需要的约束条件不同，如滑块接头需要一个轴对齐约束、一个旋转约束以及一个平移轴约束。

元件常用的多种约束类型有【自动】【距离】【角度偏移】【平行】【重合】【法向】【居中】【相切】【固定】和【默认】。本节简要介绍各个约束的具体含义。

10.2.1　自动

此项是默认的方式，当选择装配参考后，系统自动以合适的约束进行装配。

（1）启动 Creo Parametric 6.0，执行【文件】→【管理会话】→【选择工作目录】命令，设置工作目录为配套资源中的"源文件 \ 第 10 章 \ch1002\ch100201"，单击工具栏中的【打开】按钮，然后打开装配模型【ch100201.asm】。

（2）在【模型树】中选择　GROUND1.PRT模型后右击，在弹出的快捷菜单中选择编辑操作里的【编辑定义】选项，弹出图 10-4 所示的操控板。

（3）系统默认的连接类型为【自动】约束，接受默认命令。

（4）在视图中选择图 10-5 所示的两个面，此装配中系统默认的约束是【重合】约束，效果如图 10-6 所示。

（5）单击【确定】按钮，完成【自动】约束的添加。

图 10-4　【元件放置】操控板

选择两平面

GROUND:曲面:F5(拉伸_1)

图 10-5 选择平面

此两平面重合

显示约束类型

图 10-6 【重合】约束

10.2.2 距离

距离是指元件参考偏离装配参考一定的距离。

（1）启动 Creo Parametric 6.0，执行【文件】→【管理会话】→【选择工作目录】命令，设置工作目录为配套资源中的"源文件 \ 第 10 章 \ch1002\ch100202"，单击工具栏中的【打开】按钮![icon]，然后打开装配模型【ch100202.asm】。

（2）在模型树中选择![icon]□ GROUND1.PRT模型后右击，在弹出的快捷菜单中选择编辑操作里的【编辑定义】选项![icon]，弹出图 10-7 所示的操控板。

图 10-7 【元件放置】操控板

（3）在操控板中选择【距离】约束，然后选择图 10-8 所示的两个面，在【距离】文本框中输入偏移的距离"10"，如图 10-9 所示。

（4）单击【确定】按钮![icon]，完成【距离】约束的添加，所得图形如图 10-10 所示。

选择此两平面

约束类型为【距离】

GROUND1:曲面:F5(拉伸_1)

图 10-8 选择平面

设置距离值为"10"

图 10-9 设置距离

两平面距离为"10"

图 10-10 【距离】约束

10.2.3 角度偏移

角度偏移是指元件参考与装配参考成一个角度。

（1）启动 Creo Parametric 6.0，执行【文件】→【管理会话】→【选择工作目录】命令，设置工作目录为配套资源中的"源文件 \ 第 10 章 \ch1002\ch100203",单击工具栏中的【打开】按钮 📂，然后打开装配模型【ch100203.asm】。

（2）在模型树中选择 📄 ᴰGROUND1.PRT模型后右击，在弹出的快捷菜单中选择编辑操作里的【编辑定义】选项 🖊，弹出图 10-11 所示的操控板。

图 10-11 【元件放置】操控板（1）

（3）在操控板中选择【角度偏移】约束，选择图 10-12 所示的两个平面为角度偏移平面，然后在【角度偏移】文本框中输入角度 90，所得图形如图 10-13 所示。

图 10-12 选择平面

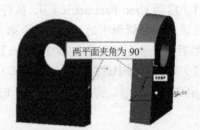

图 10-13 角度偏移

（4）单击【确定】按钮 ✔，完成【角度偏移】约束的添加。

10.2.4 平行

平行是指元件参考与装配参考的两个面平行。

（1）启动 Creo Parametric 6.0，执行【文件】→【管理会话】→【选择工作目录】命令，设置工作目录为配套资源中的"源文件 \ 第 10 章 \ch1002\ch100204"，单击工具栏中的【打开】按钮 📂，然后打开装配模型【ch100204.asm】。

（2）在模型树中选择 📄 ᴰGROUND1.PRT模型后右击，在弹出的快捷菜单中选择编辑操作里的【编辑定义】选项 🖊，弹出图 10-14 所示的操控板。

图 10-14 【元件放置】操控板（2）

（3）在操控板中选择【平行】约束，选择图 10-15 所示的两个平面为平行平面，所得图形如图 10-16 所示。

（4）单击【确定】按钮 ✔，完成【平行】约束的添加。

图 10-15　选择平面

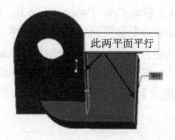

图 10-16　【平行】约束

10.2.5　重合

重合是指元件参考与装配参考重合，包括对齐和配对两个约束。

（1）启动 Creo Parametric 6.0，执行【文件】→【管理会话】→【选择工作目录】命令，设置工作目录为配套资源中的"源文件 \ 第 10 章 \ch1002\ch100205"，单击工具栏中的【打开】按钮，然后打开装配模型【ch100205.asm】。

（2）在模型树中选择　□GROUND1.PRT模型后右击，在弹出的快捷菜单中选择编辑操作里的【编辑定义】选项，弹出图 10-17 所示的操控板。

图 10-17　【元件放置】操控板

（3）在操控板中选择【重合】约束，然后单击【放置】按钮，弹出【放置】下拉面板，选择图 10-18 所示的两个平面为重合平面，可以看到两平面对齐，如图 10-19 所示。单击【放置】下拉面板中的【反向】按钮，可以看到两平面配对，如图 10-20 所示。

（4）单击【确定】按钮，完成【重合】约束的添加。

图 10-18　选择重合平面

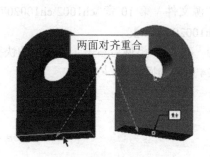

图 10-19　两平面对齐重合

图 10-20　两平面配对重合

10.2.6　法向

法向是指元件参考与装配参考垂直。

（1）启动 Creo Parametric 6.0，执行【文件】→【管理会话】→【选择工作目录】命令，设置工作目录为配套资源中的"源文件 \ 第 10 章 \ch1002\ch100206"，单击工具栏中的【打开】按钮📂，然后打开装配模型【ch100206.asm】。

（2）在模型树中选择🔲🔹GROUND1.PRT模型后右击，在弹出的快捷菜单中选择编辑操作里的【编辑定义】选项🖌，弹出图 10-21 所示的操控板。

图 10-21 【元件放置】操控板（1）

（3）在操控板中选择【法向】约束，选择图 10-22 所示的两个面为法向平面，所得图形如图 10-23 所示。

（4）单击【确定】按钮✔，完成【法向】约束的添加。

图 10-22 选择平面

图 10-23 【法向】约束

10.2.7 居中

居中是指元件参考与装配参考同心。

（1）启动 Creo Parametric 6.0，执行【文件】→【管理会话】→【选择工作目录】命令，设置工作目录为配套资源中的"源文件 \ 第 10 章 \ch1002\ch100207"，单击工具栏中的【打开】按钮📂，然后打开装配模型【ch100207.asm】。

（2）在模型树中选择🔲🔹PIN.PRT模型后右击，在弹出的快捷菜单中选择编辑操作里的【编辑定义】选项🖌，弹出图 10-24 所示的操控板。

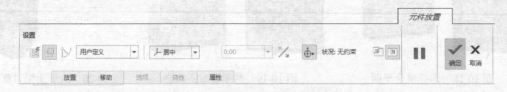

图 10-24 【元件放置】操控板（2）

（3）在操控板中选择【居中】约束，分别选择图 10-25 所示的两个元件上的一个曲面作为【居中】约束参考，使两曲面同心，所得图形如图 10-26 所示。

（4）单击【确定】按钮 ✓，完成【居中】约束的添加。

图 10-25　选择居中曲面

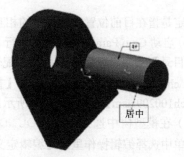

图 10-26　【居中】约束

10.2.8　相切

相切是指元件参考与装配参考的两个面相切。

（1）启动 Creo Parametric 6.0，执行【文件】→【管理会话】→【选择工作目录】命令，设置工作目录为配套资源中的"源文件 \ 第 10 章 \ch1002\ch100208"，单击工具栏中的【打开】按钮 📂，然后打开装配模型【ch100208.asm】。

（2）在模型树中选择 📄 ▫GROUND1.PRT 模型后右击，在弹出的快捷菜单中选择编辑操作里的【编辑定义】选项 🖌，弹出图 10-27 所示的操控板。

图 10-27　【元件放置】操控板

（3）在操控板中选择【相切】约束，分别选择图 10-28 所示的两个元件上的一个曲面作为【相切】约束参考，使两曲面相切。

（4）单击【确定】按钮 ✓，然后同时按住 Ctrl、Alt 键及鼠标中键旋转相切元件，即可得到图 10-29 所示的相切效果，完成【相切】约束的添加。

图 10-28　选择相切曲面

图 10-29　【相切】约束

10.2.9 固定

固定是指在目前位置固定元件的相互位置，使其达到完全约束状态。

（1）启动 Creo Parametric 6.0，执行【文件】→【管理会话】→【选择工作目录】命令，设置工作目录为配套资源中的"源文件 \ 第 9 章 \ch1002\ch100209"，单击工具栏中的【打开】按钮，然后打开装配模型【ch100209.asm】，如图 10-30 所示。

图 10-30　装配模型

（2）在模型树中选择 GROUND1.PRT 模型后右击，在弹出的快捷菜单中选择编辑操作里的【编辑定义】选项，弹出图 10-31 所示的操控板。

图 10-31　【元件放置】操控板（1）

（3）在操控板中选择【固定】约束。

（4）单击【确定】命令按钮，完成【固定】约束的添加，如图 10-32 所示。通过拖动可以看到装配件与元件相对固定。

图 10-32　【固定】约束

10.2.10 默认

默认是指使两个元件的默认坐标系相互重合并固定相互位置，使其达到完全约束状态。

（1）启动 Creo Parametric 6.0，执行【文件】→【管理会话】→【选择工作目录】命令，设置工作目录为配套资源中的"源文件 \ 第 10 章 \ch1002\ch100210"，单击工具栏中的【打开】按钮，然后打开装配模型【ch100210.asm】，如图 10-33 所示。

图 10-33　装配模型

（2）在模型树中选择 GROUND1.PRT 模型后右击，在弹出的快捷菜单中选择编辑操作里的【编辑定义】选项，弹出图 10-34 所示的操控板。

图 10-34　【元件放置】操控板（2）

（3）在操控板中选择【默认】约束。

（4）单击【确定】命令按钮，完成【固定】约束的添加，如图 10-35 所示，可以看到两个元件的默认坐标系相互重合。

图 10-35　【默认】约束

10.3 连接类型的定义

在 Creo Parametric 6.0 中，元件的放置还有一种装配方式——连接装配。使用连接装配，可在利用 Pro/Mechanism（机构）模块时直接执行机构的运动分析与仿真，它使用 10.2 节讲的各种约束条件来限定零件的运动方式及其自由度。连接类型如图 10-36 所示，连接类型的意义在于以下两点。

（1）定义一个元件在机构中可能具有的自由度。

（2）限制主体之间的相对运动，减少系统可能的总自由度。

10.3.1 刚性

刚性是指刚性连接。自由度为零，零件装配处于完全约束状态。

（1）启动 Creo Parametric 6.0，直接单击工具栏中的【新建】按钮 ，或执行【文件】→【新建】命令，弹出【新建】对话框。在【类型】中选择【装配】，【子类型】中选择【设计】，输入名称"ch100301"，取消勾选【使用默认模块】复选框，弹出【模板】对话框，选择【mmns_asm_design】模板，进入装配界面。

（2）执行【文件】→【管理会话】→【选择工作目录】命令，设置工作目录为配套资源中的"源文件 \ 第 10 章 \ch1003\ch100301"，单击【保存】按钮 ，弹出【保存对象】对话框，单击【确定】按钮，保存文件。

（3）单击【组装】按钮 ，弹出【打开】对话框，选择【ground.prt】，单击【打开】按钮，在【约束类型】中选择【默认】约束，添加固定元件，如图 10-37 所示。单击操控板中的【确定】按钮 。

图 10-36　连接类型

图 10-37　选择【默认】

（4）单击【组装】按钮 ，弹出【打开】对话框，选择【pin.prt】，单击【打开】按钮，在【用户定义】下拉列表框中选择【刚性】选项，如图 10-38 所示，定义连接类型。

图 10-38　选择【刚性】

（5）单击操控板中的【放置】按钮，在【约束类型】中选择【重合】约束，然后分别选择两图形中的旋转轴，如图 10-39 所示。

（6）单击操控板中的【确定】按钮 ，完成刚性连接定义，如图 10-40 所示。此时单击工具栏中的【拖动元件】按钮🖑，单击装配元件，移动鼠标指针尝试拖动连接元件，连接元件不能移动，说明刚性连接的自由度为零。

选择两旋转轴

图 10-39　选择旋转轴

重合

图 10-40　刚性连接

10.3.2　销

销是指销连接。自由度为 1，零件可沿某一轴旋转。

（1）启动 Creo Parametric 6.0，直接单击工具栏中的【新建】按钮，或执行【文件】→【新建】命令，弹出【新建】对话框，在【类型】中选择【装配】，【子类型】中选择【设计】，输入名称"ch100302"，取消勾选【使用默认模块】复选框，弹出【模板】对话框，选择【mmns_asm_design】模板，进入装配界面。

（2）执行【文件】→【管理会话】→【选择工作目录】命令，设置工作目录为配套资源中的"源文件 \ 第 10 章 \ch1003\ch100302"，单击【保存】按钮💾，弹出【保存对象】对话框，单击【确定】按钮，保存文件。

（3）单击【组装】按钮，弹出【打开】对话框，选择【ground.prt】，单击【打开】按钮，在【约束类型】中选择【默认】约束，添加固定元件，单击操控板中的【确定】按钮✓。

（4）单击【组装】按钮，弹出【打开】对话框，选择【pin.prt】，单击【打开】按钮，在【用户定义】下拉列表框中选择【销】选项，定义连接类型。

（5）单击操控板中的【放置】按钮，从弹出的下拉面板中可以看出【销】包含两个基本的预定义约束：【轴对齐】和【平移】。

（6）为【轴对齐】选择参考，分别选择图 10-41 所示的两条轴线，所得图形如图 10-42 所示，此时的【放置】下拉面板如图 10-43 所示。

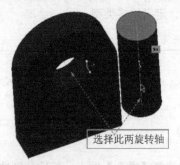

选择此两旋转轴

图 10-41　选择【轴对齐】约束参考

图 10-42　【轴对齐】

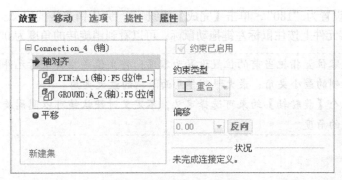

图 10-43 【放置】下拉面板（1）

（7）为【平移】约束选择参考，分别选择图 10-44 所示的两个面为参考面，【放置】下拉面板中的【约束类型】选择为【重合】，所得图形如图 10-45 所示，此时【放置】下拉面板如图 10-46 所示。

> **注意**　【平移】的默认约束类型是【重合】，也可以选择【偏移】操控板中的【距离】约束，此时可以设置两个面有一定的距离。

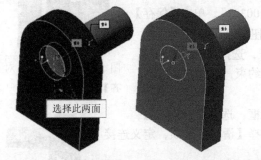

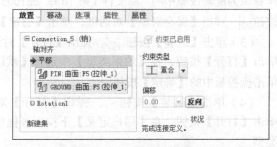

图 10-44　选择参考平面　　　图 10-45　【平移】约束　　　　图 10-46　【放置】下拉面板（2）

（8）定义销旋转的角度。在【放置】下拉面板中单击第三个约束【旋转轴】，选择【pin. prt】元件的 RIGHT 基准平面，再选择 ASM_TOP 基准平面，如图 10-47 所示，此时的【放置】下拉面板如图 10-48 所示。

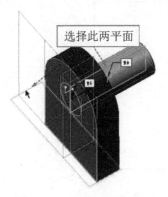

图 10-47　选择旋转平面　　　　　　　　　图 10-48　【放置】下拉面板（3）

（9）从【放置】下拉面板可以看出当前两面的角度位置为"–26.03"，单击【设置零位置】和 >> 按钮，勾选【启用重新生成值】复选框，并选中【最小限制】复选框并设置为"0"，勾选【最大限制】复选框并设置为"180"，单击【完成】按钮 ✓，完成销连接的定义。此时同时按住 Ctrl 和 Alt 键，并在连接元件上按住鼠标左键拖动鼠标，可以看到销旋转的角度为 0° 和 –180°。

> **注意**
>
> 设置零位置指把当前的位置设置为零度；再生值是指再生时元件的位置；最小限制指两面限制的最小夹角；最大限制指两面限制的最大夹角。
>
> 第三个【旋转轴】约束可选择定义，不定义时默认销可以圆周旋转；定义时销只能旋转定义的角度。

10.3.3 滑块

滑块是指滑动连接。自由度为 1，零件可沿某一轴平移。

（1）启动 Creo Parametric 6.0，直接单击工具栏中的【新建】按钮 📄，或执行【文件】→【新建】命令，弹出【新建】对话框，在【类型】中选择【装配】，【子类型】中选择【设计】，输入名称"ch100303"，取消勾选【使用默认模块】复选框，弹出【模板】对话框，选择【mmns_asm_design】模板，进入装配界面。

（2）执行【文件】→【管理会话】→【选择工作目录】命令，设置工作目录为配套资源中的"源文件 \ 第 10 章 \ch1003\ch100303"，单击【保存】按钮 💾，弹出【保存对象】对话框，单击【确定】按钮，保存文件。

图 10-49 选择【轴对齐】参考

（3）单击【组装】按钮 📂，弹出【打开】对话框，选择【ground.prt】，单击【打开】按钮，在【约束类型】中选择【默认】约束，添加固定元件，单击操控板中的【确定】按钮 ✓。

（4）单击【组装】按钮 📂，弹出【打开】对话框，选择【yuan.prt】，单击【打开】按钮，在【用户定义】下拉列表框中选择【滑块】选项，定义连接类型。

（5）单击操控板中的【放置】按钮，从弹出的下拉面板可以看出滑块包含两个预定义的约束：【轴对齐】和【旋转】。

图 10-50 【轴对齐】约束

（6）为【轴对齐】选择参考，分别选择图 10-49 所示的两条轴线，所得图形如图 10-50 所示，此时的【放置】下拉面板如图 10-51 所示。

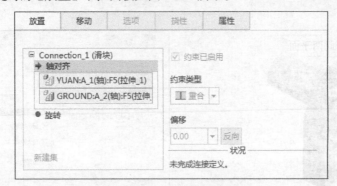

图 10-51 【放置】下拉面板

（7）为【旋转】约束选择参考，分别选择图 10-52 所示的 YUAN:FRON 及 ASM_TOP 两个基准平面为参考面，所得图形如图 10-53 所示，此时圆柱不能旋转，【放置】下拉面板如图 10-54 所示。

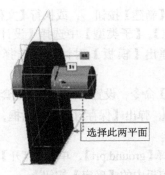

图 10-52　选择【旋转】参考

图 10-53　【旋转】约束

图 10-54　【放置】下拉面板（1）

（8）此处还可以定义滑块平移的距离，在【放置】下拉面板中单击第三个约束【平移轴】，分别选择图 10-55 所示的两个元件的一个平面，然后单击【设置零位置】按钮，将【最小限制】设置为"0"，【最大限制】设置为"30"，此时【放置】下拉面板如图 10-56 所示。最后单击【确定】按钮✕，完成滑块连接定义。此时单击快捷工具栏中的【拖动元件】按钮🖐，然后单击圆柱，移动鼠标即可看到圆柱在一定范围内滑动。

图 10-55　平移参考

图 10-56　【放置】下拉面板（2）

易错点剖析　第三个【平移轴】约束与 10.3.2 节的旋转轴一样可选择定义，不定义时默认滑块可以无限平移，定义时滑块只能平移指定的距离。

10.3.4　圆柱

圆柱是指圆柱连接，自由度为 2，零件可沿某一轴平移或旋转。

（1）启动 Creo Parametric 6.0，直接单击工具栏中的【新建】按钮，或执行【文件】→【新建】命令，弹出【新建】对话框，在【类型】中选择【装配】，【子类型】中选择【设计】，输入名称"ch100304"，取消勾选【使用默认模块】复选框，弹出【模板】对话框，选择【mmns_asm_design】模板，进入装配界面。

（2）执行【文件】→【管理会话】→【选择工作目录】命令，设置工作目录为配套资源中的"源文件\第 10 章\ch1003\ch100304"，单击【保存】按钮，弹出【保存对象】对话框，单击【确定】按钮，保存文件。

（3）单击【组装】按钮，弹出【打开】对话框，选择【ground.prt】，单击【打开】按钮，在【约束类型】中选择【默认】约束，添加固定元件，单击操控板中的【确定】按钮。

（4）单击【组装】按钮，弹出【打开】对话框，选择【yuanzhu.prt】，单击【打开】按钮，在【用户定义】下拉列表框中选择【圆柱】选项，定义连接类型。

（5）单击操控板中的【放置】按钮，从弹出的下拉面板可以看出圆柱包含一个预定义的约束：【轴对齐】。

（6）为【轴对齐】选择参考，分别选择图 10-57 所示的两条轴线，所得图形如图 10-58 所示，此时的【放置】下拉面板如图 10-59 所示。

图 10-57　选择【轴对齐】参考　　图 10-58　【轴对齐】约束

图 10-59　【放置】下拉面板

（7）单击【确定】按钮，完成圆柱连接定义。

> **注意**　【放置】下拉面板中的【平移轴】与【旋转轴】可以设置销的旋转角度和平移距离，其设置方法与 10.3.2 节、10.3.3 节讲到的方法一样，这里不再赘述，读者自己掌握。

10.3.5　平面

平面是指平面连接。自由度为 2，零件可在某一平面内自由移动，也可绕该平面的法线方向旋转。该类型需满足【平面】约束关系。

（1）启动 Creo Parametric 6.0，直接单击工具栏中的【新建】按钮，或执行【文件】→【新建】命令，弹出【新建】对话框，在【类型】中选择【装配】，【子类型】中选择【设计】，输入名称"ch100305"，取消勾选【使用默认模块】复选框，弹出【模板】对话框，选择【mmns_asm_ design】模板，进入装配界面。

（2）执行【文件】→【管理会话】→【选择工作目录】命令，设置工作目录为配套资源中的"源文件 \ 第 10 章 \ch1003\ch100305"，单击【保存】按钮 ，弹出【保存对象】对话框，单击【确定】按钮，保存文件。

（3）单击【组装】按钮 ，弹出【打开】对话框，选择【planar1.prt】，单击【打开】按钮，在【约束类型】中选择【默认】约束，添加固定元件，单击控制面板中的【完成】按钮 。

（4）单击【组装】按钮 ，弹出【打开】对话框，选择【planar2.prt】，单击【打开】按钮，在【用户定义】下拉列表框中选择【平面】选项，定义连接类型。

（5）为【平面】选择参考，分别选择图 10-60 所示的两条平面，所得图形如图 10-61 所示，在【放置】下拉面板的【约束类型】中选择【重合】约束，此时的【放置】下拉面板如图 10-62 所示。

图 10-60　选择参考平面　　　　　　　　　　图 10-61　平面约束

图 10-62　【放置】下拉面板

（6）单击【确定】按钮 ，完成平面的定义。

> 【放置】下拉面板中有两个【平移轴】和一个【旋转轴】，分别用于设置平面的平移
> 距离和旋转角度，可选择定义，其设置方法与 10.3.3 节、10.3.4 节讲到的方法一样，这
> **注意** 里不再赘述，读者自己掌握。

10.3.6　球

球是指球连接。自由度为 3，零件可绕某点自由旋转，但不能进行任何方向的平移。该类型需满足【点对齐】约束关系。

（1）启动 Creo Parametric 6.0，直接单击工具栏中的【新建】按钮 ，或执行【文件】→【新建】命令，弹出【新建】对话框，在【类型】中选择【装配】，【子类型】中选择【设计】，输入

名"ch100306"，取消勾选【使用默认模块】复选框，弹出【模板】对话框，选择【mmns_asm_design】模板，进入装配界面。

（2）执行【文件】→【管理会话】→【选择工作目录】命令，设置工作目录为配套资源中的"源文件 \ 第 10 章 \ch1003\ch100306"，单击【保存】按钮 ▤，弹出【保存对象】对话框，单击【确定】按钮，保存文件。

（3）单击【组装】按钮 ⌐，弹出【打开】对话框，选择【ball1.prt】，单击【打开】按钮，在【约束类型】中选择【默认】约束，添加固定元件，单击操控板中的【确定】按钮 ✓。

（4）单击【组装】按钮 ⌐，弹出【打开】对话框，选择【ball2.prt】，单击【打开】按钮，在【用户定义】下拉列表框中选择【球】选项，定义连接类型。

（5）单击【放置】按钮，选择【点对齐】约束的两个点，分别选择 BALL1：APNT0 和 BALL2：PNT0 两个基准点，如图 10-63 所示，所得图形如图 10-64 所示，此时的【放置】下拉面板如图 10-65 所示。

图 10-63　选择基准点　　　　图 10-64　球连接图　　　　10-65　【放置】下拉面板

（6）单击【确定】按钮 ✓，完成球连接的定义。

10.3.7　焊缝

焊缝是指将两个元件粘接在一起，连接元件和附着元件间没有任何相对运动。它只能是坐标系对齐约束。

（1）启动 Creo Parametric 6.0，直接单击工具栏中的【新建】按钮 ▯，或执行【文件】→【新建】命令，弹出【新建】对话框，在【类型】中选择【装配】，【子类型】中选择【设计】，输入名称"ch100307"，取消勾选【使用默认模块】复选框，弹出【模板】对话框，选择【mmns_asm_design】模板，进入装配界面。

（2）执行【文件】→【管理会话】→【选择工作目录】命令，设置工作目录为配套资源中的"源文件 \ 第 10 章 \ch1003\ch100307"，单击【保存】按钮 ▤，弹出【保存对象】对话框，单击【确定】按钮，保存文件。

（3）单击【组装】按钮 ⌐，弹出【打开】对话框，选择【weld1.prt】，单击【打开】按钮，在【约束类型】中选择【默认】约束，单击操控板中的【确定】按钮 ✓，添加固定元件。

（4）单击【组装】按钮 ⌐，弹出【打开】对话框，选择【weld2.prt】，单击【打开】按钮，在【用户定义】下拉列表框中选择【焊缝】选项，定义连接类型。

（5）单击【放置】按钮，选择【坐标系】约束的两个坐标系，分别选择固定元件上的两个坐标系，如图 10-66 所示，所得图形如图 10-67 所示，此时的【放置】下拉面板如图 10-68 所示。

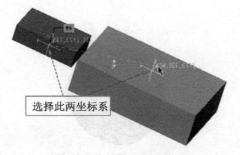

图 10-66　选择坐标系

图 10-67　焊缝连接

图 10-68　【放置】下拉面板

（6）单击【确定】按钮 ✔ ，完成焊缝连接的定义。

10.3.8　轴承

轴承连接是球连接和滑块连接的组合，连接元件既可以在约束点上沿任何方向相对于附着元件旋转，也可以沿对齐的轴线移动。

（1）启动 Creo Parametric 6.0，直接单击工具栏中的【新建】按钮 ，或执行【文件】→【新建】命令，弹出【新建】对话框，在【类型】中选择【装配】，【子类型】中选择【设计】，输入名称"ch100308"，取消勾选【使用默认模块】复选框，弹出【模板】对话框，选择【mmns_asm_design】模板，进入装配界面。

（2）执行【文件】→【管理会话】→【选择工作目录】命令，设置工作目录为配套资源中的"源文件\第 10 章\ch1003\ch100308"，单击【保存】按钮 ，弹出【保存对象】对话框，单击【确定】按钮，保存文件。

（3）单击【组装】按钮 ，弹出【打开】对话框，选择【ball1.prt】，单击【打开】按钮，在【约束类型】中选择【默认】约束，单击操控板中的【确定】按钮 ✔ ，添加固定元件。

（4）单击【组装】按钮 ，弹出【打开】对话框，选择【ball2.prt】，单击【打开】按钮，在【用户定义】下拉列表框中选择【轴承】选项，定义连接类型。

（5）切换到【放置】下拉面板，选择【点对齐】约束的两个点，分别选择固定元件上的一根基准轴和连接元件上的一个点，如图 10-69 所示。所得图形如图 10-70 所示，此时的【放置】下拉面板如图 10-71 所示。

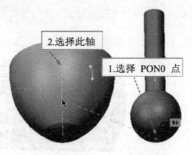

图 10-69　选择点和轴

图 10-70　【轴承】约束

图 10-71　【放置】下拉面板

（6）单击【确定】按钮，完成轴承连接的定义。拖动连接元件可以看到，它可在约束点上沿任何方向相对于附着元件旋转，也可以沿对齐的轴线移动。

注意　　　【放置】下拉面板中的【平移轴】和【圆锥轴】可以设置点在轴上的平移距离和元件的旋转角度，可选择定义，其设置方法与 10.3.7 节、10.3.8 节讲到的方法类似，这里不再赘述，读者自己掌握。

10.3.9　槽

槽是指将连接元件上的点约束在凹槽中心的曲线上，从而形成槽连接。

（1）启动 Creo Parametric 6.0，直接单击工具栏中的【新建】按钮，或执行【文件】→【新建】命令，弹出【新建】对话框，在【类型】中选择【装配】，【子类型】中选择【设计】，输入名称"ch100309"，取消勾选【使用默认模块】复选框，弹出【模板】对话框，选择【mmns_asm_design】模板，进入装配界面。

（2）执行【文件】→【管理会话】→【选择工作目录】命令，设置工作目录为配套资源中的"源文件 \ 第 10 章 \ch1003\ch100309"。

（3）单击【组装】按钮，弹出【打开】对话框，选择【cao.prt】，单击【打开】按钮，在【约束类型】中选择【默认】约束，添加固定元件，单击操控板中的【确定】按钮。

（4）单击【组装】按钮，弹出【打开】对话框，选择【qiu.prt】，单击【打开】按钮，在【用户定义】下拉列表框中选择【槽】选项，定义连接类型。

（5）单击【放置】按钮，为【直线上的点】选择图 10-72 所示的点和曲线，然后单击【放置】下拉面板中的【新建集】按钮，接着选择图 10-73 所示的点和曲线，所得图形如图 10-74 所示。

（6）单击【确定】按钮 ✓，完成槽连接，拖动球可以看到球在凹槽内运动。

图 10-72　选择点和曲线（1）　　图 10-73　选择点和曲线（2）　　图 10-74　槽连接

易错点剖析	选择曲线时要按住 Ctrl 键选择整个曲线。 本例定义两个槽连接是为了不让球绕一点旋转。 【放置】下拉面板中的【槽轴】用于定义球在凹槽内的运动范围，可选择定义。

10.4　综合实例——电风扇装配

电风扇是常用家电之一，它由底盘、支撑杆、滑动杆、控制板、连接板、转头以及前后盖组成，需要通过装配将这些部件组装成一个完整的电风扇，其中包括【滑块】以及【销】连接类型。其制作过程综合性强，下面通过电风扇的装配来巩固上面所学的内容。

【绘制步骤】

1. 进入装配界面

（1）启动 Creo Parametric 6.0，直接单击工具栏中的【新建】按钮 □，或执行【文件】→【新建】命令，弹出【新建】对话框，在【类型】中选择【装配】，【子类型】中选择【设计】，输入名称"电风扇"，取消勾选【使用默认模块】复选框，弹出【模板】对话框，选择【mmns_asm_design】模板，进入装配界面。

（2）执行【文件】→【管理会话】→【选择工作目录】命令，设置工作目录为配套资源中的"源文件\第 10 章\电风扇"，单击【保存】按钮 💾，弹出【保存对象】对话框，单击【确定】按钮，保存文件，如图 10-75 所示。

2. 装配底盘

单击【组装】按钮 🔧，在弹出的【打开】对话框中选择【底盘 .prt】，单击【打开】按钮，在【约束类型】中选择【默认】约束，如图 10-76 所示，单击【确定】按钮 ✓，添加固定元件。

图 10-75　电风扇

图 10-76　选择【默认】约束

3. 装配支撑杆

（1）单击【组装】按钮，在弹出的【打开】对话框中选择【支撑杆.prt】，单击【打开】按钮，在【用户定义】下拉列表框中选择【刚性】选项，然后在【约束类型】中选择【重合】约束。

（2）在视图中选择图 10-77 所示的两根轴作为参考，所得图形如图 10-78 所示，然后选择图 10-79 所示的两个面，系统默认为【重合】约束，单击【确定】按钮。完成支撑杆的装配，所得图形如图 10-80 所示。

4. 装配滑动杆

（1）单击【组装】按钮，在弹出的【打开】对话框中选择【滑动杆.prt】，单击【打开】按钮，在【用户定义】下拉列表框中选择【滑块】选项。

（2）在视图中选择图 10-81 所示的两根轴作为轴对齐参考，将滑动杆从支撑杆中拖出，然后选择图 10-82 所示的滑动杆的 FRONT 基准平面和 ASM_RIGHT 基准平面作为旋转参考。

图 10-77　选择【重合】参考　　　　图 10-78　【重合】约束　　　　图 10-79　选择参考面

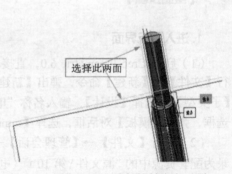

图 10-80　支撑杆的装配　　　　图 10-81　选择对齐轴　　　　图 10-82　选择旋转参考平面

（3）定义滑动杆的滑动范围。单击【放置】下拉面板中的【平移轴】按钮，将滑动杆拖出后选择图 10-83 所示的两个面作为【平移轴】约束的参考，在【当前位置】文本框中输入值"–150"，单击 >> 按钮，设置【重新生成值】为"–150"。勾选【启用重新生成值】复选框，勾选【最小限制】复选框并输入值"–350"，勾选【最大限制】复选框并输入值"–90"，此时的【放置】下拉面板如图 10-84 所示。单击【确定】按钮，完成滑动杆的装配。

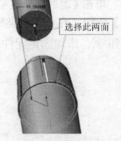

图 10-83　选择【平移轴】参考

5. 装配控制板

（1）单击【组装】按钮，在弹出的【打开】对话框中选择【控制板 .prt】，单击【打开】按钮，在【用户定义】下拉列表框中选择【刚性】选项，并在【约束类型】中选择【重合】约束。

（2）在视图中选择图 10-85 所示的两根轴作为参考，拖动后所得图形如图 10-86 所示。然后选择图 10-87 所示的两个面，系统默认为【重合】约束，然后再次单击视图中的控制板的 RIGHT 基准平面和滑动杆的 FRONT 基准平面，系统也默认为【重合】约束，单击【确定】按钮，完成控制板的装配，所得图形如图 10-88 所示。

图 10-84　【放置】下拉面板

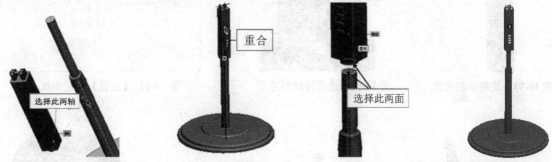

图 10-85　选择【重合】参考　图 10-86　【重合】约束　图 10-87　选择【重合】参考面　图 10-88　控制板装配

6. 装配连接板

（1）单击【组装】按钮，在弹出的【打开】对话框中选择【连接板 .prt】，单击【打开】按钮，在【用户定义】下拉列表框中选择【销】选项。

（2）在视图中选择图 10-89 所示的两根轴作为轴对齐参考，然后选择图 10-90 所示的连接板的 RIGHT 和控制板的 RIGHT 两个基准平面作为平移参考，【约束类型】选择【重合】约束。

图 10-89　选择轴对齐参考

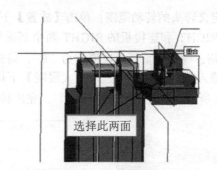

图 10-90　选择平移参考

（3）定义连接板的旋转范围，将连接板旋转至图 10-91 所示的位置，然后单击【放置】下拉面板中的【旋转轴】按钮，选择图 10-92 所示的两个平面，在【当前位置】文本框中输入值 "0"；单击 >> 按钮，设置【重新生成值】为 "0"，勾选【启用重新生成值】复选框，勾选【最小限制】复选框并输入值 "-30"，勾选【最大限制】复选框并输入值 "30"，此时的【放置】下拉面板如图

10-93 所示。单击【确定】按钮 ✔，完成连接板的装配，所得图形如图 10-94 所示。

7. 装配转头

（1）单击【组装】按钮 ⬚，在弹出的【打开】对话框中选择【转头 .prt】，单击【打开】按钮，在【用户定义】下拉列表框中选择【销】选项。

（2）在视图中选择图 10-95 所示的两根轴作为轴对齐参考，然后选择图 10-96 所示的两个面作为平移参考，【放置】下拉面板中的【约束类型】选择【重合】约束，单击【反向】按钮。

图 10-91　旋转后的位置

图 10-92　选择旋转参考面

图 10-93　【放置】下拉面板（1）

图 10-94　连接板装配

图 10-95　选择轴对齐参考

图 10-96　选择平移参考

（3）定义转头的转动范围，单击【放置】下拉面板中的【旋转轴】按钮，选择图 10-97 所示的转头的 RIGHT 和连接板的 RIGHT 两个基准平面，在【当前位置】文本框中输入值 "0"。单击 ≫ 按钮，设置【重新生成值】为 "0"，勾选【启用重新生成值】复选框，勾选【最小限制】复选框并输入值 "–45"，勾选【最大限制】下拉面板并输入值 "45"，此时的【放置】下拉面板如图 10-98 所示。单击【确定】按钮 ✔，完成转头的装配，所得图形如图 10-99 所示。

图 10-97　选择旋转参考

图 10-98　【放置】下拉面板（2）

图 10-99　转头装配

8. 装配后盖

（1）单击【组装】按钮 ，在弹出的【打开】对话框中选择【后盖.prt】，单击【打开】按钮，在【用户定义】下拉列表框中选择【刚性】选项，然后在【约束类型】中选择【重合】约束。

（2）在视图中选择图 10-100 所示的两个面作为参考（后盖的面为中间圆圈背面的圆平面），然后选择图 10-101 所示的两根轴，系统默认为【重合】约束；单击【放置】按钮，然后单击【放置】下拉面板中的【新建约束】按钮，在视图中单击后盖的 RIGHT 和转头的 RIGHT 两个基准平面，系统默认为【重合】约束，单击【确定】按钮 ，完成后盖的装配，所得图形如图 10-102 所示。

图 10-100 选择参考面   图 10-101 选择轴参考   图 10-102 后盖装配

9. 装配扇叶

（1）单击【组装】按钮 ，在弹出的【打开】对话框中选择【扇叶.prt】，单击【打开】按钮，在【用户定义】下拉列表框中选择【销】选项。

（2）在视图中选择图 10-103 所示的两根轴作为轴对齐参考，然后选择图 10-104 所示的两个面作为平移参考，【放置】下拉面板中的【约束类型】选择【距离】约束，输入值"5"，单击【反向】按钮，单击【确定】按钮 ，完成扇叶的装配，所得图形如图 10-105 所示。

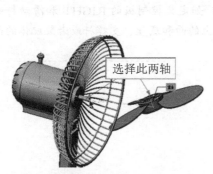

图 10-103 选择轴对齐参考   图 10-104 选择平移参考   图 10-105 扇叶装配

10. 装配前盖

（1）单击【组装】按钮 ，在弹出的【打开】对话框中选择【前盖.prt】。单击【打开】按钮，在【用户定义】下拉列表框中选择【刚性】选项，并在【约束类型】中选择【重合】约束。

（2）在视图中选择图 10-106 所示的两个面作为参考，单击【放置】下拉面板中的【反向】按钮，选择图 10-107 所示的两根轴,【放置】下拉面板中的【约束类型】选择【重合】约束，然后单击【放置】下拉面板中的【新建约束】按钮，在视图中单击前盖的 RIGHT 和后盖的 RIGHT 两个基准平面，系统默认为【重合】约束，单击【确定】按钮 ✓，完成后盖的装配，如图 10-108 所示。

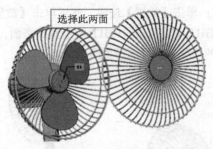

图 10-106　选择参考平面

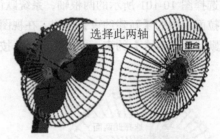

图 10-107　选择参考轴

图 10-108　装配结果

**易错点
剖析**　　　在进行装配时，装配关系要明确。例如装配控制板时，由于控制板是随着滑动杆一起运动的，所以控制板只能定义在滑动杆上。如定义控制板的 RIGHT 和滑动杆的 FRONT 两个基准平面重合，而不能定义控制板上的面和底座、支撑杆或者装配体的面重合，否则控制板不能随着滑动杆一起运动。

第 **11** 章
工程图的绘制

/ 本章导读

工程图的绘制是整个设计的最后环节，是设计意图的表现和与工程师、制造师等沟通的桥梁。传统的工程图通常通过纯手工或相关二维 CAD 软件来完成，制作时间长、效率低。Creo Parametric 用户在完成零件装配件的三维设计后，通过使用工程图模块，就可以自动完成从三维设计到二维工程图设计的大部分工作。工程图模式具有双向关联性，当在一个视图中改变一个尺寸值时，其他视图也会随之更新，包括相关三维模型也会自动更新。同样，当改变模型尺寸或结构时，工程图的尺寸或结构也会发生相应的改变。

/ 知识重点

- ○ 工程图环境的设置
- ○ 图纸的绘制
- ○ 视图的创建
- ○ 视图的编辑
- ○ 视图的注释

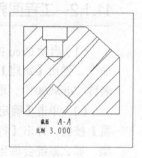

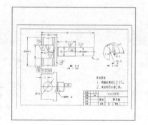

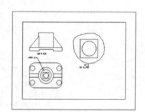

11.1 工程图概述

11.1.1 工程图简介

工程图用来显示零件各种视图、尺寸、公差等信息，以及表现各装配元件彼此之间的关系和组装顺序，是零件加工时必须使用的图纸。

Creo Parametric 6.0 提供了专门进行工程图设计的绘图模块，绘图模块可以满足创建工程图的所有需求，它可以通过三维模型创建二维工程图，三维模型与二维工程图联系在一起，在改变其中一个的同时另一个也会随之发生改变，使两者同步。它还可以自动或手工标注尺寸，添加或修改文本符号的信息，定义工程图的格式等，因此在 Creo Parametric 6.0 中生成工程图是非常方便的。因为工程图是加工产品必须要用到的图纸，所以对工程图的要求比较高，熟练掌握工程图的绘制至关重要。

11.1.2 工程图界面

（1）启动 Creo Parametric 6.0，直接单击工具栏中的【新建】按钮🗋，或执行【文件】→【新建】命令，弹出【新建】对话框，在【类型】中选择【绘图】，然后在【名称】文本框中输入工程图的名称"drw0001"，取消【使用默认模板】复选框的勾选，如图 11-1 所示。

（2）单击【确定】按钮，弹出图 11-2 所示的【新建绘图】对话框，单击【默认模型】后的【浏览】按钮，弹出【打开】对话框，打开要生成工程图的三维模型。如果之前已经在软件中打开了模型，那么系统会将当前默认的模型自动作为新建绘图的默认模型。

图 11-1 【新建】对话框

图 11-2 【新建绘图】对话框

（3）在【指定模板】中指定工程图图纸的格式。下面分别介绍【使用模板】【格式为空】【空】3 个单选按钮的用法。

● 【使用模板】

当选中【使用模板】单选按钮时，在【新建绘图】对话框中会出现【模板】栏，如图 11-3 所示，可以在其中选择或查找需要的模板文件。

○ 【格式为空】

当选中【格式为空】单选按钮时，在【新建绘图】对话框中会出现【格式】栏。单击【格式】后的【浏览】按钮，将弹出图 11-4 所示的【打开】对话框，可以从中选择系统已经定义好的格式文件（*.frm）。

○ 【空】

当选中【空】单选按钮时，可选择图纸的方向，可设置为【纵向】【横向】【可变】3 个方向，并在【大小】栏中选择图纸的大小，如图 11-5 所示。当选择【纵向】和【横向】两个方向时，图纸的宽度和高度不可编辑；当选择方向的【可变】时，图纸的高度和宽度处于可编辑状态，可根据需要定义图纸的大小。

图 11-3　【模板】栏

图 11-4　【打开】对话框

图 11-5　【空】模板

（4）定义好默认模型以及模板、图纸的大小后，单击【新建绘图】对话框中的【确定】按钮，进入工程图界面，如图 11-6 所示。

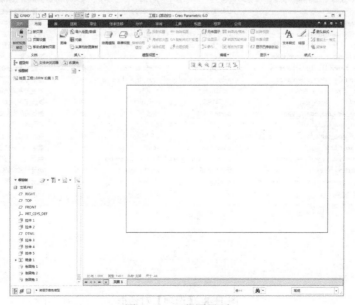
图 11-6　工程图界面

11.1.3 工程图环境的设置

Creo Parametric 6.0 的工程图模块中，视图默认采用第三角法，而中国标准是采用第一角法，并且在软件中工程图的公差默认是不显示的，因此要通过设置工程图的环境来改变上述两个默认选项，以满足制图的需要。本小节将介绍如何改变工程图环境。

1. 设置第一角法

进入工程图界面后，单击【文件】选项卡，弹出下拉列表，单击【准备】选项里的【绘图属性】按钮，弹出图 11-7 所示的【绘图属性】对话框，单击对话框中【详细信息选项】后的【更改】按钮，弹出图 11-8 所示的【选项】对话框，在对话框中的【选项】文本框中输入"projection_type"，单击【值】下拉列表框后的下拉按钮，选择【first_angle】选项，单击 添加/更改 按钮，然后单击【绘图属性】对话框中的【关闭】按钮，完成第一角法的设置。

图 11-7 【绘图属性】对话框

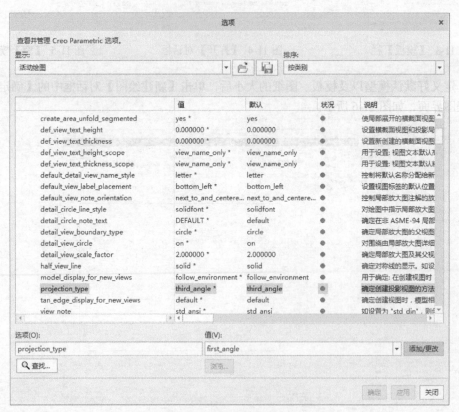

图 11-8 【选项】对话框

2. 设置显示公差

单击【文件】选项卡，弹出下拉列表，单击【准备】选项里的【绘图属性】按钮，弹出【绘图属性】对话框，单击对话框中【详细信息选项】后的【更改】按钮，弹出【选项】对话框，在【选项】文本框中输入"tol_display"，在【值】下拉列表框中输入"yes"，如图 11-9 所示。单击 添加/更改 按钮，再单击【确定】按钮，然后单击【绘图属性】对话框中的【关闭】按钮，完成显示尺寸公差的设置。

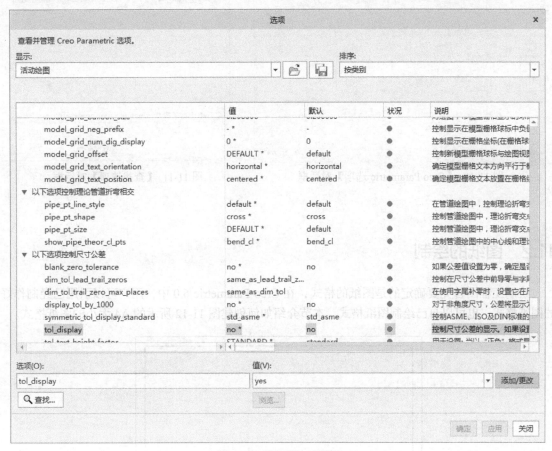

图 11-9　【选项】对话框

3. 设置系统配置文件选项

在系统配置文件 config.pro 中设置 drawing_setup_file 的路径值，可以调用指定标准的数据，下面以设置工程图永久采用公制单位为例来说明如何设置 drawing_setup_file 的路径值。

（1）单击【文件】→【选项】按钮，弹出图 11-10 所示的【Creo Parametric 选项】对话框。

（2）选择对话框中的【配置编辑器】按钮，然后单击对话框中的【查找】按钮，弹出【查找选项】对话框，在【输入关键字】文本框框中输入"drawing_setup_file"，并单击 立即查找 按钮，此时的对话框如图 11-11 所示。单击【设置值】右侧的【浏览】按钮，弹出【选择文件】对话框，选择相应配置文件，并单击【打开】按钮，返回【查找选项】对话框。单击 添加/更改 按钮，然后单击【关闭】按钮，完成 drawing_setup_file 路径值的设置，此后工程图将永久采用公制单位。

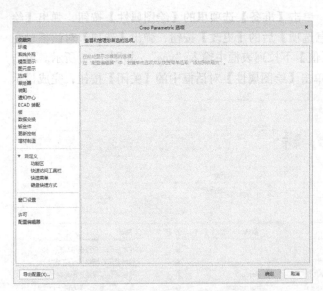

图 11-10 【Creo Parametric 选项】对话框

图 11-11 【查找选项】对话框

11.2 图纸的绘制

绘制工程图首先要确定的是图纸的格式，在 Creo Parametric 6.0 中，用户可以引用已经制作好的图纸格式，也可以自己绘制图纸格式。本节介绍如何创建图 11-12 所示的 A4 大小的图纸格式。

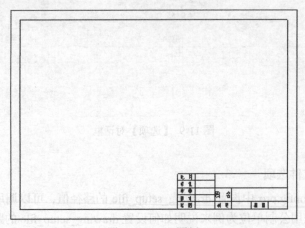

图 11-12 A4 图纸

（1）启动 Creo Parametric 6.0，单击工具栏中的【新建】按钮 ，弹出【新建】对话框，在【类型】中选择【格式】，输入名称 "a4-frm"，如图 11-13 所示。

（2）单击【确定】按钮，弹出【新格式】对话框，在【指定模板】中选择【空】，在【方向】栏中单击【横向】按钮，然后单击【大小】栏中的【标准大小】后的下拉按钮，选择【A4】，如图 11-14 所示。单击【确定】按钮，进入工程图界面。

图 11-13 【新建】对话框

图 11-14 【新格式】对话框

（3）制作图纸边框。单击【草绘】按钮，然后单击【编辑】下的下拉按钮，在弹出的下拉列表中选择【平移并复制】选项 ，弹出图 11-15 所示的【选择】对话框，然后单击视图中上面的一根水平线，并单击对话框中的【确定】按钮，弹出图 11-16 所示的【选择点】对话框和图 11-17 所示的【菜单管理器】对话框。选择【菜单管理器】中的【竖直】选项，然后在文本框中输入值"–10"，单击【确定】按钮 ；输入复制数"1"，单击【确定】按钮 。

图 11-15 【选择】对话框

图 11-16 【选择点】对话框

图 11-17 【菜单管理器】对话框

（4）同理，对其他 3 条边进行平移和复制操作，左边的竖直线水平平移距离为"10"，右边竖直线水平平移距离为"–10"，下边的竖直线平移距离为"10"，所得图形如图 11-18 所示。

（5）修剪边框。单击工具栏中的【拐角】按钮 ，然后按住 Ctrl 键分别单击图 11-19 所示的两条相邻边中要保留的部分直线，所得图形如图 11-20 所示。

图 11-18 边框

图 11-19 选择修剪边

（6）同理，其他 3 个拐角的修剪方法与第一个拐角修剪的方法一样，修剪后得到的图形如图
11-21 所示。

图 11-20　拐角修剪

图 11-21　边框

（7）制作标题栏表格。单击【表】按钮，弹出图 11-22 所示的下拉列表，然后单击下拉列
表中的【插入表】按钮，弹出【插入表】对话框。单击【向左且向上】按钮，然后在【行数】
文本框中输入 "5"，【列数】文本框中输入 "6"，取消【自动高度调节】复选框的勾选，在【高度（字
符数）】文本框中输入值 "30"，在【宽度（字符数）】文本框中输入值 "150"，如图 11-23 所示。
单击【确定】按钮，然后在边框右下角的顶点处单击，使表格右下角的顶点与表框右下角的顶点重
合，如图 11-24 所示。

图 11-22　【表】的下拉列表

图 11-23　【插入表】对话框

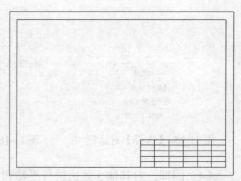

图 11-24　表格

（8）调整表格宽度。按住 Ctrl 键与鼠标左键框选图中左边第一列（框选的范围大于第一列的范
围时第一列才能被选中），然后右击，在弹出的快捷菜单中选择【宽度】选项，弹出图 11-25 所示
的【高度和宽度】对话框，在【宽度（字符）】文本框中输入值 "140"，单击【确定】按钮，此时
第一列的宽度变小。

（9）同理，调整第二列的宽度为 "160"，第三列的宽度为 "140"，第四列的宽度为 "160"，
第五列的宽度为 "140"，第六列的宽度为 "160"，所得表格如图 11-26 所示。

（10）合并单元格。按住 Ctrl 键与鼠标左键框选图 11-27 所示的区域，单击工具栏中的【合并
单元格】按钮，此时的表格如图 11-28 所示。

图 11-25 【高度和宽度】对话框

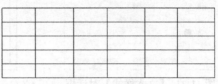

图 11-26 表格（1）

框选此区域

图 11-27 框选区域

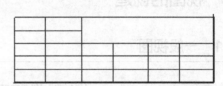

图 11-28 合并单元格

（11）同理，对其他区域进行单元格的合并，最终所得表格如图 11-29 所示。

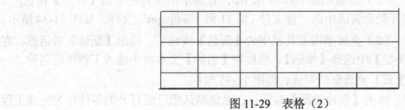

图 11-29 表格（2）

（12）填写标题栏。在标题栏中双击要填写内容的左上角第一个单元格，弹出图 11-30 所示的【格式】操控板，在【文本】文本框中输入比例。单击操控板【样式】的下拉按钮 ，弹出图 11-31 所示的【文本样式】对话框，把【高度】改为 "5"，单击【注解 / 尺寸】栏中【水平】右侧的下拉按钮，选择【中心】选项，单击【竖直】右侧的下拉按钮，选择【中间】选项，单击【确定】按钮。

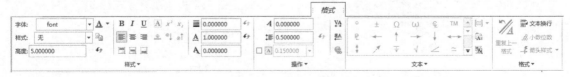

图 11-30 【格式】操控板

（13）同理，填写整个标题栏，其中【图名】的高度为 "7"，所填标题栏如图 11-32 所示，至此完成图纸的创建，如图 11-33 所示。

图 11-31 【文本样式】对话框

图 11-32 标题栏

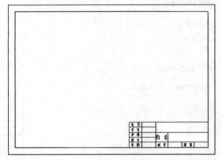

图 11-33 图纸

11.3 视图的创建

11.3.1 一般视图

图 11-34 零件模型

在 Creo Parametric 6.0 中，一般视图通常是指放置到页面上的第一视图，它多作为投影视图或其他导出视图的父项视图，下面举例说明一般视图的创建方法。

（1）启动 Creo Parametric 6.0，直接单击工具栏中的【打开】按钮，打开配套资源中的"源文件 \ 第 11 章 \ 零件 .prt"文件，如图 11-34 所示。

（2）直接单击工具栏中的【新建】按钮，弹出【新建】对话框，在【类型】中选择【绘图】，然后在【名称】文本框中输入工程图的名称"一般视图"，取消【使用默认模板】复选框的勾选，如图 11-35 所示。

（3）单击【确定】按钮，弹出【新建绘图】对话框，系统默认把已经打开的零件作为生成工程图的三维模型，在【标准大小】中选择【A4】，其他接受系统默认的选项，如图 11-36 所示，单击【确定】按钮，进入工程图界面。

图 11-35 【新建】对话框

图 11-36 【新建绘图】对话框

（4）在【布局】选项卡【模型视图】组中单击【普通视图】按钮，弹出图 11-37 所示的【选择组合状态】对话框，选择对话框中的【无组合状态】选项，然后单击【确定】按钮。

（5）确定视图类型。在图纸中单击选择合适视图的放置中心后，弹出【绘图视图】对话框，选择【类别】中的【视图类型】选项，在【模型视图名】中选择【BACK】，单击对话框中的 应用 按钮，如图 11-38 所示。

（6）修改视图比例。单击【类别】中的【比例】按钮，选中【自定义比例】单选按钮，输入比例值"0.07"，然后单击对话框中的【应用】按钮，如图 11-39 所示。

图 11-37　【选择组合状态】对话框

图 11-38　【绘图视图】对话框（1）

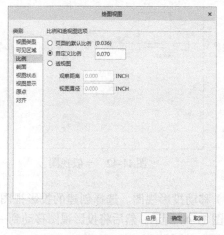

图 11-39　【绘图视图】对话框（2）

（7）创建消隐视图。选择【类别】中的【视图显示】选项，在【显示样式】下拉列表框中选择【消隐】选项，在【相切边显示样式】下拉列表框中选择【无】选项，如图 11-40 所示。单击对话框中的【确定】按钮，消隐后的一般视图如图 11-41 所示，完成一般视图的创建。

图 11-40　【绘图视图】对话框（3）

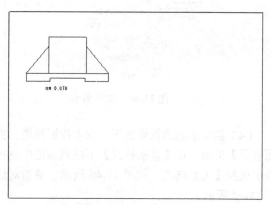

图 11-41　消隐后的一般视图

11.3.2　投影视图

投影视图是一个视图的几何模型沿水平或垂直方向的正交投影。投影视图放置在一般视图的水平或垂直方向。下面以 11.3.1 节创建一般视图的工程图为例，介绍投影视图的一般创建方法及步骤。

（1）启动 Creo Parametric 6.0，直接单击工具栏中的【打开】按钮，打开配套资源中的"源文件 \ 第 11 章 \ 一般视图 .drw"文件，如图 11-42 所示。

（2）放置投影视图。单击【布局】选项卡中的【投影视图】按钮，然后利用鼠标将投影框移到一般视图的上方，在适当的位置单击以放置投影视图，所得图形如图 11-43 所示。

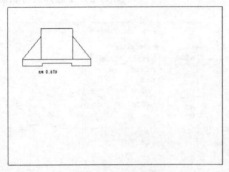

图 11-42　一般视图

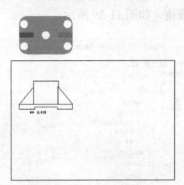

图 11-43　投影视图

（3）移动投影视图。选择创建的投影视图，长按鼠标右键，弹出快捷菜单，解除锁定视图移动，如图 11-44 所示。然后将投影视图移动到一般视图的下方，如图 11-45 所示。

图 11-44　快捷菜单

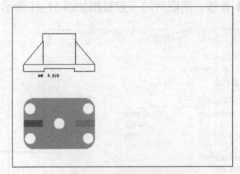

图 11-45　移动投影视图

（4）创建消隐的投影视图。双击投影视图，弹出【绘图视图】对话框，选择【类别】中的【视图显示】选项，在【显示样式】下拉列表框中选择【消隐】选项，在【相切边显示样式】下拉列表框中选择【无】选项，如图 11-46 所示。单击对话框中的【确定】按钮，完成投影视图的创建，如图 11-47 所示。

图 11-46　【绘图视图】对话框

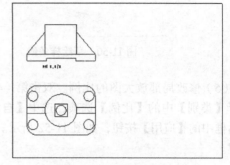

图 11-47　投影视图（1）

11.3.3　局部放大图

局部放大图是指在一个视图中放大显示模型的一部分视图。在父视图中包括一个注解参考和边界作为局部放大图的一部分，下面以 11.3.2 节创建的投影视图为例，介绍局部放大图的一般创建方法及步骤。

（1）启动 Creo Parametric 6.0，直接单击工具栏中的【打开】按钮🗁，打开配套资源中的"源文件 \ 第 11 章 \ 投影视图 .drw"文件，如图 11-48 所示。

（2）确定详细视图的中心点。单击【布局】选项卡中的【局部放大图】按钮🔎，在图 11-49所示的绘图视图中单击，此时系统以加亮的叉来显示所选的中心点。

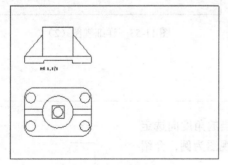

图 11-48　投影视图（2）

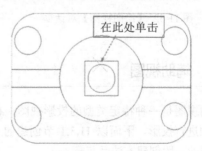

图 11-49　选择中心点

（3）绘制局部放大图的范围。确定中心点后，直接绕着所选的中心点依次单击选择若干点，草绘图 11-50 所示的样条线，单击鼠标中键完成草绘。

（4）放置局部放大图。在图纸中合适的位置单击放置局部放大图，在空白处单击使详细视图不被选中，完成局部放大图的放置，如图 11-51 所示。

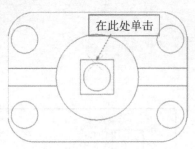

图 11-50　草绘样条线

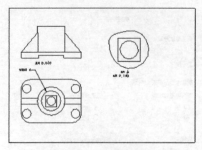

图 11-51　详细视图（1）

（5）修改局部放大图的比例。双击第（4）步创建的局部放大图，弹出【绘图视图】对话框，选择【类别】中的【比例】选项，选中【自定义比例】单选按钮，输入比例值 "0.2"，然后单击对话框中的【应用】按钮，如图 11-52 所示。所得局部放大图如图 11-53 所示，完成局部放大图的创建。

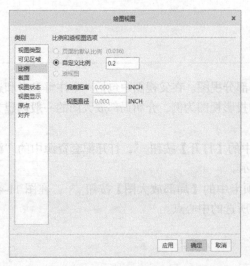

图 11-52　【绘图视图】对话框

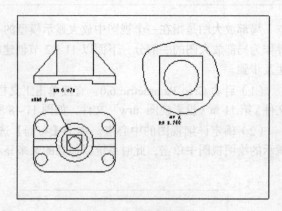

图 11-53　详细视图（2）

11.3.4　辅助视图

辅助视图是一种特定类型的投影视图，在恰当的角度向选定曲面或轴进行投影。下面以 11.3.1 节创建的一般视图为例，介绍辅助视图的一般创建方法及步骤。

（1）启动 Creo Parametric 6.0，直接单击工具栏中的【打开】按钮 ，打开配套资源中的 "源文件 \ 第 11 章 \ 一般视图 .drw" 文件，如图 11-54 所示。

（2）创建辅助视图。单击【布局】选项卡中的【辅助视图】按钮 ，在一般视图中选择图 11-55 所示的平面作为参考，移动鼠标在合适的位置单击放置视图，所得图形如图 11-56 所示。

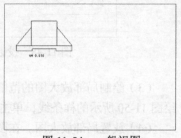

图 11-54　一般视图

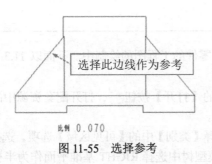

图 11-55　选择参考

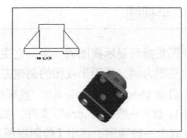

图 11-56　辅助视图（1）

（3）创建消隐视图。双击辅助视图，弹出【绘图视图】对话框，选择【类别】中的【视图显示】选项，在【显示样式】下拉列表框中选择【消隐】选项，在【相切边显示样式】下拉列表框中选择【无】选项，如图 11-57 所示。单击对话框中的【应用】按钮，完成消隐视图的创建，如图 11-58 所示。

图 11-57　【绘图视图】对话框

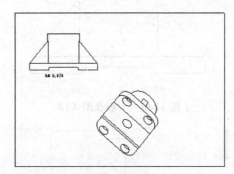

图 11-58　辅助视图（2）

（4）显示投影箭头。选择【类别】中的【视图类型】选项，在【视图名称】文本框中输入"A"，选中【投影箭头】下的【双箭头】单选按钮，如图 11-59 所示。单击【确定】按钮，完成辅助视图的创建，如图 11-60 所示。

图 11-59　【视图类型】选项卡

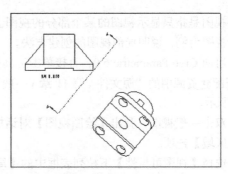

图 11-60　辅助视图（3）

11.3.5 半视图

半视图是指只显示视图的一半，它主要用在对称的零件的工程图的绘制中。下面以 11.3.1 节创建的一般视图为例，说明半视图的创建方法。

（1）启动 Creo Parametric 6.0，直接单击工具栏中的【打开】按钮，打开配套资源中的"源文件 \ 第 11 章 \ 一般视图 .drw"文件，如图 11-61 所示。

（2）双击一般视图，弹出【绘图视图】对话框，选择【类别】中的【可见区域】选项，选择【视图可见性】下拉列表框中的【半视图】选项，然后在模型树中选择 RIGHT 基准平面作为半视图的参考平面，如图 11-62 所示。此时的视图如图 11-63 所示，箭头指向左边说明保留视图的左半部分，单击【确定】按钮，完成半视图的创建，如图 11-64 所示。

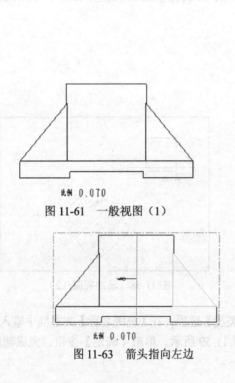

比例 0.070

图 11-61　一般视图（1）

图 11-62　【绘图视图】对话框

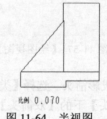

比例 0.070

图 11-64　半视图

比例 0.070

图 11-63　箭头指向左边

11.3.6 局部视图

局部视图是指只显示视图的某个部分的视图。下面以 11.3.1 节创建的一般视图为例，说明局部视图的创建方法。

（1）启动 Creo Parametric 6.0，直接单击工具栏中的【打开】按钮，打开配套资源中的"源文件 \ 第 11 章 \ 一般视图 .drw"文件，如图 11-65 所示。

（2）双击一般视图，弹出【绘图视图】对话框，选择【类别】中的【可见区域】选项。

（3）选择【视图可见性】下拉列表框中的【局部视图】选项，如图 11-66 所示。在图 11-67 所

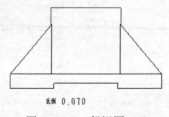

比例 0.070

图 11-65　一般视图（2）

示的绘图视图中单击，此时系统以加亮的叉来显示所选的中心点。

图 11-66　【绘图视图】对话框

图 11-67　选择中心参考

（4）绘制局部视图的范围。确定中心点后，直接绕着所选的中心点依次单击选择若干点，草绘图 11-68 所示的样条线，单击鼠标中键完成草绘。

（5）单击【绘图视图】对话框中的【确定】按钮，然后在视图中的空白处单击，使局部视图处于不被选中状态，完成局部视图的创建，如图 11-69 所示。

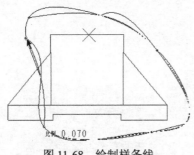

图 11-68　绘制样条线

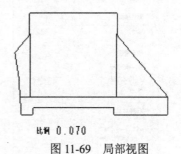

图 11-69　局部视图

11.3.7　剖视图

剖视图是用于表达模型内部结构（或从各视图不易看清楚的结构）的一种常用视图。可以在零件或组件模式中创建和保存一个剖面并在绘图视图中显示，或者可以在插入绘图视图时向其中添加剖面。

剖视图包括完全剖视图、半剖视图和局部剖视图。下面通过举例来说明完全剖视图的创建方法。

（1）启动 Creo Parametric 6.0，直接单击工具栏中的【打开】按钮，打开配套资源中的"源文件 \ 第 11 章 \ 零件 2.prt"文件，如图 11-70 所示。

（2）直接单击工具栏中的【新建】按钮，弹出【新建】对话框，在【类型】中选择【绘图】，然后在【名称】文本框中输入工程图的名称"剖视图"，取消【使用默认模板】复选框的勾选，如图 11-71 所示。

图 11-70 模型

图 11-71 【新建】对话框

（3）单击【确定】按钮，弹出【新建绘图】对话框，系统默认把已经打开的零件作为生成工程图的三维模型，在【标准大小】中选择【A4】，其他接受系统默认的选项，如图 11-72 所示，单击【确定】按钮，进入工程图界面。

（4）在【布局】选项卡中单击【普通视图】按钮 ，弹出图 11-73 所示的【选择组合状态】对话框，选择对话框中的【无组合状态】选项，然后单击【确定】按钮。

图 11-72 【新建绘图】对话框

图 11-73 【选择组合状态】对话框

（5）确定视图类型。在图纸中单击选择合适视图的放置中心后，弹出【绘图视图】对话框，选择【类别】中的【视图类型】选项，在【模型视图名】中选择【BACK】，单击对话框中的 应用 按钮，如图 11-74 所示。

（6）修改视图比例。选择【类别】中的【比例】选项，选中【自定义比例】单选按钮，输入比例值 3，然后单击对话框中的 应用 按钮，如图 11-75 所示。

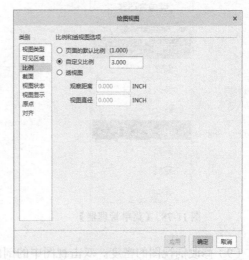

图 11-74 【绘图视图】对话框（1）　　　　图 11-75 【绘图视图】对话框（2）

（7）创建消隐视图。选择【类别】中的【视图显示】选项，在【显示样式】下拉列表框中选择【消隐】选项，在【相切边显示样式】下拉列表框中选择【无】选项，如图 11-76 所示。单击对话框中的 应用 按钮，消隐后的一般视图如图 11-77 所示，完成一般视图的创建。

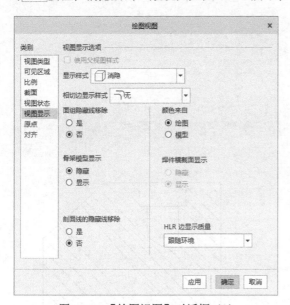

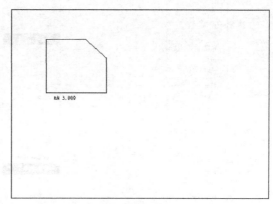

图 11-76 【绘图视图】对话框（3）　　　　图 11-77 消隐后的一般视图

（8）创建剖视图。选择【类别】中的【截面】选项，选中【2D 横截面】单选按钮，单击➕按钮，弹出图 11-78 所示的【菜单管理器】对话框，选择【完成】选项，在图 11-79 所示的【输入横截面名称】文本框中输入截面名"A"。单击【完成】按钮✓，然后在模型树中选择 FRONT 基准平面，单击 确定 按钮，完成剖视图的创建，如图 11-80 所示。

图 11-78 【菜单管理器】

图 11-79【输入横截面名称】输入框

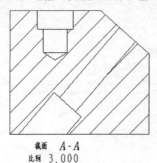

图 11-80 剖视图

（9）修改剖视图的密度。双击视图中的剖面线，弹出图 11-81 所示的【菜单管理器】对话框，选择【剖面线 PAT】选项，然后选择【比例】选项，弹出图 11-82 所示的【菜单管理器】对话框，选择【修改模式】下的【半倍】选项，此时剖面线的间距缩小一半，如图 11-83 所示。选择【菜单管理器】里的【完成】选项，完成剖面线密度的修改。

图 11-81 【菜单管理器】（1）　　图 11-82 【菜单管理器】（2）

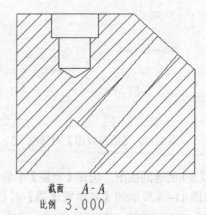

图 11-83 视图

下面仍然以上面的例子为例，说明局部剖视图的创建方法。

（1）制作局部剖视图的过程中，从创建绘图到建立消隐视图的方法与上面的第（1）～（7）步一样，不再赘述，在消隐视图的基础上创建局部剖视图。

（2）创建剖视图。双击消隐视图，弹出【绘图视图】对话框，选择【类别】中的【截面】选项，选中【2D 横截面】单选按钮，单击 ✚ 按钮，弹出图 11-84 所示的【菜单管理器】对话框，选择【完成】选项，在弹出的【输入横截面名】文本框中输入截面名 "A"，单击【完成】按钮 ✓，然后在模型树中选择 FRONT 基准平面。

（3）单击对话框中【剖切区域】下的下拉按钮，选择【局部】选项，在绘图窗口中选择图 11-85 所示的位置，出现一个交叉中心点，直接绕着所选的中心点依次单击选择若干点，草绘图 11-86 所示的样条线，单击鼠标中键完成草绘。

图 11-84　菜单管理器

图 11-85　选择中心点

（4）单击【确定】按钮，完成剖视图的创建，如图 11-87 所示。

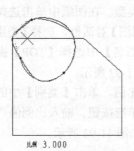

图 11-86　样条线

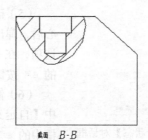

图 11-87　剖视图

11.3.8　破断视图

移除两选定点或多个选定点间的部分模型，并将剩余的两部分合拢在一个指定的距离内，这样便形成了破断视图。可以进行水平、垂直破断，或同时进行水平和垂直破断，并使用破断的各种图形边界样式。下面以一个轴零件为例，说明如何创建破断视图。

图 11-88　模型

（1）启动 Creo Parametric 6.0，直接单击工具栏中的【打开】按钮，打开配套资源中的 "源文件 \ 第 11 章 \ 轴 .prt" 文件，如图 11-88 所示。

（2）直接单击工具栏中的【打开】按钮，弹出【新建】对话框，在【类型】中选择【绘图】选项，然后在【名称】文本框中输入工程图的名称 "破断视图"，取消【使用默认模板】复选框的勾选，如图 11-89 所示。

（3）单击【确定】按钮，弹出【新建绘图】对话框，系统默认把已经打开的零件作为生成工程图的三维模型，在【标准大小】中选择【A4】，其他接受系统默认的选项，如图 11-90 所示，单击【确定】按钮，进入工程图界面。

图 11-89 【新建】对话框

图 11-90 【新建绘图】对话框

（4）在【布局】选项卡中单击【普通视图】按钮，弹出图 11-91 所示的【选择组合状态】对话框，选择对话框中的【无组合状态】选项，单击【确定】按钮。

图 11-91 【选择组合状态】对话框

（5）确定视图类型。在图纸中单击选择合适视图的放置中心后，弹出【绘图视图】对话框。选择【类别】中的【视图类型】选项，在【模型视图名】中选择【TOP】视图，单击对话框中的应用按钮，如图 11-92 所示。

（6）修改视图比例。单击【类别】中的【比例】按钮，选中【自定义比例】单选按钮，输入比例值"2"，然后单击对话框中的应用按钮，如图 11-93 所示。

图 11-92 【绘图视图】对话框（1）

图 11-93 【绘图视图】对话框（2）

（7）创建消隐视图。选择【类别】中的【视图显示】选项，在【显示样式】下拉列表框中选择【消

【隐】选项，在【相切边显示样式】下拉列表框中选择【无】选项，如图 11-94 所示。单击对话框中的 应用 按钮，消隐后的一般视图如图 11-95 所示，完成一般视图的创建。

图 11-94 【绘图视图】对话框

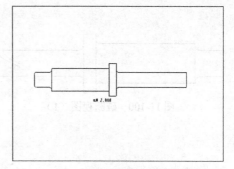

图 11-95 消隐后的一般视图

（8）创建破断视图。选择【类别】中的【可见区域】选项，单击【视图可见性】后的下拉按钮，选择【破断视图】选项，单击 ➕ 按钮，然后单击绘图窗口中图 11-96 所示的位置，然后在垂直位置单击，再次单击图 11-97 所示的位置，然后在垂直位置单击。

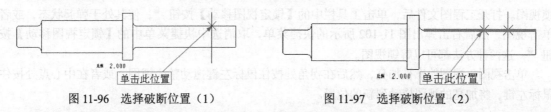

图 11-96 选择破断位置（1）　　　　　　　　图 11-97 选择破断位置（2）

（9）单击【破断线样式】的下拉按钮，在弹出的下拉列表中选择【视图轮廓上的 S 曲线】选项，如图 11-98 所示。单击 确定 按钮，所得图形如图 11-99 所示。

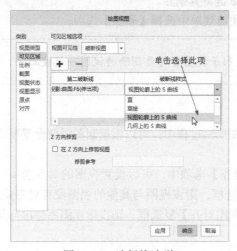

图 11-98 选择线造型

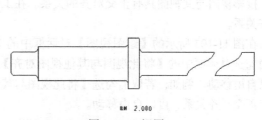

图 11-99 视图

（10）检查工具栏中的【锁定视图移动】按钮 是否处于弹起状态，若不是弹起状态，则单击此按钮使其处于弹起状态，并单击破断视图的一半，使其处于选中状态，然后按住鼠标左键拖动这一半，使其距离另一半的距离恰当，所得图形如图 11-100 所示。

（11）同理，创建视图另一端的破断视图，方法步骤一样，所得图形如图 11-101 所示，完成破断视图的创建。

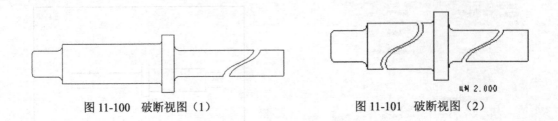

图 11-100　破断视图（1）　　　　　　　　　　图 11-101　破断视图（2）

11.4　视图的编辑

1. 移动视图

在工程图中，视图是不可以随意移动的，在默认的状态下视图是锁定的，要移动视图必须先解锁视图。打开工程图文件后，单击工具栏中的【锁定视图移动】按钮 ，使其处于弹起状态，或者单击视图，然后右击弹出图 11-102 所示的快捷菜单，取消选中快捷菜单中的【锁定视图移动】按钮 ，这两种方法都可以解锁视图。

单击视图，视图轮廓被加亮，然后在拐角处按住鼠标左键拖动整个视图，或者在中心点处按住鼠标左键，将加亮的视图拖动到新的位置。

2. 删除视图

当要删除一个错误的视图时，首先要选中该视图使其加亮显示。删除的方式有以下 2 种。

（1）单击选中该视图使其加亮显示，然后按 Delete 键将其删除。

（2）单击选中该视图使其加亮显示，然后从右键快捷菜单中选择【删除】选项。

注意　　若要删除的视图具有投影子视图，则投影子视图会与要删除的视图一起被删除。

3. 对齐视图

投影视图与父视图具有正交对齐的关系。在工程图绘制过程中，可以根据制图需要设置视图的对齐关系。

在图 11-103 所示的【绘图视图】对话框中的【对齐】选项中，可以设置视图的对齐选项。若取消勾选对话框中的【将此视图与其他视图对齐】复选框，则该视图与其他的视图没有对齐关系，可以自由移动。例如，若取消勾选【将此视图与其他视图对齐】复选框，则投影视图不会再与父视图有正交对齐关系，可以自由移动。

图 11-102　快捷菜单

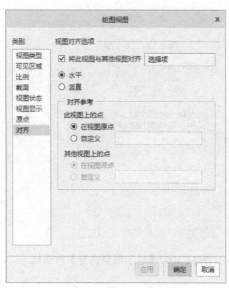

图 11-103　【绘图视图】对话框

11.5　视图的注释

11.5.1　尺寸的生成及编辑

1. 自动标注尺寸

单击选项卡中的【注释】按钮，然后单击【注释】选项卡中的【显示模型注释】按钮 ，弹出图 11-104 所示的【显示模型注释】对话框。该对话框共有 6 个基本选项卡，从左到右分别用于显示模型尺寸、显示模型几何公差、显示模型注解、显示模型表面粗糙度、显示模型符号、显示模型基准。在这些选项卡中还可以显示项目的类型，例如在尺寸项目中，可以在【类型】下拉列表框中选择【全部】【驱动尺寸注释元素】【所有驱动尺寸】【强驱动尺寸】【从动尺寸】【参考尺寸】或者【纵坐标尺寸】。

设置好显示项目和类型后，可以在绘图窗口右下角图 11-105 所示的【选择过滤器】下拉列表中选择需要的过滤选项，以限定在视图中选择对象来显示模型视图的相关注释内容。

确定好显示项目和类型后，在模型树或视图中选择要标注的组件、零件或特征，【显示模型注释】对话框中会显示该组件、零件或特征按类型设置的所有尺寸，在【选项】复选框中根据需要勾选要标注的尺寸，或者单击对话框中的【全选】按钮 选中所有的尺寸（单击【撤销】按钮 可以清除所有被选中的尺寸），然后单击对话框中的【确定】按钮，完成自动标注尺寸。

2. 人工标注尺寸

尺寸的类型有【尺寸 - 新参考】 、【纵坐标尺寸】 、【参考尺寸】 和【自动标注纵坐标】 这几种。

图 11-104 【显示模型注释】对话框　　　　图 11-105 【选择过滤器】

以创建【尺寸】为例来说明标注尺寸的步骤：单击选项卡中的【注释】按钮，然后单击工具栏中的【尺寸】按钮 ┝┥，弹出图 11-106 所示的【选择参考】对话框，然后在绘图窗口中选择图元对象进行尺寸标注，单击鼠标中键确认，如图 11-107 所示。

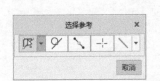

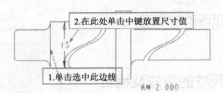

图 11-106 【选择参考】对话框　　　　图 11-107 创建【尺寸】

3. 尺寸的编辑

（1）移动尺寸。单击要移动的尺寸，此时尺寸被加亮显示，然后在尺寸上按住鼠标左键把尺寸拖到合适的位置。若要把尺寸移动到另一个视图，则单击该尺寸后，在该尺寸上右击弹出快捷菜单，选择【移动到视图】选项，然后选择模型视图或窗口即可。

（2）删除尺寸。单击要删除的尺寸，此时尺寸被加亮显示，然后右击，在弹出的快捷菜单中选择【删除】选项，或者按 Delete 键，即可删除尺寸。

11.5.2 标注公差

公差包括尺寸公差和几何公差。在 Creo Parametric 6.0 中，系统默认不显示公差的尺寸，因此要将【tol_display】选项设置为【yes】才可以显示公差。

1. 创建尺寸公差

下面以图 11-108 所示的零件模型的轴的直径为例，说明如何标注尺寸公差。

选中图中的尺寸，弹出图 11-109 所示的【尺寸】操控板，在操控板中选择【公差】类型为【对称】，输入公差值

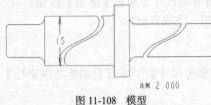

图 11-108 模型

"0.1"，如图 11-110 所示。单击【确定】按钮，完成尺寸公差的标注，所得的图形如图 11-111 所示。

图 11-109　【尺寸】操控板

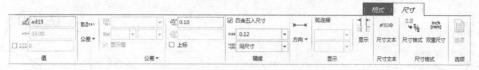

图 11-110　设置【尺寸】操控板

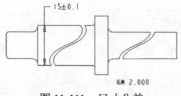

图 11-111　尺寸公差

2. 创建几何公差

几何公差用于标注产品工程图中的直线度、平面度、圆柱度、圆度、线轮廓度、面轮廓度、倾斜度、垂直度、平行度、位置度、同轴度、对称度、圆跳动度和全跳动等。

单击选项卡中的【注释】按钮，然后单击工具栏中的【几何公差】按钮，弹出图 11-112 所示的【几何公差】操控板，利用该操控板，可以在工程图中插入几何公差。

图 11-112　【几何公差】操控板

下面以创建图 11-113 所示的一个轴上圆柱的圆柱度为例，说明如何创建几何公差。

（1）单击选项卡中的【注释】按钮，然后单击工具栏中的【几何公差】按钮，选择模型后，拖动公差到合适位置，单击鼠标中键，放置公差到适当位置，效果如图 11-114 所示，弹出【几何公差】操控板。

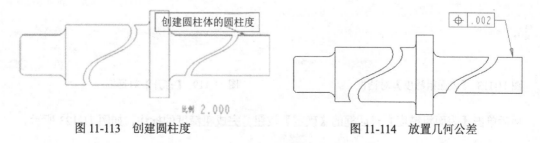

图 11-113　创建圆柱度　　　　　图 11-114　放置几何公差

（2）单击【符号】组中【几何特征】的下拉按钮，选择符号为【圆柱度】，如图 11-115 所示。输入公差值"0.01"，如图 11-116 所示。在【几何公差】操控板中选择模型后，拖动公差到合适位置，单击鼠标中键，放置公差到适当位置，效果如图 11-114 所示。完成圆柱度形位公差的标注，如图 11-117 所示。

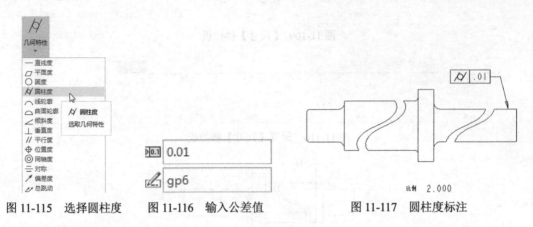

图 11-115　选择圆柱度　　图 11-116　输入公差值　　　　图 11-117　圆柱度标注

11.5.3　标注表面粗糙度

下面以标注零件的表面粗糙为例，说明标注表面粗糙度的一般过程。

（1）单击选项卡中的【注释】按钮，单击【注释】选项卡中的【表面粗糙度】按钮 $^{32}\!\!\checkmark$，弹出图 11-118 所示的【表面粗糙度】对话框，单击【常规】选项卡，单击【定义】栏中的【浏览】按钮，弹出图 11-119 所示的【打开】对话框，打开【machined】文件中的 standard1.sym，然后在【放置】栏中更改粗糙度符号的类型。例如在【类型】下拉列表框中选择【图元上】选项。

（2）选择视图中图 11-120 所示的一条边，在【表面粗糙度】对话框中单击【可变文本】选项卡，在图 11-121 所示的文本框中输入粗糙度值"6.3"，然后移动鼠标将粗糙度放到合适的位置，然后在空白处单击鼠标中键使其处于未选中状态，基本完成圆柱表面粗糙度的标注，如图 11-122 所示。

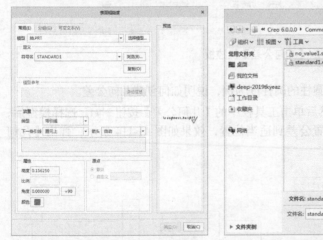

图 11-118　【表面粗糙度】对话框

图 11-119　【打开】对话框

最后单击【表面粗糙度】对话框的【确定】按钮，完成粗糙度的标注，如图 11-123 所示。

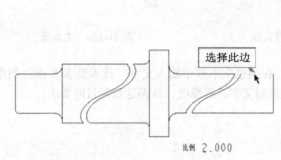

图 11-120 选择粗糙度标注位置

图 11-121 输入粗糙度值

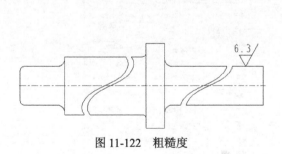

图 11-122 粗糙度

图 11-123 单击【确定】按钮

11.5.4 添加技术要求

下面以添加图 11-124 所示的技术要求为例，说明添加技术要求的一般过程。

（1）单击选项卡中的【注释】按钮，然后单击【注释】选项卡中的【注解】按钮 A≡。

（2）弹出图 11-125 所示的【选择点】对话框和图 11-126 所示的黑色（颜色根据系统可能不一样）文本框，在图纸标题栏上方的空白处单击放置技术要求。

技术要求

1. 未注倒角2×45°。

2. 表面镀锌处理。

图 11-124 技术要求

11-125 【选择点】对话框

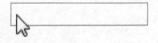

图 11-126 文本框

（3）弹出图 11-127 所示的【格式】操控板，在黑色文本框中输入文字"技术要求 1. 未注倒角 2×45°。2. 表面镀锌处理。"通过【格式】操控板对文字进行修改，从而达到题目的要求。

图 11-127 【格式】操控板

（4）在方框外空白点处单击，完成技术要求的添加，如图 11-128 所示。

（5）若要修改技术要求，直接双击技术要求，系统直接激活图 11-129 所示的【编辑框】对话框，就可以直接编辑文本。单击【注释】按钮，选择【文本样式】选项，弹出图 11-130 的【文本样式】对话框，可以对文本样式进行编辑。

技术要求

1. 未注倒角2×45°。

2. 表面镀锌处理。

图 11-128 技术要求

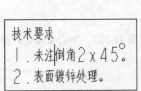

图 11-129 【编辑框】对话框

图 11-130 【文本样式】对话框

11.6 综合实例——绘制转子轴工程图

下面以转子轴工程图的绘制过程为例，说明工程图纸的一般创建方法，如图 11-131 所示。

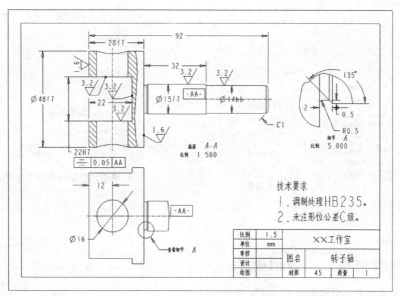

图 11-131　转子轴的工程图

【绘制步骤】

1. 打开模型文件

（1）启动 Creo Parametric 6.0，直接单击工具栏中的【打开】按钮，打开配套资源中的"源文件 \ 第 11 章 \ 转子轴 .prt"文件。

（2）单击快捷工具栏中的【基准显示过滤器】按钮，然后选择【轴显示】基准，如图 11-132 所示，此时的模型如图 11-133 所示。

图 11-132　【基准显示过滤器】　　　　　　图 11-133　零件模型

2. 进入绘图界面

（1）单击工具栏中的【新建】按钮，弹出【新建】对话框，在【类型】中选择【绘图】，输入名称"转子轴"，取消勾选【使用默认模板】复选框，然后单击【确定】按钮，如图 11-134 所示。

（2）弹出【新建绘图】对话框，选中【格式为空】单选按钮，然后单击【格式】栏中的【浏览】按钮，弹出【打开】对话框，选择配套资源中的中的"源文件 \ 第 11 章 \a4-frm.frm"文件，单击【确定】按钮，如图 11-135 所示，进入绘图界面。

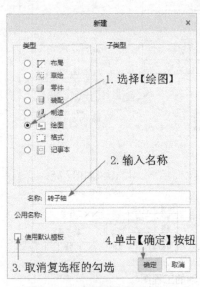

图 11-134 【新建】对话框 　　　　　　　　图 11-135 【新建绘图】对话框

3. 设置绘图环境

将绘图环境设置成第一角法。单击选项卡中的【文件】按钮，弹出下拉列表，单击【准备】选项里的【绘图属性】按钮，弹出【绘图属性】对话框，如图 11-136 所示。单击对话框中【详细信息选项】后的【更改】按钮，弹出图 11-137 所示的【选项】对话框，在对话框中的【选项】文本框中显示 projection_type，单击【值】下拉列表框后的下拉按钮，并选择【first_angle】选项，单击【添加 / 更改】按钮，确认修改结果。然后单击【确定】按钮，单击【绘图属性】对话框中的【关闭】按钮，完成绘图环境的设置。

图 11-136 【绘图属性】对话框

4. 创建一般视图

（1）单击【布局】选项卡中的【普通视图】按钮 ⬚，弹出图 11-138 所示的【选择组合状态】对话框，选择对话框中的【无组合状态】选项，单击【确定】按钮。

（2）在图纸中单击选择合适视图的放置中心后，弹出【绘图视图】对话框，选择【类别】中的【视图类型】选项，在【模型视图名】中选择【TOP】视图，如图 11-139 所示，然后单击对话框中的 应用 按钮。

（3）选择【类别】中的【比例】选项，选中【自定义比例】单选按钮，输入比例值 "1.5"，如图 11-140 所示，然后单击对话框中的 应用 按钮。

图 11-137　【选项】对话框

图 11-138　【选择组合状态】对话框

图 11-139　【绘图视图】对话框（1）

图 11-140　【绘图视图】对话框（2）

（4）选择【类别】中的【视图显示】选项，在【显示样式】下拉列表框中选择【消隐】选项，并在【相切边显示样式】下拉列表框中选择【无】选项，如图 11-141 所示。然后单击对话框中的 确定 按钮，消隐后的一般视图如图 11-142 所示。

5. 创建局部剖视图

（1）创建剖视图。双击消隐视图，弹出【绘图视图】对话框，选择【类别】中的【截面】选项，选中【2D 横截面】单选按钮，单击 ➕ 按钮，弹出图 11-143 所示的【菜单管理器】对话框。选择【完成】选项，在弹出的【输入横截面名】文本框中输入截面名 "A"，单击【完成】按钮 ✓，然后在模型树中选择 TOP 基准平面。

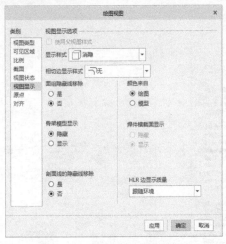

图 11-141 【绘图视图】对话框

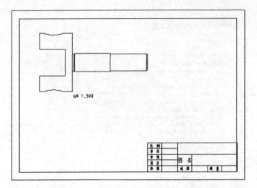

图 11-142 消隐后的一般视图

（2）单击对话框中【剖切区域】下的下拉按钮，选择【局部】选项，在绘图窗口中选择图 11-144 所示的位置，出现一个交叉中心点，直接绕着所选的中心点依次单击选择若干点，草绘图 11-145 所示的样条线，单击鼠标中键完成草绘。

（3）单击【确定】按钮，完成局部剖视图的创建，如图 11-146 所示。

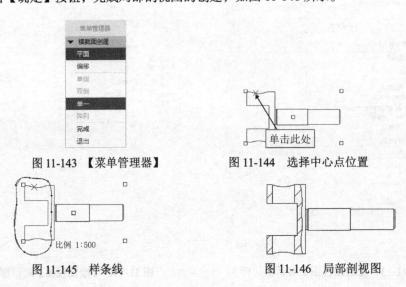

图 11-143 【菜单管理器】

图 11-144 选择中心点位置

图 11-145 样条线

图 11-146 局部剖视图

6. 改变剖面线的密度

双击视图中的剖面线，弹出图 11-147 所示的【菜单管理器】对话框，选择【比例】选项，弹出图 11-148 所示的【菜单管理器】对话框。选择【间距】选项，弹出【修改模式】菜单，选择【修改模式】下的【半倍】选项，此时剖面线的间距缩小一半，如图 11-149 所示。选择【菜单管理器】中的【完成】选项，完成剖面线密度的修改。

7. 生成投影视图

（1）单击主视图，使其被选中，然后单击工具栏中的【投影视图】按钮 ，并在主视图底部合适位置单击插入投影视图。

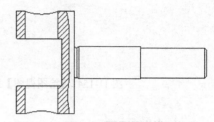

图 11-147　【菜单管理器】（1）　图 11-148　【菜单管理器】（2）　　　图 11-149　视图

（2）双击投影视图，弹出【绘图视图】对话框，选择【类别】中的【视图显示】选项，在【显示样式】下拉列表框中选择【消隐】选项，并在【相切边显示样式】下拉列表框中选择【无】，如图 11-150 所示。然后单击对话框的【应用】按钮，完成投影视图的创建，如图 11-151 所示。

图 11-150　【绘图视图】对话框

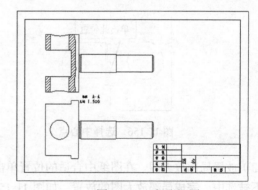

图 11-151　投影视图

8. 生成局部图

（1）选择【类别】中的【可见区域】选项，在【视图可见性】下拉列表框中选择【局部视图】选项，然后单击图 11-152 所示的位置作为中心点，此时外圆上生成一个叉号。

（2）直接绕着所选的中心点依次单击选择若干点，草绘出图 11-153 所示的样条线，单击鼠标中键完成草绘。单击【应用】按钮，此时的【绘图视图】对话框如图 11-154 所示。单击【取消】按钮，然后在空白处单击，使投影视图不被选中，此时的投影视图如图 11-155 所示。

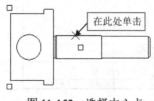

图 11-152　选择中心点

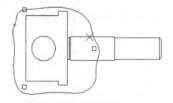

图 11-153　样条线

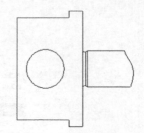

图 11-154 【绘图视图】对话框   图 11-155 投影视图

9. 生成详细视图

（1）确定局部放大图的中心点。单击【布局】选项卡中的【局部放大图】按钮 ，在图 11-156 所示的绘图视图中单击，此时系统以加亮的叉显示所选的中心点。

（2）绘制局部放大图的范围。确定中心点后，直接绕着所选的中心点依次单击选择若干点，草绘图 11-157 所示的样条线，单击鼠标中键完成草绘。

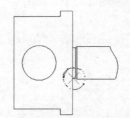

图 11-156 选择中心点   图 11-157 草绘样条线

（3）放置局部放大图。在图纸中合适的位置单击放置局部放大图，然后在空白处单击使局部放大图不被选中，完成局部放大图的放置，如图 11-158 所示。

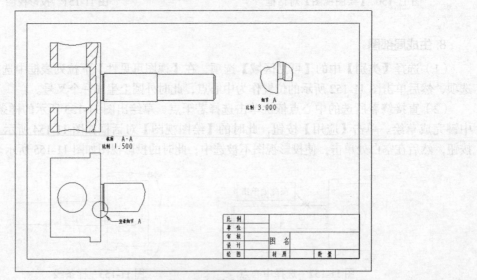

图 11-158 局部放大图

（4）修改局部放大图的比例。双击创建好的局部放大图，弹出【绘图视图】对话框，选择【类别】中的【比例】选项，并选中【自定义比例】单选项，输入比例值"5"，如图 11-159 所示。然后单击对话框中的 确定 按钮，所得局部放大图如图 11-160 所示。

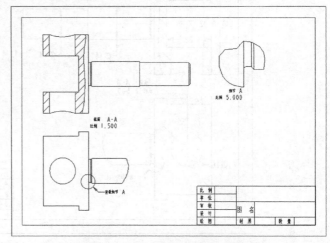

图 11-159　【绘图视图】对话框　　　　　　图 11-160　修改放大比例的局部放大图

10. 标注尺寸

（1）标注旋转特征的尺寸。单击选项卡中的【注释】按钮，然后单击【注释】选项卡中的【显示模型注释】按钮 ，弹出图 11-161 所示的【显示模型注释】对话框，然后按住 Ctrl 键在模型树中单击 、 、 、 以及 元件，并单击对话框中的 按钮，使所有尺寸被选中。

（2）单击 按钮，勾选【A_1】【A_1】【A_2】和【A_2】复选框，如图 11-162 所示，在视图中显示对应的基准轴。单击【确定】按钮，使转子轴全部特征被标注。

（3）整理尺寸。单击视图中的 φ16 尺寸，然后右击弹出图 11-163 所示的快捷菜单，在快捷菜单中选择【移动到视图】选项，并单击投影视图，则此尺寸移动到投影视图中。同理，长度为 12 的尺寸也移动到投影视图中，尺寸为 0.5、2、135°、R0.5 的这 4 个尺寸也都移动到详细视图中。按住 Ctrl 键单击选中长度为 60、11 的尺寸，按住 Delete 键将其删除。然后对尺寸进行整理，单击尺寸，并按住鼠标左键，尺寸上方会出现移动符号，移动尺寸到适当的位置，所得图形如图 11-164 所示。

图 11-161　【显示模型注释】对话框（1）　图 11-162　【显示模型注释】对话框（2）　　图 11-163　快捷菜单

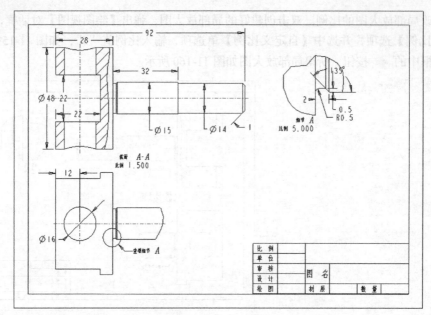

图 11-164　尺寸标注

（4）增加尺寸后缀。选择 ϕ15 尺寸，弹出【尺寸】操控板，单击操控板中的【尺寸文本】
按钮，弹出图 11-165 所示的下拉列表，在【后缀】文本框中输入 f 7，得到 ϕ15f 7 尺寸。同理，
在尺寸 ϕ14、ϕ48、22、1、28 加上后缀得 ϕ14h6、ϕ48f 7、22H7、C1、28f 7，所得图形如
图 11-166 所示。

图 11-165　【尺寸】操控板

11. 创建几何公差

（1）选择【转子轴】主视图中的横向中心线后右击，在弹出的快捷菜单中选择【属性】选项，
如图 11-167 所示。弹出【轴】对话框，在对话框中输入名称"AA"，然后选择【显示】类型为
-A-，单击 确定 按钮，绘制基准轴，如图 11-168 所示。

（2）单击视图中的-AA-按钮，使其被选中，然后按住鼠标左键移动-AA-，使其到达图 11-169
所示的位置，完成基准轴的绘制，如图 11-170 所示。

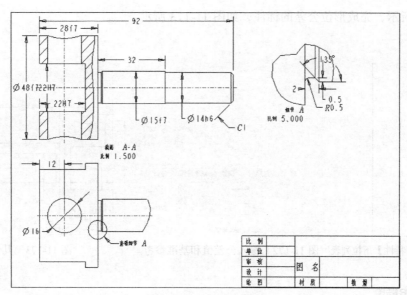

图 11-166 添加后缀

图 11-167 快捷菜单

图 11-168 【轴】对话框

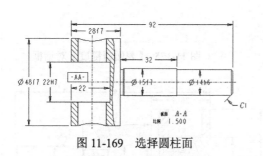

图 11-169 选择圆柱面

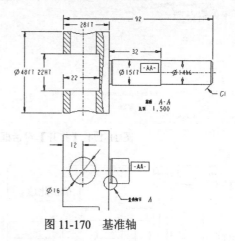

图 11-170 基准轴

（3）单击选项卡中的【注释】按钮，然后单击【注释】选项卡中的【几何公差】按钮 ⊕︱M，选择主视图中的标注 22H7，然后拖动标注到合适位置，弹出【几何公差】操控板。

（4）单击操控板中的【几何特性】下方的下拉按钮，在弹出的下拉列表中选择【对称】符号 ≡，如图 11-171 所示。在【公差和基准】组中输入公差值为 "0.05"、输入基准参考为 "AA"，如图 11-172 所示，完成形位公差的标注，如图 11-173 所示。

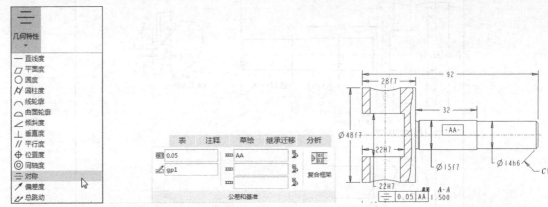

图 11-171 【几何特性】下拉列表　图 11-172 输入公差值和基准参考　　图 11-173 几何公差

12. 标注粗糙度

（1）单击【注释】选项卡中的【表面粗糙度】按钮，弹出【打开】对话框，如图 11-174 所示。打开【machined】文件中的 standard1.sym，弹出【表面粗糙度】对话框，如图 11-175 所示。单击【表面粗糙度】对话框的【常规】选项卡，单击【放置】里面的【类型】下拉按钮，选择【图元上】。单击【可变文本】选项卡，在下面文本框里输入粗糙度值"3.2"。然后选择视图中图 11-176 所示的一条边，在空白的地方单击鼠标中键，基本完成一个倒角边粗糙度的标注，如图 11-177 所示，最后单击【确定】按钮完成标注。

图 11-174 【打开】对话框

图 11-175 【表面粗糙度】对话框

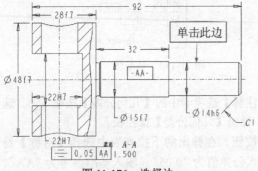

图 11-176 选择边

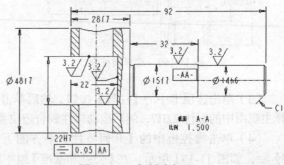

图 11-177 粗糙度标注

（2）同理，在图 11-178 所示的位置上放置表面粗糙度为 "3.2" 的粗糙度符号，并调整其位置，所得图形如图 11-179 所示。

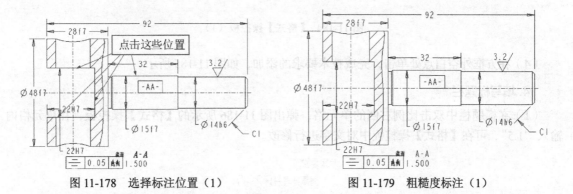

图 11-178　选择标注位置（1）　　　　　　　图 11-179　粗糙度标注（1）

（3）同理，在图 11-180 所示的位置上放置表面粗糙度为 "1.6" 的粗糙度符号，并调整其位置，所得图形如图 11-181 所示。

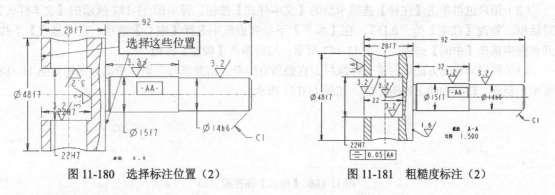

图 11-180　选择标注位置（2）　　　　　　　图 11-181　粗糙度标注（2）

13. 添加技术要求

（1）单击选项卡中的【注释】按钮，然后单击【注释】选项卡中的【注解】按钮 A≡。

（2）弹出图 11-182 所示的【选择点】对话框和图 11-183 所示的黑色（颜色根据系统可能不一样）文本框，在图纸标题栏上方的空白处单击放置技术要求。

图 11-182　【选择点】对话框　　　　　　　图 11-183　文本框

（3）弹出图 11-184 所示的【格式】操控板，在文本框中输入文字 "技术要求 1. 调制处理 HB235。2. 未注形位公差 C 级。" 通过【格式】操控板对文字进行修改，从而达到题目的要求。

图 11-184 【格式】操控板（1）

（4）在方框外空白点处单击，完成技术要求的添加，如图 11-185 所示。

14. 填写标题栏

（1）在标题栏中双击比例右侧的单元格，弹出图 11-186 所示的【格式】操控板，在单元格内输入"1.5"，可在【格式】操控板中对文字进行修改。

技术要求
1. 调质处理HB235。
2. 未注形位公差C级。

图 11-185 技术要求

（2）用户也可单击【注释】选项卡里的【文本样式】按钮，弹出图 11-187 所示的【文本样式】对话框，修改【高度】为"0.15"，在【水平】下拉列表框中选择【中心】选项，在【竖直】下拉列表框中选择【中间】选项，如图 11-187 所示，然后单击【确定】按钮。

（3）使用同样的方法填写整个标题栏，直到所有的单元格都填写完毕，所填标题栏如图 11-188 所示。至此，转子轴的工程图完成，如图 11-131 所示。

图 11-186 【格式】操控板（2）

图 11-187 【文本样式】对话框

比例	1.5	××工作室		
单位	mm			
审核		图名	转子轴	
设计				
绘图		材质	45	质量	1

图 11-188 标题栏

第 12 章
三维布线与管道

/ 本章导读

　　布电线和管道设计是现今工业设计中应用较为广泛的
两个模块，也就是我们常说的电和气模块。电和气是机械
行业以及电子行业中不可缺少的部分，在 Creo Parametric
中有设计布线和管道的专业模块，用户可通过布电线和管
道设计使设计出的机器更接近实际。本章将以机械设计和
实际应用为主要目的，简单讲解布线和管道这两个模块的
应用和创建。

/ 知识重点

　　❷ 三维布线
　　❷ 三维管道

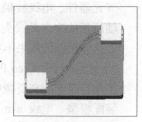

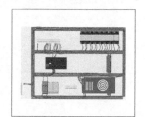

12.1 三维布线

三维布线在工程设计中应用很广泛，线缆对结构布局有重大影响，故应得到足够重视。在所有用到线缆的地方都可以应用布线这个模块。与线缆相关的领域均可应用 Creo Parametric 中的三维布线模块功能，如通信、电脑制造业、家电等多种行业。随着各式机柜 / 机箱设计得越来越紧凑，机柜内能否容纳所需的电缆，机柜内元器件的布置能否满足线缆的折弯要求，线缆在机柜内如何固定等都是需要考虑的问题。本章针对上述问题如何在三维布线设计中进行解决，给予了相关解答与操作指导。

布线本身就是一个创建模型的过程。布线这个模型与实体建模一样，有自己的特征，例如电线、电缆、导线带有拉伸、旋转等特征。在布线模块中线轴是不可缺少的部分，电线有电线线轴，电缆有电缆线轴，线轴是创建特征的主要逻辑参数。

12.1.1 创建电线

创建电线特征的主要作用是在两个电气元器件之间手动用电线连接。在布线过程中需要定义电气元器件、电线线轴的参数。在电气元器件上定义坐标系，以便为接线做接线端子，而坐标系的 z 轴所指的方向是线头进来的方向。如果电气元器件上没有坐标系，那么可以在元器件表面上接线，但这样接线的效果不如有坐标系好。下面举例说明如何创建电线。

（1）启动 Creo Parametric 6.0，执行【文件】→【管理会话】→【选择工作目录】命令，设置工作目录至配套资源中的"源文件 \ 第 12 章 \ 电线"，单击工具栏中的【打开】按钮，然后打开装配模型"电线 .asm"。

（2）单击选项卡中的【应用程序】→【缆】按钮，进入电缆模块，如图 12-1 所示。

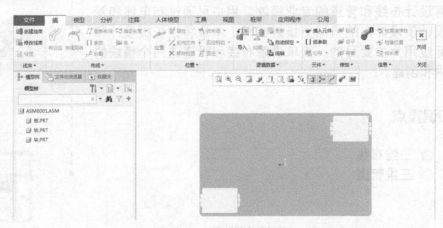

图 12-1　布线模块控制面板

（3）单击【缆】选项卡中【线束】组上的【创建线束】按钮，弹出【新建】对话框，如图 12-2 所示。与创建实体零件一样，在对话框中输入文件名"创建电线"，并取消勾选【使用默认模板】复选框，单击【确定】按钮，弹出【新文件选项】对话框，如图 12-3 所示。在【新文件选项】对话框中选择公制模板【mmns-part-solid】，单击【确定】按钮，进入创建线束控制面板。

（4）单击【缆】选项卡中【逻辑数据】组上的【线轴】按钮，打开【菜单管理器】对话框。在对话框中选择【创建】选项，如图 12-4 所示。选择【线】选项，在弹出的【输入线轴名】对话框中输入线轴的名称"Dl"。

图 12-2　【新建】对话框

图 12-3　【新文件选项】对话框

（5）单击【确定】按钮 ✓，弹出【电气参数】对话框，如图 12-5 所示。

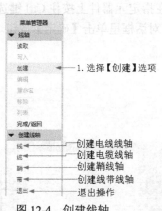

图 12-4　创建线轴

图 12-5　【电气参数】对话框

在此对话框中可编辑线轴的参数，也就是电线的参数。以下为一些相关参数的文字说明。

- 　NAME：线轴名称，在此对话框中是默认选项，不能修改。
- 　TYPE：类型，是默认选项，无须更改。
- 　MIN-BEND-RADIUS：最小的折弯半径。
- 　THICKNESS：创建导线的半径。

在【电气参数】对话框图 12-6 所示的【视图】下拉列表中选择【列】选项，弹出图 12-7 所示的【模型树列】对话框，此对话框用于在【电气参数】对话框中添加其他参数。选择参数名称双击即可，如线的颜色【COLOR】选项等。

（6）本例中不做修改，直接单击对话框中的【确定】按钮，然后在【菜单管理器】对话框中选择【完成 / 返回】选项，完成电线轴的定义。

（7）单击【缆】选项卡中【逻辑数据】组上的【自动指定】按钮 的下拉按钮，在下拉列表中选择【指定】选项，并在绘图窗口中单击选择一个电气元器件作为接线元件，一次只能指定一个电气元器件。

（8）在绘图窗口中单击选择元器件的同时，会弹出【输入文件名从中读取连接器参数】对话框，无须输入任何参数，直接单击【确定】按钮 。

图 12-6 【视图】下拉列表　　　　　图 12-7 【模型树列】对话框

（9）弹出【菜单管理器】对话框，选择【入口端】选项，弹出【选择】对话框，同时【菜单管理器】对话框下方增加了【入口端】菜单，如图 12-8 所示。并在指定元器件上按住 Ctrl 键选择所有出线口的坐标系作为接线端子，如图 12-9 所示。并在【选择】对话框里单击【确定】按钮。

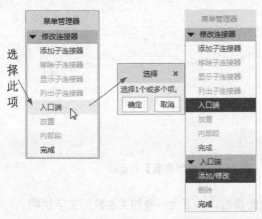

图 12-8 【菜单管理器】以及【选择】对话框　　　图 12-9 选择坐标系

注意　　　此时不需要在【菜单管理器】对话框的【入口端】菜单里选择【完成】选项。

（10）弹出【输入内部长度】对话框，在其中输入接过来的线头深入电气元器件内部的长度"2"。读者可以根据实际要求输入相应的数值，在这里没有特别要求，直接单击【确定】按钮✓。

（11）在【菜单管理器】对话框最下边增加了【端口类型】对话框，包含 3 种类型，选择【扁平】选项，如图 12-10 所示。单击【选择】对话框中的【确定】按钮。

（12）直接选择【菜单管理器】对话框中的【完成】选项，完成这个电气元器件的指定。

（13）重复执行第（7）～（12）步，指定绘图窗口中的另一个电气元器件。在此步骤中需要注意的是，第二次指定元器件的时候系统会自动读取【输入文件名中读取连接器参数】。不用更改，直接单击【确定】按钮

图 12-10 【端口类型】菜单

✅即可。

（14）单击【缆】选项卡【布线】组上的【布设缆】按钮🪢，打开【布设缆】对话框，在此对话框中完成两个元器件之间的接线工作。在此对话框中有🪢（创建电线）、🪢（创建电缆）、🪢（创建导线带）按钮。

（15）单击【创建电线】按钮🪢，打开【布设缆】对话框，如图12-11所示。

（16）选择【自】选项，在指定的电气元器件上单击选择一个出线口的坐标系作为线的起始端，然后在另一个电气元器件上选择对应的坐标系作为线的终止端，如图12-12所示，均选择坐标系CS2，单击【应用】按钮。

图12-11　【布设缆】对话框

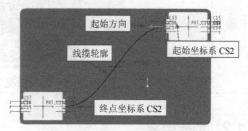

图12-12　定义电线始终点

在没有坐标系的情况下，可以选择【自】下拉列表中的【添加位置】选项，然后在实体上单击某个位置，并单击鼠标中键完成添加位置操作。执行同样的步骤完成线的位置定义，如图12-13所示。

（17）单击【布设缆】对话框中的【应用】按钮，完成创建电线特征。

（18）同理，单击【创建电线】按钮🪢，在指定的电器元件上单击选择一个出线口的坐标系作为线的起始端，然后在另一个电气元器件上选择对应的坐标系作为线的终止端，并单击【应用】按钮，直到4根电线布满为止，如图12-13所示。

（19）在绘图窗口中单击选择电线后右击，在弹出的快捷菜单中选择【插入位置】选项，在线的轨迹上添加位置点，使线走自定义添加的线路点，避免线路杂乱（此步可选做），如图12-14所示。

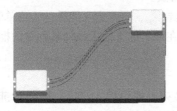

图12-13　电线

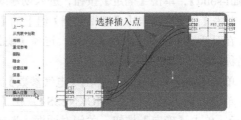

图12-14　添加的位置

　　　　添加位置点的时候从线头的起始点开始添加，若添加的位置点的线路与刚刚接线的方向相反，则会导致乱线现象。

　　　　如果在添加位置点的时候出现乱线的情况，如图 12-15 所示，是因为线的起始点到终止点的方向与添加位置点的方向相反，退出【插入位置】选项，并单击选择此电线，然后右击，在弹出的快捷菜单中选择【编辑段】选项。弹出【位置】操控板，单击【项】按钮，在下拉面板中单击选择位置点后右击，在弹出的快捷菜单中选择【删除】选项即可，如图 12-16 所示。如果没有退出【插入位置】选项，那么单击【返回】按钮 ⌒，并重新添加位置点。

注意

　　　　一个坐标系只能被用一次，指定过的元器件不能再次指定。单击工具栏里【逻辑数据】组中的【自动指定】下拉按钮，在弹出的下拉列表中选择【取消指定】选项取消其指定，才可以接着指定。

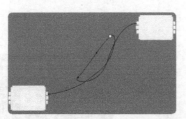

图 12-15　乱线情况　　　　　　图 12-16　选择【删除】选项

12.1.2　创建电缆

　　电缆是指在一个线皮里面有多根电线的综合电线。在日常生活中应用广泛，如电饭锅、电视、收音机等电器的接电源线，短距离送电的电线，地下电线，光纤等，其创建步骤与创建电线大致上是一样的。下面举例说明如何创建电缆。

　　（1）启动 Creo Parametric 6.0，执行【文件】→【管理会话】→【选择工作目录】命令，设置工作目录至配套资源中的"源文件\第 12 章\电缆"，单击工具栏中的【打开】按钮，然后打开装配模型"电线.asm"。

　　（2）单击选项卡中的【应用程序】→【缆】按钮，进入电缆模块。

　　（3）单击【缆】选项卡中【线束】组上的【创建线束】按钮，弹出【新建】对话框，如图 12-17 所示。在对话框中输入文件名"电缆"，并取消勾选【使用默认模板】复选框，单击【确定】按钮，弹出【新文件选项】对话框，如图 12-18 所示。在【新文件选项】对话框中选择公制模板【mmns-part-solid】，单击【确定】按钮，进入创建线束控制面板。

　　（4）单击【缆】选项卡中【逻辑数据】组上的【线轴】按钮，打开定义线轴的【菜单管理器】对话框，在对话框中选择【创建】选项。选择【缆】选项，在弹出的【输入线轴名】对话框中输入线轴的名称"A"。

　　（5）单击【确定】按钮，弹出【电气参数】对话框。

　　（6）单击电缆半径按钮【THICKNESS】，在【值】下拉列表框中输入"4"，按回车键，如图 12-19 所示，单击【确定】按钮，关闭对话框。选择【菜单管理器】的【编辑】选项，选择刚才定义的线轴 A，单击【编辑线轴参数】按钮，弹出【电气参数】对话框。单击表示电缆中电线数目的按钮【NUM_CONDUCTOR】，在值下拉列表框中输入"4"后按回车键，单击【应用】按钮。

图 12-17　【新建】对话框

图 12-18　【新文件选项】对话框

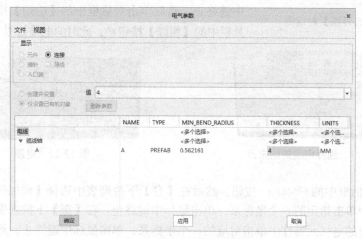

图 12-19　【电气参数】对话框

（7）直接单击对话框中的【确定】按钮，在【菜单管理器】对话框中选择【完成 / 返回】选项，完成电线轴的定义。

（8）在【缆】选项卡【逻辑数据】组上单击【自动指定】按钮 的下拉按钮，在下拉列表中选择【指定】选项，并在绘图窗口中单击选择一个电气元器件作为接线元器件。一次只能指定一个电气元器件。

（9）在绘图窗口中单击选择元器件的同时，会弹出【输入文件名从中读取连接器参数】对话框，无须输入任何参数，直接单击【确定】按钮 。

（10）弹出【修改连接器】菜单以及【选择】对话框，选择【入口端】选项，并在指定元器件上按住 Ctrl 键选择朝向板中心的 4 个出线口的坐标系作为接线端子，然后在【选择】对话框里单击【确定】按钮。

（11）弹出【输入内部长度】对话框，在其中输入接过来的线头深入电气元器件内部的长度"2"，然后单击【确定】按钮 。

（12）在【修改连接器】菜单最下边的【端口类型】选项中选择【扁平】选项，然后单击【选择】对话框中的【确定】按钮。

（13）选择【修改连接器】菜单中的【完成】选项，完成这个电气元器件的指定。

（14）重复执行第（8）～（13）步，指定绘图窗口中的另一个电气元器件。在此步骤当中需要注意的是，第二次指定元器件的时候系统会自动读取【输入文件名中读取连接器参数】，直接单击

【确定】按钮 ✔ 即可。

图 12-20 【布设缆】对话框

（15）单击【缆】选项卡中【布线】组上的【布设缆】按钮 🧵，打开【布设缆】对话框，在此对话框中完成两个元器件之间的接线工作。在此对话框中有 🧵（创建电线）、🧵（创建电缆）、🧵（创建导线带）按钮。

（16）单击【创建电缆】按钮 🧵，此时弹出的【布设缆】对话框如图 12-20 所示。

（17）单击 CABLE_1 按钮，在【自】下拉列表中选择【添加位置】选项，在图 12-21 所示的绘图窗口中单击第一点处，然后单击鼠标中键终止。在【至】下拉列表中选择【添加位置】选项，在图 12-21 所示的绘图窗口中单击第二点处，单击鼠标中键终止。然后单击对话框中的【应用】按钮，单击快捷工具栏中的【粗缆】按钮 🧵，此时的电缆如图 12-22 所示。

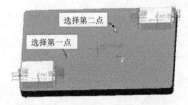

图 12-21 选择电缆的始末点

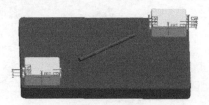

图 12-22 电缆

（18）单击对话框中的 CABLE_1:1 按钮，然后在【自】下拉列表中选择【添加位置】选项，在左边的电气元器件中单击指定的一个坐标系，单击鼠标中键终止。在【至】下拉列表中选择【添加位置】选项，在右边的电气元器件中单击对应的一个坐标系，单击鼠标中键终止。然后单击对话框中的【应用】按钮，此时的电缆如图 12-23 所示。

（19）同理，分别布置电缆中的 2、3、4 导线，所得图形如图 12-24 所示。

图 12-23 一根导线

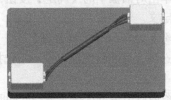

图 12-24 4 根导线

注意

如果导线进入线皮的某一端出现图 12-25 所示的问题，则选择导线后右击，在弹出的快捷菜单中选择【插入位置】选项，在拐弯处添加一个位置，如图 12-26 所示。4 根导线都添加类似的位置点，得到的实体效果如图 12-27 所示。

图 12-25 线不进皮问题

图 12-26 添加位置点

图 12-27 添加位置后的效果

12.1.3　创建导线带

导线带是由许多导线编排而形成的，在日常生活中包括 DVD、电脑、电视等的内部组件之间的连接等，起着传送数据等特殊作用。现实中的导线带如图 12-28 所示，导线带的创建与创建电线类似，下面举例说明如何创建导线带。

图 12-28　导线带

（1）启动 Creo Parametric 6.0，执行【文件】→【管理会话】→【选择工作目录】命令，设置工作目录至配套资源中的"源文件\第 12 章\导线带"，单击工具栏中的【打开】按钮，然后打开装配模型"导线带 .asm"。

（2）单击选项卡中的【应用程序】→【缆】按钮，进入电缆模块。

（3）单击【缆】选项卡中【线束】组上的【创建线束】按钮，弹出【新建】对话框，在对话框中输入文件名"导线带 2"，并取消勾选【使用默认模板】复选框，单击【确定】按钮，弹出【新文件选项】对话框。在【新文件选项】对话框中选择公制模板【mmns-part-solid】，单击【确定】按钮，进入创建线束控制面板。

（4）单击【缆】选项卡中【逻辑数据】组上的【线轴】按钮，打开定义线轴的【菜单管理器】对话框，在对话框中选择【创建】选项。选择【带】选项，在弹出的【输入线轴名】对话框中输入线轴的名称"A"。

（5）单击【确定】按钮，弹出【电气参数】对话框。

（6）【NUM_CONDUCTOR】选项表示导线带中导线的数目，单击【NUM_CONDUCTOR】按钮，并在【值】下拉列表框中输入 7，按回车键，单击【THICKNESS】按钮，并在【值】下拉列表框中输入"3"，如图 12-29 所示，然后单击【应用】按钮。

注意　与电缆一样，导线带自身有着多根电线；但与电缆不一样的是，在没有创建电线的时候依然可以定义电线的数目，而电缆需要先定义电缆皮后才可以通过编辑电缆线轴以确定电线数目。

图 12-29　【电气参数】对话框

（7）直接单击对话框中的【确定】按钮，在【菜单管理器】对话框中选择【完成 / 返回】选项，完成电线轴的定义。

（8）在【缆】选项卡中【逻辑数据】组里单击【自动指定】按钮的下拉按钮，在下拉列表中选择【指定】选项，并在绘图窗口中单击选择一个电气元器件作为接线元器件。注意一次只能指定一个电气元器件。

（9）在绘图窗口中单击选择元器件的同时，会弹出【输入文件名中读取连接器参数】对话框，无须输入任何参数，直接单击【确定】按钮 ✓ 即可。

（10）弹出【修改连接器】菜单，选择【入口端】选项，并在指定元器件上选择图 12-30 所示的坐标系作为接线端子，然后在【选择】对话框里单击【确定】按钮。弹出【输入内部长度】对话框，在其中输入接过来的线头深入电气元器件内部的长度"2"，然后单击【确定】按钮 ✓。

（11）在【修改连接器】菜单最下边增加了【端口类型】菜单，菜单当中有 3 种类型，选择【扁平】选项。

（12）直接选择【修改连接器】菜单中的【完成】选项，完成这个电气元器件的指定。

（13）重复执行步骤（7）～（12），指定绘图窗口中的另一个电气元器件。在此步骤当中需要注意的是，第二次指定元器件的时候系统会自动读取【输入文件名中读取连接器参数】，直接单击【确定】按钮 ✓ 即可（选择关于板中心平面对称的坐标系）。

（14）单击【缆】选项卡中【布线】组上的【布设缆】按钮 ✐，打开【布设缆】对话框，在此对话框中完成两个元器件之间的接线工作。在此对话框中有 ⌐（创建电线）、✐（创建电缆）、▱（创建导线带）按钮。

（15）单击对话框中的【创建导线带】按钮▱，弹出的【布设缆】对话框如图 12-31 所示。

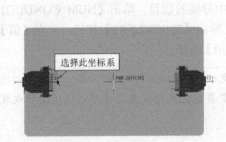

图 12-30　选择坐标系

图 12-31　【布设缆】对话框

（16）单击模型指定的两个坐标系，然后单击【确定】按钮，此时的导线带如图 12-32 所示。

（17）用户可以看到导线带已经走到了板的下方，调节导线带的位置。单击选择其中的某一条导线，然后右击，在弹出的快捷菜单中选择【插入位置】选项，然后在板的上表面单击，按住鼠标中键完成插入位置。重复该操作，直到导线带整体移动到板的上表面位置，完成导线带的定义，所得图形如图 12-33 所示。

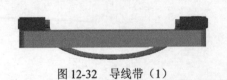

图 12-32　导线带（1）　　　　　　　　　　图 12-33　导线带（2）

注意

　导线带与电缆有一个不同之处是，导线带的线轴只需要定义一个整体的起始点和终点，其他导线会随着整体的位置点布线。当然，用户也可以对每根导线定义不同的起始、终点位置。

　导线带的线排列受坐标系 y 轴的影响，随 y 轴方向排列。

12.2　三维管道

管道是机械中输送气体、液体材料的通道。在 Creo Parametric 里创建管道特征有 3 种方法，分别为扫描特征创建管道、高级应用特征里的管道特征创建管道和管道模块创建管道。可以在装配和创建零件环境下创建扫描特征，在本书第 3 章实体建模中讲过此特征，只要把扫描伸出项截面改成管道截面或扫描薄板伸出项里创建有厚度的实体即可创建管道。高级特征里的管道特征是通过定义管道的截面参数以及管道要通过的几何点来创建一个管道，也可以通过选择样条曲线来创建管道特征。在用高级特征的管道特征时，需要先创建相关的几何点和样条曲线，在此不再详细介绍这两部分内容，下面举例讲解在管道模块中如何创建管道。

使用 Creo Parametric 中管道模块进行管道设计比较简单、多样化。创建管道与创建电线和电缆类似，首先要定义管线（类似于线轴）。管线是抽象化的管道，包含管道的多个参数。

（1）启动 Creo Parametric 6.0，执行【文件】→【管理会话】→【选择工作目录】命令，设置工作目录为配套资源中的"源文件 \ 第 12 章 \ 管道"，单击工具栏中的【打开】按钮，然后打开装配模型"管道 -1.asm"。

（2）在选项卡中单击【应用程序】→【管道】按钮，进入管道模块。

（3）单击【管道】选项卡中【刚性管道】组上的【创建管道】按钮定义管线。

（4）在弹出的图 12-34 所示的【输入管线名】对话框中输入管线名称"A"。

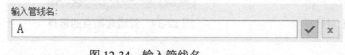

图 12-34　输入管线名

（5）单击【确定】按钮，弹出【输入管线库名 [退出]】对话框，如图 12-35 所示，输入管线库名称"B"，单击【确定】按钮。

图 12-35　定义管线库名称

（6）弹出【管线库】对话框，用于定义管线库的参数。管线是管道的抽象化定义，而管线库是定义管线参数的抽象化概念，【管线库】对话框如图 12-36 所示。

管线库中的各项介绍如下。

- 【一般参数】栏中可定义【库编号】【材料】和【等级】等参数。
- 【横截面】和【截面类型】栏中可定义管道的剖面形状和截面形状。
- 【截面参数】栏中可定义管道剖面的一些参数。
- 【形状类型】是指管道布线的时候管道的形状是直线的还是弯曲的，可以两个都勾选。
- 【拐角类型】用于设置管道拐弯处的拐弯类型，可以全部勾选。
- 【重量 / 长度】文本框中用于定义管道的密度。

图 12-36　【管线库】对话框

○ 【折弯半径】文本框中用于输入折弯的半径。

（7）【横截面】选择【圆形】【截面类型】选择【空心】【管道外径】为"8"、【厚度】为"2"，其他选项保持默认的参数，单击【确定】按钮，完成管线库参数的编辑。

（8）系统激活工具栏中的【布线】区，如图12-37所示。

图 12-37 【布线】区

（9）单击【设置起点】按钮 ∅，弹出【定义起始】对话框，如图12-38所示，选择例如末端、点、端口或段，来放置起点。

（10）在绘图窗口中单击开关元器件的坐标系作为管道的起点，如图12-39所示。

图 12-38 【定义起始】对话框

图 12-39 管道起始点的选择

（11）单击【延伸】按钮 ∅，这时在起点位置上出现z方向的箭头，可以拖动箭头定义这一段管道的端点的位置，如图12-40所示，或在图12-41所示的【延伸】对话框中勾选【使用布线坐标系】复选框。在【系统】下拉列表中选择【笛卡儿】坐标系的类型，在z方向上滑动滚轮，或者直接输入下一个端点的坐标系位置"30"。由于这是第二个端点，必须是管道创建的方向→z轴方向，所以只能沿z轴拖动和修改z轴上的坐标参数。沿着z轴拖动"30"，在【延伸】对话框中单击【应用】按钮，完成第二个端点的定义，单击快捷工具栏或【视图】组中的【显示厚管道】按钮 ∅，显示管道模型轮廓，如图12-42所示。

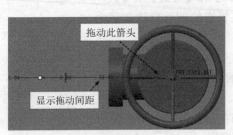

图 12-40 鼠标拖动

图 12-41 【延伸】对话框

（12）在【延伸】对话框中的 x 文本框中输入值"35"，单击【应用】按钮，所得图形如图 12-43 所示。如果要拖到斜方向上，那么路径要遵循勾股定理。由于这不是第二个点，所以【延伸】对话框的其他两个坐标轴也被激活。

图 12-42　管道（1）

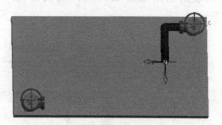

图 12-43　管道（2）

（13）在【延伸】对话框中的 x 文本框中输入值"–100"，单击【应用】按钮，所得图形如图 12-44 所示。

（14）在【延伸】对话框中的 x 文本框中输入值"45"，单击【应用】按钮，所得图形如图 12-45 所示。

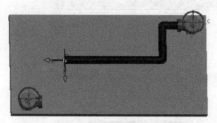

图 12-44　管道（3）

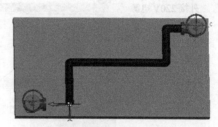

图 12-45　管道（4）

（15）在【延伸】对话框中的 x 文本框中输入值"–30"，单击【应用】按钮，完成管道的创建，所得图形如图 12-46 所示。定义最后一根管道与终点相接时，可以单击快捷工具栏中的【至点 / 端口】按钮，弹出图 12-47 所示的【到点 / 端口】对话框。单击管道终点处的坐标系或者几何点，然后单击对话框中的【确定】按钮，完成端点与终点处管道相接。

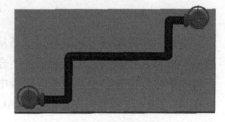

图 12-46　管道（5）

定义好管道后，若发现管道的位置不对，则可以在管道上单击管线，然后右击，弹出图 12-48 所示的快捷菜单，单击快捷菜单中的【编辑定义】按钮即可弹出【延伸】对话框，进而对管道进行参数编辑。

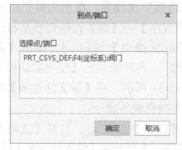

图 12-47　【到点 / 端口】对话框

图 12-48　快捷菜单

12.3 综合实例——绘制电路板接线

本节以绘制电路板接线为例，说明如何对电气元器件进行接线，电路板中各零件的名称如图 12-49 所示。

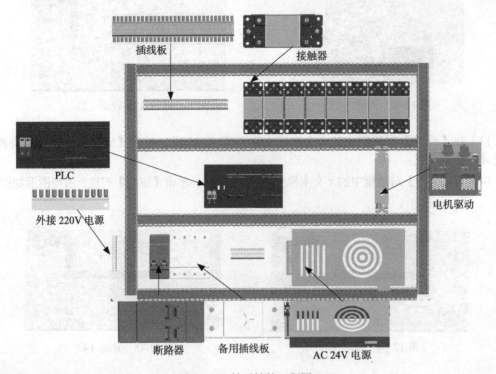

插线板
接触器
PLC
外接 220V 电源
电机驱动
断路器 **备用插线板**
AC 24V 电源

图 12-49　转子轴的工程图

此电路主要实现的是接收传感器从外界收集到的信号并传送到 PLC 中，并由 PLC 做出相应的控制。PLC 的控制是通过接触器的闭合控制外部的电机。在接线排中的一边为共同的 COM 点，是外接电源零线位置，也是整个电路板中的零线位置。PLC 的额定工作电压是 AC 24V，所以必须把外接 AC 220V 电源通过电源降压到 AC 24V。

【绘制步骤】

扫码看视频

（1）打开配套资源中的"源文件＼第 12 章＼电路板"文件夹，单击工具栏中的【打开】按钮，然后打开装配模型"电路板 .asm"，单击【应用程序】→【缆】按钮切换至布线模块。

（2）单击【缆】选项卡中【线束】组中的【创建线束】按钮，弹出【新建】对话框，如图 12-50 所示。在对话框中输入文件名"电路板 2"，并取消勾选【使用默认模板】复选框，单击【确定】按钮打开【新文件选项】对话框，如图 12-51 所示。在【新文件选项】对话框中选择公制模板【mmns-part-solid】，单击【确定】按钮激活布线模块各命令。

（3）单击【缆】选项卡中【逻辑数据】组上的【线轴】按钮，打开【线轴】对话框，并从中选择【创建】选项，如图 12-52 所示。单击【线】按钮，在弹出的【输入线轴名】对话框中输入"零线"并按回车键确定。

（4）随之弹出【电气参数】对话框，单击【MIN-BEND-RADIUS】并修改其数值为"0.5"。运用此方法修改【THICKNESS】的数值为"2.8"，线轴参数定义完毕，单击【电气参数】对话框中的【确定】按钮，并选择【菜单管理器】对话框中的【完成/返回】选项，完成【缆线】电线线轴的定义，如图 12-53 所示。

图 12-50　【新建】对话框

图 12-51　【新文件选项】对话框

图 12-52　创建线轴

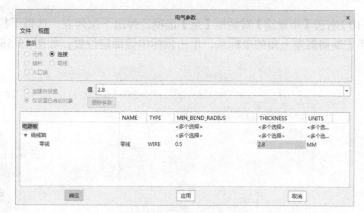

图 12-53　电气参数设置

（5）单击【缆】选项卡中【逻辑数据】组上的【线轴】按钮，打开定义【线轴】对话框，选择【创建】选项并选择【线】类型，在弹出的【输入线轴名】对话框中输入"火线"并按回车键确定。

（6）弹出【电气参数】对话框，在此对话框中编辑线轴的参数，分别设置【MIN-BEND-RADIUS】值为"0.5"，【THICKNESS】值为"2.8"，线轴参数定义完毕，单击【电气参数】对话框中的【确定】按钮，返回【菜单管理器】对话框。选择【完成/返回】选项，完成【火线】电线线轴的定义。

（7）单击【缆】选项卡中【逻辑数据】组上的【线轴】按钮，打开定义【线轴】对话框。选择【创建】选项并选择【线】类型，在弹出的【输入线轴名】对话框中输入"布线"并按回车键确定。

（8）弹出【电气参数】对话框，分别更改【MIN-BEND-RADIUS】值为"0.5"，【THICKNESS】值为"2.8"，线轴参数定义完毕，单击【电气参数】对话框中的【确定】按钮，然后选择【菜单管理器】对话框中的【完成/返回】选项，完成【布线】电线线轴的定义。

（9）单击【缆】选项卡中【布线】组上的【布设缆】按钮 ✐，弹出【布设缆】对话框，在布线时使用【火线】线轴，从中单击电线按钮 ⌐，激活右边的【线/缆】选项，绘制从外部 C220V 电源到断路器里的两根电线，右击【布设缆】对话框【自】选项，弹出下拉列表，选择下拉列表中的【添加位置】选项，然后单击外部电源第一个接线头，单击鼠标中键确定，如图 12-54 和图 12-55 所示。

图 12-54　添加位置命令（1）

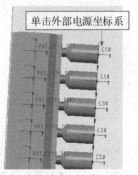

图 12-55　外部电源坐标系

（10）右击【布设缆】对话框【至】选项，弹出下拉列表，选择下拉列表中的【添加位置】选项，然后单击断路器左上角的坐标系，单击鼠标中键确定位置，如图 12-56 和图 12-57 所示。

图 12-56　添加位置命令（2）

图 12-57　断路器坐标系

（11）单击电线按钮 ⌐，按照上述方法布线，在布线时使用【零线】线轴，用同样的方法从外部接根零线到断路器右上角坐标系，如图 12-58 所示。

（12）单击电线按钮 ⌐继续布线，分别使用【火线】和【零线】线轴，用上述方法从断路器下边对应的坐标系连接到 24V 直流电源上，如图 12-59 所示，然后单击【布设缆】对话框中的【确定】按钮。

（13）选择外部电源火线并右击，在弹出的快捷菜单中选择【插入位置】选项，从外部电源依次添加位置，使线沿定义位置排布，如图 12-60 所示，运用同种方法整理其他电线。

（14）从 24V 稳压源接 8 根火线到 8 个接触器左上方，然后从接触器右下角的坐标系接零线到接线排上的 COM 端点，如图 12-61 所示。

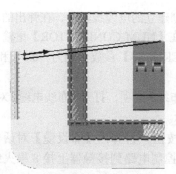

图 12-58　接入蓝线

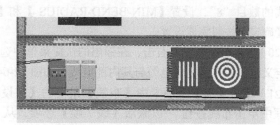

图 12-59　断路器到稳压源

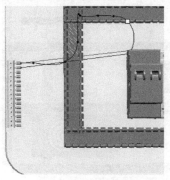

图 12-60　整理电线

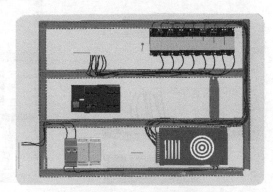

图 12-61　稳压源到接触器

（15）单击【缆】选项卡中【逻辑数据】组中的【线轴】按钮，选择【创建】选项，在弹出的【菜单管理器】对话框中选择【缆】选项，弹出【输入轴线名称】对话框，输入名称"传感器"并单击【确定】按钮。

（16）弹出【电气参数】对话框，更改【MIN-BEND-RADIUS】值为"0.5"，【THICKNESS】值为"8"，线轴参数定义完毕，单击【电气参数】对话框中的【确定】按钮，并选择【菜单管理器】对话框中的【完成/返回】选项，完成【传感器】电线线轴的定义。

（17）单击选项卡中的【线束】按钮新建线束，定义线束名称为"KZXL"。

（18）单击【布线】组中的【布设缆】按钮，弹出【布设缆】对话框，单击对话框中的电缆按钮，激活右边的【线/缆】选项，绘制图 12-62 所示的电缆外皮并整理，如图 12-63 所示。

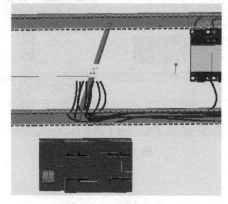

图 12-62　创建线皮

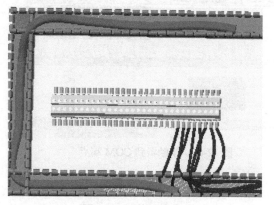

图 12-63　整理线皮

（19）单击【线轴】按钮 ,选择【编辑】选项（编辑刚建立的电缆线轴），在弹出的对话框中双击第（18）步创建的传感器打开【电气参数】对话框，在【NUM-CONDUCTOR】里输入电缆内导线的数目"8"，设置【MIN-BEND-RADIUS】和【THICKNESS】参数分别为"0.5"和"8"，单击【确定】按钮完成设置。

（20）选择电缆外皮并右击，在弹出的快捷菜单中选择【布线】选项，打开【布线电缆】对话框。按照定义电线的方法创建电缆与其内部电线，如图 12-64 所示。

（21）单击【缆】选项卡中【布线】组上的【布设缆】按钮 ,弹出【布设缆】对话框，在对话框中单击布线按钮 以激活【线/缆】选项，从 PLC 控制电路到接触器上接 8 根火线，如图 12-65 所示。

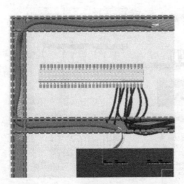

图 12-64　传感器到 PLC

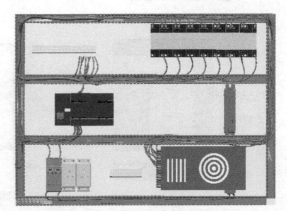

图 12-65　PLC 到接触器

（22）单击【布设缆】按钮 ,在弹出的【布设缆】对话框中单击布线按钮 ,激活【线/缆】选项，从接触器底部到 COM 端点接 8 根零线，如图 12-66 所示。

（23）单击【布设缆】按钮 弹出【布设缆】对话框，在对话框中单击布线按钮 以激活【线/缆】选项，从外部电源 COM 端到 COM 端点接 1 根零线。

（24）从 24V 稳压源接一根零线和火线到 PLC 最左端，给 PLC 提供稳压 24V 电压，单击【布设缆】按钮 ,选择【布线】选项，在弹出的【布设缆】对话框中单击【布线】按钮 ,按照上述方法布线，单击【确定】按钮，最终效果如图 12-67 所示。

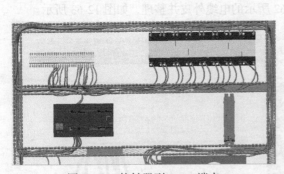

图 12-66　接触器到 COM 端点

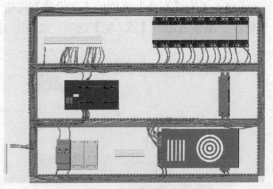

图 12-67　总电路

第 13 章
机构的运动仿真与分析

/ 本章导读

在进行机械设计时，建立模型后设计者往往需要通过虚拟的手段，在电脑上模拟所设计的机构，来达到在虚拟的环境中模拟现实机构运动的目的。这对于提高设计效率、降低成本有很大的作用。Creo Parametric 中的 Mechanism 模块是专门用来进行运动仿真和动态分析的模块。本章将通过实例来讲解运动分析有关内容，包括建立运动学分析模型、进行运动学分析等。

/ 知识重点

- 运动学仿真与分析
- 动力学仿真与分析
- 运动仿真模块下的特殊连接

13.1　运动仿真与分析概述

1. 模块简介

机构运动分析（Mechanism）模块是 Creo Parametric 6.0 中一个功能强大的模块。该模块集运动仿真和机构分析于一身，可将已有的机构根据设计意图定义各构件间的运动副、设置动力源，进行机构运动仿真，并能检查干涉以及测量各种机构中需要的参数等，大大提高了设计产品的效率以及可靠性。

运动学和动力学是运动仿真与分析中常用到的两个重点内容，运动学运用几何学的方法来研究物体的运动，不考虑力和质量等因素的影响，即机构在不受力情况下运动；而物体运动和力的关系则是动力学的研究内容，即机构在受力情况下运动。本章将分为运动学和动力学两种情况进行功能介绍，主要内容为添加动力源、设置初始条件、机构分析与定义以及仿真结果测量与分析。

2. 运动仿真与分析的一般过程

（1）创建约束。进入装配界面，对对象机构创建必要的固定元件以及各构件间的约束，并且检测机构的相关自由度是否符合要求。

（2）参数设置。在动力学里需要定义质量属性、重力、弹簧、阻尼器等力学因素。

（3）添加动力源。为机构添加动力源，如伺服电动机、执行电动机等，为机构的仿真做准备。

（4）设置初始条件。运用快照功能设置机构的起始位置。

（5）机构分析与定义。进行运动分析，设置运动仿真的运行时间、帧数、电动机的运行时间以及外部载荷等因素。

（6）仿真结果测量与分析。演示机构的运动，进行碰撞等相关检测，并根据之前的数据，将机构的运动用图片或影片的形式展示，而且可以测量机构的仿真结果。

3. 常用功能按钮介绍

Creo Parametric 6.0 的机械仿真模块主要有如下功能按钮，机械运动仿真模块的大部分功能都可以通过单击这些按钮来实现。为方便下文介绍其功能，现对相关按钮做简要说明。在后面的几节将会详细介绍各按钮的使用方法。

- 　　：选择显示或隐藏机构图标。
- 　　：定义凸轮从动机构连接。
- 　　：定义 3D 接触。
- 　　：定义齿轮副连接。
- 　　：定义伺服电机。
- 　　：进行机构分析。
- 　　：回放以前的运动分析。
- 　　：生成分析的测量结果。
- 　　：定义重力。
- 　　：定义执行电动机。
- 　　：定义弹簧。
- 　　：定义阻尼器。
- 　　：定义力／扭矩。
- 　　：定义初始条件。
- 　　：定义质量属性。

13.2　运动学仿真与分析

13.2.1　伺服电动机的定义

伺服电动机能为机构提供驱动，而驱动就是机构的动力源。设置伺服电动机可以实现旋转及平移运动，并且能以函数的方式定义运动轮廓。

1. 执行方式

单击【机构】选项卡中【插入】组上方的【伺服电动机】按钮 🔗。

2. 操作步骤

（1）打开配套资源中的"源文件\第13章\齿轮传动"文件夹，单击工具栏中的【打开】按钮 📂，然后打开装配模型"Z-齿轮传动 .asm"文件。

（2）单击【应用程序】选项卡中【运动】组中的【机构】按钮 ⚙，进入运动仿真模块。

（3）单击【机构】选项卡中【插入】组上方的【伺服电动机】按钮 🔗。

（4）执行上述步骤后，会弹出【电动机】操控板，如图 13-1 所示。

图 13-1　【电动机】操控板

（5）单击操控板中的【参考】按钮，弹出下拉面板，选择齿轮组 3 中的轴为【从动图元】，如图 13-2 所示。

图 13-2　选择运动轴

（6）单击操控板中的【配置文件详情】按钮，弹出下拉面板，在【驱动数量】下拉列表框中选择【角速度】选项，在【函数类型】下拉列表框中选择【常量】选项，在【A】下拉列表框中输入速度值"500"，在【图形】栏中勾选【位置】【速度】和【加速度】复选框，如图13-3所示。单击【图形】栏中的按钮 ，弹出【图形工具】对话框，如图13-4所示。观察完后单击【关闭】按钮，单击【确定】按钮 ✓，完成伺服电动机的定义，如图13-5所示。

图13-3　下拉面板

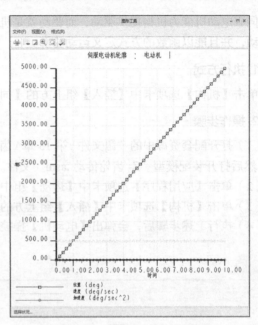

图13-4　【图形工具】对话框

伺服电动机

图13-5　伺服电动机定义

> **注意**　选择机构【模型树】中的【电动机】节点，单击图中的【电动机1】，在弹出的快捷菜单中单击【编辑定义】按钮 🖱，打开【电动机】操控板，可以对已经定义好的电动机进行修改。

3. 相关说明

【电动机】操控板中相关下拉面板的作用见表13-1。

表 13-1　【电动机】操控板中相关下拉面板的作用

下拉面板		含义
【参考】下拉面板	【运动类型】单选按钮	用于沿某一方向明确定义的运动，选择的运动轴可以为平移轴、旋转轴或者由槽连接建立起的槽轴
【配置文件详情】下拉面板	设置伺服电动机的运动类型	
	【驱动数量】下拉列表框	设置电动机的角位置、角速度、角加速度、扭矩，可分别设置电动机的运动形式
	【函数类型】下拉列表框	可以指定【模】的函数及参数，指定伺服电动机的位置、速度、加速度的变化形式。常用函数的具体含义如表 13-2 所示
	【图形】栏	用来表示位置、速度、加速度的变化；若勾选【在单独图形中】复选框，则一个图形表示一项参数量，否则一个图形表示多个参数量

常用函数的具体含义如表 13-2 所示。

表 13-2　常用函数

函数类型	公式	含义	参数
常数	$y=A$	位置、速度、加速度恒定	$A=$ 常量
斜坡	$y=A+Bt$	位置、速度、加速度随时间线性变化	$A=$ 常量 $B=$ 斜率
余弦	$y=A \cdot \cos\left(\frac{2\pi \cdot t}{T}+B\right)+C$	位置、速度、加速度随时间呈余弦变化	$A=$ 振幅 $B=$ 相位 $C=$ 偏移量 $T=$ 周期
摆线	$y=\frac{Lt}{T}-\frac{L}{2\pi}\sin\left(\frac{2\pi \cdot t}{T}\right)$	用于模拟一个凸轮轮廓输出	$L=$ 总上升量 $T=$ 周期
抛物线	$y=At+\frac{1}{2}Bt^2$	模拟电动机轨迹	$A=$ 线性系数 $B=$ 二次项系数
多项式	$y=A+Bt+Ct^2+Dt^3$	用于一般的电动机轮廓	$A=$ 常数项 $B=$ 线性项系数 $C=$ 二次项系数 $D=$ 三次项系数

13.2.2　初始条件的设置

有些机构的运动是从指定的位置开始的，因此要进行初始位置定义，如果希望运动分析从零件指定位置开始，那么需要使用【拖动】对话框中的【快照】功能拍下机构指定的状态作为运动仿真的初始条件。

1. 执行方式
单击【机构】选项卡中【运动】组上方的【拖动元件】按钮。

2. 操作步骤
（1）打开配套资源中的"源文件 \ 第 13 章 \ 齿轮传动"文件夹，单击工具栏中的【打开】按钮，然后打开装配模型 "Z-齿轮传动 .asm" 文件，进入仿真环境。

（2）单击【机构】选项卡中【运动】组上方的【拖动】按钮🖐。

（3）执行上述步骤，弹出【拖动】对话框和【选择】对话框，如图 13-6 所示。

（4）把模型调整到图 13-7 所示的位置，单击【快照】按钮📷，单击【选择】对话框中的【确定】按钮，单击【拖动】对话框中的【关闭】按钮，完成初始位置快照的定义。

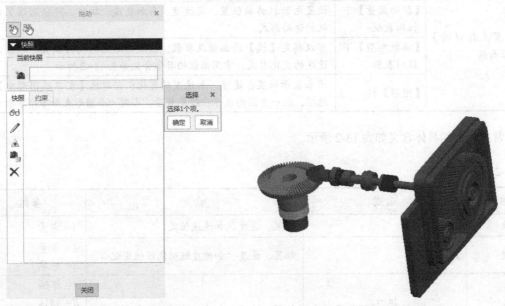

图 13-6　【拖动】和【选择】对话框　　　　　　　图 13-7　模型的位置

3. 相关说明

【拖动】对话框中的相关按钮含义见表 13-3。

表 13-3　【拖动】对话框选项含义

按钮	含义
【主体拖动】按钮🖐	将主体拖动到关键的位置。默认的情况下，主体可以被自由地拖动，也可以定义主体沿某一方向拖动
【快照】按钮📷	拍下当前位置的快照
【显示快照】按钮👓	显示指定的当前快照
【删除快照】按钮✕	如果不满意所拍得的快照，那么可以选定指定的快照后，单击此按钮删除快照

13.2.3　机构分析与定义

机构分析与定义是指对模型在伺服电动机的作用下模拟机构的运动并进行运动分析，分析时先指定分析的类型，然后在【首选项】选项卡中设置运动仿真的【时间】【帧数】【帧频】和【最小间隔】等参数，然后在【电动机】选项卡中选择伺服电动机并设定其开始时间与终止时间，最后模拟机构的运行。

1. 执行方式

单击【机构】选项卡中【分析】组上方的【机构分析】按钮✕。

2. 操作步骤

（1）打开配套资源中的"源文件 \ 第 13 章 \ 齿轮传动"文件夹，单击工具栏中的【打开】按钮👉，然后打开装配模型"Z- 齿轮传动 .asm"文件，进入仿真环境。

（2）单击【机构】选项卡中【分析】组上方的【机构分析】按钮✕。

（3）执行上述步骤后，弹出【分析定义】对话框，如图 13-8 所示。

（4）接受默认的分析定义的名称，在【类型】下拉列表框中选择【运动学】选项，在【开始时间】文本框中输入"0"，【结束时间】文本框中输入"10"，【帧频】文本框中输入"10"，在【开始时间】下拉列表框中选择【长度与帧频】选项，选中【快照】单选按钮，将【Snapshot1】定为初始位置。

（5）单击【运行】按钮，可以看到两幅齿轮都运动起来，单击【确定】按钮，完成模型的分析。

图 13-8　【分析定义】对话框

注意　由于这个例子中只有一个电动机，所以不需要定义电动机运行的时间，默认为时间域的开始运行到终止。

3. 相关说明

【分析定义】对话框中的相关项含义见表 13-4。

表 13-4　【分析定义】对话框中相关项含义

相关项		含义
【名称】文本框		输入此次分析的名称
【类型】下拉列表框		该下拉列表框中包含【运动学】【位置】【动态】【静态】以及【力平衡】5 种机构分析类型
	运动学	运动学是动力学的一个分支，它考虑除质量和力之外的所有运动方面，运动分析不考虑受力。因此，不能使用执行电动机，也不必为机构指定质量属性。模型中的动态图元，如弹簧、阻尼器、重力、力 / 力矩以及执行电动机等，不会影响运动分析
	位置	由伺服电动机驱动的一系列组件分析。只有运动轴或几何伺服电动机可进行位置分析，不考虑受力
	动态	动态分析是力学的一个分支，主要研究主体运动（有时也研究平衡）的受力情况以及力之间的关系。动态分析可研究作用于主体上的力、主体质量与主体运动之间的关系
	静态	静态学是力学的一个分支，研究主体平衡时的受力状况，静态分析可确定机构在承受已知力时的状态，静态分析比动态分析能更快地识别出静态配置，因为静态分析在计算中不考虑速度
	力平衡	力平衡分析是指为了保持机构在特定位置的静止状态，计算在特定点需要施加力的大小的过程

续表

相关项	含义	
【首选项】选项卡	有 3 种测量时间域的方式	
	长度和帧频	输入开始时间、结束时间和帧频（每秒运行的帧数），系统计算总的帧数和时间运行长度。
	长度和帧数	输入开始时间、结束时间和帧数，系统计算帧频和时间运行长度
	帧频和帧数	输入总帧数和帧频，系统计算结束时间
	🔒	锁定主体
	🔒	创建连接锁定
	✕	删除锁定的图元
	🔒	启用和禁用连接
	当前	以机构当前的位置为初始位置
	快照	以前面元件拖动所拍得的快照来定义初始位置
【电动机】选项卡	如果有多个电动机，那么需要调节电动机的顺序，可以在【电动机】选项卡中调整电动机的顺序。单击电动机后面的【开始】或【终止】按钮可以输入相应的时间值，如图 13-9 所示	
	🔲	添加电动机
	🔲	删除电动机
	🔲	添加机构中所有的电动机

图 13-9 【电动机】选项卡

13.2.4 分析结果的查看

【回放】用来查看先前运行的机构分析。每个机构分析都可以作为独立的结果集存储起来，将此结果集保存在一个文件中，此文件可以在另一进程中运行。执行【回放】命令可以查看机构中零件的干涉情况，将回放结果集捕捉为 mpg 文件，显示力和扭矩对机构的影响，在分析期间跟踪测量的值以及保存运动包络。

1. 执行方式

单击【机构】选项卡中【分析】组中的【回放】按钮◆。

2. 操作步骤

（1）打开配套资源中的"源文件 \ 第 13 章 \ 齿轮传动"，单击工具栏中的【打开】按钮，然后打开装配模型"Z- 齿轮传动 .asm"文件，进入运动仿真模块。

（2）单击【机构树】下的 $\boxtimes$ 分析前面的下拉按钮，单击下拉列表的 $\boxtimes$ AnalysisDefinition1 (运动学)按钮，在弹出的快捷菜单中单击【运行】按钮，机构运行停止后单击【机构】选项卡中【分析】组上方的【回放】按钮，弹出【回放】对话框，如图 13-10 所示。单击【回放】对话框中的【保存】按钮，在指定的位置保存分析结果。

（3）单击对话框中的【碰撞检测设置】按钮，在弹出的【碰撞检测设置】对话框中单击【无碰撞检测】按钮，单击【确定】按钮。

（4）在【回放】对话框中单击【回放】按钮，弹出【动画】对话框，如图 13-11 所示。单击对话框中的　▶　按钮，在绘图窗口中播放机构运动。

图 13-10　【回放】对话框

图 13-11　【动画】对话框

（5）机构播放结束后，单击【动画】对话框中的【捕获】按钮，弹出【捕获】对话框，如图 13-12 所示。单击对话框中的【打开】按钮，弹出【保存副本】对话框，在其中指定保存位置，并在【文件名】文本框中输入视频名称"齿轮传动"，如图 13-13 所示。单击【确定】按钮，然后在【捕获】对话框单击【确定】按钮，生成 mpg 视频文件。

图 13-12　【捕获】对话框

图 13-13　【保存副本】对话框

| 注意 | 分析结果可以作为一个文件单独保存，单击【回放】对话框的【保存】按钮 可单独保存分析结果。若要运用分析结果，则在【回放】对话框中单击【从磁盘中恢复结果集】按钮 恢复分析结果。 |

3. 相关说明

【回放】对话框中的按钮含义见表 13-5。

表 13-5 【回放】对话框中按钮的含义

按钮	含义
◀▶	播放当前结果集
💾	保存结果集，可在当前或以后的进程中检索此文件，以回放结果或计算测量值，保存为 pbk 格式文件
📂	表示从磁盘中恢复结果集
✕	表示删除选中的结果集
🖼	导出结果集，将信息导出到 .fra 格式文件
�	创建运动包络，表示机构在分析期间一个或多个元件的运动范围。单击此按钮，弹出【创建运动包络】对话框，如图 13-14 所示
【碰撞检测设置】	指定结果集回放中是否包含冲突检测，包含数量以及冲突检测方式

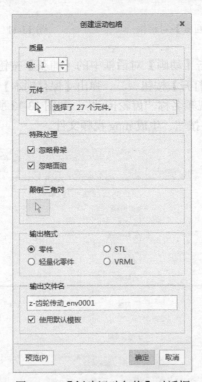

图 13-14 【创建运动包络】对话框

【动画】对话框中的各项含义见表 13-6。

表 13-6　【动画】对话框中各项含义

相关项	含义
【帧】滑动条	拖动进度条上的滑块可以表示某一位置上的帧
【速度】滑动条	拖动进度条上的滑块可以调节动画播放的速度
◀	表示向后播放动画
■	表示停止播放动画
▶	表示向前播放动画
◀◀	表示重置动画到开始
I◀	表示显示前一帧
▶I	表示显示后一帧
↻	表示循环播放动画
↺	表示在结束时反转方向
捕获...	表示生成 mpg 格式的视频文件

13.3　动力学仿真与分析

13.3.1　质量属性的定义

质量属性包括材料的密度、体积、质量、重心及惯性矩，由于每种材料的密度、体积、质量都各不相同，质量属性将影响启用力时机构的加速度、速度和位置。要运行动态和静态分析，必须为机构指定质量属性。

1. 执行方式

单击【机构】选项卡中【属性和条件】组上方的【质量属性】按钮。

2. 操作步骤

（1）执行上述步骤后，弹出【质量属性】对话框，如图 13-15 所示。

（2）选择【参考类型】中【零件或顶级布局】【装配】或【主体】中的一项，选择参考类型后在绘图窗口中选择对应的参考（可在模型树中选择），单击【选择】对话框中的【确定】按钮。

（3）选择【定义属性】中【默认】【密度】和【质量属性】中的一项，编辑【基本属性】【重心】和【惯量】等栏中的参数，单击【确定】按钮，完成质量属性的定义。

图 13-15　【质量属性】对话框

3. 相关说明

【质量属性】对话框中的相关项含义见表 13-7。

表 13-7 【质量属性】对话框中的相关项含义

相关项		含义
【参考类型】 下拉列表框	零件或顶级布局	可在组件中选择任意零件（包括子组件的元件零件），以指定或查看其质量属性
	装配	可从绘图窗口或模型树中选择元件子组件或顶级组件
	主体	可以查看选定主体的质量属性，但不能对其进行编辑
【定义属性】 下拉列表框	选择定义质量属性的方法	
	默认	对于已有 3 种参考类型，此选项会使所有输入字段保持非活动状态
	密度	如果已经选择一个零件或组件作为参考类型，那么可以通过密度来定义质量属性。选择此选项时，除密度外的设置项将处于非活动状态
	质量属性	如果已经选择一个零件或组件作为参考类型，那么可以定义质量、重心和惯性矩
【惯量】栏	使用此区域计算惯性矩。惯性矩是对机构的旋转惯量的定量测量，换言之，也就是主体围绕固定轴旋转以应变旋转运动发生改变的这种趋势	
	【在坐标系原点】 单选按钮	测量相对于当前坐标系的惯性矩
	【在重心】单选按钮	测量相对于机构的主惯性轴的惯性矩

13.3.2 重力的定义

1. 执行方式

单击【机构】选项卡中【属性和条件】组上方的【重力】按钮 g 。

2. 操作步骤

（1）进入运动仿真模块后，执行上述步骤后，弹出【重力】对话框，如图 13-16 所示。

（2）定义模的大小和重力的方向后，单击对话框中的【确定】按钮，完成重力的定义。

3. 相关说明

【重力】对话框中的相关项含义见表 13-8。

图 13-16 【重力】对话框

表 13-8 【重力】对话框中相关项含义

相关项	含义
【模】栏	定义重力的大小
【方向】栏	定义重力的方向，系统默认的方向是 y 轴的负方向

13.3.3 力与扭矩

力和扭矩用来模拟机构运动的外部影响。力表现为拉力与推力，它可导致对象改变其平移运动；力矩是一种旋转力或扭曲力，可使物体产生旋转。

1. 执行方式

单击【机构】选项卡中【插入】组上方的【力与扭矩】按钮![力与扭矩]。

图 13-17 模型

2. 操作步骤

（1）打开配套资源中的"源文件\第13章\滑动机构"文件夹，单击工具栏中的【打开】按钮![打开]，然后打开装配模型"滑动机构.asm"文件，如图 13-17 所示。进入运动仿真模块。

（2）单击【机构】选项卡中【插入】组上方的【力与扭矩】按钮![力与扭矩]。

（3）执行上述步骤后，弹出【电动机】操控板。单击操控板中的【参考】按钮，弹出下拉面板，选择 PNT0 基准点为【从动图元】，如图 13-18（a）所示。

（4）定义力的模与方向。选择【从动图元】后，【参考】下拉面板中增加【运动方向】栏，在 x 和 z 方向输入"0"，y 方向输入"1"，选中【基础】单选按钮，如图 13-18（b）所示；单击【配置文件详情】按钮，弹出下拉面板，在【函数类型】下拉列表框中选择【常量】选项，在【A】下拉列表框中输入模的大小"0.05"，如图 13-18（c）所示。单击【确定】按钮，完成力的定义。

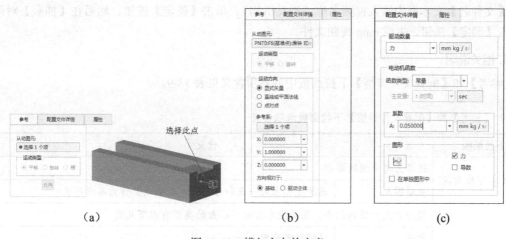

| （a） | （b） | （c） |

图 13-18 模与方向的定义

（5）单击【机构】选项卡中【属性和条件】组上方的【质量属性】按钮![质量属性]，弹出【质量属性】对话框。选择【滑块】零件，在【定义属性】下拉列表框中选择【密度】选项，并设置其密度为"7.8e-9"，如图 13-19 所示，单击【确定】按钮。

（6）单击【机构】选项卡中【分析】组上方的【机构分析】按钮![机构分析]，弹出【分析定义】对话框。在【类型】下拉列表框中选择【动态】选项，在【持续时间】文本框中输入"20"，其他参数保持默认值，如图 13-20 所示。

（7）单击【运行】按钮，可以看到滑块做加速运动。单击【确定】按钮，完成模型的分析。

（8）单击【机构】选项卡中【分析】组上方的【回放】按钮![回放]，弹出【回放】对话框，如图 13-21 所示。单击【回放】对话框中的【保存】按钮![保存]，保存分析结果到指定的位置。

图 13-19 【质量属性】对话框　　图 13-20 【分析定义】对话框　　图 13-21 【回放】对话框

（9）在【回放】对话框中单击按钮◀▶，弹出【动画】对话框，单击对话框中的【捕获】按钮，弹出【捕获】对话框，单击对话框中的【浏览】按钮📂，弹出【保存副本】对话框，指定保存位置，并在【文件名】文本框中输入视频名称"滑动机构"，单击【确定】按钮，然后在【捕获】对话框中单击【确定】按钮，生成 mpg 视频文件。

3. 相关说明

【参考】和【配置文件详情】下拉面板中的各项含义见表 13-9。

表 13-9 【参考】和【配置文件详情】下拉面板选项含义

下拉面板	含义	
【参考】下拉面板	选择力与力矩的类型	
	从动图元	选择主体上的一点和另一点（或顶点）作为参考图元
【配置文件详情】下拉面板	模为力或力矩的大小，用函数来控制。函数的类型有以下几种	
	常量	将模指定为常数值
	斜坡	位置、速度、加速度随时间线性变化
	余弦	位置、速度、加速度随时间呈余弦变化
	摆线	用于模拟一个凸轮轮廓输出
	抛物线	用于模拟电动机轨迹
	多项式	用于一般的电动机轮廓
	表	利用两列表格中的值生成模。第一列包含自变量 x 的值，它可与时间或测量有关。第二列包含因变量 y 的值，它表示力／扭矩的模
	用户定义	利用创建的函数生成模
	自定义载荷	将复杂的、外部定义的载荷集应用于模型

13.3.4　执行电动机

使用执行电动机可向机构施加特定的负荷。执行电动机通过对单个自由度施加力（沿着平移或旋转运动轴，或沿着槽轴）来产生运动。

1. 执行方式

单击【机构】选项卡中【插入】组中的【执行电动机】按钮 🖉 。

2. 操作步骤

（1）打开配套资源中的"源文件 \ 第 13 章 \ 球摆"，单击工具栏中的【打开】按钮 📂，然后打开装配模型"球摆 .asm"文件，进入运动仿真模块。

（2）单击【机构】选项卡中【插入】组上方的【执行电动机】按钮 🖉 。

（3）执行上述步骤后，弹出【电动机】操控板。单击操控板中的【参考】按钮，弹出下拉面板，选择图 13-22 所示的【Connection_1.first_rot_.axis】为旋转轴；单击【配置文件详情】按钮，弹出下拉面板，在【函数类型】下拉列表框中选择【常量】选项，在【A】下拉列表框中输入系数的大小为"10"，如图 13-23 所示。单击【确定】按钮 ✓，完成执行电动机的定义。

（4）单击【机构】选项卡中【属性和条件】组上方的【质量属性】按钮 🦆，弹出【质量属性】对话框。选择【摆球】零件，在【定义属性】下拉列表框中选择【密度】选项，并设置其密度为 7.8e-9，如图 13-24 所示，单击【确定】按钮。

（5）单击【机构】选项卡中【分析】组上方的【机构分析】按钮 ✕，弹出【分析定义】对话框。在【类型】下拉列表框中选择【动态】选项，在【持续时间】文本框中输入"20"，其他参数保持默认值，如图 13-25 所示。单击【运行】按钮，可以看到摆球做加速旋转运动。单击【确定】按钮，完成模型的分析。

图 13-22　选择运动轴

图 13-23　【配置文件详情】下拉面板

（6）单击【机构】选项卡中【分析】组上方的【回放】按钮 ◀▶，弹出【回放】对话框，如图 13-26 所示。

（7）单击【回放】对话框中的【保存】按钮 🖫，在指定的位置保存分析结果。

图 13-24 【质量属性】对话框　　　　图 13-25 【分析定义】对话框

（8）在【回放】对话框中单击 ◀▶ 按钮，弹出【动画】对话框，如图 13-27 所示。单击对话框中的【捕获】按钮，弹出【捕获】对话框；单击对话框中的【浏览】按钮，弹出【保存副本】对话框，指定保存位置，在【文件名】文本框中输入视频名称"球摆"，单击【确定】按钮，然后在【捕获】对话框单击【确定】按钮，生成 mpg 视频文件。

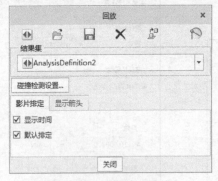

图 13-26 【回放】对话框　　　　　图 13-27 【动画】对话框

13.3.5　弹簧

弹簧在机构中生成平移或旋转弹力。弹簧被拉伸或压缩时产生线性弹力，在旋转时产生扭转弹力。这种力能使弹簧返回平衡位置，即无任何外力影响的位置（松弛）。弹力的大小与距平衡位置的距离成正比，弹力计算公式为 $F=kx$，式中，F 为弹力，k 为弹性刚度系数，x 为偏离平衡位置的距离。

可以沿着平移轴或在不同主体上的两点间创建一个拉伸弹簧，沿着旋转轴创建一个扭转弹簧。

1. 执行方式

单击【机构】选项卡中【插入】组中的【弹簧】按钮 ⬛。

2. 操作步骤

（1）打开配套资源中的"源文件 \ 第 13 章 \ 弹簧振子"文件夹，单击工具栏中的【打开】按钮 ⬛，然后打开装配模型"弹簧振子 .asm"文件，如图 13-28 所示，进入运动仿真模块。

图 13-28　装配体

（2）单击【机构】选项卡中【插入】组上方的【弹簧】按钮 ⬛。

（3）执行上述步骤后，弹出【弹簧】操控板，如图 13-29 所示。

（4）选择要创建的弹簧类型，单击【延伸 / 压缩】弹簧按钮 ⬛，单击【参考】按钮，弹出下拉面板，按住 Ctrl 键选择两个元件的基准点 PNT0，如图 13-30 所示。生成弹簧预览，如图 13-31 所示。

图 13-29　【弹簧】操控板

图 13-30　【参考】下拉面板

图 13-31　弹簧预览

（5）单击【选项】按钮，弹出【选项】下拉面板，为拉伸弹簧设置直径尺寸。勾选【调整图标直径】复选框，并在【直径】下拉列表框中输入值"40"，如图 13-32 所示。

（6）输入弹簧刚度系数值"10"，平衡位置处的长度"235"，如图 13-33 所示。单击【确定】按钮 ✓，完成弹簧的定义，如图 13-34 所示。

图 13-32　【选项】下拉面板

图 13-33　【弹簧】操控板

（7）单击【机构】选项卡中【属性和条件】组上方的【质量属性】按钮，弹出【质量属性】对话框。选择【振子 .prt】元件，在【定义属性】下拉列表框中选择【密度】选项，并设置其密度为"7.8e-9"，如图 13-35 所示，单击【确定】按钮。

（8）单击【机构】选项卡中【分析】组上方的【机构分析】按钮，弹出【分析定义】对话框。在【类型】下拉列表框中选择【动态】选项，在【持续时间】文本框中输入"10"，其他参数保持默认值，如图 13-36 所示。单击【运行】按钮，可以看到弹簧振子按规律运动。单击【确定】按钮，完成模型的分析。

图 13-34　弹簧振子

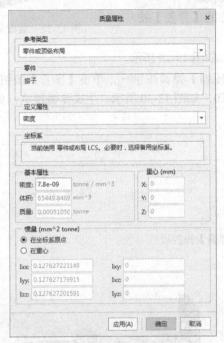

图 13-35　【质量属性】对话框

图 13-36　【分析定义】对话框

（9）单击【机构】选项卡中【分析】组上方的【回放】按钮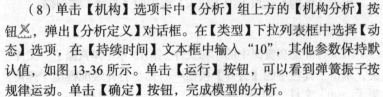，弹出【回放】对话框，如图 13-37 所示。

（10）单击【回放】对话框中的【保存】按钮，在指定的位置保存分析结果。

（11）在【回放】对话框中单击按钮，弹出【动画】对话框，如图 13-38 所示，单击对话框中的【捕获】按钮，弹出【捕获】对话框，单击对话框中的【打开】按钮，弹出【保存副本】对话框，指定保存位置，在【文件名】文本框中输入视频名称"弹簧振子"，单击【确定】按钮，然后在【捕获】对话框单击【确定】按钮，生成 mpg 视频文件。

图 13-37　【回放】对话框

图 13-38　【动画】对话框

注意	运动仿真模块下所建立的弹簧与零件模式下用螺旋扫描所建立的弹簧有着本质上的区别：运动仿真模块下建立的弹簧是一种建模图元，在建模模式下并不显示；而零件模式下所建立的弹簧是刚体，读者不要混淆。

13.3.6　阻尼器

　　阻尼器是一种负荷类型，可创建用来模拟机构上真实的力。阻尼器产生的力会消耗运动机构的能量并阻碍其运动。

图 13-39　弹簧振子模型

1. 执行方式

　　单击【机构】选项卡中【插入】组上方的【阻尼器】按钮。

2. 操作步骤

　　（1）打开配套资源中的"源文件 \ 第 13 章 \ 弹簧振子"文件夹，单击工具栏中的【打开】按钮，然后打开装配模型"弹簧振子 .asm"文件，模型如图 13-39 所示，进入运动仿真模块。

　　（2）单击【机构】选项卡中【插入】组上方的【阻尼器】按钮。

　　（3）执行上述步骤后，弹出【阻尼器】操控板，如图 13-40 所示。

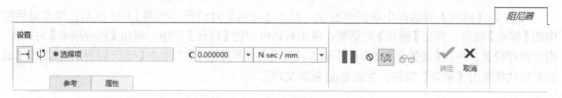

图 13-40　【阻尼器】操控板

　　（4）单击【阻尼器平移运动】按钮，单击【参考】按钮，按住 Ctrl 键选择两个元件的 PNT0 基准点来定义阻尼器，如图 13-41 所示。

　　（5）在操控板中输入阻尼系数"0.001"。单击【确定】按钮，完成阻尼器的定义。

　　（6）单击【机构】选项卡中【属性和条件】面板中的【质量属性】按钮，弹出【质量属性】对话框。选择【振子】零件，在【定

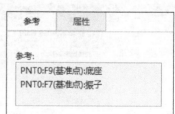

图 13-41　【参考】下拉面板

义属性】下拉列表框中选择【密度】选项，并设置其密度为"7.8e-9"，如图 13-42 所示，单击【确定】按钮。

　　（7）单击【机构树】的【分析】节点后方的下拉按钮，在 AnalysisDefinition1 (动态) 上单击，在弹出的快捷菜单中单击【编辑定义】按钮，如图 13-43 所示。弹出【分析定义】对话框，如图 13-44 所示。

　　（8）单击【运行】按钮，可以看到弹簧发生振动而且振幅减小，大约十几秒后振动停止，单击【确定】按钮。

　　（9）单击【机构】选项卡中【分析】组中的【回放】按钮，弹出【回放】对话框，如图 13-45 所示。

　　（10）单击【回放】对话框中的【保存】按钮，在指定的位置保存分析结果。

图 13-42 【质量属性】对话框　　　　图 13-43 【机构树】　图 13-44 【分析定义】对话框

（11）在【回放】对话框中单击 按钮，弹出【动画】对话框，如图 13-46 所示；单击对话框中的【捕获】按钮，弹出【捕获】对话框；单击对话框中的【打开】按钮，弹出【保存副本】对话框，指定保存位置，并在【文件名】文本框中输入视频名称"弹簧振子"，单击【确定】按钮，然后在【捕获】对话框单击【确定】按钮，生成 mpg 视频文件。

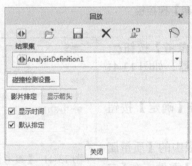

图 13-45 【回放】对话框　　　　　　图 13-46 【动画】对话框

3. 相关说明

【阻尼器】操控板中的相关项含义见表 13-10。

表 13-10 【阻尼器】操控板中相关项含义

相关项	含义
→	将阻尼器类型设置为平移
↻	将阻尼器类型设置为扭转
C 0.000000	设置阻尼系数

13.3.7　初始条件

初始条件是为了使用动态分析而分配给机构的初始位置和初始速度。

1. 执行方式

单击【机构】选项卡中【属性和条件】组中的【初始条件】按钮🔲。

2. 操作步骤

（1）打开配套资源中的"源文件\第 13 章\球摆"文件夹，单击工具栏中的【打开】按钮📂，然后打开装配模型"球摆.asm"文件，如图 13-47 所示，进入运动仿真模块。

（2）单击【机构】选项卡中【运动】组中的【拖动】按钮🖐，弹出【拖动】对话框，如图 13-48 所示。单击摆杆上一点，拖动摆杆将模型调整至图 13-49 所示的状态，然后单击对话框中的【快照】按钮📷，生成【Snapshot1】快照。

图 13-47　装配体

图 13-48　【拖动】对话框

（3）单击【机构】选项卡中【属性和条件】组中的【初始条件】按钮🔲。

（4）执行上述步骤后，弹出【初始条件定义】对话框，如图 13-50 所示。单击【快照】下拉按钮，选择第（2）步定义的【Snapshot1】作为初始位置。

图 13-49　模型状态

图 13-50　【初始条件定义】对话框

（5）单击对话框中的【定义运动轴速度】按钮 ，在绘图窗口中选择销钉旋转轴，并在【模】文本框中输入值"50"，如图 13-51 所示。单击【确定】按钮，完成初始条件的定义。

（6）单击【机构】选项卡中【插入】组上方的【执行电动机】按钮 ，弹出【电动机】操控板。

（7）单击操控板中的【参考】按钮，弹出下拉面板，选择【Connection_1.first_rot .axis】为旋转轴；单击操控板中的【配置文件详情】按钮，弹出下拉面板，在【函数类型】下拉列表框中选择【常量】选项，在【A】下拉列表框中输入系数的大小"10"，如图 13-52 所示。单击【确定】按钮 ，完成执行电动机的定义。

图 13-51 【初始条件定义】对话框

图 13-52 【配置文件详情】下拉面板

（8）单击【机构】选项卡中【属性和条件】组中的【质量属性】按钮 ，弹出【质量属性】对话框。选择【摆球】零件，在【定义属性】下拉列表框中选择【密度】选项，并设置其密度为"7.8e-9"，如图 13-53 所示，单击【确定】按钮。

（9）单击【机构】选项卡中【分析】组上方的【机构分析】按钮 ，弹出【分析定义】对话框。在【类型】下拉列表框中选择【动态】选项，在【持续时间】文本框中输入"20"，在【初始配置】栏中选中【初始条件状态】单选按钮，其他参数保持默认值，如图 13-54 所示。单击【运行】按钮，可以看到摆球做加速旋转运动。单击【确定】按钮，完成模型的分析。

（10）单击【机构】选项卡中【分析】面板中的【回放】按钮 ，弹出【回放】对话框，如图 13-55 所示。

（11）单击【回放】对话框中的【保存】按钮 ，在指定的位置保存分析结果。

（12）在【回放】对话框中单击 按钮，弹出【动画】对话框，如图 13-56 所示；单击对话框中的【捕获】按钮，弹出【捕获】对话框；单击对话框中的【浏览】按钮，弹出【保存副本】对话框，指定保存位置，并在【文件名】文本框中输入视频名称"球摆"，单击【确定】按钮，然后在【捕获】对话框中单击【确定】按钮，生成 mpg 视频文件。

图 13-53　【质量属性】对话框

图 13-54　【分析定义】对话框

图 13-55　【回放】对话框

图 13-56　【动画】对话框

13.3.8　静态分析

静态学是力学的一个分支，研究主体平衡时的受力情况。使用静态分析可确定机构在承受已知力时的状态。机构中所有负荷和力处于平衡状态，并且势能为零。静态分析比动态分析能更快地识别出静态配置，静态分析在计算中不考虑速度。具体操作步骤如下。

（1）打开配套资源中的"源文件\第 13 章\球摆"文件夹，单击工具栏中的【打开】按钮 ，然后打开装配模型"球摆.asm"文件，如图 13-57 所示，进入运动仿真模块。

（2）单击【机构】选项卡中【运动】组上方的【拖动】按钮 ，弹出【拖动】对话框，如图 13-58 所示。单击摆杆上一点，拖动摆杆将模型调整至图 13-59 所示的状态，然后单击对话框中的【快照】按钮 ，生成【Snapshot1】快照。

图 13-57　装配体

图 13-58　【拖动】对话框

图 13-59　模型状态

（3）单击【机构】选项卡中【插入】组上方的【力 / 扭矩】按钮，弹出【电动机】操控板。单击操控板中的【参考】按钮，弹出下拉面板，选择摆球中的 PNT0 基准点为【从动图元】。

（4）选择【从动图元】后，【参考】下拉面板中增加【运动方向】栏，在 y 和 z 方向输入 "0"，x 方向输入 "1"，选中【基础】单选按钮，如图 13-60（a）所示；单击【配置文件详情】按钮，弹出下拉面板，选择【函数类型】下拉列表框中的【常量】选项，在【A】下拉列表框中输入模的大小 "20"，如图 13-60（b）所示，单击【确定】按钮，完成力的定义。

（a）

（b）

图 13-60　模与方向的定义

（5）单击【机构】选项卡中【属性和条件】组上方的【质量属性】按钮，弹出【质量属性】对话框。选择【摆球】零件，在【定义属性】下拉列表框中选择【密度】选项，并设置其密度为 "7.8e-9"，如图 13-61 所示，单击【确定】按钮。

（6）单击【机构】选项卡中【属性和条件】组上方的【重力】按钮，弹出【重力】对话框。定义模的大小和重力的方向，x 和 y 方向输入 "0"，z 方向输入 "1"，单击【确定】按钮，完成重力的定义，如图 13-62 所示。

（7）单击【机构】选项卡中【分析】组上方的【机构分析】按钮，弹出【分析定义】对话框。接受默认的分析名称【AnalysisDefinition1】，在【类型】下拉列表框中选择【静态】选项。

（8）单击【首选项】选项卡，在【初始配置】栏中选中快照【Snapshot1】，在【最大步距因子】中取消勾选【默认】复选框，并输入因子 "0.01"，如图 13-63 所示。

图 13-61　【质量属性】对话框

图 13-62　【重力】对话框

（9）单击【外部载荷】选项卡，勾选【启用重力】复选框，如图 13-64 所示。

图 13-63　【首选项】选项卡

图 13-64　【外部载荷】选项卡

（10）单击【运行】按钮，查看创建的分析，弹出【图表工具】对话框，如图 13-65 所示。主体的加速度逐渐变为 0 并最终停止，主体受力平衡，如图 13-66 所示。然后单击【确定】按钮，完成静态分析的创建。

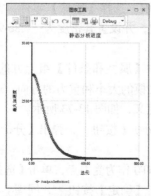

图 13-65　【图表工具】对话框

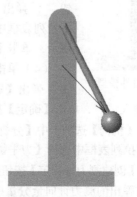

图 13-66　主体受力平衡

> **注意** 最大步距因子能够改变静态分析中的默认步长，它是一个界于 0~1 的常数，在分析具有较大加速度的机构时，推荐减小此值。

（11）单击【机构】选项卡中【分析】组上方的【回放】按钮，弹出【回放】对话框，如图13-67 所示。

（12）单击【回放】对话框中的【保存】按钮，保存分析结果在指定的位置。

（13）在【回放】对话框中单击按钮，弹出【动画】对话框，如图13-68 所示；单击对话框中的【捕获】按钮，弹出【捕获】对话框；单击对话框中的【打开】按钮，弹出【保存副本】对话框，指定保存位置，在【文件名】文本框中输入视频名称"球摆"，单击【确定】按钮，然后在【捕获】对话框中单击【确定】按钮，生成 mpg 视频文件。

图 13-67 【回放】对话框

图 13-68 【动画】对话框

13.3.9 力平衡分析

力平衡分析是一种逆向的静态分析。在力平衡分析中，从具体的静态形态获得所施加的作用力；而在静态分析中，是向机构施加力来获得静态形态的。具体操作步骤如下。

（1）打开配套资源中的"源文件 \ 第 13 章 \ 球摆"，单击工具栏中的【打开】按钮，然后打开装配模型"球摆 .asm"文件，模型如图13-69 所示，进入运动仿真模块。

图 13-69 组件模型

（2）单击【机构】选项卡中【运动】组上方的【拖动】按钮，弹出【拖动】对话框，如图13-70 所示。单击摆杆上一点，拖动摆杆将模型调整至图13-71 所示的状态，然后单击对话框中的【快照】按钮，生成【Snapshot1】快照。

（3）单击【机构】选项卡中【属性和条件】组上方的【质量属性】按钮，弹出【质量属性】对话框。选择【摆球】零件，在【定义属性】下拉列表框中选择【密度】选项，并设置其密度为"7.8e-9"，如图13-72 所示，单击【确定】按钮。

（4）单击【机构】选项卡中【属性和条件】组上方的【重力】按钮，弹出【重力】对话框。定义模的大小和重力的方向，x 和 y 方向输入"0"，z 方向输入"1"，单击【确定】按钮，完成重力的定义，如图13-73 所示。

（5）单击【机构】选项卡中【分析】组上方的【机构分析】按钮，弹出【分析定义】对话框，在【类型】下拉列表框中选择【力平衡】选项。

（6）单击【创建测力计锁定】按钮，选择元件的 PNT0 作为受力点，单击【选择】对话框【确定】按钮，在弹出的测力计向量分量中 x 输入"1"，单击【确定】按钮，同理 y 和 z 输入"0"，完成测力计锁定的创建。

图 13-70 【拖动】对话框

图 13-71 模型状态

图 13-72 【质量属性】对话框

图 13-73 【重力】对话框

（7）在【初始配置】中选择快照【Snapshot1】，此时的【首选项】选项卡如图 13-74 所示。

（8）单击【外部载荷】选项卡，勾选【启用重力】复选框，如图 13-75 所示。

（9）单击【运行】按钮，弹出【力平衡反作用负荷】对话框，可以得出反作用力约为 21.25N，如图 13-76 所示。单击【确定】按钮，完成力平衡分析的创建。

（10）单击【机构】选项卡中【分析】组上方的【回放】按钮 ◀▶，弹出【回放】对话框，如图 13-77 所示。

（11）单击【回放】对话框中的【保存】按钮 🖫，在指定的位置保存分析结果。

图 13-74 【首选项】选项卡

图 13-75 【外部载荷】选项卡

图 13-76 【力平衡反作用负荷】对话框

图 13-77 【回放】对话框

13.4 运动仿真模块下的特殊连接

本节将介绍在运动仿真模块下的特殊连接：凸轮连接、齿轮连接和带连接。这些连接只能在运动仿真模块下才能定义，本节将详细介绍这些连接的创建方法。

13.4.1 凸轮连接

通过在两个主体上指定曲面或曲线来定义凸轮从动机构连接，不必在创建凸轮从动机构连接前定义特定的凸轮几何。

1.执行方式

单击【机构】选项卡中【连接】组中的【凸轮】按钮。

2. 操作步骤

（1）执行上述步骤后，弹出【凸轮从动机构连接定义】对话框，如图 13-78 所示。

（2）接受默认的凸轮名称【Cam Follower 1】或输入新名称，单击【凸轮 1】选项卡。

（3）单击 按钮，在第一主体上选择曲面或曲线定义第一个凸轮。单击【确定】按钮或单击鼠标中键确认选择，如果勾选【自动选择】复选框，则在选择第一个曲面后将自动选择凸轮的曲面。若有多个可供选择的相邻曲面，则系统会提示再选择一个曲面。若要反转凸轮曲面的方向，则单击【反向】按钮。

（4）选择一个曲面后，用自动、前参考、后参考、中心参考和深度将凸轮定位到该曲面上。

（5）单击【凸轮 2】选项卡，并再次执行第（3）～（4）步以填写信息。

（6）在【属性】选项卡中输入信息，单击【确定】按钮，完成凸轮从动机构连接的创建。

图 13-78 【凸轮从动机构连接定义】对话框

13.4.2 实例——凸轮从动机构

【绘制步骤】

扫码看视频

1. 装配凸轮模型

（1）启动 Creo Parametric 6.0，直接单击工具栏中的【新建】按钮 ，弹出【新建】对话框，在【类型】中选择【装配】，【子类型】中选择【设计】，输入名称"凸轮"，取消勾选【使用默认模块】复选框，在弹出的【模板】对话框中选择【mmns_asm_design】模板，进入装配界面。

（2）单击【模型】选项卡中【元件】组上方的【组装】按钮 ，弹出【打开】对话框，选择【板 .prt】，单击【打开】按钮，在【约束类型】中选择【默认】约束，单击【确定】按钮 ，添加固定元件。

（3）单击【模型】选项卡中【元件】组上方的【组装】按钮 ，选择零件【滑竿 .prt】，在操控板的【用户定义】中选择【滑块】连接，选择图 13-79 所示的两条轴作为对齐轴以及视图中的两个面作为旋转面，所得装配体如图 13-80 所示。

图 13-79 选择基准轴和基准面

图 13-80 装配体

（4）单击【放置】下拉面板中的【平移轴】按钮，选择图 13-81 所示的两个平面作为参考，设定【当前位置】为 54.8，勾选【最小限制】和【最大限制】复选框，并设定【最小限制】为"5"，【最大限制】为"66"，【放置】下拉面板如图 13-82 所示，单击【确定】按钮 ✓，完成运动限制的设定。

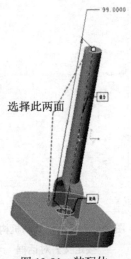

图 13-81　装配体

图 13-82　【放置】下拉面板

（5）单击【模型】选项卡中【元件】组上方的【组装】按钮，选择零件【轴 .prt】，单击【放置】按钮，新建 3 个约束，选择图 13-83 所示的两个元件的面重合；选择图 13-84 所示的【轴 :FRONT】和【板 :TOP】面为【距离】约束，设置偏移值为"–96"；选择如图 13-85 所示的【轴 :RIGHT】和【滑竿 :RIGHT】面为【重合】约束，所得装配体如图 13-86 所示。【轴】到达上述位置时，在【放置】下拉面板中右击【删除】按钮，删除上述 3 个约束，然后在【约束类型】中选择【固定】约束，使元件固定在当前位置，单击【确定】按钮 ✓。

（6）单击【模型】选项卡中【元件】组上方的【组装】按钮，选择零件【凸轮 1.prt】，在操控板的【用户定义】中选择【销】连接，选择图 13-87 所示的两根轴作为对齐参考，选择图 13-88 所示的【凸轮 1:FRONT】及【滑竿 :FRONT】面作为平移参考，所得装配体如图 13-89 所示。

选择此两面重合

图 13-83　选择基准面（1）

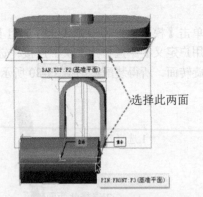

选择此两面

图 13-84　选择基准面（2）

（7）单击【模型】选项卡中【元件】组上方的【组装】按钮，选择零件【凸轮 2.prt】，在操控板的【用户定义】中选择【销】连接，选择图 13-90 所示的两根轴为对齐参考，选择【凸轮 2:FRONT】及【ASM_FRONT】面作为平移参考，所得装配体如图 13-91 所示，完成凸轮模型的创建。

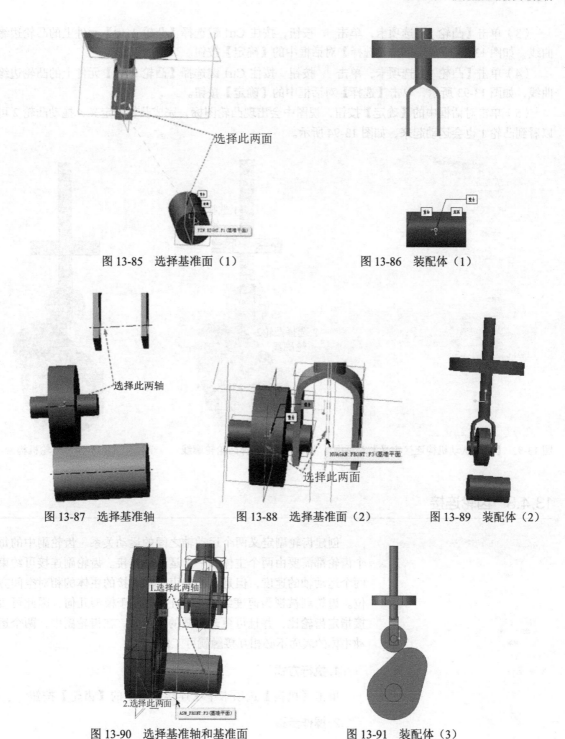

图 13-85 选择基准面（1）　　　　　　图 13-86 装配体（1）

图 13-87 选择基准轴　　　图 13-88 选择基准面（2）　　　图 13-89 装配体（2）

图 13-90 选择基准轴和基准面　　　　　图 13-91 装配体（3）

2. 定义凸轮机构

（1）单击【应用程序】选项卡中【运动】组上方的【机构】按钮🔧，进入运动仿真模块。

（2）单击【机构】功能区【连接】组上方的【凸轮】按钮🔩，弹出【凸轮从动机构连接定义】对话框，如图 13-92 所示。

（3）单击【凸轮1】选项卡，单击 按钮，按住 Ctrl 键选择【凸轮 1.prt】元件上的凸轮边缘曲线，如图 13-93 所示，单击【选择】对话框中的【确定】按钮。

（4）单击【凸轮2】选项卡，单击 按钮，按住 Ctrl 键选择【凸轮 2.prt】元件上的凸轮边缘曲线，如图 13-93 所示，单击【选择】对话框中的【确定】按钮。

（5）单击对话框中的【确定】按钮，视图中会出现凸轮图标，完成凸轮的定义，拖动凸轮 2 可以看到凸轮 1 也会运动起来，如图 13-94 所示。

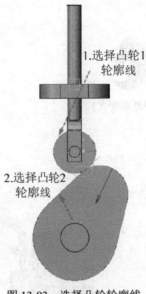

图 13-92 【凸轮从动机构连接定义】对话框　　图 13-93 选择凸轮轮廓线　　图 13-94 凸轮机构

13.4.3 齿轮连接

创建齿轮副定义两个运动轴之间的运动关系。齿轮副中的每个齿轮都需要由两个主体和一个运动轴连接。齿轮副连接可约束两个运动轴的速度，但是不能约束由轴连接的主体的相对空间方位。齿轮副被视为速度约束，而且并非基于模型几何，因此可直接指定齿轮比，并且可更改节圆的直径值。在齿轮副中，两个运动主体的表面不必相互接触就可工作。

1. 执行方式

单击【机构】选项卡中【连接】组中的【齿轮】按钮 。

2. 操作步骤

（1）执行上述步骤后，弹出【齿轮副定义】对话框，如图 13-95 所示。

（2）选择齿轮的类型，有一般齿轮、正齿轮、锥齿轮、涡轮、齿条与小齿轮等齿轮类型。

（3）单击【齿轮 1】选项卡，选择旋转或平移运动轴。

图 13-95 【齿轮副定义】对话框

（4）设置【主体】栏，定义【小齿轮】与【托架】，单击 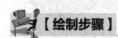按钮可以切换小齿轮与托架。

（5）若选择旋转轴，则输入节圆的直径。显示直径为输入值的圆，该圆以所选运动轴为中心。

（6）在【图标位置】栏中单击 按钮并为节圆的偏移选择点、顶点、基准平面或与轴垂直的曲面。

（7）单击【齿轮 2】选项卡，重复执行第（3）～（6）步。

（8）单击【确定】按钮，完成齿轮副的定义。

13.4.4　实例——齿轮副定义

【绘制步骤】

扫码看视频

1. 装配齿轮副模型

（1）启动 Creo Parametric 6.0，直接单击工具栏中的【新建】按钮 ，弹出【新建】对话框在【类型】中选择【装配】，【子类型】中选择【设计】，输入名称"齿轮"，取消勾选【使用默认模块】复选框，弹出【模板】对话框，选择【mmns_asm_design】模板，进入装配界面。

（2）单击【组装】按钮 ，弹出【打开】对话框，选择【轴 1.prt】，单击【打开】按钮，在【约束类型】中选择【默认】约束，单击【确定】按钮 ，添加固定元件。

（3）单击【组装】按钮 ，选择零件【齿轮 1.prt】，在操控板的【用户定义】中选择【销】连接，选择图 13-96 所示的两根轴为对齐参考，选择图 13-97 所示的两个面作为平移参考，【约束类型】选择【重合】约束。

图 13-96　选择轴对齐参考

图 13-97　选择平移参考

（4）单击【组装】按钮 ，选择零件【齿轮 2.prt】，在操控板的【用户定义】中选择【销】连接，选择图 13-98 所示的两根轴为对齐参考，选择图 13-99 所示的两个面作为平移参考，【约束类型】选择【重合】约束，所得装配体如图 13-100 所示，完成齿轮副的装配。

选择此两轴

图 13-98　选择轴对齐参考

选择此两轴

图 13-99　选择平移参考

图 13-100　齿轮连接

2. 创建齿轮副

（1）单击【应用程序】选项卡中【运动】组上方的【机构】按钮，进入运动仿真模块。

（2）单击【机构】选项卡中【连接】组上方的【齿轮】按钮，弹出【齿轮副定义】对话框。

（3）在【类型】下拉列表框中选择【一般】选项，单击【齿轮1】选项卡，选择【Connection_1.axis_1】作为运动轴，如图 13-101 所示。在【直径】文本框中输入"25"，如图 13-102 所示。

（4）单击【齿轮2】选项卡，选择【Connection_2.axis_1】作为运动轴，如图 13-103 所示。在【直径】文本框中输入"80"，如图 13-104 所示。

（5）单击【确定】按钮，完成齿轮副的定义。

选择此
运动轴

图 13-101　选择运动轴

图 13-102　【齿轮1】选项卡

图 13-103　选择运动轴

图 13-104　【齿轮 2】选项卡

13.4.5　带连接

滑轮是一种周边有凹槽的轮盘。在带和滑轮系统中，电缆或带沿着该凹槽运行，并将滑轮连接到下一个滑轮。使用滑轮来更改所施加的力的方向、传输旋转运动，如果各滑轮的直径不同，可由此增减沿着线性或旋转运动轴的力。

1. 执行方式

单击【机构】选项卡中【连接】组中的【带】按钮 。

2. 操作步骤

（1）执行上述步骤后，弹出【带】操控板，如图 13-105 所示。

图 13-105　【带】操控板

（2）打开【参考】下拉面板，并按住 Ctrl 键选择要在其上包络带的曲面，或者按住 Ctrl 键依次选择两个滑轮的旋转轴。在对话框的旋转轴后输入滑轮的直径大小，单击 按钮反转滑轮方向，单击向上或向下箭头，更改带路径。

（3）设置路径后，可以为【带平面】选择曲面，关闭面板。

（4）打开【选项】下拉面板定义滑轮连接，默认情况下，将第一个滑轮定义为【滑轮主体】，将第二个滑轮定义为【托架主体】，单击 按钮反转主体顺序，输入【包络数】的值，单击【下一连接】按钮定义更多滑轮。

（5）单击 按钮，激活未拉伸带长度收集器，输入值或从最近使用的值的列表中选择一个值。

（6）单击 E*A 按钮定义杨氏模量与带截面面积的乘积。

（7）单击【预览】按钮，预览带连接，单击【确定】按钮 ✓，完成带连接的定义。

13.4.6 实例——滑轮带连接

【绘制步骤】

扫码看视频

1. 创建滑轮模型

（1）启动 Creo Parametric 6.0，直接单击工具栏中的【新建】按钮 ，弹出【新建】对话框，在【类型】中选择【装配】，【子类型】中选择【设计】，输入名称"带连接"，取消勾选【使用默认模块】复选框，弹出【模板】对话框，选择【mmns_asm_design】模板，进入装配界面。

（2）单击【组装】按钮，弹出【打开】对话框，选择【板 .prt】，单击【打开】按钮，在【约束类型】中选择【默认】约束，单击【确定】按钮 ✓，添加固定元件。

（3）单击【组装】按钮，选择零件【滑轮 1.prt】，在操控板的【用户定义】中选择【销】连接，选择图 13-106 所示的两根轴为轴对齐参考，选择图 13-107 所示的两个面作为平移参考，在【约束类型】中选择【重合】约束，所得装配体如图 13-108 所示，单击【确定】按钮 ✓。

图 13-106　选择轴对齐参考（1）

图 13-107　选择平移参考（1）

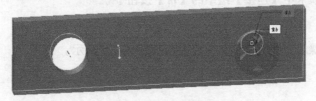

图 13-108　装配体

（4）单击【组装】按钮，选择零件【滑轮 2.prt】，在操控板的【用户定义】中选择【销】连接，选择图 13-109 所示的两根轴为对齐参考，选择图 13-110 所示的两个面作为平移参考，在【约束类型】中选择【重合】约束，所得装配体如图 13-111，完成滑轮模型的创建。

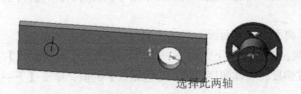

图 13-109　选择轴对齐参考（2）

图 13-110　选择平移参考（2）

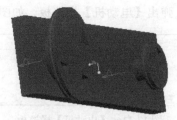

图 13-111 装配体

2. 创建带连接

（1）单击【应用程序】选项卡中【运动】组上方的【机构】按钮🔧，进入运动仿真模块。

（2）单击【机构】选项卡中【连接】组上方的【带】按钮，弹出【带】操控板，如图 13-112 所示。

图 13-112 【带】操控板

（3）打开【参数】下拉面板，并按住 Ctrl 键选择要在其上包络带的曲面，选择图 13-113 所示的两个滑轮凹槽曲面，所创建的带连接如图 13-114 所示。

选择此两凹槽

图 13-113 选择曲面

图 13-114 带连接

（4）单击【确定】按钮✓，完成带连接的定义。

13.5 综合实例——电风扇运动学分析

【绘制步骤】

扫码看视频

1. 打开模型

启动 Creo Parametric 6.0，单击工具栏中的【打开】按钮📂，弹出【打开】对话框，打开配套资源中的"源文件 \ 第 13 章 \ 电风扇"文件，单击工具栏中的【打开】按钮📂，然后打开装配模型"电风扇 .asm"文件，如图 13-115 所示。

2. 添加伺服电动机

（1）定义第一个伺服电动机，单击【应用程序】选项卡中【运动】组上方的【机构】按钮🔧，进入机构运动仿真模块，单击【机构】选项卡中【插入】

图 13-115 电风扇

组上方的【伺服电动机】按钮 ⚙，弹出【电动机】操控板，如图 13-116 所示。

图 13-116　【电动机】操控板

（2）单击操控板中的【参考】按钮，弹出下拉面板，在【从动图元】中选择【运动轴】，在绘图窗口中选择图 13-117 所示的【Connection_5.first_rot_axis】作为运动轴。单击【配置文件详情】按钮，弹出下拉面板，在【驱动数量】下拉列表框中选择【角速度】选项，在【函数类型】下拉列表框中选择【常量】选项，在【A】下拉列表框中输入常数"3"，单击【确定】按钮，完成第一个伺服电动机的定义，如图 13-118 所示。

图 13-117　选择运动轴（1）　　　　图 13-118　第一个伺服电动机

（3）定义第二个伺服电动机。单击【机构】选项卡中【插入】组上方的【伺服电动机】按钮 ⚙，弹出【电动机】操控板，同样选择第（2）步中的运动轴，然后单击【参考】下拉面板中的【反向】按钮，定义风扇头可以朝反方向转动；单击【配置文件详情】按钮，弹出下拉面板，在【驱动数量】下拉列表框中选择【角速度】选项，在【函数类型】下拉列表框中选择【常量】选项，在【A】下拉列表框中输入常数"3"，单击【确定】按钮，完成第二个伺服电动机的定义。

（4）定义第三个伺服电动机。单击【机构】选项卡中【插入】组上方的【伺服电动机】按钮 ⚙，弹出【电动机】操控板，在绘图窗口中选择图 13-119 所示的【Connection_7.first_rot_axis】作为运动轴。单击【配置文件详情】按钮，在【驱动数量】下拉列表框中选择【角速度】选项，在【函数类型】下拉列表框中选择【常量】选项，在【A】下拉列表框中输入常数"500"，单击【确定】按钮，完成第三个伺服电动机的定义，如图 13-120 所示。

图 13-119　选择运动轴（2）　　　　图 13-120　第三个伺服电动机

3. 定义初始位置

（1）单击【机构】选项卡中【运动】组上方的【拖动】按钮，弹出【拖动】对话框和【选择】对话框，如图 13-121 所示。

（2）把模型调整到图 13-122 所示的位置，单击【快照】按钮，单击【选择】对话框中的【确定】按钮，单击【拖动】对话框中的【关闭】按钮，完成初始位置快照的定义。

4. 电风扇的分析与定义

（1）单击【机构】选项卡中【分析】组上方的【机构分析】按钮，弹出【分析定义】对话框，如图 13-123 所示。

图 13-121　【拖动】和【选择】对话框　　图 13-122　调整位置　　图 13-123　【分析定义】对话框（1）

（2）接受默认的分析定义的名称，在【类型】下拉列表框中选择【运动学】选项，在【开始时间】文本框中输入"0"，【结束时间】文本框中输入"34"，【帧频】文本框中输入"10"，在【开始时间】下拉列表框中选择【长度与帧频】选项，选中【快照】单选按钮，将【Snapshot1】定义为初始位置。

（3）定义电动机的运动顺序。单击【电动机】选项卡，单击【电动机 1】后面的【终止】，输入值"10"；单击【电动机 2】后面的【开始】，输入值"12"，如图 13-124 所示，然后单击【运行】按钮，最后单击【确定】按钮，完成模型的分析。

5. 查看分析结果

（1）单击【机构】选项卡中【分析】组上方的【回放】按钮，弹出【回放】对话框，如图 13-125 所示。单击【回放】对话框中的【保存】按钮，在指定的位置保存分析结果。

（2）单击对话框中的【碰撞检测设置】按钮，在弹出的【碰

图 13-124　【分析定义】对话框（2）

撞检测设置】对话框中单击【全局碰撞检测】按钮，单击【确定】按钮。

（3）在【回放】对话框中单击 ◀▶ 按钮，弹出【动画】对话框，如图 13-126 所示，单击对话框中的 ▶ 按钮，在绘图窗口中播放机构运动。

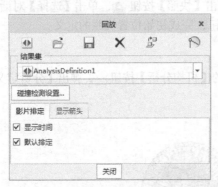

图 13-125 【回放】对话框

图 13-126 【动画】对话框

（4）播放结束后，单击对话框中的【捕获】按钮，弹出【捕获】对话框，单击对话框中的【打开】按钮，弹出【保存副本】对话框，指定保存位置，并在【文件名】文本框中输入视频名称"电风扇"，单击【确定】按钮，然后在【捕获】对话框中单击【确定】按钮，生成 mpg 视频文件。

注意

在设定时间时，要考虑电风扇转头的转动范围。若设置转头朝一个方向运动的时间过长，则理论上转头运动完这一段时间后可能已经超过了它装配时的转动范围，这样是不允许的，会弹出图 13-127 所示的窗口。

图 13-127 错误窗口

第 14 章
二级减速器仿真实例

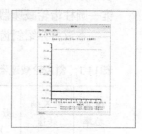

/ 本章导读

当今的减速器向着大功率、大传动比、小体积、高机械效率以及使用寿命长的方向发展。近十几年来，由于近代计算机技术与数控技术的发展，机械加工精度和加工效率大大提高，设计周期缩短。由于市场需求产品种类繁多，所以计算机设计、仿真模拟成为现代企业研发部门中必不可少的产品研发技术。本章将详细介绍二级圆柱减速器的运动仿真，为读者提供举一反三的示例。

/ 知识重点

- 二级减速器仿真概述
- 装配模型
- 建立运动模型
- 运动分析

扫码看视频

14.1 二级减速器仿真概述

减速器的核心部件是齿轮传动机构，齿轮传动是现代机械中应用最广的一种传动形式，它的主要优点如下。

- 瞬时传动比恒定，工作平稳，传动准确可靠，可传递空间任意两轴之间的运动和动力。
- 适用的功率和速度范围广。
- 传动效率高，$\eta=0.92\sim0.98$。
- 工作可靠、使用寿命长。
- 外轮廓尺寸小，结构紧凑。

由齿轮、轴、轴承及箱体组成的齿轮减速器，用于原动机、工作机或执行机构之间，起着匹配转速和传递转矩的作用，在现代机械中应用极为广泛。

减速器是一种相对精密的机械，它可以降低转速，增加转矩。它的种类繁多，型号各异，不同种类有不同的用途。按照传动类型可分为齿轮减速器、蜗轮蜗杆减速器和行星齿轮减速器；按照传动级数不同可分为单级和多级减速器；按照齿轮形状可分为圆柱齿轮减速器、圆锥齿轮减速器和圆锥—圆柱齿轮减速器；按照传动的布置形式可分为展开式、分流式和同轴式减速器。

本章将介绍斜齿轮减速器的运动仿真，具体的特征参数见表 14-1。

表 14-1 斜齿轮减速器的特征参数

输入功率 /kW	输入轴转速 /(r/min)	效率 η	总传动比 i	传动特性									
				第一级				第二级					
				m_n	β	齿数		精度要求	m_n	β	齿数		精度要求
4.7	501.7	0.922	14.1	3	13.315	Z_1	22	8级	4	10.94	Z_1	26	8级
						Z_2	98	8级			Z_2	82	8级

14.2 装配模型

模型装配不仅要清楚装配模块中工具的使用方法，还要熟悉机构模块对模型的要求。在模型装配之前，需要对每个元件进行自由度分析，以便选择合适的机构连接方式进行模型的装配。否则，模型就不能在机构模块中进行运动仿真。

14.2.1 建立骨架模型

对于二级斜齿轮减速器，传动轴与轴承内圈固定连接，轴承内圈与外圈之间相对旋转而不移动。为了方便模拟，不绘制箱体和轴承，直接使用骨架模型代替轴承和箱体。骨架模型的创建步骤如下。

（1）执行【文件】→【新建】命令，弹出【新建】对话框，如图 14-1 所示。在【类型】中选择【装配】，在【名称】文本框中输入"二级减速器"，取消【使用默认模板】复选框的勾选，单击【确定】按钮，弹出【新文件选项】对话框，如图 14-2 所示。

（2）在【新文件选项】对话框的【模板】列表框中选择【mmns_asm_design】选项，单击【确定】按钮，进入装配设计模块。

图 14-1 【新建】对话框

图 14-2 【新文件选项】对话框

（3）执行【文件】→【管理会话】→【选择工作目录】命令，系统弹出【选择工作目录】对话框，如图 14-3 所示。选择减速器所在的文件夹，单击【确定】按钮，完成工作目录的设置。

（4）单击【模型】选项卡中【元件】组上方的【创建】按钮 ，弹出【创建元件】对话框，如图 14-4 所示。

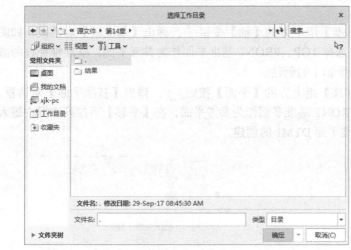

图 14-3 【选择工作目录】对话框

图 14-4 【创建元件】对话框

（5）在【创建元件】对话框中，选中【骨架模型】单选按钮，在【名称】文本框中输入"二级减速器_SKEL"，单击【确定】按钮，弹出【创建选项】对话框，如图 14-5 所示。选中【创建特征】单选按钮，单击【确定】按钮，进入元件创建平台。

（6）单击【模型树】旁边的【设置】按钮 ，选择【树过滤器】选项，弹出【模型树项】对话框，如图 14-6 所示。勾选【显示】框中的【特征】复选框，单击【确定】按钮，完成特征显示。

图 14-5 【创建选项】对话框

447

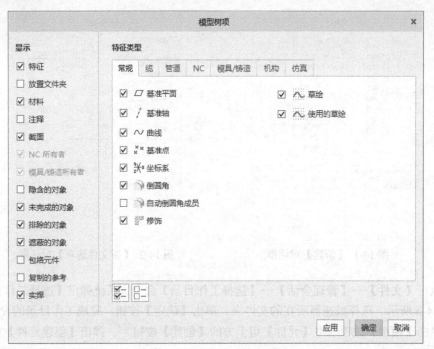

图 14-6 【模型树项】对话框

（7）单击【模型】选项卡中【基准】组上方的【轴】按钮 / ，弹出【基准轴】对话框。如图 14-7 所示，按住 Ctrl 键在 3D 模型中选择 TOP、FRONT 基准平面作为参考平面，基准轴穿过两参考平面，单击【确定】按钮，完成基准轴 1 的创建。

（8）单击【模型】选项卡中【基准】组上方的【平面】按钮 ⬜ ，弹出【基准平面】对话框。如图 14-8 所示，在 3D 模型中选择 FRONT 基准平面作为参考平面，在【平移】下拉列表框中键入"190"，单击【确定】按钮，完成基准平面 DTM1 的创建。

图 14-7 【基准轴】对话框

图 14-8 【基准平面】对话框

（9）单击【模型】选项卡中【基准】组上方的【平面】按钮 ⬜ ，弹出【基准平面】对话框。在 3D 模型中选择 DTM1 基准平面作为参考平面，在【平移】下拉列表框中键入"220"，单击【确定】按钮，完成基准平面 DTM2 的创建。

（10）单击【模型】选项卡中【基准】组上方的【轴】按钮，弹出【基准轴】对话框，按住 Ctrl 键在 3D 模型中选择 TOP、DTM1 基准平面作为参考平面，基准轴穿过两参考平面，单击【确定】按钮，完成基准轴 2 的创建。

（11）单击【模型】选项卡中【基准】组上方的【轴】按钮，弹出【基准轴】对话框，按住 Ctrl 键在 3D 模型中选择 TOP、DTM2 基准平面作为参考平面，基准轴穿过两参考平面，单击【确定】按钮，完成基准轴 3 的创建。

（12）单击【视图】选项卡中【窗口】组上方的【激活】按钮，激活当前的装配模块，创建的 3 个基准轴如图 14-9 所示。

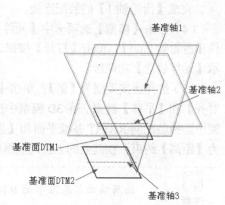

图 14-9　创建的 3 个基准轴

14.2.2　装配传动轴

减速器中轴和齿轮按照一定规律进行分布，图 14-10 所示为减速器中的齿轮和轴分布图。为了齿轮啮合得完全，每对啮合齿轮的厚度中心是重合的。图中的小齿轮比大齿轮厚 5mm，即轴肩相差 2.5mm。

传动轴的具体装配步骤如下。

（1）单击【模型】选项卡中【元件】组上方的【组装】按钮，弹出【打开】对话框，选择元件【齿轮轴 1.prt】，单击【打开】按钮，【齿轮轴 1】就添加到当前模型中了，同时在信息提示栏中显示【元件放置】功能区。

（2）选择连接类型为【销】，单击【放置】按钮，在弹出的【放置】下拉面板中已经添加了【轴对齐】和【平移】约束。在 3D 模型中选择基准轴【A_1】的轴线和【齿轮轴 1】的轴线；在 3D 模型中选择装配的 RIGHT 基准平面和图 14-11 所示的【齿轮轴 1】的轴肩端面，此时的【放置】下拉面板如图 14-12 所示。

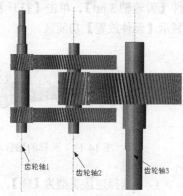

图 14-10　轴、齿轮分布

图 14-11　选择轴肩端面

图 14-12　【放置】下拉面板

（3）在【元件放置】操控板的【状况】组中显示了【完成连接定义】选项，单击【确定】按钮，完成【齿轮轴1】的装配连接。

（4）单击【模型】选项卡中【元件】组上方的【组装】按钮，弹出【打开】对话框，选择元件【齿轮轴2.prt】，单击【打开】按钮，【齿轮轴2】添加到当前模型中了，同时在信息提示栏中显示【元件放置】功能区。

（5）选择连接类型为【销】，单击【放置】按钮，在弹出的【放置】下拉面板中已经添加了【轴对齐】和【平移】约束。在3D模型中选择基准轴【A_2】的轴线和【齿轮轴2】的轴线；在3D模型中选择装配的RIGHT基准平面和【齿轮轴2】的轴肩端面，如图14-13所示。选择【约束类型】为【距离】约束，在其后的下拉列表框中输入"2.5"。

> **注意** 轴肩端面与基准平面RIGHT之间的位置关系如图14-14所示。

（6）在【元件放置】操控板的【状况】组中显示了【完成连接定义】选项，单击【确定】按钮，完成【齿轮轴2】的装配连接，效果如图14-14所示。

（7）单击【模型】选项卡中【元件】组上方的【组装】按钮，弹出【打开】对话框，选择元件【齿轮轴3.prt】，单击【打开】按钮，将【齿轮轴3】添加到当前模型中，同时在信息提示栏中显示【元件放置】功能区。

轴肩端面

图14-13 选择的轴肩端面（1）

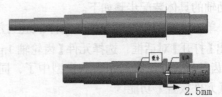

2.5mm

图14-14 装配后的轴1和轴2

（8）选择连接类型为【销】，单击【放置】按钮，在弹出的【放置】下拉面板中已经添加了【轴对齐】和【平移】约束。在3D模型中选择基准轴【A_3】的轴线和【齿轮轴3】的轴线；在3D模型中选择装配的RIGHT基准平面和【齿轮轴3】的轴肩端面，如图14-15所示，选择【约束类型】为【距离】约束，在其后的下拉列表框中键入"10"。

> **注意** 轴肩端面与基准平面RIGHT之间的位置关系如图14-16所示。

（9）在操控板的【状况】组中显示了【完成连接定义】选项，单击【确定】按钮，完成【齿轮轴3】的装配连接，效果如图14-16所示。

轴肩端面

图14-15 选择的轴肩端面（2）

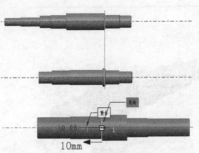

10mm

图14-16 装配后的轴

14.2.3　装配齿轮

齿轮与轴采用键连接来传递动力。二级斜齿轮减速器用到 4 种齿轮，其参数见表 14-2。本章不再介绍齿轮的画法，读者可以按照表中的参数绘制齿轮的三维图。

齿轮的具体装配步骤如下。

（1）单击【模型】选项卡中【元件】组上方的【组装】按钮，弹出【打开】对话框，选择元件【齿轮 1.prt】，单击【打开】按钮，【齿轮 1】就添加到当前模型中，同时在信息提示栏中显示【元件放置】功能区。

表 14-2　齿轮参数

		d	m	z	a	b	β	h_a^*	c^*	α
高速级	大	151	3	98	185	50	13.3°	1	0.25	20°
	小	34		22		55				
低速级	大	167	4	82	220	110	10.9°			
	小	53		26		114				

（2）选择连接类型为【用户定义】，在【放置】下拉面板中选择【约束类型】为【居中】，在 3D 模型中选择【齿轮 1】中心孔内表面和轴肩圆表面，如图 14-17 所示。

（3）单击【新建集】按钮，选择连接类型为【用户定义】，选择【约束类型】为【重合】，在 3D 模型中选择齿轮端面和轴肩端面，如图 14-18 所示。

（4）在操控板的【状况】组中显示了【部分约束】选项，单击【确定】按钮，完成【齿轮 1】的装配连接。

（5）使用同样的方法，在另一轴肩装配一齿轮，效果如图 14-19 所示。

（6）单击【模型】选项卡中【元件】组上方的【装配】按钮，弹出【打开】对话框，选择元件【齿轮 2.prt】，单击【打开】按钮，【齿轮 2】就添加到当前模型中了，同时在信息提示栏中显示【元件放置】功能区。

图 14-17　居中约束面

图 14-18　重合约束面

图 14-19　齿轮 A 装配图

（7）选择连接类型为【用户定义】，在【放置】下拉面板中选择【约束类型】为【居中】，在 3D 模型中选择【齿轮 2】中心孔内表面和轴肩圆表面，如图 14-20 所示。

（8）单击【新建集】按钮，选择连接类型为【用户定义】，选择【约束类型】为【重合】，在 3D 模型中选择齿轮端面和轴肩端面，如图 14-21 所示。

（9）在操控板的【状况】组中显示了【部分约束】选项，单击【确定】按钮，完成【齿轮 2】的装配连接。

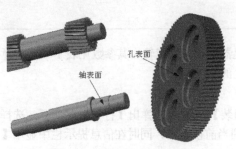
图 14-20 居中约束面（1）

图 14-21 重合约束面（1）

（10）单击【模型】选项卡中【元件】组上方的【装配】按钮，弹出【打开】对话框，选择元件【齿轮 3.prt】，单击【打开】按钮，【齿轮 3】就添加到当前模型中了，同时在信息提示栏中显示【元件放置】功能区。

（11）选择连接类型为【用户定义】，在【放置】下拉面板中选择【约束类型】为【居中】，在 3D 模型中选择【齿轮 3】中心孔内表面和轴肩圆表面，如图 14-22 所示。

（12）单击【新建集】按钮，选择连接类型为【用户定义】，选择【约束类型】为【重合】，在 3D 模型中选择齿轮端面和轴肩端面，如图 14-23 所示。

图 14-22 居中约束面（2）

图 14-23 重合约束面（2）

（13）在操控板的【状况】组中显示了【部分约束】选项，单击【确定】按钮，完成【齿轮 3】的装配连接，效果如图 14-24 所示。

（14）单击【模型】选项卡中【元件】组上方的【装配】按钮，弹出【打开】对话框，选择元件【齿轮 2.prt】，单击【打开】按钮，【齿轮 2】就添加到当前模型中了，同时在信息提示栏中显示【元件放置】功能区。

（15）选择连接类型为【用户定义】，在【放置】下拉面板中选择【约束类型】为【居中】，在 3D 模型中选择【齿轮 2】中心孔内表面和轴肩圆表面，如图 14-25 所示。

图 14-24 装配后的齿轮 C

图 14-25 居中约束面（3）

（16）单击【新建集】按钮，选择连接类型为【用户定义】，选择【约束类型】为【重合】，在 3D 模型中选择齿轮端面和轴肩端面，如图 14-26 所示。

（17）在操控板的【状况】组中显示了【部分约束】选项，单击【确定】按钮 ✓，完成【齿轮 2】的装配连接，效果如图 14-27 所示。

（18）单击【模型】选项卡中【元件】组上方的【装配】按钮 📇，弹出【打开】对话框，选择元件【齿轮 4.prt】，单击【打开】按钮，【齿轮 4】就添加到当前模型中了，同时在信息提示栏中显示【元件放置】功能区。

图 14-26　重合约束面（1）

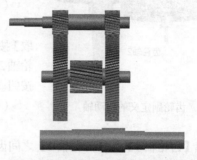

图 14-27　组装后的齿轮 B、齿轮 C

（19）选择连接类型为【用户定义】，在【放置】下拉面板中选择【约束类型】为【居中】，在 3D 模型中选择齿轮 D 中心孔的内表面和轴圆柱表面，如图 14-28 所示。

（20）单击【新建集】按钮，选择连接类型为【用户定义】，选择【约束类型】为【重合】，在 3D 模型中选择齿轮端面和轴肩端面，如图 14-29 所示。

（21）在操控板的【状况】组中显示了【完全约束】选项，单击【完成】按钮 ✓，完成【齿轮 4】的装配连接，效果如图 14-30 所示。

图 14-28　居中约束面

图 14-29　重合约束面（2）

图 14-30　齿轮机构

14.3　建立运动模型

在装配模块中，通过机构连接和约束工具，对模型进行运动设置。然后进入机构模块，对运动机构进行特殊机构连接、伺服电动机和运动环境的设置。

14.3.1　设置连接

机构模块中提供凸轮、齿轮、V 带、3A 接触等特殊机构连接。二级斜齿轮减速器中齿轮机构就需要在这里进行设置，可以保证齿轮的传动比符合设计要求。具体操作步骤如下。

（1）单击【应用程序】选项卡中【运动】组上方的【机构】按钮，系统自动进入机构工作界面。

（2）单击【机构】选项卡中【连接】组上方的【齿轮】按钮，弹出【齿轮副定义】对话框。

（3）单击【齿轮1】选项卡，单击【运动轴】栏中的【选取】按钮，弹出【选择】对话框，在3D模型中选择【齿轮轴1】，如图14-31所示。在【选择】对话框中单击【确定】按钮。

（4）在【节圆】栏的【直径】文本框中键入"34"。

（5）单击【齿轮2】选项卡，单击【运动轴】栏中的【选取】按钮，弹出【选择】对话框，在3D模型中选择【齿轮轴2】，如图14-31所示。在【选择】对话框中单击【确定】按钮。

（6）在【节圆】栏的【直径】文本框中键入"151"。

齿轮轴1

齿轮轴2

图14-31 齿轮副定义的传动轴

（7）此时对话框设置如图14-32(a)所示，单击【确定】按钮，完成【齿轮轴1】与【齿轮轴2】之间齿轮的连接。

（8）单击【机构】选项卡中【连接】组上方的【齿轮】按钮，弹出【齿轮副定义】对话框。

（a）

（b）

图14-32 【齿轮副定义】对话框

（9）单击【齿轮1】选项卡，单击【运动轴】栏中的【选取】按钮，弹出【选择】对话框，在3D模型中选择【齿轮轴2】，如图14-33（b）所示。在【选择】对话框中单击【确定】按钮。

（10）在【节圆】栏的【直径】文本框中键入"53"。

（11）单击【齿轮 2】选项卡，单击【运动轴】栏中的【选取】按钮，弹出【选择】对话框，在 3D 模型中选择【齿轮轴 3】，如图 14-33 所示。在【选择】对话框中单击【确定】按钮。

（12）在【节圆】栏的【直径】文本框中键入"167"。

（13）单击【确定】按钮，完成【齿轮轴 2】与【齿轮轴 3】之间的齿轮连接。

图 14-33　齿轮传动轴

14.3.2　检查机构

当进行机构连接后，其是否能够按照设计意图运动，就要检查模型的装配与连接是否合理。检查模型的方法就是拖动。

（1）单击【机构】选项卡中【运动】组上方的【拖动元件】按钮，弹出【拖动】对话框，如图 14-34 所示。

（2）在 3D 模型中选择拖动点，如图 14-35 所示。

图 14-34　【拖动】对话框

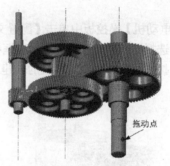

图 14-35　拖动点

（3）在【选取】对话框中单击【确定】按钮，移动鼠标，模型运动如图 14-36 所示。

（4）单击【拖动】对话框中的【关闭】按钮，完成模型的拖动。

图 14-36　拖动模型

> **注意**　拖动过程中，如果机构没有按照设计意图运动，就需要检查设置的合理性。

14.3.3　定义伺服电动机

当机构的连接和装配没有问题时，就可以给机构添加动力源——伺服电动机。

（1）单击【机构】选项卡中【插入】组上方的【伺服电动机】按钮 ，弹出【电动机】操控板，单击操控板中的【参考】按钮，弹出下拉面板，如图 14-37 所示。选择【齿轮轴 1】为【从动图元】，如图 14-38 所示。

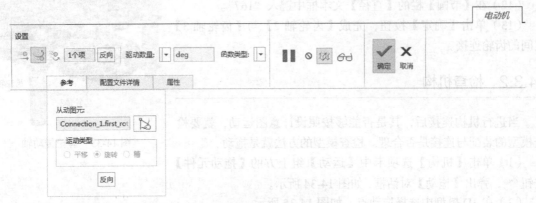

图 14-37　【电动机】操控板

（2）在【电动机】操控板中单击【配置文件详情】按钮，选择【驱动数量】下拉列表框中的【角速度】选项，选择【函数类型】下拉列表框中的【常量】选项，在【A】下拉列表框中键入"360"，单击【确定】按钮，完成伺服电动机的创建，最终效果如图 14-39 所示。

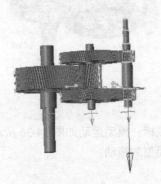

图 14-38　伺服电动机旋转轴　　　　图 14-39　二级斜齿轮减速器

14.4　运动分析

前面已经对运动分析模型进行了机构连接和运动环境设置，接下来对其进行分析，然后输出分析结果。

14.4.1　运动学分析

根据机构的结构不同和所需目标不同，可以对机构进行位置、运动学、动态、静态、力平衡等分析。对于二级斜齿轮减速器，运动仿真是分析中最主要的。下面就对其进行运动学分析。

（1）单击【机构】选项卡中【分析】组上方的【机构分析】按钮 ，弹出【分析定义】对话框，如图 14-40 所示。

（2）在【分析定义】对话框的【类型】下拉列表框中选择【运动学】选项，在【结束时间】文本框中键入"20"。

（3）其他选项保持系统默认值，单击【运行】按钮，模型就开始运动。

（4）单击【确定】按钮，完成运动学分析。

14.4.2　回放

回放是指对机构进行运动干涉检测、运动包络创建和动态影像捕捉等。对于不同的机构，只能实现其中的部分功能。对于二级斜齿轮减速器，只能进行运动干涉检测和动态影像捕捉。

（1）单击【机构】选项卡中【分析】组上方的【回放】按钮 ，弹出【回放】对话框，如图 14-41 所示。

（2）在【结果集】下拉列表框中选择【AnalysisDefinition1】选项，单击【碰撞检测设置】按钮，弹出【碰撞检测设置】对话框，如图 14-42 所示。选中【全局碰撞检测】单选按钮，勾选【包括面组】【碰撞时铃声警告】复选框，单击【确定】按钮，返回【回放】对话框。

图 14-40　【分析定义】对话框

图 14-41　【回放】对话框

图 14-42　【碰撞检测设置】对话框

（3）单击【影片排定】选项卡，勾选【显示时间】和【默认排定】复选框，单击对话框中【回放】按钮 ，系统开始检测碰撞。

（4）大约几分钟后，弹出【动画】对话框，如图 14-43 所示。

> **注意**　如果计算机配置不是很高，那么建议不要进行碰撞检测，否则容易产生死机等现象。

（5）单击【播放】按钮 ▶ ，播放的效果参见目录下的 000.avi。

（6）单击【捕获】按钮 捕获… ，弹出【捕获】对话框，如图 14-44 所示。

（7）勾选【质量】栏中的【照片级渲染帧】复选框，单击【确定】按钮，系统在目录下生成捕获动画文件【二级减速器 .mpg】。

（8）大约几分钟后，系统自动返回【动画】对话框，单击【关闭】按钮，返回【回放】对话框。

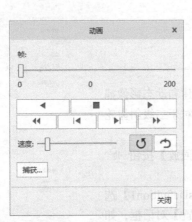

图 14-43 【动画】对话框

图 14-44 【捕获】对话框

（9）单击【关闭】按钮，完成回放碰撞检测和动画捕获。

14.4.3 生成分析测量结果

（1）单击【机构】选项卡中【分析】组上方的【测量】按钮 ，弹出【测量结果】对话框，如图 14-45 所示。单击【创建新测量】按钮 ，弹出【测量定义】对话框，如图 14-46 所示。

图 14-45 【测量结果】对话框

图 14-46 【测量定义】对话框

（2）在【测量定义】对话框中，选择【类型】下拉列表框中的【速度】选项，单击【点或运动轴】栏中的【选取】按钮 🔖 ，在 3D 模型中选择【齿轮轴2】，如图 14-47 所示。

（3）单击【确定】按钮，返回【测量结果】对话框。

（4）单击【创建新测量】按钮 ▢ ，弹出【测量定义】对话框，选择【类型】下拉列表框中的【速度】选项，单击【点或运动轴】栏中的【选取】按钮 🔖 ，在 3D 模型中选择【齿轮轴3】，如图 14-47 所示。

（5）单击【确定】按钮，返回【测量结果】对话框。

（6）按 Ctrl 键选中【测量】列表框中的【measure1】和【measure2】测量选项，选中【结果集】列表框中的【AnalysisDefinition1】选项。

（7）其他选项保持系统默认值，单击【根据选定结果集选定测量的图形】按钮 〜 ，弹出【图形工具】对话框，显示两轴的速度曲线，如图 14-48 所示。

（8）退出【图形工具】对话框，关闭测量结果窗口，保存模型，完成二级斜齿轮减速器的仿真。

图 14-47　选择测量对象

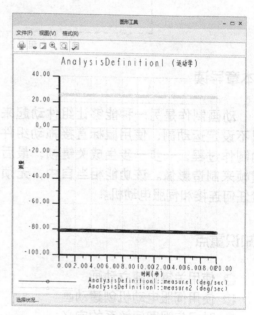

图 14-48　速度曲线

第 15 章
动 画

/ 本章导读

  动画制作是另一种能够让组件动起来的方法。用户可以不设定运动副，使用鼠标直接拖动组件，仿照动画影片的制作过程，一步一步生成关键帧，最后连续播放这些关键帧来制造影像。该功能相当自由，无须在运动组件上设置任何连接和伺服电动机。

/ 知识重点

- ❂ 使用关键帧建立动画
- ❂ 使用伺服电动机创建动画
- ❂ 时间与视图间关系的定义
- ❂ 时间与样式间关系的定义
- ❂ 时间与透明间关系的定义

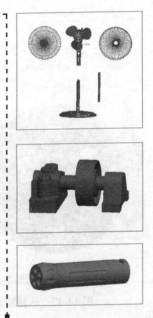

15.1 动画概述

1. 动画简介

动画是 Creo Parametric 6.0 提供的 CAE 模块之一，用于创建并处理生成的关键帧序列，从而生成可回放动画；或者直接捕捉伺服电动机对运动元件的驱动过程。

动画与运动仿真的区别：动画既可以通过定义伺服电动机使机构产生运动，同时也可以通过生成的快照创建关键帧来产生运动；而运动仿真只可以定义伺服电动机使机构产生运动。动画模块主要具有以下 4 个功能。

- 将组件运行可视化。如果有了机构的概念，但尚未对其定义，那么可将主体拖动到不同的位置，并生成快照来创建动画。
- 创建组件或模型的拆卸序列动画。
- 创建维护序列，即要采取相应的简短动画来指示用户如何维修或建立产品。
- 动画演示组件在取消分解和分解状态间的转变。

2. 动画创建的一般过程

（1）打开组件文件，单击选项卡中的【应用程序】→【动画】按钮，进入动画设计模块。
（2）新建一个动画并命名。
（3）进行主体的定义。
（4）拖动元件，在关键的位置生成快照。
（5）采用上一步生成的快照或按照分解状态的时间顺序进行关键帧设置。
（6）添加定时视图、定时透明和定时显示（选择操作）。
（7）启动、播放并保存动画。

15.2 使用关键帧建立动画

单击【应用程序】选项卡中的【动画】按钮，打开【动画】选项卡。单击【动画】选项卡中【创建动画】组上的【关键帧序列】按钮，打开【关键帧序列】对话框。它可用于选择参考主体、生成快照并将它们排成一个关键帧序列。创建新的关键帧序列时，会自动将其包括在时间线中。关键帧序列由组件的一系列快照组成，这些快照是某一时间段组件在一连串连续位置上的快照。系统将会在这些快照间插入时间以创建一个平稳的动画，本章以创建 LED 手电筒为例说明动画创建的过程，如图 15-1 所示。

图 15-1 LED 手电筒

15.2.1 新建动画与主体的定义

1. 新建动画

打开组件后，单击【应用程序】选项卡中【运动】组中的【动画】按钮，进入动画设计模块。

图 15-2 【定义动画】对话框

单击【动画】选项卡中【模型动画】组上的【新建动画】下方的【快照】按钮 <!-- icon -->，弹出【定义动画】对话框，如图 15-2 所示，单击【确定】按钮建立动画【Animation2】。

2. 定义主体

主体由一个或几个不相对移动的零件组成。动画中的主体是按照机构设计的主体规则创建的，即第一个装入的元件被默认指定为基础主体。

（1）单击【动画】选项卡中【机构设计】组上的【主体定义】按钮 <!-- icon -->，弹出【主体】对话框，如图 15-3 所示。

（2）单击【主体】对话框中的【新建】按钮，可以新建主体，弹出【主体定义】及【选择】对话框，如图 15-4 所示。输入新主体的名称，然后单击【主体定义】对话框中的【选取】按钮 <!-- icon -->，选择要添加到主体中的零件，单击【确定】按钮，此时的【主体】对话框的列表中包括新的主体。

图 15-3 【主体】对话框

图 15-4 【主体定义】及【选择】对话框

（3）单击【主体】对话框中的【编辑】按钮编辑现有主体。

（4）单击【主体】对话框中的【移除】按钮删除选定的主体，该主体包含的所有零件均被移动到基础主体中。

（5）单击【主体】对话框中的【每个主体一个零件】按钮，使用每个主体一个零件规则创建主体，把每个元件定义为一个主体，在此操作过程中可保留所有的连接。

（6）单击【主体】对话框中的【默认主体】按钮，恢复为最初由连接定义的主体。单击此按钮后，将执行 Creo Parametric 6.0 再生命令，已创建的任何主体定义都将被忽略，可从头开始创建主体。

下面以创建 LED 手电筒为例，说明 LED 手电筒动画建立及主体定义的过程。

1. 新建动画

（1）启动 Creo Parametric 6.0，直接单击工具栏中的【打开】按钮 <!-- icon -->，弹出【打开】对话框，打开配套资源中的"源文件 \ 第 15 章 \15.2.1\ 手电筒 .asm"文件。

（2）单击【应用程序】选项卡中【运动】组上方的【动画】按钮 <!-- icon -->，进入动画设计模块。

（3）单击【动画】选项卡中【模型动画】组上的【新建动画】下方的【快照】按钮 <!-- icon -->，弹出【定义动画】对话框，如图 15-5 所示，单击【确定】按钮建立动画【Animation2】。

2. 定义主体

（1）单击【动画】选项卡中【机构设计】组上的【主体定义】按钮 <!-- icon -->，弹出【主体】对话框，如图 15-6 所示。

（2）单击对话框中的【每个主体一个零件】按钮，把每个元件定义为一个主体，此时的【主体】对话框如图 15-7 所示。

图15-5 【定义动画】对话框

图15-6 【主体】对话框（1）

（3）定义基础主体。选择对话框中的【Ground】选项，定义手电筒中部把手【中部.prt】为基础主体；单击【编辑】按钮，弹出【主体定义】及【选择】对话框，如图15-8所示。

图15-7 【主体】对话框（2）

图15-8 【主体定义】及【选择】对话框

（4）在视图中选择图15-9所示的【中部.prt】元件，单击鼠标中键，此时的【主体定义】对话框中的【零件数】变为1，单击对话框中的【确定】按钮，完成基础主体的定义。

（5）单击【主体】对话框中的【body1】元件，单击【编辑】按钮，弹出【主体定义】及【选择】对话框。

（6）按住Ctrl键在模型树中同时选择图15-10所示的元件，单击鼠标中键，然后单击【主体定义】对话框中的【确定】按钮，完成新主体的定义。

图15-9 选择基础主体

图15-10 选择元件

15.2.2 用快照定义关键帧序列

创建关键帧序列有两种方式：第一种是通过定义的快照来定义关键帧；第二种是通过分解状态来定义关键帧。本节介绍如何用快照来定义关键帧序列。

1. 创建快照

进入动画模块后，单击【动画】选项卡中【机构设计】组上的【拖动元件】按钮🖑，弹出【拖动】及【选择】对话框，单击对话框中 ▶ 快照 的下拉按钮，再次单击 ▶ 高级拖动选项 中的下拉按钮，此时的【拖动】对话框如图 15-11 所示。

单击对话框中的【点拖动】按钮🖑，或单击【主体拖动】按钮🖐，将主体拖动到关键的位置。默认的情况下，主体可以被自由地拖动，也可以定义主体沿某一方向拖动，在对话框中的【高级拖动选项】中即可定义主体的拖动方向；单击 ⊢×、⊢ᵧ、⊢ᶻ 按钮可以分别定义主体沿着 x、y、z 方向平移；单击 ↻×、↻ᵧ、↻ᶻ 按钮可以分别定义主体沿着 x、y、z 方向旋转。

> 💿
> **注意**　在【动画】模块下有【高级拖动选项】，而在【模型】模块下的【拖动】对话框中没有这一项。

将主体拖动到指定的位置之后，单击对话框中的【快照】按钮📷，拍下当前位置的快照；单击【显示快照】按钮👀，显示指定的当前快照；如果不满意所拍得的快照，可以选定指定的快照后单击【删除】按钮✕，删除快照。

2. 定义关键帧序列

关键帧序列由组件的一系列快照组成，这些快照是某一时间段组件在一连串连续位置上的快照。系统将在这些快照间插入时间以创建一个平稳的动画。

定义好快照后，接下来定义关键帧序列。单击【创建动画】组上方的【关键帧序列】按钮▦，弹出【关键帧序列】对话框，如图 15-12 所示。

图 15-11 【拖动】对话框

图 15-12 【关键帧序列】对话框

单击对话框中【关键帧】栏中的下拉按钮弹出下拉列表，选择一个已经定义好的快照，单击【快照预览】按钮󠁦 预览选定的快照，并在下面的【时间】文本框中输入该快照在动画中的显示时间；单击右侧的【添加关键帧】按钮 + ，将快照添加到关键帧序列列表框中；单击 反转 按钮可以将关键帧的显示顺序反转；如果定义错关键帧，可以单击对话框中的 移除 按钮删除关键帧；【插值】栏中的【线性】是指线性地改变主体在关键帧之间的位置和方向，精确地遵循每个关键帧上的组件放置规则；【平滑】是指根据关键帧之间的 3 次样条拟合变化，从而产生更平滑的移动。

单击【创建动画】组上方的【管理关键帧序列】按钮󠁥，弹出图 15-13 所示的【关键帧序列】对话框，在此对话框中可以新建、编辑、删除、复制以及包括关键帧。

图 15-13 【关键帧序列】对话框

双击图 15-14 所示的时域，弹出【动画时域】对话框，如图 15-15 所示，在此对话框中可以修改整个动画的开始时间、结束时间以及动画各帧之间的间隔时间。

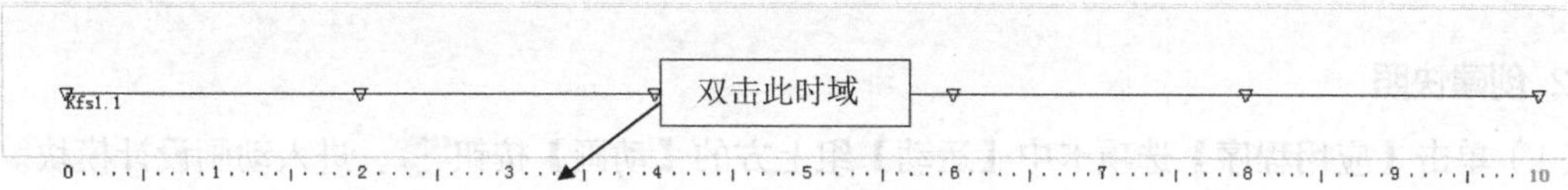

图 15-14 时域

图 15-15 【动画时域】对话框

双击图 15-16 所示的时间线，弹出【KFS 实例】对话框，如图 15-17 所示，在此对话框中可以修改当前时间线的开始时间与结束时间。

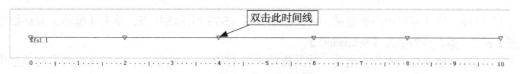

图 15-16 时间线

下面以上一节的定义好主体的 LED 手电筒为例，说明用快照定义关键帧序列一般过程。

1. 打开定义好主体的手电筒

启动 Creo Parametric 6.0，直接单击工具栏中的【打开】按钮，弹出【打开】对话框，打开配套资源中的"源文件 \ 第 15 章 \15.2.2\ 手电筒 .asm"文件，模型如图 15-18 所示。

图 15-17 【KFS 实例】对话框

图 15-18 打开模型

2. 创建快照

（1）单击【应用程序】选项卡中【运动】组上方的【动画】按钮，进入动画设计模块。

（2）单击【动画】选项卡中【机构设计】组上方的【拖动元件】按钮，弹出【拖动】及【选择】对话框。

（3）单击对话框中的【点拖动】按钮，然后单击【高级拖动选项】选项卡中的沿 y 方向拖动按钮，并拖动视图中的手电筒，将其拖动到图 15-19 所示的状态，单击【拖动】对话框中的【快照】按钮，得到照片【Snapshot1】。

（4）同理，拖动视图中的手电筒，将其拖动到图 15-20 所示的状态，单击【拖动】对话框中的【快照】按钮，得到照片【Snapshot2】。

图 15-19 Snapshot1　　　　　　　　　　　　　图 15-20 Snapshot2

（5）同理，拖动视图中的手电筒，将其拖动到图 15-21 所示的状态，单击【拖动】对话框中的【快照】按钮，得到照片【Snapshot3】。

（6）同理，拖动视图中的手电筒，将其拖动到图 15-22 所示的状态，单击【拖动】对话框中的【快照】按钮，得到照片【Snapshot4】。

图 15-21 Snapshot3　　　　　　　　　　　　　图 15-22 Snapshot4

（7）同理，拖动视图中的手电筒，将其拖动到图 15-23 所示的状态，单击【拖动】对话框中的【快照】按钮，得到照片【Snapshot5】。

（8）同理，拖动视图中的手电筒，将其拖动到图 15-24 所示的状态，单击【拖动】对话框中的【快照】按钮，得到照片【Snapshot6】。

图15-23　Snapshot5

图15-24　Snapshot6

（9）同理，拖动视图中的手电筒，将其拖动到图15-25所示的状态，单击【拖动】对话框中的【快照】按钮  ，得到照片【Snapshot7】，此时【拖动】对话框如图15-26所示。

图15-25　Snapshot7

（10）单击【选择】对话框中的【确定】按钮，然后单击【拖动】对话框中的【关闭】按钮，完成快照的创建。

3. 定义关键帧序列

（1）单击【动画】选项卡中【创建动画】组上方的【关键帧序列】按钮 ，弹出【关键帧序列】对话框。

（2）接受默认的关键帧序列名称，切换到【序列】选项卡，单击【关键帧】栏中的下拉按钮，弹出下拉列表，弹出已经定义好的快照；选择【Snapshot1】快照，单击【快照预览】按钮 预览选定的快照，并在下面的【时间】文本框中输入该快照在动画中的显示时间0，然后单击右侧的【添加关键帧】按钮 ，将快照添加到关键帧序列列表中。

（3）同理，按照第（2）步将快照【Snapshot2】【Snapshot3】【Snapshot4】【Snapshot5】【Snapshot6】和【Snapshot7】添加到关键帧序列列表框中，并在下面的【时间】文本框中输入该快照在动画中的显示时间为2、4、6、8、10、12，此时的【关键帧序列】对话框如图15-27所示。

（4）单击对话框中的【确定】按钮，完成关键帧序列的定义。

图15-26　【拖动】对话框

图15-27　【关键帧序列】对话框

4. 修改动画时域

系统默认的动画运行时间是10s，而关键帧序列结束时间为12s，因此要修改动画时域。双击图15-28所示的时域，弹出【动画时域】对话框，在【结束时间】文本框中输入"12"，如图15-29

所示。单击【确定】按钮，完成时域的修改。

图 15-28 时域

图 15-29 【动画时域】对话框

15.2.3 用分解视图定义关键帧序列

图 15-30 【定义动画】对话框

使用快照建立的关键帧序列生成的动画称为快照动画，使用分解状态建立的动画称为分解动画。分解动画使用标准分解状态功能作为动画的基础。

打开组件后，单击【应用程序】选项卡中【运动】组上方的【动画】按钮 📹，进入动画设计模块。

单击【动画】选项卡中【模型动画】组上方【新建动画】下方的【分解】按钮 🗔，弹出【定义动画】对话框，如图 15-30 所示，单击【确定】按钮建立动画【Animation2】。

建立好动画后，单击【动画】选项卡中【创建动画】组上的【关键帧序列】按钮 🔲🔲🔲，弹出【关键帧序列】对话框，如图 15-31 所示。

单击对话框中的【关键帧】下拉按钮弹出【分解视图】下拉列表，选择一个分解视图，单击【预览快照】按钮 👓 预览选定的分解视图，并在下面的【时间】文本框输入该分解视图在动画中的显示时间。单击右侧的【添加关键帧】按钮 ➕ ，将分解视图添加到关键帧序列列表框中。

单击【关键帧序列】对话框中的【定义新分解状态】按钮 🗔，弹出图 15-32 所示的【分解视图】对话框，在此对话框中可以编辑新的分解视图。

图 15-31 【关键帧序列】对话框

图 15-32 【分解视图】对话框

下面以实例来说明用分解视图定义关键帧序列的一般过程。

1. 打开模型

启动 Creo Parametric 6.0，直接单击工具栏中的【打开】按钮，弹出【打开】对话框，打开配套资源中的"源文件 \ 第 15 章 \15.2.3\ 手电筒 .asm"文件，模型如图 15-33 所示。

2. 新建动画

（1）打开组件后，单击【应用程序】选项卡中【运动】组上方的【动画】按钮，进入动画设计模块。

（2）单击【动画】选项卡中【模型动画】组上方的【新建动画】下方的【分解】按钮，弹出【定义动画】对话框，如图 15-34 所示，单击【确定】按钮建立动画【Animation2】。

图 15-33 打开模型

图 15-34 【定义动画】对话框

3. 定义关键帧序列

（1）建立好动画后，单击【创建动画】组上方的【关键帧序列】按钮，弹出【关键帧序列】对话框，如图 15-35 所示。

（2）单击【关键帧】栏中的下拉按钮，选择【取消分解】选项，接受默认的时间 0s，表示手电筒开始时处于闭合状态。单击右侧的【添加关键帧】按钮，将快照添加到关键帧序列列表框中。

（3）单击【关键帧】下的下拉按钮，选择【默认分解】选项，输入时间 5，表示第 5s 时手电筒处于分解状态。单击右侧的【添加关键帧】按钮 ，将快照添加到关键帧序列列表框中。

（4）单击【关键帧】下的下拉按钮，选择【取消分解】选项，接受默认的时间 10s，表示手电筒在第 10s 时又处于闭合状态。单击右侧的【添加关键帧】按钮 ，将快照添加到关键帧序列列表框中，如图 15-36 所示，单击【确定】按钮，完成用分解视图定义关键帧。

图 15-35 【关键帧序列】对话框（1）　　图 15-36 【关键帧序列】对话框（2）

15.2.4　启动、播放、保存动画

定义好关键帧后，单击时间域中的【播放】按钮 可以播放动画。

单击【动画】选项卡中的【回放】按钮 ，弹出【回放】对话框，如图 15-37 所示。单击对话框中的【保存】按钮 可以将当前结果集保存到磁盘中；单击对话框中的【回放】按钮 ，系统在时间域的上方弹出图 15-38 所示的播放条，其中图标的功能与运动仿真的功能一样，在此不作介绍。

单击时间域上方的【保存】按钮 可以将动画录制成 MPEG 格式的视频文件。单击此按钮，弹出图 15-39所示的【捕获】对话框，单击【打开】 按钮可以设置视频的保存位置，在此对话框中还可以对视频进行编辑。

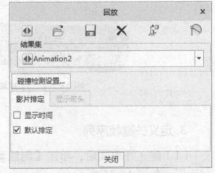

图 15-37 【回放】对话框

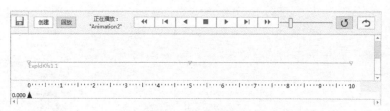

图 15-38　播放条

下面以上一节用分解视图定义好关键帧的手电筒为例，说明如何启动、播放和保存动画。

1. 打开手电筒模型

（1）启动 Creo Parametric 6.0，直接单击工具栏中的【打开】按钮，弹出【打开】对话框，打开配套资源中的"源文件 \ 第 15 章 \15.2.4\ 手电筒 .asm"文件，模型如图 15-40 所示。

（2）单击【应用程序】选项卡中【运动】组上方的【动画】按钮，进入动画设计模块。

2. 播放动画并保存分析结果

（1）单击时间域中的【播放】按钮 ▶ 播放动画。

（2）单击【动画】选项卡中的【回放】按钮，弹出【回放】对话框，如图 15-41 所示，单击对话框中的【保存】按钮，将当前结果集保存到磁盘中指定的位置。

图 15-39　【捕获】对话框

图 15-40　打开模型

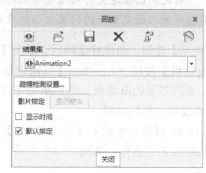

图 15-41　【回放】对话框

3. 将动画保存成 MPEG 格式的视频文件

（1）单击时间域中的【回放】按钮，弹出图 15-42 所示的播放条，单击其中的图标可以使动画按照指定的命令播放。

（2）单击时间域左上方的【保存】按钮，弹出图 15-43 所示的【捕获】对话框，单击【打开】按钮设置视频的保存位置，接受对话框默认的参数，然后单击【确定】按钮，完成视频保存。

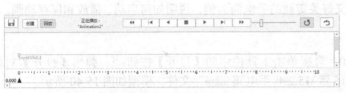

图 15-42 播放条 　　　　　　　　　　　　　图 15-43 【捕获】对话框

15.3 使用伺服电动机创建动画

15.2 节是使用关键帧创建动画，这一节将介绍使用伺服电动机创建动画，创建动画的一般过程如下。

（1）打开模型，进入动画设计模块。

（2）新建一个动画。

（3）定义主体。

（4）建立伺服电动机。

（5）启动、播放并保存动画。

> 注意　　若使用已经定义好伺服电动机的运动仿真结果，则可以跳过以上的第（3）、（4）步，直接利用已经定义好的伺服电动机来创建动画。

　　单击【快照】按钮，新建好动画后，单击【动画】选项卡中的【管理伺服电动机】按钮 🔗，弹出【伺服电动机】对话框，如图 15-44 所示。选择需要的电动机，然后单击【包括】按钮，会在时间线上显示电动机的作用时间。

　　双击图 15-45 所示的电动机【电动机 1.1】上的时间线，弹出【伺服电动机时域】对话框，如图 15-46 所示，在此可以改变电动机的作用时间。

图 15-44 【伺服电动机】对话框

双击此时间线

图 15-45 双击时间线

图 15-46 【伺服电动机时域】对话框

双击图 15-47 所示的时域，弹出【动画时域】对话框，如图 15-48 所示，在此可以设置整个动画的开始与终止时间。

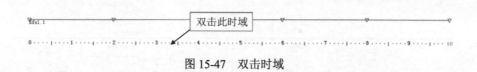

图 15-47 双击时域

下面以已经定义好伺服电动机的曲柄连杆为例，说明使用伺服电动机创建动画的一般过程。

1. 打开定义好伺服电动机的曲柄连杆

（1）启动 Creo Parametric 6.0，直接单击工具栏中的【打开】按钮，弹出【打开】对话框，打开配套资源中的"源文件\第 15 章\15.3\ 连杆机构 .asm"文件，模型如图 15-49 所示。

（2）单击【应用程序】选项卡中【运动】组上方的【动画】按钮，进入动画设计模块。

2. 新建动画

单击【动画】选项卡中的【新建动画】下方的，【快照】按钮，弹出【定义动画】对话框，如图 15-50 所示，单击【确定】按钮建立动画【Animation2】。

图 15-48 【动画时域】对话框

图 15-49 曲柄连杆

图 15-50 【定义动画】对话框

3. 编辑伺服电动机

（1）单击【动画】选项卡中的【管理伺服电动机】按钮，弹出【伺服电动机】对话框，如图 15-51 所示。选择电动机【电动机 1】，然后单击【包括】按钮，会在时间线上显示电动机的作用时间，然后关闭【伺服电动机】对话框。

（2）双击电动机【电动机 1.1】上的时间线，弹出【伺服电动机时域】对话框，在【终止伺服电动机】的【时间】文本框中输入"8"，如图 15-52 所示，表示电动机运行 8s 后停止，单击【确定】按钮，完成伺服电动机的编辑。

4. 启动、播放并保存动画

（1）单击时间域上方的【生成并播放动画】按钮，可以看到曲柄连杆运动起来；单击【动画】选项卡中的【回放】按钮，弹出【回放】对话框，如图 15-53 所示。单击对话框中的【保存】按钮，将当前结果集保存到磁盘指定的位置。

图 15-51 【伺服电动机】对话框

图 15-52 【伺服电动机时域】对话框

（2）单击时间域中的【回放】按钮，然后单击时间域左上方的【保存】按钮![保存]，弹出图 15-54 所示的【捕获】对话框，单击【浏览】按钮设置视频的保存位置。设置好对话框中的一些参数后，单击【确定】按钮，完成视频保存。

图 15-53 【回放】对话框

图 15-54 【捕获】对话框

15.4　时间与视图间关系的定义

定时视图是指在特定的时间从特定的视图方向创建动画，以便于从不同的方向观察模型结构，使动画更加可视化。

定义定时视图之前，首先要建立命名视图。单击选项卡中的【视图】按钮，进入视图模块，单击【已保存方向】的下拉按钮，单击【重定向】按钮![重定向]，弹出【视图】对话框，如图 15-55 所示。在【类型】中选择【按参考定向】或【动态定向】，定义好视图后，单击【已保存的视图】的下拉按钮，在【名称】文本框中输入视图名称，然后单击【保存】按钮，完成命名视图的建立。

定义好动画关键帧后，接下来定义定时视图。单击【视图】选项卡中的【定时视图】按钮![定时视图]，弹出【定时视图】对话框，如图 15-56 所示。在【名称】下拉列表框里选择定时视图，然后输入时间值，时间值表示动画开始之后到这一时间值时显示指定的视图。单击【应用】按钮，完成定时视图的定义，将定时视图应用到动画中，在时间线上将显示定时视图的符号。

图 15-55 【视图】对话框   图 15-56 【定时视图】对话框

下面以实例来说明在动画创建中定义定时视图的一般方法。

1. 打开模型

启动 Creo Parametric 6.0，直接单击工具栏中的【打开】按钮，弹出【打开】对话框，打开配套资源中的"源文件 \ 第 15 章 \15.4\ 滚轴 .asm"文件。

2. 创建命名视图

（1）单击【视图】按钮，进入视图模块，在【快速】选项卡的【已保存方向】下拉列表中单击【重定向】按钮，弹出【视图】对话框，在【类型】中选择【动态定向】。

（2）选择【旋转方式】为【中心轴】，将模型调整至图 15-57（a）所示的状态，单击对话框中的【已保存方向】按钮，在【名称】文本框中输入"1"，单击【保存】按钮。

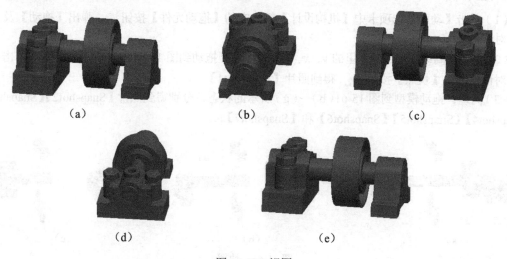

（a）   （b）   （c）

（d）   （e）

图 15-57 视图

（3）在 *z* 轴的旋转角度中输入"90"，在【名称】文本框中输入"2"，单击【保存】按钮，得到图 15-57（b）所示的状态。

（4）同理，在 *z* 轴的旋转角度中分别输入"180""–90""0"，在【名称】文本框中分别输入"3""4""5"，单击【保存】按钮，得到图 15-57（c）～（e）所示的状态。此时的【视图】对话框如图 15-58 所示，最后单击【确定】按钮。

3. 新建动画

（1）单击【应用程序】选项卡中【运动】组上方的【动画】按钮，进入动画设计模块。

（2）单击【动画】选项卡中【模型动画】组上方的【新建动画】下方【快照】按钮，弹出【定义动画】对话框，如图 15-59 所示，单击【确定】按钮建立动画【Animation2】。

4. 定义主体

（1）单击【动画】选项卡中【机构设计】组上方的【主体定义】按钮，弹出【主体】对话框，如图 15-60 所示。

（2）单击【每个主体一个零件】按钮，单击【关闭】按钮，完成主体的定义。

图 15-58 【视图】对话框

图 15-59 【定义动画】对话框

图 15-60 【主体】对话框

5. 定义快照

（1）单击【动画】选项卡中【机构设计】组上方的【拖动元件】按钮，弹出【拖动】及【选择】对话框。

（2）利用【高级拖动选项】里的 *y*、*x*、*z* 方向将模型拖动到图 15-61（a）所示的状态，单击【拖动】对话框中的【快照】按钮，得到照片【Snapshot1】。

（3）同理，拖动模型到图 15-61（b）～（g）所示的状态，分别得到照片【Snapshot2】【Snapshot3】【Snapshot4】【Snapshot5】【Snapshot6】和【Snapshot7】。

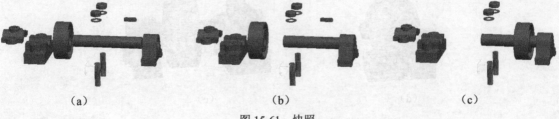

（a）　　　　　　　　　　　（b）　　　　　　　　　　　（c）

图 15-61 快照

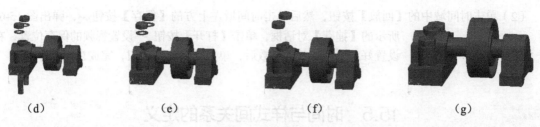

（d） （e） （f） （g）

图 15-61　快照（续）

6. 定义关键帧序列

（1）单击【关键帧序列】按钮▦，弹出【关键帧序列】对话框。

（2）接受默认的关键帧序列名称，单击【序列】选项卡，单击【关键帧】下拉按钮，弹出已经定义好的【快照】下拉列表，选择【Snapshot1】快照，然后单击【快照预览】按钮预览选定的快照，并在【时间】文本框输入该快照在动画中的显示时间 0，单击右侧的【添加关键帧】按钮 ➕ ，将快照添加到关键帧序列列表框中。

（3）同理，按照第（2）步将快照【Snapshot2】【Snapshot3】【Snapshot4】【Snapshot5】【Snapshot6】和【Snapshot7】添加到关键帧序列列表中，并将快照在动画中的显示时间分别设置为 2s、4s、6s、8s、10s、12s，此时的【关键帧序列】对话框如图 15-62 所示。

（4）单击对话框中的【确定】按钮，完成关键帧序列的定义。

（5）系统默认的动画运行时间是 10s，而关键帧序列结束时间为 12s，因此要修改动画时域。双击时域，弹出【动画时域】对话框，在【结束时间】文本框中输入 12，单击【确定】按钮，完成时域的修改。

图 15-62　【关键帧序列】对话框

7. 定义定时视图

（1）单击【动画】选项卡中【图形设计】组上的【定时视图】按钮，弹出【定时视图】对话框，如图 15-63 所示。在【名称】下拉列表框里选择定时视图 1，然后输入时间值 0，单击【应用】按钮。

（2）同理，分别在【名称】下拉列表框里选择定时视图 2、3、4、5，然后输入时间值"3""6""9""12"，单击【应用】按钮，完成定时视图的定义。

8. 启动、播放并保存动画

（1）单击时间域上方的【生成并播放动画】按钮 ▶ ，可以看到机构旋转运动起来。单击【动画】选项卡中的【回放】按钮，弹出【回放】对话框，如图 15-64 所示。单击对话框中的【保存】按钮，将当前结果集保存到磁盘中指定的位置。

图 15-63　【定时视图】对话框

图 15-64　【回放】对话框

（2）单击时间域中的【回放】按钮，然后单击时间域左上方的【保存】按钮，弹出图 15-65 所示的【捕获】对话框，单击【打开】按钮设置视频的保存位置，在设置好对话框的其他参数后，单击【确定】按钮，完成视频保存。

图 15-65 【捕获】对话框

15.5 时间与样式间关系的定义

定义时间与样式间的关系，即定时样式功能，可以控制元件在动画运行或回放过程中的显示样式，例如定义一些元件不可见，或者显示为线框、隐藏线等。

定义时间与样式间的关系之前，要先设置显示样式。打开模型后，单击【视图】按钮，进入视图模块，单击【视图】选项卡中【模型显示】组上方的【管理视图】按钮，弹出【视图管理器】对话框，如图 15-66 所示。单击对话框中的【新建】按钮，系统生成【Style0001】，输入新名称或接受默认名称后按回车键，弹出【编辑：STYLE0001】及【选择】对话框，【编辑：STYLE0001】对话框如图 15-67 所示。选择被遮蔽的元件后单击【选择】对话框中的【确定】按钮。单击【显示】按钮，单击【确定】按钮，完成定时样式的创建。

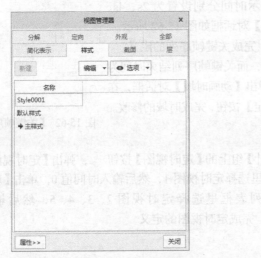

图 15-66 【视图管理器】对话框

图 15-67 【编辑：STYLE0001】对话框

图 15-68 【定时样式】
对话框

定义好关键帧后，定义定时样式。单击【动画】选项卡中【图形设计】组上方的【定时样式】按钮，弹出【定时样式】对话框，如图 15-68 所示。选择【样式名称】后，输入时间值，表示从这一时间开始显示选定的定时样式，单击【应用】按钮，完成定时样式的定义。

下面以上一节已经定义好关键帧的模型为例，说明如何定义时间与样式间的关系。

1. 打开模型

启动 Creo Parametric 6.0，直接单击工具栏中的【打开】按钮，打开配套资源中的"源文件 \ 第 15 章 \15.5\ 滚轴 .asm"文件。

2. 创建定时样式

（1）单击【视图】按钮，进入视图模块，单击【视图】选项卡中【模型显示】组上方的【视图管理器】按钮 ，弹出【视图管理器】对话框，单击【样式】选项卡中的【新建】按钮，系统生成【Style0001】，将鼠标指针移至【Style0001】末尾，单击取消黑色，如图 15-69 所示，接受默认名称并按回车键。

（2）弹出【编辑：STYLE0001】及【选择】对话框，【编辑：STYLE0001】对话框如图 15-70 所示。选择图 15-71 所示的元件为被遮蔽的对象，单击【选择】对话框中的【确定】按钮，然后单击【确定】按钮，完成定时样式的创建，单击【关闭】按钮。

图 15-69 【视图管理器】对话框　　图 15-70 【编辑】对话框　　图 15-71 选择元件

3. 定义定时样式

（1）单击【应用程序】选项卡中【运动】组上方的【动画】按钮，进入动画设计模块。

（2）单击【定时样式】按钮 ，弹出【定时样式】对话框，在【样式名称】下拉列表框中选择【主样式】，输入时间值 "0"，单击【应用】按钮。

（3）同理，在【样式名称】下拉列表框中选择【STYLE0001】，输入时间值 "6"，单击【应用】按钮。

（4）同理，在【样式名称】下拉列表框中选择【主样式】，输入时间值 "10"，单击【应用】按钮。完成定时样式的定义，然后单击【关闭】按钮，时间线如图 15-72 所示。

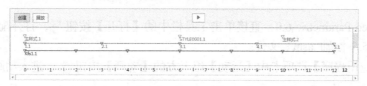

图 15-72 时间线

4. 启动、播放并保存动画

（1）单击时间域上方的【生成并播放动画】按钮 ，可以看到机构旋转运动起来。单击【动画】选项卡中的【回放】按钮 ，弹出【回放】对话框，如图 15-73 所示。单击对话框中的【保存】按钮 ，将当前结果集保存到磁盘中指定的位置。

（2）单击时间域中的【回放】按钮，然后单击时间域左上方的【保存】按钮 ，弹出图 15-74 所示的【捕获】对话框，单击【打开】按钮 ，设置视频的保存位置，并接受默认参数，然后单击【确定】按钮，完成视频保存。

图 15-73 【回放】对话框

图 15-74 【捕获】对话框

15.6 时间与透明间关系的定义

图 15-75 【定时透明】和
【选择】对话框

建立时间与透明间的关系，即定时透明功能，可以控制组件元件在动画运行或回放过程中的透明程度。

进入动画模块后，单击【动画】选项卡中的【定时透明】按钮，弹出【定时透明】及【选择】对话框，如图 15-75 所示。单击【选取】按钮，选择要定义透明的一个元件，或按住 Ctrl 键选择多个元件，然后单击【选择】对话框中的【确定】按钮。

拖动【透明】滚动条，或直接在其后输入 0 ~ 100 的数字表示透明程度，0 表示完全不透明，100 表示完全透明。

接下来在【值】文本框中输入时间值，表示从这一指定的时间开始透明事件，单击【应用】按钮，完成透明视图的定义。

下面以已经定义好关键帧的模型为例，说明如何定义时间与透明的关系。

1. 打开模型

（1）启动 Creo Parametric 6.0，直接单击工具栏中的【打开】按钮，打开配套资源中的"源文件 \ 第 15 章 \15.5\ 滚轴 .asm"文件。

（2）单击【应用程序】选项卡中【运动】组上方的【动画】按钮，进入动画设计模块。

2. 定义定时透明

（1）单击【动画】选项卡中【图形设计】组上方的【定时透明】按钮，弹出【定时透明】

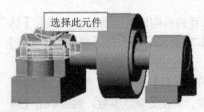

图 15-76 选择元件

及【选择】对话框。单击【选取】按钮，接受默认的名称【Transparency1】，选择图 15-76 所示的一个元件，输入时间值"6"，然后在【透明】文本框中输入透明值"0"。单击【应用】按钮，完成第一个定时透明的定义。

（2）同理，单击【选取】按钮，接受默认的名称【Transparency2】，选择与第（1）步相同的元件，输入时间值"10"，然后在【透明】文本框中输入透明值"100"，单击【应用】

按钮，完成第二个定时透明的定义，这样便定义了该元件在 6s 到 9s 由不透明变到透明的过程。

3. 启动、播放并保存动画

（1）单击时间域上方的【生成并播放动画】按钮 ▶，可以看到机构旋转运动起来。单击【动画】选项卡中的【回放】按钮 ◀▶，弹出【回放】对话框，如图 15-77 所示。单击对话框中的【保存】按钮 💾，将当前结果集保存到磁盘中指定的位置。

（2）单击时间域中的【回放】按钮，然后单击时间域左上方的【保存】按钮 💾，弹出图 15-78 所示的【捕获】对话框，单击【打开】按钮 📂 设置视频的保存位置，设置好对话框的一些参数后，单击【确定】按钮，完成视频保存。

图 15-77 【回放】对话框

图 15-78 【捕获】对话框

15.7 综合实例——电风扇运转动画

下面以第 10 章中已经定义好伺服电动机的电风扇为素材，制作电风扇由装配到运转的全过程动画。

【绘制步骤】

扫码看视频

1. 打开已经装配好的电风扇

启动 Creo Parametric 6.0，直接单击工具栏中的【打开】按钮 📂，弹出【打开】对话框，打开配套资源中的"源文件 \ 第 15 章 \ 电风扇 \ 电风扇 .asm"文件，如图 15-79 所示。

2. 创建定时视图

（1）单击【视图】按钮，进入视图模块，单击【重定向】按钮 ↻，弹出【视图】对话框，如图 15-80 所示，在【类型】中选择【动态定向】。

（2）选择【旋转方式】为【中心轴】，将模型调整至图 15-81（a）所示的状态，在【方向】对话框中的【名称】文本框中输入"1"，单击【保存】按钮。

（3）在 y 轴的旋转角度中输入值"–90"，在【名称】文本框中输入"2"，单击【保存】按钮，得到图 15-81（b）所示的状态。

（4）同理，在 y 轴的旋转角度中分别输入值"–180""90""0"，在【名称】文本框中分别输入"3""4""5"，单击【保存】按钮，得到图 15-81（c）~（e）所示的状态，然后单击【确定】按钮。

图 15-79 电风扇

图 15-80 【视图】对话框

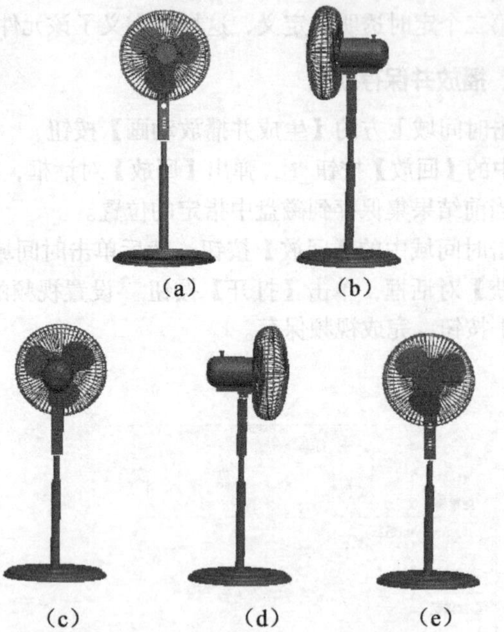

图 15-81 定时视图

3. 新建动画

（1）单击【应用程序】选项卡中【运动】组上方的【动画】按钮，进入动画设计模块。

（2）单击【动画】选项卡中【模型动画】组上方的【新建动画】下的【快照】按钮，弹出【定义动画】对话框，如图 15-82 所示，单击【确定】按钮建立动画【Animation2】。

4. 定义主体

（1）单击【动画】选项卡中的【主体定义】按钮，弹出【主体】对话框，如图 15-83 所示。

图 15-82 【定义动画】对话框

图 15-83 【主体】对话框

（2）单击【每个主体一个零件】按钮，使每个零件都成为一个主体，单击【关闭】按钮。

5. 创建快照

（1）单击【动画】选项卡中【机构设计】组上方的【拖动元件】按钮，弹出【拖动】及【选择】对话框。

（2）单击对话框中的【快照】按钮，然后单击【高级拖动选项】下的下拉按钮，单击某一方向后拖动元件到指定的位置，然后单击【快照】按钮，得到快照【Snapshot1】【Snapshot2】【Snapshot3】【Snapshot4】【Snapshot5】和【Snapshot6】，如图 15-84 所示。此时的【拖动】对话框如图 15-85 所示，单击【选择】对话框中的【确定】按钮，然后单击【拖动】对话框中的【关闭】按钮。

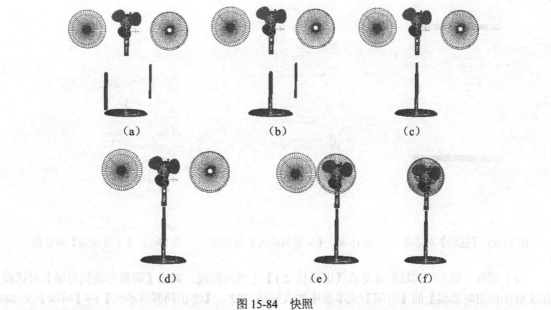

(a)　　　　　　　　　(b)　　　　　　　　　(c)

(d)　　　　　　　　　(e)　　　　　　　　　(f)

图 15-84　快照

6. 定义关键帧

（1）单击【动画】选项卡中的【关键帧序列】按钮，弹出【关键帧序列】对话框。

（2）接受默认的关键帧序列名称，单击【序列】选项卡，单击【关键帧】下拉按钮，弹出下拉列表，弹出已经定义好的快照，选择【Snapshot1】快照，单击【快照预览】按钮预览选定的快照，并在【时间】文本框中输入该快照在动画中的显示时间"0"，单击右侧的【添加关键帧】按钮，将快照添加到关键帧序列列表框中。

（3）同理，按照第（2）步将快照【Snapshot2】【Snapshot3】【Snapshot4】【Snapshot5】和【Snapshot6】添加到关键帧序列列表框中，并在下面的【时间】文本框中输入该快照在动画中的显示时间 2s、4s、6s、8s、9s，此时的【关键帧序列】对话框如图 15-86 所示。

（4）单击对话框中的【确定】按钮，完成关键帧序列的定义。

7. 定义定时视图

（1）单击【动画】选项卡中【图形设计】组上方的【定时视图】按钮，弹出【定时视图】对话框，如图 15-87 所示。在【名称】下拉列表框里选择定时视图 1，然后输入时间值"0"，单击【应用】按钮。

（2）同理，分别在【名称】下拉列表框里选择定时视图 2、3、4、5，然后输入时间值 2s、4s、6s、8s，单击【应用】按钮，单击【关闭】按钮完成定时视图的定义。

8. 定义伺服电动机的运动

（1）单击【动画】选项卡中【机构设计】组上方的【管理伺服电动机】按钮，弹出【伺服电动机】对话框，如图 15-88 所示和按住 Ctrl 键选择电动机【电动机 1】【电动机 2】和【电动机 3】，然后单击【包括】按钮，会在时间线上显示电动机的作用时间，单击【关闭】按钮。

（2）双击时域下的时间线，弹出图 15-89 所示的【动画时域】对话框，在【结束时间】文本框中输入值"31"，单击【确定】按钮。

（3）双击时间域的电动机【电动机 1.1】上的时间线，弹出【伺服电动机时域】对话框，在【启动伺服电动机】的【时间】文本框中输入时间"11"，【终止伺服电动机】的【时间】文本框中输入时间"20"，如图 15-90 所示。单击【确定】按钮，完成【电动机 1】伺服电动机编辑。

图 15-85 【拖动】对话框　　　图 15-86 【关键帧序列】对话框　　　图 15-87 【定时视图】对话框

（4）同理，双击时间域的电动机【电动机 2.1】上的时间线，弹出【伺服电动机时域】对话框，在【启动伺服电动机】的【时间】文本框中输入时间"22"，【终止伺服电动机】的【时间】文本框中输入时间"31"，单击【确定】按钮，完成【电动机 2】伺服电动机的编辑。

（5）同理，双击时间域的电动机【电动机 3.1】上的时间线，弹出【伺服电动机时域】对话框，在【启动伺服电动机】的【时间】文本框中输入时间"11"，【终止伺服电动机】的【时间】文本框中输入时间"31"，单击【确定】按钮，完成【电动机 3】伺服电动机编辑。

图 15-88 【伺服电动机】对话框　　图 15-89 【动画时域】对话框　图 15-90 【伺服电动机时域】对话框

9. 定义锁定主体

（1）单击【动画】选项卡中【机构设计】组上方的【锁定主体】按钮，弹出【锁定主体】和【选择】对话框。单击【引导主体】下的【选取】按钮，在视图中选择电风扇的后盖；单击【从动主体】的【选取】按钮，在视图中选择电风扇的前盖，在【开始时间】中输入时间"10"，【结束时间】中输入时间"31"，【锁定主体】对话框如图 15-91 所示。单击【应用】按钮，此时前盖随着后盖运动。

（2）同理，在【动画】选项卡中单击【锁定主体】按钮，弹出【主体锁定】和【选择】对话框。单击【引导主体】下的【选取】按钮，在视图中选择电风扇的转头；单击【从动主体】的【选取】按钮，在视图中选择电风扇的后盖，在【开始时间】中输入时间"10"，【终止时间】中输入时间"31"，【锁定主体】对话框如图 15-92 所示。单击【应用】按钮，此时后盖随着转头运动，完成主体的锁定，时间域如图 15-93 所示。

注意　　由于前面定义主体时定义了每个零件为一个主体，如果动画这样运行的话，那么电风扇的转头转动时，它的前后盖不会跟随着一起转动，所以在转头转动开始到结束需要把前后盖与转头锁定，使其一起转动。

图 15-91 【锁定主体】对话框（1）　　　图 15-92 【锁定主体】对话框（2）

图 15-93　时间域

10. 启动、播放并保存动画

（1）单击时间域上方的【生成并播放动画】按钮 ▶ ，可以看到由装配到运转的全过程动画。

（2）单击【动画】选项卡中的【回放】按钮 ◀▶ ，弹出【回放】对话框，如图 15-94 所示。单击对话框中的【保存】按钮 💾 ，将当前结果集保存到磁盘中指定的位置。

（3）单击时间域中的【回放】按钮，然后单击时间域左上方的【保存】按钮 💾 ，弹出图 15-95 所示的【捕获】对话框，单击【打开】按钮 📂 ，设置视频的保存位置，设置好对话框的一些参数后，单击【确定】按钮，完成视频保存。

图 15-94 【回放】对话框

图 15-95 【捕获】对话框